U0877999

国家示范性高职高专规划教材•计算机系列

网页设计与制作

詹青龙　郭永灿　主编

清 华 大 学 出 版 社
北京交通大学出版社
•北京•

内容简介

本书从网页设计与制作的实际需要出发，全面、系统地介绍网页设计与制作的基础知识、网页编辑软件 Dreamweaver CS4、网页图像处理软件 Fireworks CS4 和网页动画制作软件 Flash CS4 等内容，还提供了一个完整的网站规划、网页设计与制作的实例。全书共分 6 章。第 1 章介绍了网页设计涉及的基本概念、网站开发的技术层面及工具，并提供了一些典型的网页实例，使学习者具备一定的网页设计知识。第 2 章重点介绍 HTML 语言和 JavaScript 语言，使学习者能够掌握两种语言的代码使用方法，并能根据网页开发的需要，合理使用这些语言。第 3 章、第 4 章和第 5 章分别介绍了网页编辑软件 Dreamweaver CS4、网页图像处理软件 Fireworks CS4 和网页动画制作软件 Flash CS4 的基本使用方法和综合实例。第 6 章以一个完整的网站为例，详细介绍了网站规划、各页面的设计和页面制作的具体过程，其目的是通过实例的学习，综合运用所学知识设计并制作出精美的网页。

本书适合作为高职高专院校计算机、电子商务、多媒体等专业的教材，也可作为信息技术培训机构的培训用书，还可作为网页设计与制作人员、网站建设与开发人员、多媒体设计与开发人员的参考书。

图书在版编目（CIP）数据

网页设计与制作/詹青龙，郭永灿主编．—北京：清华大学出版社；北京交通大学出版社，2010.1（2017.9 重印）
（国家示范性高职高专规划教材·计算机系列）
ISBN 978－7－81123－945－4

Ⅰ.①网…　Ⅱ.①詹…　②郭…　Ⅲ.①主页制作－高等学校：技术学校－教材
Ⅳ.①TP393.092

中国版本图书馆 CIP 数据核字（2009）第 214688 号

责任编辑：韩素华　　特邀编辑：吕　宏
出版发行：清 华 大 学 出 版 社　　邮编：100084　　电话：010－62776969
　　　　　北京交通大学出版社　　邮编：100044　　电话：010－51686414
印 刷 者：北京鑫海金澳胶印有限公司
经　　销：全国新华书店
开　　本：185×260　　印张：19　　字数：474 千字
版　　次：2010 年 1 月第 1 版　　2017 年 9 月第 5 次印刷
书　　号：ISBN 978－7－81123－945－4/TP·555
印　　数：10 501 ～ 11 500 册　　定价：29.00 元

前　　言

以因特网为基础的电子商务、电子政务、电子校园等信息化构架和发展已成为时代的主流。不管哪种类型的信息化建设，都离不开网站开发和网页的设计与制作。网站与网页已成为企、事业单位和个人的网上名片，因此，社会上迫切需要一批既有一定的理论基础，又具备网站建设和网页设计与制作的专业技术人才。高职院校的计算机应用技术专业和电子商务专业作为培养这类人才的摇篮，应社会的需求已开设了网页设计与制作课程。从目前来看，与该课程配套的教材内容已显陈旧，理论讲述较多、较深，实例较少，使得学生无所适从。基于上述认识，编者以“理论必需、够用”、“注重技术能力培养”、“通俗易懂”和“图文并茂”为准绳编写本书，力求满足教学的现实需求。

本书从网页设计与制作的实际需要出发，全面、系统地介绍网页设计与制作的基础知识、网页编辑软件 Dreamweaver CS 4、网页图像处理软件 Fireworks CS 4 和网页动画制作软件 Flash CS 4 等内容，还提供了一个完整的网站规划、网页设计与制作的实例。全书共分 6 个学习情境。学习情境 1 介绍了网页设计涉及的基本概念、网站开发的技术层面及工具，并提供了一些典型的网页实例，使读者具备一定的网页设计知识。学习情境 2 重点介绍了 HTML 语言和 JavaScript 语言，使读者能够掌握两种语言的代码使用方法，并能根据网页开发的需要，合理使用这些语言。学习情境 3、学习情境 4、学习情境 5 分别介绍了网页编辑软件 Dreamweaver CS 4、网页图像处理软件 Fireworks CS 4 和网页动画制作软件 Flash CS 4 的基本使用方法和综合实例。学习情境 6 以一个完整的网站为例，详细介绍了网站规划、各页面的设计和页面制作的具体过程，通过实例的学习，综合运用所学知识设计并制作出精美的网页。

本书的主要特色包括以下几个方面。

1. 突出高职特色。根据网站设计与开发职业人员的能力要求，在遵循“理论必需、够用”的原则上，夯实学生的实践能力，提升从业技能。

2. 定位最新技术。以最新的 Dreamweaver CS 4、Fireworks CS 4 和 Flash CS 4 作为动态网页设计与制作的技术架构。

3. 兼顾知识点和面。兼顾知识体系的点和面，知识点的深度和广度能很好地契合学生的实际需求。

4. 强调融会贯通。本书不仅在每个学习情境中都提供相应内容的丰富实例和上机实验，而且在最后一个学习情境中以一个完整的网站为例，详细介绍了网站规划、各页面的设计与制作的具体过程，使读者融会贯通。

5. 凸显行业技能。渗透项目开发经验和从业技能，给学生以很好的学习体验。

6. 注重通俗易懂。本书在文字的表述上从高职学生的接受能力出发，力求做到语言精练，条理清晰，理论讲述深入浅出。

本书适合作为高职高专院校计算机、电子商务专业的教材，也可作为信息技术培训机构的培训用书，还可作为网页设计与制作人员、网站建设与开发人员、多媒体设计与开发人员的参考用书。

全书由詹青龙、郭永灿主编，由詹青龙、郭永灿、冯海英、刘光勇、赵拾贤及刘光然撰写。由于网页设计与制作技术日新月异，加之作者的经验和水平有限，书中难免存在不足或疏漏之处，恳请各位专家和读者提出宝贵的意见和建议。

编　者

2010 年 1 月

目　　录

学习情境1　网页设计与制作概述

情境描述

本情境让学生了解网站组成的基本元素；掌握网站开发的技术层面与开发工具；掌握网站的分类，学会赏析各类精品网站；激发学生学习兴趣，为进一步学习打下基础。本情境参考学时2学时。

教学目标

1. 能力目标

◆ 能了解网页设计与制作的基本知识。

◆ 能掌握网站开发的技术层面和开发工具。

◆ 能进行网站的分类和网站的赏析。

2. 知识目标

◆ 学会网站设计与制作的基本知识。

◆ 了解网站开发的技术范畴和各类开发工具。

3. 素质目标

◆ 锻炼学生自主学习、举一反三的能力。

◆ 培养学生严谨务实的工作作风。

工作任务

任务1　网页设计与制作初识

任务2　网站开发的技术层面及工具

任务3　网站的分类与精品网站赏析

任务4　练习与实践

教学策略与教学方法总体考虑

讲授法、案例驱动法、操练法

教学手段

多媒体课件、案例、实训

设备、工具和材料

计算机、因特网

教学效果评价

课堂提问（10%）、作业（10%）、任务考核（30%）、实训（30%）、作品（20%）

参考资料

徐磊．网页制作与网站建设技术大全．北京：清华大学出版社，2008.

任务1 网页设计与制作初识

本任务是掌握网站的组成元素、网站与网页的关系、客户端与服务器端、人—机交互的概念及其流程等知识点。通过该任务的学习，应能对网页设计与制作的基础知识有大致了解和认识。

活动1 了解网站的组成元素

网站最基本的组成元素是网页，但除网页之外，网站还包含整体 CIS（企业形象识别系统）、网站的文件系统、网站的导航系统、网站的技术模型、网站的服务及体贴模型、网站的项目化管理机制和网站的技术规范及其相关文案等元素，如图 1–1 所示。

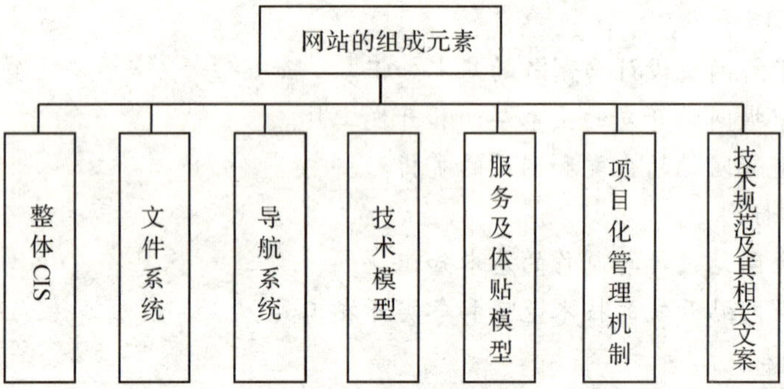

图 1–1 网站的组成元素示意图

网站的整体 CIS，是指网站以何种统一规范的视觉形象展现给用户。例如，登录到“新浪网”（http://www. sina. com. cn）之后，不管当前浏览的是其中哪个网页，都能清楚地知道当前网站是“新浪网”，因为“新浪网”中几乎所有的网页上都有一些便于用户识别的公共信息，如网站 Logo（标志）、相对固定的颜色、相对统一的中西文字体与字号、相对固定的页面版式和公共频道（栏目）文字等信息，如图 1–2 所示。

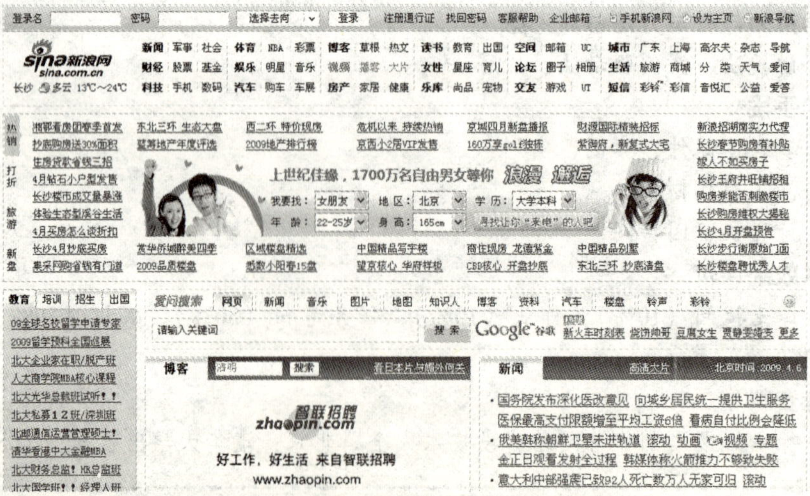

图 1–2 “新浪网”中便于用户识别的公共信息

在专业化程度较高的网站开发过程中，网站 CIS 的设计、引入与实施十分重要。在一定程度上，网站整体 CIS 应用的成功与否，直接关系到网站的存在价值和推广的难易程度。

网站的文件系统，主要包含文件系统的创建、管理与维护，后台数据库文件系统及网站的日志文件等。在网站开发之前，首先必须合理地规划并创建适合网站开发初期的文件列表，之后随着开发工作的深入，文件系统进一步得以完善。图 1-3 所示的是利用 Dreamweaver CS 4 为某客户开发的一个小型网站的文件系统。

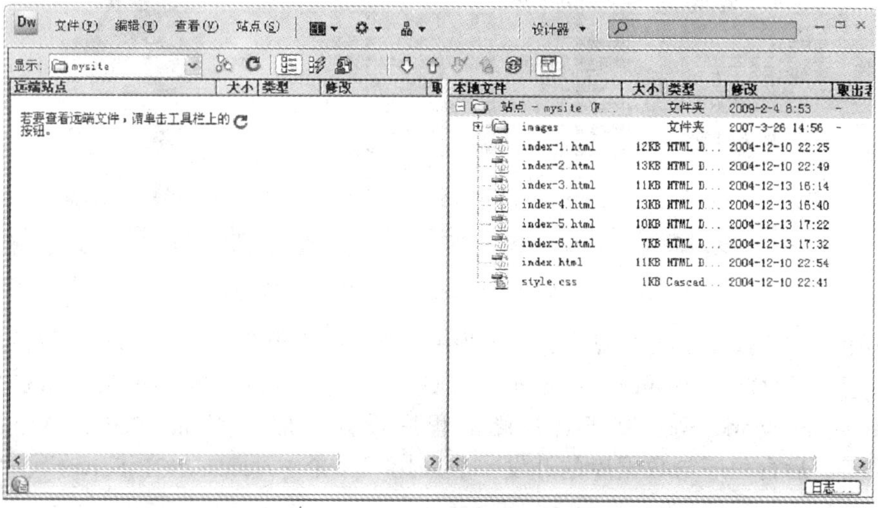

图 1-3　网站的文件系统示例

网站导航并不像网站地图那样有一般的表现形式和比较统一的内容，也不是一个非常确定的功能或者手段，而是一个通称。凡是便于用户浏览网站信息、获取网站服务，并且在浏览过程中不至于迷失，在发现问题时可以及时找到在线帮助的所有形式都是网站导航系统的组成部分。

网站导航系统的基础是网站的栏目设置，在栏目之下还可以进一步设计其他辅助的导航手段，例如，一种常见的形式是，通过在各个栏目的主菜单下面设置一个辅助菜单来说明用户目前所在网页在网站中的位置。其表现形式比较简单，一般形式为：首页 > 一级栏目 > 二级栏目 > 三级栏目 > 内容页面。网站地图也可以理解为网站导航系统的一部分。此外，还可以专门设置更为职能化的导航系统，如果需要，可以随时告诉用户所在的栏目和位置。

网站导航的基本作用是为了让用户在浏览网站过程中不致迷失，并且可以方便地回到网站首页及其他相关内容的页面。这主要基于这样一个重要事实：绝大多数用户（大约 50%～90%）都不是通过一个网站的首页逐级浏览各个栏目和网页内容的，如果用户从某个网页来到一个网站，如果没有详细的导航引导，用户则很容易在网站中迷失。网站导航系统的专业与否也就影响着用户对网站的感受，也是网站信息是否可以有效地传递给用户的重要影响因素之一。因此，网站导航系统也成为评价网站是否专业、是否具有网络营销导向的基本指标之一，如图 1-4 所示。

图 1-4 网站的导航系统及其表现形式示例

网站的技术模型，是指网站在开发过程中实施的技术组合方案。例如，网站的界面设计工具一般采用 Dreamweaver、FrontPage 或 Golive 结合 Flash、Photoshop、CorelDRAW、Illustrator或 Fireworks 等；基于客户端的程序设计一般采用 JavaScript、VBScript 与 ActiveX 等；后台程序与数据库的开发一般采用“ASP + Access/SQL Server”、“PHP + Access/MySQL”或“JSP + Access/SQL Server”等。

在选择网站的技术模型时，一方面要考虑开发者的技术储备与实际开发能力，另一方面还应充分论证网站的实际运转需要，从而选择一种尽可能合理的技术模型。

网站的服务及体贴模型，主要是指网站在开发过程中渗透到开发工作中的一些人性化与符合人体工学的设计。例如，很多网站会在其每个网页的显要位置根据不同的时间段自动向用户发出如“×××用户，晚上好!”之类的问候，让人觉得愉快与温馨；也有的网站还允许用户根据自己的使用习惯随意地定制网页的界面；更有一些网站，甚至为习惯左手拿鼠标与右手拿鼠标的访问者分别设计了不同的网页布局。

在图 1–5 所示网站的登录程序中，如果“用户姓名”与“登录密码”两个文本域中其中一个未输入数据或均未输入数据，则单击“登录游戏”按钮后登录程序将提示用户必须输入正确的用户和密码信息，同时还会将光标自动定位到未输入任何数据的文本域

图 1–5 网站登录程序示例

中。如果“用户姓名”与“登录密码”文本域中存在错误，则登录程序会准确地提示用户错误的输入信息，同时将错误文本域的原始输入信息选中，以方便用户在该文本域中直接输入新数据。

对于专业的网站开发人员来说，网站中各项开发技术的实现仅仅是成功的一半，因为在个性化与人性化日益风行与崇尚的今天，只有将复杂的技术以最简单、最人性化与最具个性的方式展现给用户，网站的开发才可谓基本成功。

网站的项目化管理机制，是指网站开发初期为了加强开发工作的管理、进度的控制与质量的监督而引入的一种管理模式。一般地，对于大型的商业网站开发业务，开发者均会组建相当规模的开发团队，同时将开发工作以项目的方式实施运作，其优势是能充分发挥各类网站开发人才的专业技能，同时开发资源也能实现共享的最大化，以降低开发成本。

网站的技术规范及其相关文案，是指在选择开发当前网站项目的技术模型之后，主干开发人员为其开发团队制订出的相关技术规范，同时将相关规范编辑成文案。网站开发项目除技术文案外，还有策划文件、项目总体规划与设计文案、开发进度控制文案、质量监督记录文案、技术故障排除记录文案和测试文案等。

活动2　熟悉网站与网页的关系

正如活动1所述，网站最基本的组成元素是网页，因此网站与网页的关系便可以这样理解：多个网页组合在一起便形成了一个网站。

严格地说，网站分为前台和后台两部分，前台指网站的外观表现，主要是网页的集合，后台指网站的数据库构建及动态程序的设计。简单地说，多个网页通过超级链接构成整个网站。由于网站是多个网页的组合，因此网站具有严格的文件结构，即对构成网站的各网页、图片及样式等进行合理、有序的归档。

网页用于显示网站内容或完成网站交互功能。前台的网页，指通过网页设计将网站所要展示的内容进行合理、美观的规划并完成界面制作；后台网页，主要是为了完成网站某项功能，将前台显示部分与后台数据库进行连接，实现网站的交互性。

有关网站与网页的关系、网站与网站之间的关联，请参考图1–6。

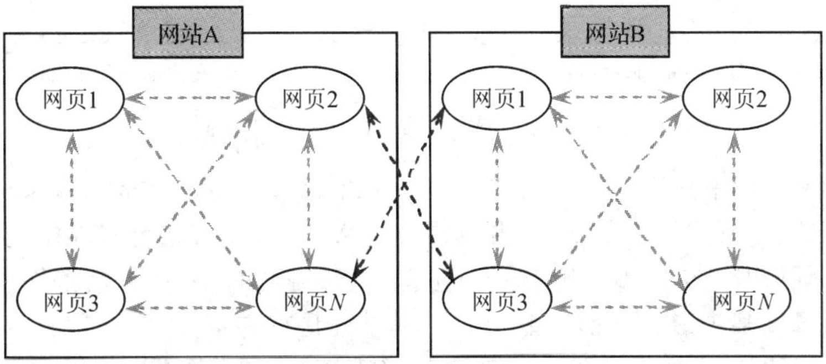

图1–6　网站与网页、网站与网站之间的关系

活动3　理解基于Web的客户端与服务器端

基于Web的客户端是指用户或浏览器端，即网站所在的Web服务器反馈给用户的网页信息。基于Web的服务器端是指网站文件所存放的Web服务器。

对于利用形如 ASP、PHP 或 JSP 并结合数据库技术开发的动态网站，客户端的网页信息分为两大部分，一是纯粹的静态网页，二是通过 Web 服务器生成的动态网页。

在网站开发的技术层面中，对于大型商业网站的开发，一般会把客户端的开发与服务器端的开发进行一定程度的分离，即客户端着重界面设计，而服务器端着重基于 Web 的应用程序与数据库系统的设计与开发。

在本活动中，只需简单地了解一下基于 Web 的客户端与服务器端的概念，同时还应在脑海中形成一个这样的概念：网站开发，特别是大型动态商业网站的开发，需要分别针对客户端与 Web 服务器端进行不同技术层面的开发。

活动 4　熟悉基于 Web 的人机交互

基于 Web 的人机交互是指客户端的用户与 Web 服务器端的应用程序之间的人机对话，即当用户向 Web 服务器端的应用程序发出 HTTP 请求时，Web 服务器端的应用程序对用户的请求产生响应并反馈给用户相应的结果页面。

在如图 1–7 所示的应用过程中，图 1–7（a）（文件 sample_002. html）基本可以代表客户端，图 1–7（b）（文件 sample_002. asp）基本可以代表 Web 服务器端。当用户在图 1–7（a）中输入姓名并选择性别和来自的城市之后，单击“View Result”按钮即相当于用户向 Web 服务器端的应用程序即文件 sample_002. asp 发出请求，Web 服务器端的应用程序即文件 sample_002. asp 接收到用户的请求后将迅速响应，即收集用户端的信息并将其显示在页面中（图 1–7（b））。

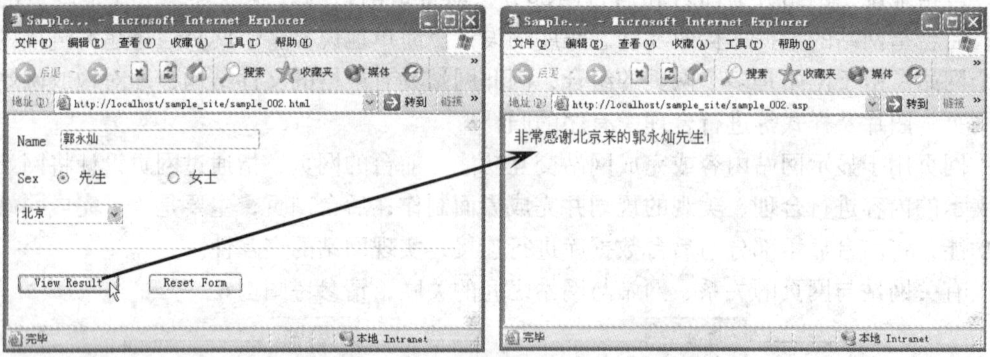

（a）文件sample_002.html　　（b）文件sample_002.asp

图 1–7　基于 Web 的人机交互应用示例

图 1–7 所示的程序其运行环境为 IIS 6. 0（Microsoft Internet Information Service 6. 0，微软的 Internet 信息服务 6. 0 版本），开发语言是 ASP 3. 0，并结合 HTML 与 JavaScript。

与图 1–7 所示人机交互过程相类似的还有很多，例如，当在“新浪网”上以某个用户名和密码登录到某个 E-mail 信箱账户时，其过程是首先输入用户名与密码，然后单击“登录”之类的按钮，此时如果用户名和密码都正确，那么用户将顺利地登录到特定 E-mail账号所在的网页，否则将在网页中显示用户名或密码错误的类似信息。

在上述登录到某个 E-mail 账户的过程中，用户输入用户名和密码后，单击“登录”之类的按钮即相当于向 Web 服务器端发出登录的 HTTP 请求，Web 服务器端上特定的应用程序接收到用户的请求后将得出两种结果：要么正确登录到 E-mail 账户所在的页面，要么反馈给用户登录不成功的相关信息。

任务2　网站开发的技术层面及工具

通过本任务的学习，要对网站开发的技术层面有一定的了解，同时还应了解技术层面的常用工具（软件）。

活动1　界面设计的应用

网站开发特别是大型商业网站的开发，开发团队首先会把开发工作做适当的项目化处理，一般都会把网站的开发内容分成若干个相互关联与相互依存的开发模块，而网站开发过程中衍生出来的开发模块，一般称为网站开发的某个技术层面。

网站开发的技术层面，一般可分为界面设计、客户端程序设计、服务器端程序设计、服务器端数据库开发、网站的测试及网站的维护与更新。

网站开发中的界面设计主要包含3个方面：网站的整体CIS设计；网站主要页面的版式设计；网页中的文字、图像与多媒体等对象的设计。

就目前而言，网站开发界面设计的主流工具有Adobe公司的Adobe Web Publish套件和Adobe Studio套件。其中Adobe Web Publish套件主要包含Photoshop（图像处理与设计软件）、Illustrator（矢量绘图软件）、Golive（网页编排软件）和LiveMotion（网页动画制作软件）等，而Adobe Studio套件主要包含Dreamweaver（网页编排与Web应用程序开发软件）、Flash（网页动画制作软件）、Fireworks（网页图像处理与设计软件）和FreeHand（矢量绘图软件）等。当然，像微软公司的Microsoft FrontPage等软件也可用作界面设计的工具。图1-8是利用Adobe Fireworks CS 4进行网站开发界面设计的应用示例。

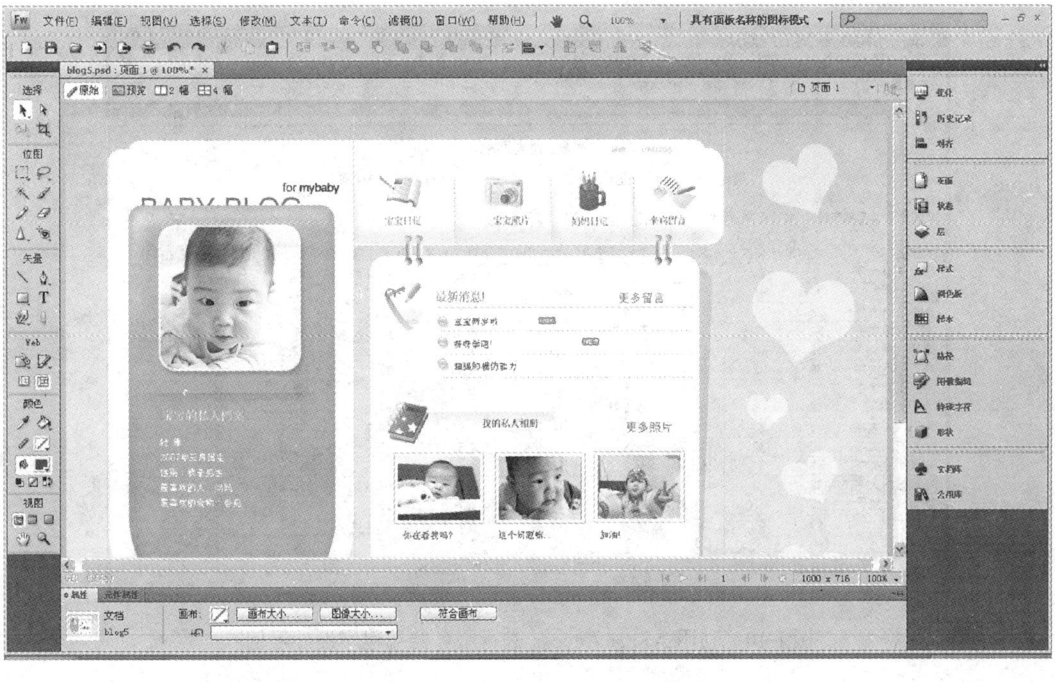

图1-8　在Adobe Fireworks CS 4中进行界面设计示例

活动 2　客户端程序设计

客户端程序设计主要包含 3 个方面：基于客户端用户信息的校验与聚焦；网页特效；网络化多媒体对象技术。其中基于客户端用户信息的校验与聚焦、网页特效一般通过 JavaScript 或 VBScript 实现，而网络化多媒体对象技术一般通过 ActiveX 实现。图 1-9 所示是利用 JavaScript 脚本实现的基于客户端的搜索引擎。

图 1-9　利用 JavaScript 脚本进行客户端程序设计示例

活动 3　服务器端程序设计

服务器端的程序设计主要是指利用 CGI、ASP、PHP 和 JSP 等工具进行基于 Web 应用的程序开发，如免费邮件系统、论坛、留言簿、搜索引擎及在线考试系统等。图 1-10 所示的网页是利用 ASP 开发的一个简单的搜索引擎。

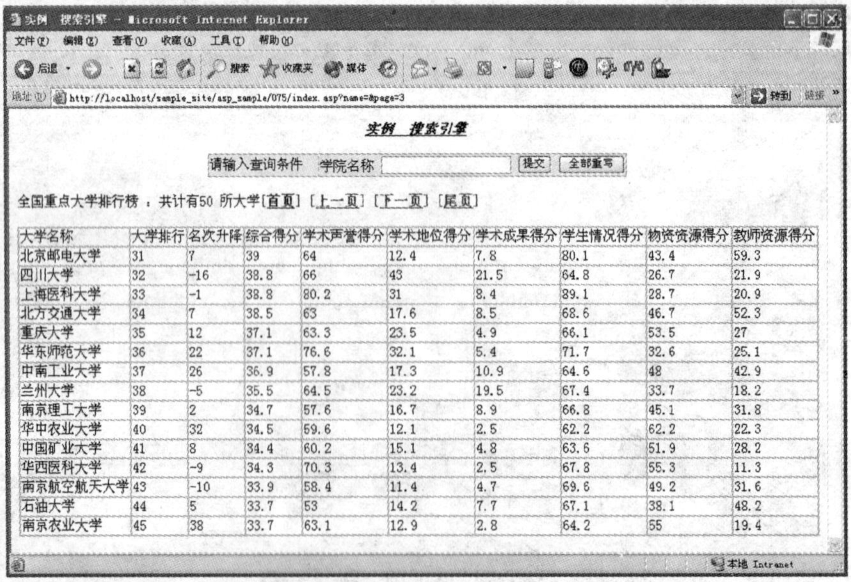

大学名称	大学排行	名次升降	综合得分	学术声誉得分	学术地位得分	学术成果得分	学生情况得分	物资资源得分	教师资源得分
北京邮电大学	31	7	39	64	12.4	7.8	80.1	43.4	59.3
四川大学	32	-16	38.8	66	43	21.5	64.8	26.7	21.9
上海医科大学	33	-1	38.8	80.2	31	8.4	89.1	28.7	20.9
北方交通大学	34	7	38.5	63	17.6	8.5	68.6	46.7	52.3
重庆大学	35	12	37.1	63.3	23.5	4.9	66.1	53.5	27
华东师范大学	36	22	37.1	76.6	32.1	5.4	71.7	32.6	25.1
中南工业大学	37	26	36.9	57.8	17.3	10.9	64.6	48	42.9
兰州大学	38	-5	35.5	64.5	23.2	19.5	67.4	33.7	18.2
南京理工大学	39	2	34.7	57.6	16.7	8.9	66.8	45.1	31.8
华中农业大学	40	32	34.5	59.6	12.1	2.5	62.2	62.2	22.3
中国矿业大学	41	8	34.4	60.2	15.1	4.8	63.6	51.9	28.2
华西医科大学	42	-9	34.3	70.3	13.4	2.5	67.8	55.3	11.3
南京航空航天大学	43	-10	33.9	58.4	11.4	4.7	69.6	49.2	31.6
石油大学	44	5	33.7	53	14.2	7.7	67.1	38.1	48.2
南京农业大学	45	38	33.7	63.1	12.9	2.8	64.2	55	19.4

图 1-10　利用 ASP + Access 进行服务器端程序设计示例

活动4　服务器端数据库的开发

服务器端的数据库开发，是指在利用CGI、ASP、PHP和JSP等工具进行基于Web应用的程序开发工作的同时，往往需要使用相关的数据库工具配合应用程序的开发。例如，在开发基于Web的邮件系统时，肯定要涉及用户的登录问题，此时如果没有数据库系统的支持，开发工作根本无法进行，就更谈不上应用了。

在基于Web应用的中小型程序中，常用的数据库工具主要有Microsoft Access、Microsoft SQL Server及MySQL等，每种类型的数据库工具，一般均对应着某种特定的服务器端程序开发工具。图1–11所示的数据库是图1–10所示搜索引擎的配套数据库。

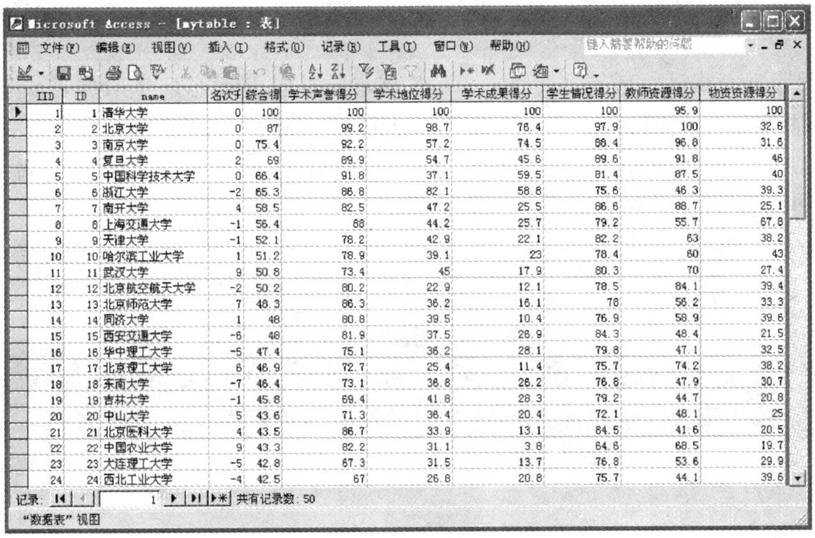

IID	ID	name	名次升	综合得	学术声誉得分	学术地位得分	学术成果得分	学生情况得分	教师资源得分	物资资源得分
1	1	清华大学	0	100	100	100	100	100	95.9	100
2	2	北京大学	0	87	99.2	98.7	76.4	97.9	100	32.6
3	3	南京大学	0	75.4	92.2	57.2	74.5	88.4	96.8	31.6
4	4	复旦大学	2	69	89.9	54.7	45.6	89.6	91.8	46
5	5	中国科学技术大学	0	66.4	91.8	37.1	59.5	81.4	87.5	40
6	6	浙江大学	-2	65.3	86.8	82.1	58.8	75.6	46.3	39.3
7	7	南开大学	4	58.5	82.5	47.2	25.5	86.6	88.7	25.1
8	8	上海交通大学	-1	56.4	88	44.2	25.7	79.2	55.7	67.8
9	9	天津大学	-1	52.1	78.2	42.9	22.1	82.2	63	38.2
10	10	哈尔滨工业大学	1	51.2	78.9	39.1	23	78.4	80	43
11	11	武汉大学	9	50.8	73.4	45	17.9	80.3	70	27.4
12	12	北京航空航天大学	-2	50.2	80.2	22.9	12.1	78.5	84.1	39.4
13	13	北京师范大学	7	48.3	86.3	36.2	16.1	78	56.2	33.3
14	14	同济大学	1	48	80.8	39.5	10.4	76.9	58.9	39.6
15	15	西安交通大学	-6	48	81.9	37.5	26.9	84.3	48.4	21.5
16	16	华中理工大学	-5	47.4	75.1	36.2	28.1	79.8	47.1	32.5
17	17	北京理工大学	6	46.9	72.7	25.4	11.4	75.7	74.2	38.2
18	18	东南大学	-7	46.4	73.1	36.8	26.2	76.8	47.9	30.7
19	19	吉林大学	-1	45.8	69.4	41.8	28.3	79.2	44.7	20.8
20	20	中山大学	5	43.6	71.3	36.4	20.4	72.1	48.1	25
21	21	北京医科大学	4	43.5	86.7	33.9	13.1	84.5	41.6	20.5
22	22	中国农业大学	9	43.3	82.2	31.1	3.8	64.6	68.5	19.7
23	23	大连理工大学	-5	42.8	67.3	31.5	13.7	76.8	53.6	29.9
24	24	西北工业大学	-4	42.5	67	26.8	20.8	75.7	44.1	39.6

图1–11　服务器端数据库开发示例

活动5　网站测试

网站的测试是指网站在开发阶段、试运营阶段及正式运营阶段所进行的排错和纠错工作。

1. 功能测试

（1）链接测试。链接是Web应用系统的一个主要特征，它是在页面之间切换和指导用户浏览一些不知道地址的页面的主要手段。链接测试可分为三个方面。首先，测试所有链接是否按指示的那样确实链接到了该链接的页面；其次，测试所链接的页面是否存在；最后，保证Web应用系统上没有孤立的页面。所谓孤立页面，是指没有链接指向该页面，只有知道正确的URL地址才能访问。

链接测试可以自动进行，现在已经有许多工具可以采用。链接测试必须在集成测试阶段完成，也就是说，在整个Web应用系统的所有页面开发完成之后进行链接测试。

（2）表单测试。当用户给Web应用系统管理员提交信息时，就需要使用表单操作，如用户注册、登录及信息提交等。在这种情况下，必须测试提交操作的完整性，以校验提交给服务器的信息的正确性。例如，用户填写的出生日期与职业是否恰当，填写的所属省份与所在城市是否匹配等。如果使用了默认值，还要检验默认值的正确性。如果表单只能接受指定的某些值，则也要进行测试。例如，只能接受某些字符，测试时可以跳过这些字符，看系统是否会报错。

（3）Cookies 测试。Cookies 通常用来存储用户信息和用户对某些应用系统的操作，当一个用户使用 Cookies 访问了某一个应用系统时，Web 服务器将发送关于用户的信息，把该信息以 Cookies 的形式存储在客户端计算机上，这可用来创建动态和自定义页面或存储登录等信息。

如果 Web 应用系统使用了 Cookies，就必须检查 Cookies 是否能正常工作。测试的内容可包括 Cookies 是否起作用，是否按预定的时间进行保存，刷新对 Cookies 有什么影响等。

（4）设计语言测试。Web 设计语言版本的差异可以引起客户端或服务器端严重的问题，如使用哪种版本的 HTML 等。当在分布式环境中开发时，开发人员都不在一起，这个问题就显得尤为重要。除了 HTML 的版本问题外，不同的脚本语言，如 JavaScript、ActiveX、VBScript 或 Perl 等也要进行验证。

（5）数据库测试。在 Web 应用技术中，数据库起着重要的作用，数据库为 Web 应用系统的管理、运行、查询和实现用户对数据存储的请求等提供空间。在 Web 应用中，最常用的数据库类型是关系型数据库，可以使用 SQL 对信息进行处理。

在使用了数据库的 Web 应用系统中，一般情况下，可能发生两种错误，分别是数据一致性错误和输出错误。数据一致性错误主要是由于用户提交的表单信息不正确而造成的，而输出错误主要是由于网络速度或程序设计问题等引起的。针对这两种情况，可分别进行测试。

2. 性能测试

（1）连接速度测试。用户连接到 Web 应用系统的速度根据上网方式的变化而变化，他们或是电话拨号，或是宽带上网。当下载一个程序时，用户可以等较长的时间，但如果仅仅访问一个页面就不会这样。如果 Web 系统响应时间太长（如超过 5 秒），用户就会因没有耐心等待而离开。另外，有些页面有超时的限制，如果响应速度太慢，用户可能还没来得及浏览内容，就需要重新登录了。而且，连接速度太慢，还可能引起数据丢失，使用户得不到真实的页面。

（2）负载测试。负载测试是为了测量 Web 系统在某一负载级别上的性能，以保证 Web 系统在需求范围内能正常工作。负载级别可以是某个时刻同时访问 Web 系统的用户数量，也可以是在线数据处理的数量。例如，Web 应用系统能允许多少个用户同时在线？如果超过了这个数量，会出现什么现象？Web 应用系统能否处理大量用户对同一个页面的请求？

（3）压力测试。负载测试应该安排在 Web 系统发布以后，在实际的网络环境中进行测试。因为一个企业内部员工的数量，特别是项目组人员的数量总是有限的，而一个 Web 系统能同时处理的请求数量将远远超出这个限度，所以，只有放在 Internet 上，接受负载测试，其结果才是正确可信的。

进行压力测试是指实际破坏一个 Web 应用系统，测试系统的反应。压力测试是测试系统的限制和故障恢复能力，也就是测试 Web 应用系统会不会崩溃，在什么情况下会崩溃。黑客常常提供错误的数据负载，直到 Web 应用系统崩溃，接着当系统重新启动时获得存取权。压力测试的区域包括表单、登录和其他信息传输页面等。

3. 可用性测试

（1）导航测试。导航描述了用户在一个页面内操作的方式，在不同的用户接口控制之间，如按钮、对话框、列表和窗口等，或在不同的连接页面之间。通过考虑下列问题，可以决定一个 Web 应用系统是否易于导航：导航是否直观？Web 系统的主要部分是否可通过主页存取？Web 系统是否需要站点地图、搜索引擎或其他导航帮助？

在一个页面上放太多的信息往往起到与预期相反的效果。Web 应用系统的用户趋向于目的驱动，很快地扫描一个 Web 应用系统，看是否有满足自己需要的信息，如果没有，就会很快地离开。很少有用户愿意花时间去熟悉 Web 应用系统的结构，因此，Web 应用系统导航帮助要尽可能的准确。

导航的另一个重要方面是 Web 应用系统的页面结构、导航、菜单及连接的风格是否一致。确保用户凭直觉就知道 Web 应用系统里面是否还有内容，内容在什么地方。

Web 应用系统的层次一旦决定，就要着手测试用户导航功能，让最终用户参与这种测试，效果将更加明显。

网站链接的有效性测试主要包含两方面的工作：一是全面检查网站中的所有链接是否能正常执行；二是检查当在网站的文件列表中修改某个文件或文件夹的相对路径时，与之相关的链接是否能自动更新。上述两方面的工作可以在 Adobe Dreamweaver CS 4 中很方便地予以实现，如图 1-12 所示。

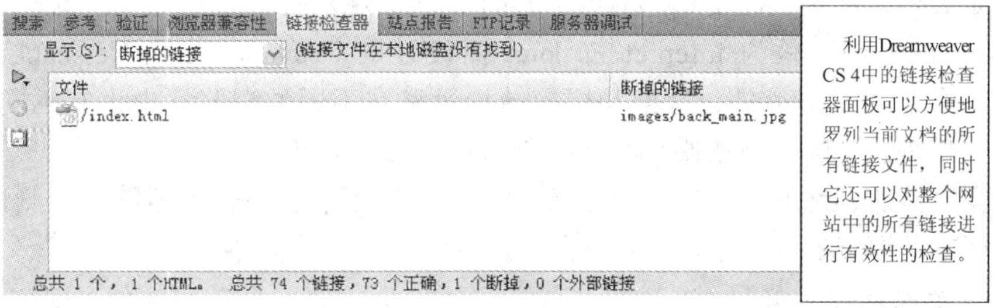

图 1-12　Dreamweavcr CS 4 中的链接检查器面板

（2）图形测试。在 Web 应用系统中，适当的图片和动画既能起到广告宣传的作用，又能起到美化页面的功能。一个 Web 应用系统的图形可以包括图片、动画、边框、颜色、字体、背景及按钮等。图形测试有以下几方面内容。

① 要确保图形有明确的用途，图片或动画不要胡乱地堆在一起，以免浪费传输时间。Web 应用系统的图片尺寸要尽量的小，并且要能清楚地说明某件事情，一般都链接到某个具体的页面。

② 验证所有页面字体的风格是否一致。

③ 背景颜色应该与字体颜色和前景颜色相搭配。

④ 图片的大小和质量也是一个很重要的因素，一般采用 JPG 或 GIF 压缩。

（3）内容测试。内容测试用来检验 Web 应用系统提供信息的正确性、准确性和相关性。

信息的正确性是指信息是可靠的还是误传的，例如，在商品价格列表中，错误的价格可能引起财政问题甚至导致法律纠纷。信息的准确性是指是否有语法或拼写错误。这种测试通常使用一些文字处理软件来进行，如使用 Microsoft Word 的“拼音与语法检查”功能；信息的相关性是指是否在当前页面可以找到与当前浏览信息相关的信息列表或入口，也就是一般 Web 站点中所谓的“相关文章列表”。

（4）整体界面测试。整体界面是指整个 Web 应用系统的页面结构设计，是给用户的一个整体感。例如，当用户浏览 Web 应用系统时是否感到舒适，是否凭直觉就知道要找的信息在什么地方？整个 Web 应用系统的设计风格是否一致？

对整体界面的测试过程，其实是一个对最终用户进行调查的过程。一般 Web 应用系统采取在主页上做一个调查问卷的形式，以得到最终用户的反馈信息。

对所有的可用性测试来说，都需要有外部人员（与 Web 应用系统开发没有联系或联系很少的人员）的参与，最好是最终用户的参与。

4. 客户端兼容性测试

（1）平台测试。市场上有很多不同的操作系统类型，最常见的有 Windows、UNIX 及 Linux 等。Web 应用系统的最终用户究竟使用哪一种操作系统，取决于用户系统的配置。这样，就可能会发生兼容性问题，同一个应用可能在某些操作系统下能正常运行，但在另外的操作系统下可能会运行失败。因此，在 Web 系统发布之前，需要在各种操作系统下对 Web 系统进行兼容性测试。

（2）浏览器测试。浏览器是 Web 客户端最核心的构件，来自不同厂商的浏览器对 Java、JavaScript、ActiveX、plug-ins或不同的 HTML 规格有不同的支持。例如，ActiveX 是 Microsoft 的产品，是为 Internet Explorer 而设计的，JavaScript 是 Netscape 的产品，Java 是 Sun 的产品等。另外，框架和层次结构风格在不同的浏览器中也有不同的显示，甚至根本不显示。不同的浏览器对安全性和 Java 的设置也不一样。

测试浏览器兼容性的一个方法是创建一个兼容性矩阵。在这个矩阵中，测试不同厂商、不同版本的浏览器对某些构件和设置的适应性。

5. 安全性测试

Web 应用系统的安全性测试区域主要有以下几个方面。

（1）现在的 Web 应用系统基本采用先注册、后登录的方式。因此，必须测试有效和无效的用户名和密码，要注意到是否对大小写敏感，容许试多少次，是否可以不登录而直接浏览某个页面等。

（2）Web 应用系统是否有超时的限制，也就是说，用户登录后在一定时间内（如 5 分钟）没有单击任何页面，是否需要重新登录才能正常使用。

（3）为了保证 Web 应用系统的安全性，日志文件是至关重要的。需要测试相关信息是否写进了日志文件，是否可追踪。

（4）当使用了安全套接字（socket）时，还要测试加密是否正确，检查信息的完整性。

（5）服务器端的脚本常常构成安全漏洞，这些漏洞又常常被黑客利用。所以，还要测试没有经过授权就不能在服务器端放置和编辑脚本的问题。

活动6　网站的发布、维护与更新

网站的发布是指利用 CuteFTP 与 LeapFTP 之类的 FTP（文件传输协议）软件将本地的网站文件上传到网站所在的 Web 服务器上，从而使所有的因特网用户都能浏览当前上传的网站文件。

网站的维护与更新是指利用 CuteFTP 与 LeapFTP 之类的 FTP 软件对 Web 服务器上业已发布的网站文件进行上传、下载与修改等操作。当然，也可以创建新的文件并将其上传到网站所在的 Web 服务器上。图 1-13 所示的是利用 CuteFTP 对网站进行发布、维护与更新的示例。

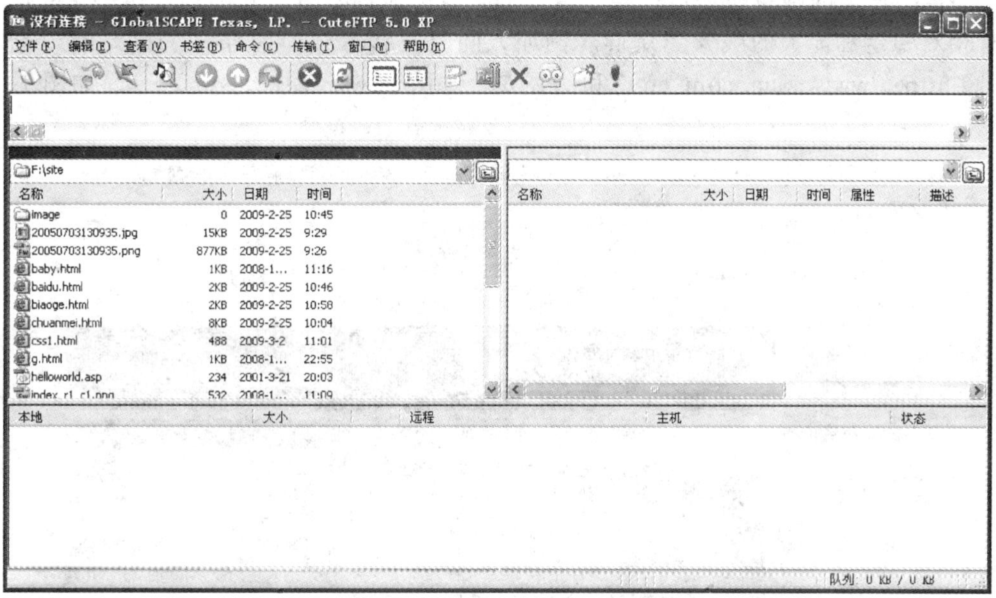

图 1-13　利用 CuteFTP 对网站进行发布、维护与更新的示例

任务3　网站的分类与精品网站赏析

通过本任务的学习，一方面应对网站的分类及其一般原则有个大致的了解和认识，另一方面还应亲自登录到一些比较经典的网站上去看看，使自己在学习真正的网页设计与制作技术之前培养一定的感性意识与理念。

活动1　掌握网站分类的基本原则

网站的分类，应该说每个人都会有自己的原则，但一般的原则是根据网站的相对规模与主体功能进行分类。网站的相对规模，主要是指网站在某个特定的行政区域、某个特定的行业或某个特定的应用领域中其规模的大小。网站的主体功能，主要是指网站能为其主要的服务受众群提供什么样的服务。当在对网站进行分类时，一般需要同时考虑上述两个因素。

就目前而言，也有很多人根据其他的原则来对网站实施分类，但不管采取什么样的分类原则，有一点是永远不变的，即网站的分类始终服务于网站与网站之间进行某种形式、某个层面、某种视角或某个方向的对比。

在本活动后续的4个活动中，将介绍综合门户类网站、垂直门户类网站、艺术类网站和个人网站，与此同时，还推荐一些相对比较经典的网站，建议亲自登录到相关网站并仔细品味。当然，网站的类型远远不止上述提及的4种，本书给出上述4种网站类型的目的仅为了起一个抛砖引玉的作用。

活动2　了解综合门户类网站

综合门户类网站一般是指在某个特定的行政区域内具有绝对的规模优势，并同时具有相对稳定和庞大的服务受众群。例如，同时具备上述所有条件的网站有“新浪网”（http://www.sina.com.cn）和“网易”（http://www.163.com）等，如图1–14所示。

图1–14　综合门户类网站示例

活动3　了解垂直门户类网站

垂直门户类网站一般是指在某个行业中具有绝对的规模优势，同时其主体业务在本行业中处于绝对的领先地位，或者在某个特定的技术领域具有绝对的技术权威，并同时具有相对较大的规模。另外垂直门户类网站的另一个必备的显著特征是专业化程度必须很高，或者说网站的服务内容相对比较单一。例如，在在线图书及相关产品的销售领域，“当当网上书店”（http://www.dangdang.com）相对处于领先地位，如图1–15所示。

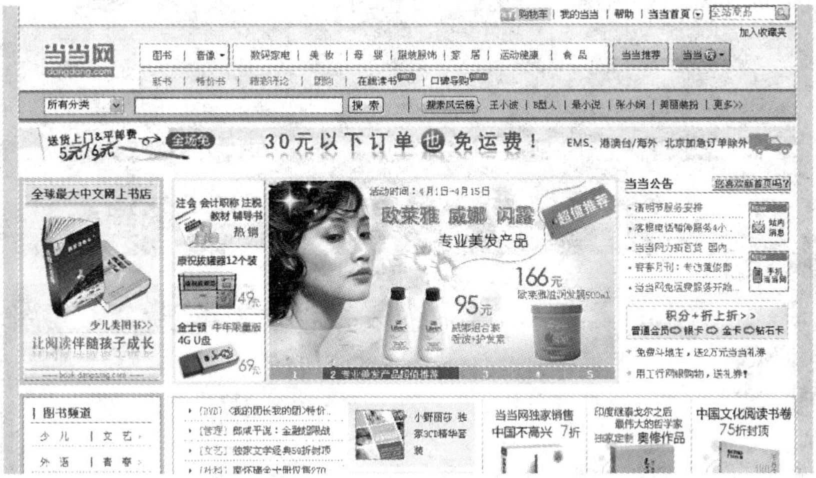

图 1-15　垂直门户类网站示例

活动 4　了解艺术类网站

艺术类网站一般是指网站提供的内容艺术氛围比较浓，同时网站的主体受众群一般均具有一定的艺术素养。在艺术领域，“中国艺术家协会”网站（ http://www. chinaaa. org. cn/）就相当不错，如图 1-16 所示。

图 1-16　艺术类网站示例

活动 5　了解个人网站

个人网站一般是指一些具有某项特长或为了充分展现自我的人群自主开发的网站，该类型网站的显著特征之一就是个性十分鲜明。在平面与网页设计领域，“七色鸟设计空间”（ http://www. colorbird. com）就相当不错，如图 1-17 所示。

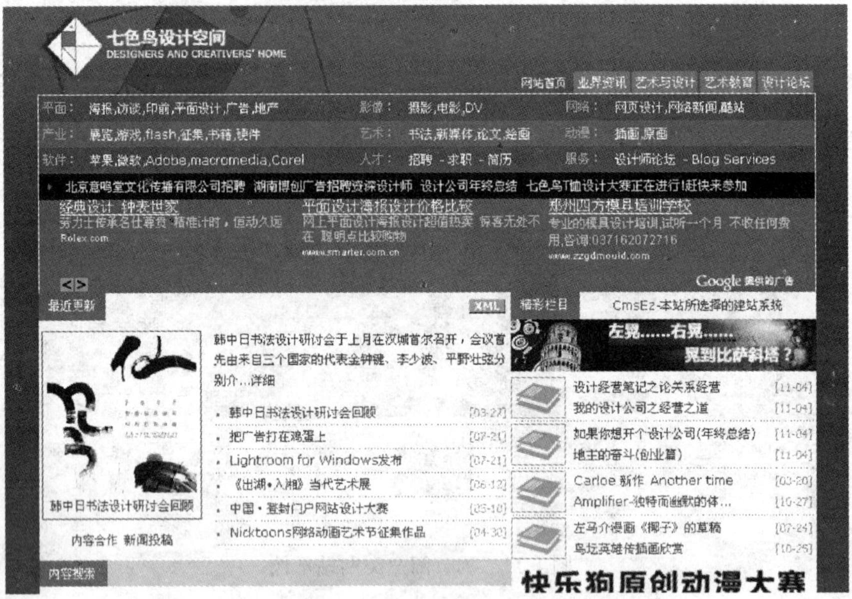

图 1-17　个人网站示例

任务 4　练习与实践

活动 1　思考与练习

（1）网站的组成元素有哪些？请分别做简要描述。

（2）垂直门户类网站的主要特征是什么？

（3）网站开发的技术层面有哪些？

（4）在网站服务器端程序设计与数据库开发领域，常用的工具有哪些？

（5）简要描述网站与网页的关系。

（6）简要描述人机交互的概念及其基本流程。

活动 2　实际演练

（1）上网找出自己最喜欢的大型门户网站、垂直门户网站、个人网站及艺术类网站各一个，并分析网站的特征。

（2）规划一个个人网站的结构图。

学习情境 2　HTML 与 JavaScript 基础

情境描述

本情境让学生了解 HTML 与 JavaScript 的重要性；熟悉 JavaScript 在网页设计中的大致应用；掌握 HTML 的基础知识及其在 Web 标准化中的作用；同时要掌握 JavaScript 的基础知识，为后面的学习打下基础。本情境参考学时 6 学时。

教学目标

1. 能力目标

◆ 能用 HTML 编写简单的网页。

◆ 能熟练操作 HTML 与 JavaScript 相结合的案例。

2. 知识目标

◆ 能熟练掌握 HTML 的语法规范。

◆ 能掌握 JavaScript 的基础知识。

3. 素质目标

◆ 锻炼学生自主学习、举一反三的能力。

◆ 培养学生严谨务实的工作作风。

工作任务

任务 1　HTML

任务 2　JavaScript 基础

任务 3　HTML 与 JavaScript 的应用案例

任务 4　练习与实践

教学策略与教学方法总体考虑

讲授法、案例驱动法、操练法

教学手段

多媒体课件、案例、实训

设备、工具和材料

计算机、记事本软件或 Dreamweaver CS 4 软件

教学效果评价

课堂提问（10%）、作业（10%）、任务考核（30%）、实训（30%）、作品（20%）

参考资料

穆西亚诺，肯尼迪 . HTML&XHTML 权威指南 . 6 版 . 北京：清华大学出版社，2007.

贾素玲 . JavaScript 程序设计 . 北京：清华大学出版社，2007.

任务1 HTML

本任务是掌握HTML的专业术语和HTML标记，学习如何编辑HTML文件。

网页设计与制作的工具大致分为两类：一类是可视化的设计工具，如Adobe Dreamweaver、Microsoft FrontPage等，该类型的工具基本上可以实现“所见即所得”的设计效果；另一类是纯粹的网页设计语言及脚本，如HTML、CSS等，该类型的脚本在设计网页时，需要将设计文件另存为* .html或* .htm之类的文件格式方可形成网页。

活动1 HTML的基本概念

在因特网问世之初，网页设计师一般都是纯粹通过手工编写HTML代码的方式来创建网页，尽管当时的网页中基本上只有文字信息，但就当时看来，这已经是一件很值得骄傲的事情了。现在，尽管有多种可视化的网页设计工具可供选择，但为了使开发工作更具专业水准，也是为了开发动态网页的需要，所以需要学习和熟练掌握HTML及其相关技术。

目前Web标准大潮已经席卷了国内的网站设计领域，许多网站设计师均已经开始学习并应用Web标准。什么是Web标准，现予以介绍。首先，Web标准不是某一个标准，而是一系列标准的集合；其次，网页主要由3部分组成：结构（Structure）、表现（Presentation）和行为（Behavior）；然后，对应的标准也分为3个方面：结构化标准语言主要包括XHTML和XML，表现标准语言主要包括CSS，行为标准主要包括对象模型（如W3C DOM）、ECMAScript等。这些标准大部分由W3C起草和发布，也有一些是其他标准组织制订的标准，比如ECMA（European Computer Manufacturers Association）的ECMAScript标准。

XHTML是The Extensible HyperText Markup Language（可扩展超文本标记语言）的缩写。HTML是一种基本的Web网页设计语言，XHTML是一个基于XML的标记语言，看起来与HTML有些相像，只有一些小的但重要的区别，XHTML就是一个扮演着类似HTML的角色的XML，所以，从本质上说，XHTML是一个过渡技术，结合了部分XML的强大功能及大多数HTML的简单特性。因此，先介绍较为容易上手的HTML知识，之后再介绍两者之间的差异之处。

HTML中经常用到的几个概念包括标记、标记属性、标记属性值、相对路径、绝对路径、URL、双向标记与单向标记。

（1）标记。标记是HTML脚本最基本的单位，网页中所有网页对象的样式均需通过一定的HTML标记对其进行相关定义方可实现。

HTML的语法规定，标记的关键字必须用成对出现的尖括号“< >”括起来，例如，当需要把网页中的某行文字定义成三级标题时，可以使用如下语句：

```
A[m,n]sin(x) <h3>阳光 IT 教育计算机图书出版工程</h3>
```

在上述 HTML 语句中，关键字 <h3> </h3> 即是将文字“阳光 IT 教育计算机图书出版工程”定义成三级标题的标记。

（2）标记属性。标记属性是指用来丰富标记功能的关键字，每个 HTML 标记均有一定数量的标记属性，标记属性与标记属性之间用空格分隔。

例如，HTML 标记 <hr> 用来定义并生成网页中的水平线，但事实上仅用 <hr> 标记生成的水平线还相当粗糙，如果此时给 <hr> 标记赋予水平线的颜色、高度与尺寸等属性，那么水平线的样式肯定会十分丰富，代码如下所示：

```
<hr size="1" color="#ff0000"width="400">
```

上述代码给出了 <hr> 标记的 3 个属性，即 size、color 与 width，它们分别表示 <hr> 标记的粗细、颜色与宽度。

对于 HTML 脚本中的同一标记，其标记属性的数量相对固定，但有时同一标记属性可同时作为多个标记的标记属性，例如，标记属性 size，既可以应用于标记 <hr> 中，也可应用于标记 <font> </font> 中。

（3）标记属性值。标记属性值是指标记中各个标记属性的具体取值，如在 HTML 语句 <form name = "form_name"> </form> 中，字符串“form_name”即属于标记属性 name 的标记属性值。

需要特别注意的是，尽管标记的标记属性值可以不用双引号（" "）括起来，但建议大家尽可能地养成一个比较好的编程习惯，即把每个标记属性的属性值都用引号括起来。

当标记属性的属性值之间存在空格时，则必须用引号（单引号、双引号均可）将属性值括起来，否则必然会引发脚本错误。

（4）相对路径。相对路径是指当前文件相对于本站点内部或本局域网内部某个文件之间的位置，其常规描述方式形如 sample_site/news/news_index.html。

需要注意的是，相对路径的描述与 Microsoft Windows 操作系统中的文件路径的描述方式有很大的区别，因为 Microsoft Windows 操作系统中路径的目录层级是用“\”表示，而网页设计与制作中的相对路径其目录层级是用“/”表示，两者的区别如图 2-1 所示。

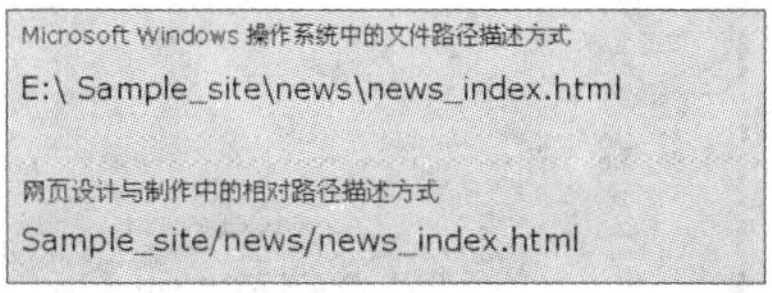

图 2-1　不同的路径描述方式示例

（5）绝对路径。绝对路径是指“http://www.sunitedu.com/itbook/book_show.asp”之类的在全球范围永远唯一的路径。在网页设计与制作中，一旦网站正式发布到 Web 服务器，所有的相对路径均将转换成绝对路径。

例如，假若有一相对路径 ver_1/book/default.asp，当将该相对路径所在的文件 default.asp 发布到域名 http://www.sunitedu.com 的根目录下时，上述相对路径将转换成绝对路径 http://www. sunitedu. com/ver_1/book/default. asp。

（6）URL。URL（Uniform Resource Locator），其中文意思是统一资源定位器。在网页设计与制作领域，一般把相对路径和绝对路径统称为 URL。例如，在 HTML 语句 < img src = "URL" alt = "sunITedu" > 中，标记 < img > 的 src 属性，其取值为 URL，上述描述的意思是 src 属性的属性值可以是某个相对路径或绝对路径。

（7）双向标记与单向标记。在 HTML 中，有的标记既有开始部分又有结束部分，如标记 < div > < /div >。形如 < div > < /div > 之类既有开始部分（ < div > ）又有结束部分（ < /div > ）的标记称为双向标记。很明显，双向标记的开始部分与结束部分区别仅在于结束部分的关键字之前多了一个“/”。

在 HTML 中，也有个别标记只有开始部分而没有结束部分，如标记 < hr >。形如 < hr > 之类的只有开始部分而没有结束部分的标记称之为单向标记。

另外需要说明的是，对于双向标记，其标记属性必须在标记的开始部分加以定义，而对于单向标记，其标记属性也务必定义在其标记的关键字之后，并用空格分隔。

活动 2　熟悉 HTML 脚本编辑器

HTML 脚本属于纯文本文件，因此 HTML 的编辑器理论上可以是任何字处理软件，但在真正的日常应用中，HTML 的编辑器主要有如下几种。

（1）记事本/写字板。在记事本或写字板程序中编辑好 HTML 代码后，需要将当前文件另存为* . htm 或* . html格式的文件，如图 2-2 所示。

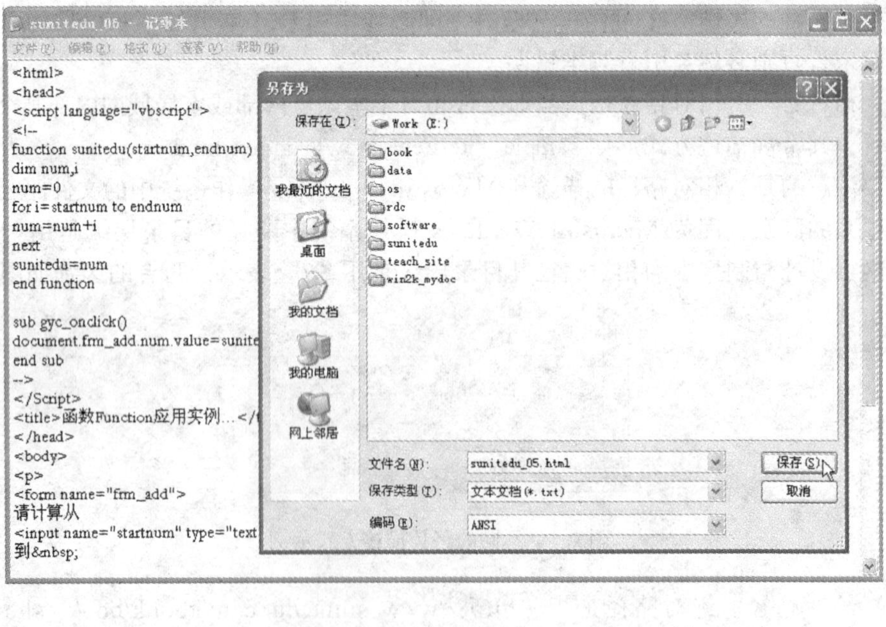

图 2-2　利用记事本/写字板编辑 HTML 代码示例

（2）Adobe Dreamweaver。在 Adobe Dreamweaver 的代码视图中编辑好 HTML 代码后，可直接将文件保存成* . htm或* . html 格式的文件，如图 2-3 所示。

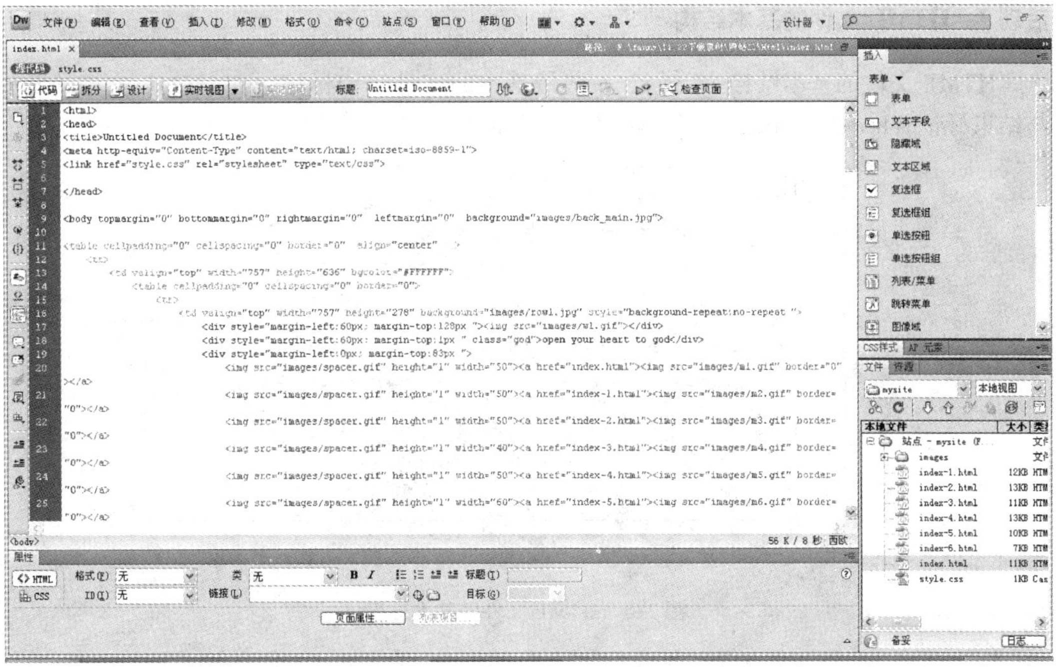

图 2-3　利用 Dreamweaver 编辑 HTML 代码示例

（3）Microsoft FrontPage。同 Adobe Dreamweaver 一样，在 Microsoft FrontPage 的 HTML 视图中编辑好 HTML 代码后，也可直接将文件保存成* .htm 或* .html 格式的文件，如图 2-4 所示。

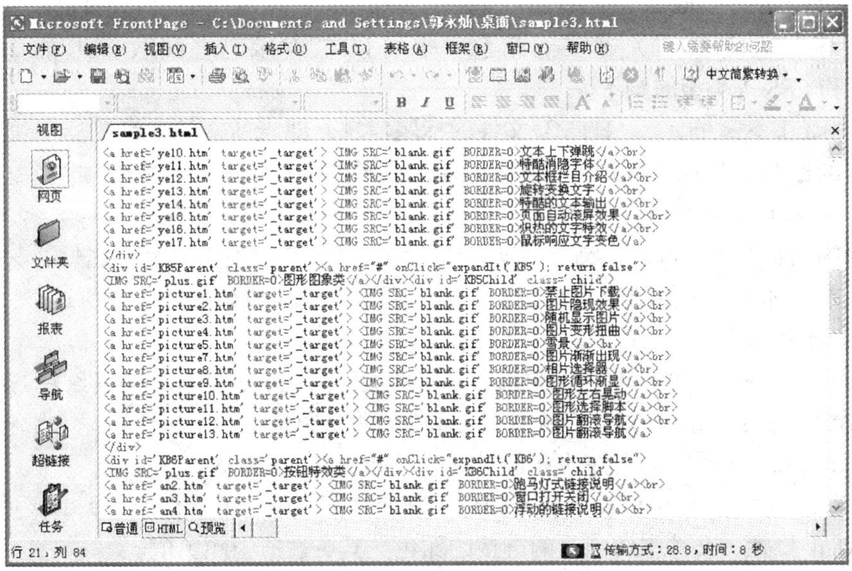

图 2-4　利用 FrontPage 编辑 HTML 代码示例

当然，由于个人喜好和使用习惯等因素，很多网页设计师也用其他一些软件编辑 HTML 代码。对于 HTML 编辑器工具的选择，适合自己的就是最好的。

活动3　HTML文件的基本结构

HTML文件的基本结构主要包含一些最基本的文件结构标记，如HTML文件的开始与结束标记<html> </html>等，如图2-5所示。

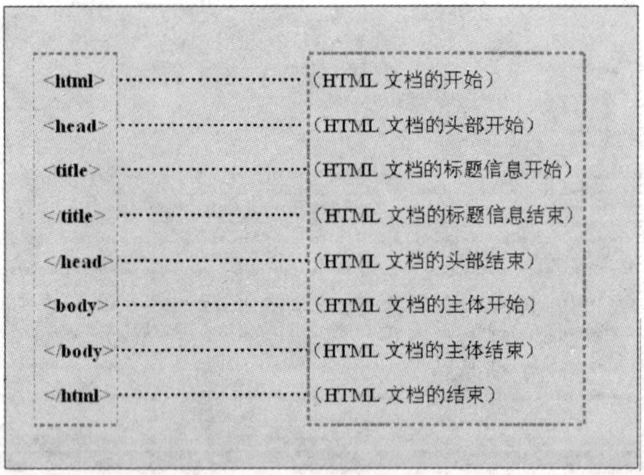

图2-5　HTML文件的基本结构

由图2-5可以看出，HTML文件的最基本结构，主要包含4个标记，即<html> </html>、<head> </head>、<title> </title>与<body> </body>，它们的含义分别如下所述。

（1）<html> </html>。标识HTML文件的开始与结束，在一般的HTML文件中均须具备该标记。

（2）<head> </head>。HTML文件的头部标记，主要用来放置HTML文件的说明信息、搜索当前文件的关键字等信息，也可以在该标记之间放置形如JavaScript、VBScript和CSS等类型的脚本。

（3）<title> </title>。HTML文件的标题信息，即当前文件在浏览器中浏览时在浏览器窗口的标题栏上显示的文字。该标记在几乎所有的HTML文件中均须具备。

（4）<body> </body>。HTML文件的主体标记，即只有在<body> </body>标记中编辑的网页对象才可以在浏览器窗口中显示。该标记具有多个标记属性，其所有的标记属性基本上都是用来控制当前HTML文件的页面属性，具体描述如下所述。

- ◆ Onload属性：载入函数，其取值为URL。
- ◆ Bgcolor属性：文件的背景颜色，其属性值为颜色值，如#ff0000（红色）。
- ◆ Text属性：文件中文本的颜色，其属性值为颜色值。
- ◆ Background属性：文件的背景图像，其属性值为URL。
- ◆ Link属性：文件中链接的初始颜色，其属性值为颜色值。
- ◆ Vlink属性：文件中访问过的链接的颜色，其属性值为颜色值。
- ◆ Alink属性：文件中被激活的链接的颜色，其属性值为颜色值。
- ◆ Leftmargin属性：文件的左边界，其属性值为某个正整数，单位是像素（Pixel）。
- ◆ Topmargin属性：文件的上边界，其属性值为某个正整数，单位是像素（Pixel）。
- ◆ Marginwidth属性：文件的边界宽度，其属性值为某个正整数，单位是像素（Pixel）。

◆ Marginheight 属性：文件的边界高度，其属性值为某个正整数，单位是像素（Pixel）。

活动 4　文本格式化标记及其应用

在 HTML 中，文件的格式化标记主要有以下 8 种，具体内容如下所述。

（1）标题级数标记。在 HTML 中，标题的级别共 6 级，其公共标记是 <h> </h>，即一级标题为 <h1> </h1>、二级标题为 <h2> </h2>，以此类推，六级标题则为 <h6> </h6>，其应用示例如图 2-6 所示。

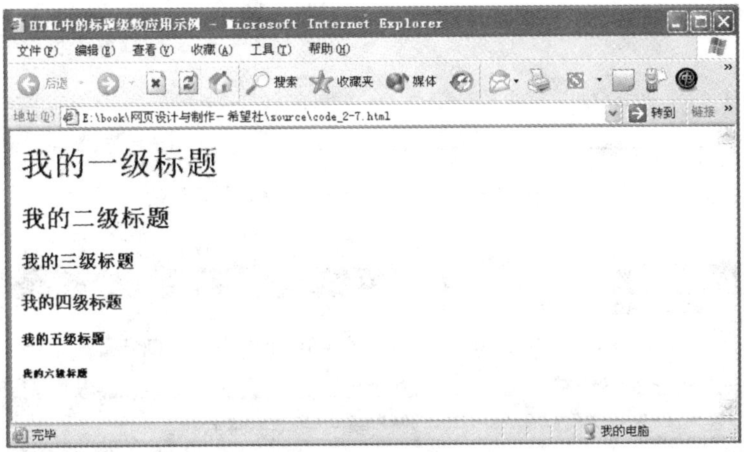

图 2-6　HTML 中的标题级数的应用示例

与图 2-6 对应的 HTML 源代码如下所示。

```
<html>
<head>
<title>HTML 中的标题级数应用示例</title>
</head>
<body>
<h1>我的一级标题</h1>
<h2>我的二级标题</h2>
<h3>我的三级标题</h3>
<h4>我的四级标题</h4>
<h5>我的五级标题</h5>
<h6>我的六级标题</h6>
</body>
</html>
```

（2）文本预定义格式标记。在网页中看到的所有网页对象的样式，必须在 HTML 代码中通过相关的标记对其进行定义方可实现，即使是文本的换段或换行，也必须通过专门的标记进行定义方可实现。

但有的时候，必须把 HTML 代码中被定义对象的代码格式应用到网页中，此时就必须使用 <pre> </pre> 标记，该标记没有属性，即单独使用即可。

对于同一段文字，图 2-7 所示是应用 <pre> </pre> 标记的应用示例，图 2-8 所示是没有应用 <pre> </pre> 标记的应用示例。

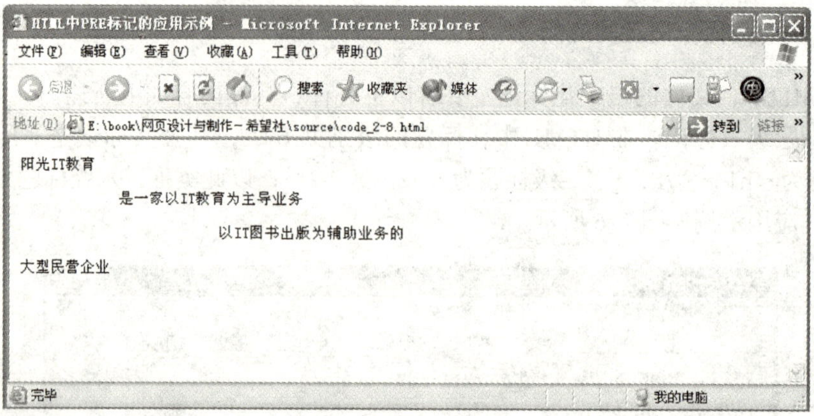

图 2-7　应用 <pre> </pre> 标记的文本显示效果

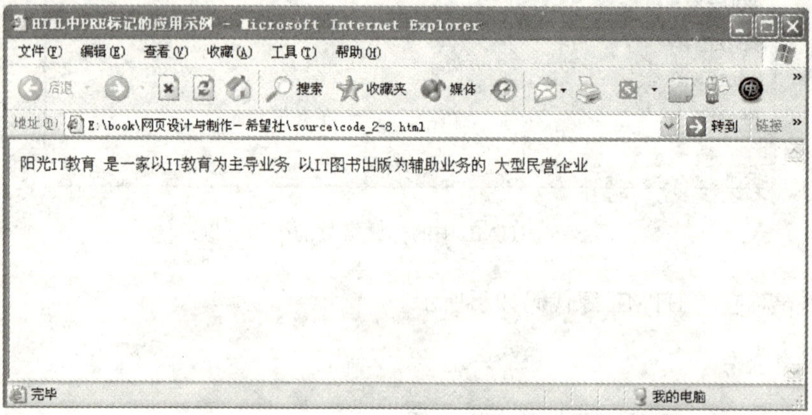

图 2-8　没有应用 <pre> </pre> 标记的文本显示效果

与图 2-7 对应的 HTML 源代码如下（图 2-8 对应的 HTML 源代码只需将图 2-7 所对应的 HTML 源代码中的 <pre> </pre> 标记去掉即可）。

```
<html>
<head>
<title>HTML 中 PRE 标记的应用示例</title>
</head>
<body>
<pre>
阳光 IT 教育

                是一家以 IT 教育为主导业务

                          以 IT 图书出版为辅助业务的
```

```
大型民营企业
</pre>
</body>
</html>
```

(3) 字体、字号与文本颜色标记。在HTML中，字体、字号与文本的颜色的定义标记为<font> </font>，其中，字体、字号与文本的颜色分别用标记<font> </font>的face属性、size属性和color属性加以实现，上述标记属性的具体含义分别如下。

◆ face属性：定义文本的字体，其属性值为系统中存在的某种字体的名称。

◆ size属性：定义文本的字号，其属性值为某个像素（Pixel）值。

◆ color属性：定义文本的颜色，其属性值为颜色值。

有关<font> </font>标记及其上述属性的综合应用示例如图2-9所示。

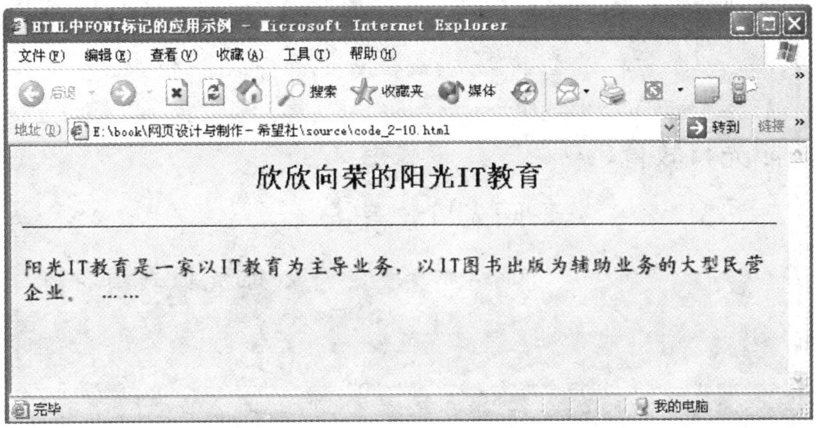

图2-9　<font> </font>标记及其属性的综合应用示例

与图2-9对应的HTML源代码如下所示。

```
<html>
<head>
<title>HTML中FONT标记的应用示例</title>
</head>
<body bgcolor="#e8e8e8">
<h2 align="center">欣欣向荣的阳光IT教育</h2>
<hr size="1" color="#000000">
<p>
<font color="#ff0000" size="4" face="楷体_gb2312">
<b>
阳光IT教育是一家以IT教育为主导业务，
以IT图书出版为辅助业务的大型民营企业。
……
</b>
</font>
</body>
</html>
```

（4）文本的粗体、斜体与下划线标记。在 HTML 中，文本的粗体、斜体与下划线标记分别如下。

◆ 粗体：<b> </b>

◆ 斜体：<i> </i>

◆ 下划线：<u> </u>

（5）文本相对浏览器窗口的对齐与分布标记。在 HTML 中，文本的对齐与分布方式有两种，一种是相对浏览器窗口，另一种是相对浏览器窗口中的某个对象，本书仅介绍文本相对浏览器窗口的对齐与分布标记 <div> </div>。

<div> </div>标记常用的属性是 align，其属性值仅有 3 个，分别是 Left（左对齐）、Center（居中）和 Right（右对齐）。关于 <div> </div>及其属性的应用示例如图 2-10 所示。

图 2-10　<div> </div>标记的应用示例

与图 2-10 对应的 HTML 源代码如下所示。

```
<html>
<head>
<title>HTML 中 DIV 标记的应用示例</title>
</head>
<body>
<font size="6" face="黑体">
<div align="left">阳光 IT 教育</div>
<p>
<div align="center">阳光 IT 教育</div>
<p>
<div align="right">阳光 IT 教育</div>
</font>
</body>
</html>
```

（6）项目符号标记。在 HTML 中，项目符号需要 <ul> <li> </li> </ul>两个标记的组合定义方可完成，其基本语法如下所示。

```
<ul>
<li>项目文本</li>
<li>项目文本</li>
<li>项目文本</li>
</ul>
```

有关项目符号标记的应用示例如图2-11所示。

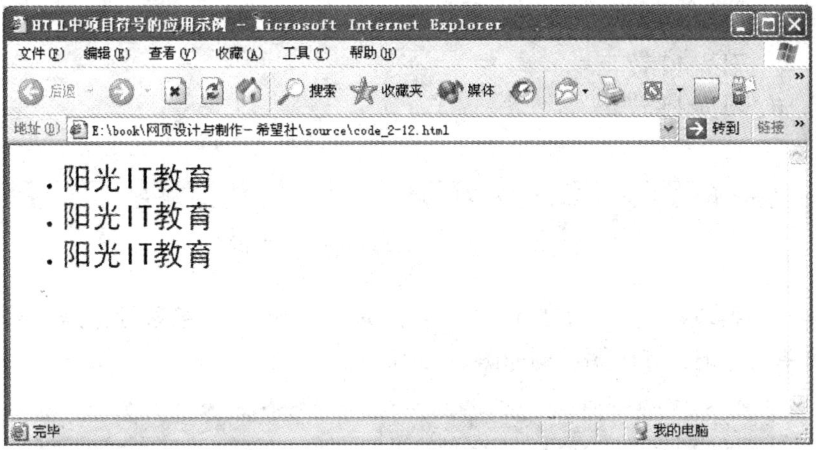

图2-11　项目符号标记的应用示例

与图2-11对应的HTML源代码如下所示。

```
<html>
<head>
<title>HTML中项目符号的应用示例</title>
</head>
<body>
<font size="6" face="黑体">
<ul>
<li>阳光IT教育</li>
<li>阳光IT教育</li>
<li>阳光IT教育</li>
</ul>
</font>
</body>
</html>
```

(7) 项目编号标记。项目符号一般指无序列表，而项目编号一般指有序列表，在HTML中，项目编号的标记及其语法具体如下所示。

```
<ol>
<li>项目文本</li>
<li>项目文本</li>
<li>项目文本</li>
</ol>
```

有关项目编号标记的应用示例如图 2-12 所示（其 HTML 源代码与图 2-11 所对应的 HTML 源代码类似）。

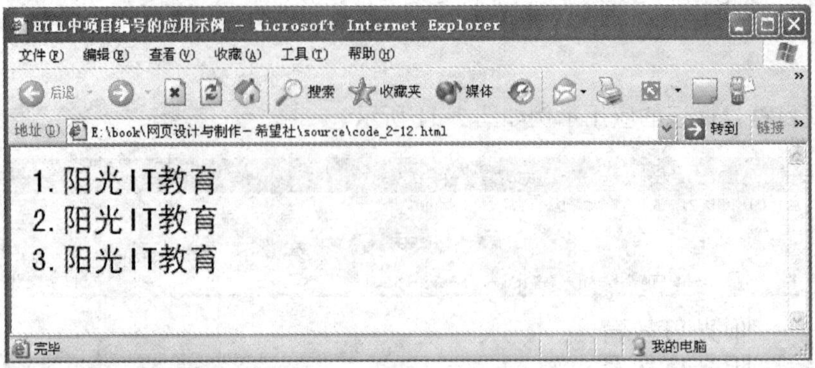

图 2-12 项目编号标记的应用示例

（8）换行与换段标记。在 HTML 中，换行标记是
，换段标记是<p>，上述两个标记均属单向标记，其应用示例如图 2-13 所示。

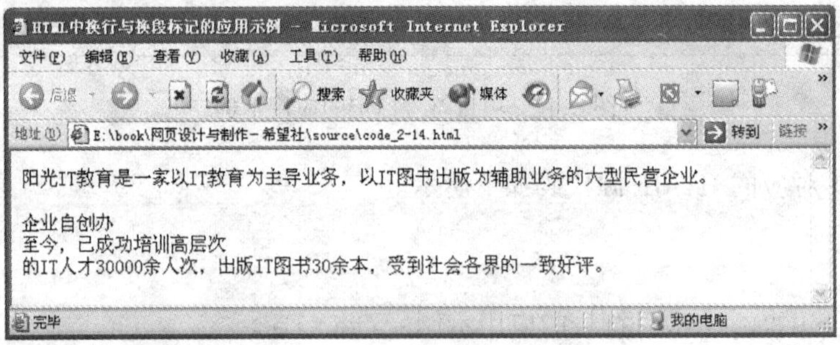

图 2-13 换行与换段标记的应用示例

与图 2-13 对应的 HTML 源代码如下所示。

```
<html>
<head>
<title>HTML 中换行与换段标记的应用示例</title>
</head>
<body>
阳光 IT 教育是一家以 IT 教育为主导业务,以 IT 图书出版为辅助业务的大型民营
企业。
   <p>
企业自创办<br>至今,已成功培训高层次<br>的 IT 人才 30000 余人次,出版
IT 图书 30 余本,受到社会各界的一致好评。
</body>
</html>
```

活动 5 图像标记及其应用

图像在网页设计与制作中的应用十分广泛，在 HTML 中，图像标记为<img>，其属

性有src、width、height、border与alt等，具体含义如下所述。

◆ src属性：表示图像的路径，其属性值为URL。

◆ width属性：表示图像的宽度，其属性值为像素（Pixel）值。

◆ height属性：表示图像的高度，其属性值为像素（Pixel）值。

◆ border属性：表示图像的边框线，其属性值为像素（Pixel）值。

◆ alt属性：表示图像的提示信息，其属性值为字符串。

有关图像标记的语法如下所述。

```
<img src = "URL" width = "Number" height = "number" border = "number" alt = "Character" />
```

有关图像标记及其相关属性的应用示例如图2-14所示。

图2-14　图像标记及其相关属性的应用示例

与图2-14对应的HTML源代码如下。

```
<html>
<head>
<title>HTML中图像标记的应用示例</title>
</head>
<body>
<div align = "center">
<img src = "myphoto.jpg" border = "2" width = "100" height = "130" alt = "这是我的"玉照"^_^ ">
</div>
</body>
</html>
```

活动6　表格标记及其应用

表格在网页设计与制作中主要用来有效与有序地组织网页对象。在HTML中创建表格需要使用<table> <tr> <td> </td> </tr> </table>3个标记方可完成。其中，<table> </table>表示定义表格；<tr> </tr>表示定义表格的行；<td> </td>表示定义表格的列。其具体语法如下所述。

```
<table>          ——开始定义表格
<tr>
<td></td>
…                ——表格中的一行和若干列
<td></td>
</tr>
…                ——表格中的其他行及其列
<tr>
<td></td>
…                ——表格中的一行和若干列
<td></td>
</tr>
</table>         ——表格的定义结束
```

在上述表格的3个标记中，每个标记均具有自身的诸多属性，但表格的行标记（<tr></tr>）属性与列标记（<td></td>）属性基本一致，因为当定义了某行的相关属性后，相当于对该行中所有列（即单元格）的属性统一进行了定义，有关标记<table></table>与标记<td></td>的属性具体如下所述。

（1）标记<table></table>的属性。

◆ Name 属性：表格的名称，其属性值为合法的字符串（命名规则与程序设计语言中的变量命名一致）。
◆ Width 属性：表格的宽度，其属性值为某个绝对值（以像素为单位）或相对值（以百分比为单位）。
◆ Height 属性：表格的高度，其属性值为某个绝对值（以像素为单位）或相对值（以百分比为单位）。
◆ Border 属性：表格的边框线，其属性值为某个像素值。
◆ Bordercolor 属性：表格边框线的颜色，其属性值为颜色值。
◆ Cellspacing 属性：表格中单元格之间的间距，其属性值为某个像素值。
◆ Cellpadding 属性：表格中的行的高度，其属性值为某个像素值。
◆ Bgcolor 属性：表格的背景颜色，其属性值为颜色值。
◆ Background 属性：表格的背景图像，其属性值为 URL。
◆ Align 属性：表格相对于浏览器窗口的对齐方式，其属性值有 3 个，分别是 Left（左对齐）、Center（居中对齐）和 Right（右对齐），表格相对于浏览器窗口默认的对齐方式是左对齐。

（2）标记<td></td>的属性。

◆ Width 属性：单元格的宽度，其属性值为某个绝对值（以像素为单位）或相对值（以百分比为单位）。
◆ Height 属性：单元格的高度，其属性值为某个绝对值（以像素为单位）或相对值（以百分比为单位）。
◆ Border 属性：单元格的边框线，其属性值为某个像素值。
◆ Bordercolor 属性：单元格边框线的颜色，其属性值为颜色值。
◆ Bgcolor 属性：单元格的背景颜色，其属性值为颜色值。

◆ Background 属性：单元格的背景图像，其属性值为 URL。
◆ Align 属性：单元格的水平对齐方式，其属性值共有 3 个，分别是 Left（水平方向左对齐）、Center（水平方向居中对齐）和 Right（水平方向右对齐）。
◆ Valign 属性：单元格垂直方向的对齐方式，其属性值共有 4 个，分别是 Top（顶部对齐）、Middle（垂直居中对齐）、Bottom（底部对齐）和 Baseline（基线对齐）。
◆ Colspan 属性：水平方向合并单元格，其属性值为整数。
◆ Rowspan 属性：垂直方向合并单元格，其属性值为整数。

有关表格及其相关属性的综合应用示例如图 2-15 所示，与图 2-15 对应的 HTML 源代码如下所示。

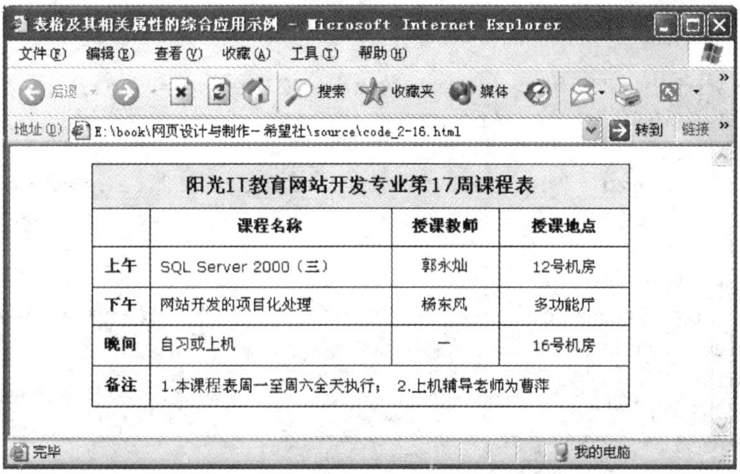

图 2-15　表格及其相关属性的综合应用示例

```
<html>
<head><title>表格及其相关属性的综合应用示例</title></head>
<body text="#000000" bgcolor="#ffffff">
<table width="458" border="0" cellspacing="1" cellpadding=
"8" align="center" bgcolor="#000000">
   <tr bgcolor="e8e8e8">
     <td colspan="4" height-"36">
        <div align="center"><font color="#ffffff" face=
"verdana"><b>
阳光IT教育网站开发专业第17周课程表</font>
</b></font>
</div>
     </td>
   </tr>
   <tr bgcolor="#ffffff">
     <td width="32"><font size="2" face="verdana"></font>
</td>
     <td width="190">
        <div align="center"><b><font size="2" face=
"verdana">课程名称</font></b></div>
     </td>
```

```
        <td width="75">
          <div align="center"><b><font size="2" face=
"verdana">授课教师</font></b></div>
        </td>
        <td width="95">
          <div align="center"><b><font size="2" face=
"verdana">授课地点</font></b></div>
        </td>
      </tr>
      <tr bgcolor="#ffffff">
        <td width="32">
          <div align="center"><b><font size="2" face="verdana">上
午</font></b></div>
        </td>
        <td width="190"><font size="2" face="verdana">SQL
         Server 2000(三)</font></td>
        <td width="75">
          <div align="center"><font size="2" face="verdana">郭
永灿</font></div>
        </td>
        <td width="95">
          <div align="center"><font size="2" face="verdana">12
号机房</font></div>
        </td>
      </tr>
      <tr bgcolor="#ffffff">
        <td width="32">
          <div align="center"><b><font size="2" face="verdana">下
午</font></b></div>
        </td>
        <td width="190"><font size="2" face="verdana">网站开发的
项目化处理</font></td>
        <td width="75">
          <div align="center"><font size="2" face="verdana">杨
东风</font></div>
        </td>
        <td width="95">
          <div align="center"><font size="2" face="verdana">多
功能厅</font></div>
        </td>
      </tr>
      <tr bgcolor="#ffffff">
        <td width="32">
          <div align="center"><b><font size="2" face="verdana">晚
间</font></b></div>
        </td>
        <td width="190"><font size="2" face="verdana">自习或上机
</font></td>
        <td width="75">
          <div align="center"><font size="2" face="verdana">-
```

```
</font></div>
        </td>
        <td width="95">
          <div align="center"><font size="2" face="verdana">16 号机房</font></div>
        </td>
      </tr>
      <tr bgcolor="#ffffff">
        <td width="32">
          <div align="center"><b><font size="2" face="verdana">备注</font></b></div>
        </td>
        <td colspan="3"><font face="verdana" size="2">1. 本课程表周一至周六全天执行;   2. 上机辅导老师为曹萍</font></td>
      </tr>
    </table>
    </body>
    </html>
```

活动 7　链接标记及其应用

学习情境 1 曾就网站的组成元素、网站与网页的关系两个命题做过相对详细的描述，其中曾多次涉及有关链接的问题，由此可见链接在整个网站的开发过程中是何其重要。

在 HTML 中，链接的标记为 <a> </a>，其常用属性有 href、target、title 和 name，它们各自的含义分别如下所述。

◆ href 属性：链接源的目标链接 URL，其属性值为 URL。

◆ title 属性：链接源的提示信息，其属性值为字符串。

◆ name 属性：锚点链接的锚点名称，其属性值为字符串。

有关链接标记及其属性的综合应用示例如图 2-16 所示。

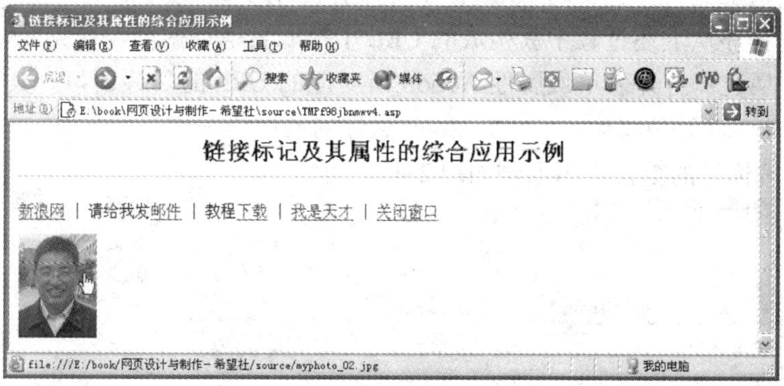

图 2-16　链接标记及其属性的综合应用示例

与图 2-16 对应的 HTML 源代码如下所示。

```
<html>
<head>
<title>链接标记及其属性的综合应用示例</title>
</head>
```

```
<body bgcolor = "#FFFFFF" text = "#000000" >
<h2 align = "center" >链接标记及其属性的综合应用示例 </h2 >
<hr size = "1" color = "#cccccc" >
<p > <a href = "http://www.sina.com.cn" >新浪网 </a > |
请给我发 <a href = "mailto:guoyongcan@vip.sina.com" >邮件 </a >
|教程 <a href = "http://www.sunitedu.com/download/site.rar" >下
载 </a >
|<a href = "javascript:alert('我是天才！')" >我是天才 </a >
|<a href = "javascript:window.close()" >关闭窗口 </a > </p >
<p > <a href = "myphoto_02.jpg" > <img src = "myphoto.jpg" width
= "81" height = "104" border = "0" alt = "徘徊在激情与理性的边缘" > </a >
</p >
<p >  </p >
</body >
</html >
```

活动 8　表单标记及其应用

有关人机交互的概念及其交互流程，在学习情境 1 中已做过详细的介绍，本活动中的表单就是用来实现基于 Web 的人机交互的介质。在 HTML 中，有关表单标记的使用方法具体如下。

（1）表单域标记。在 HTML 中，表单域的标记为 <form> </form>，该标记共有 name、action、method 和 target 等 4 个标记属性，上述各标记属性的含义分别如下所述。

- Name 属性：表单域的名称，其属性值为合法的字符串（一般是英文名称）。
- Action 属性：处理当前表单域的 Web 服务器端的文件所在的 URL（如 http://www.sunitedu.com/search/search_book.asp），其属性值为 URL。
- Method 属性：发送表单域数据的方式，其属性值为 post 和 get，其中 post 方式表示以打包的方式向 Web 服务器递交表单数据；而 get 方式表示首先将被递交的表单数据追加到目标递交的 URL 中（同时生成新的 URL），然后 Web 服务器端的表单处理程序从上述过程中新生成的 URL 中提取表单数据。
- Target 属性：打开表单域属性 Action 所对应的 URL 的目标窗口，其属性值共有 4 个，与链接标记 <a> </a> 中 target 属性的属性值一致。

有关表单域标记的综合应用示例如图 2-17 所示。

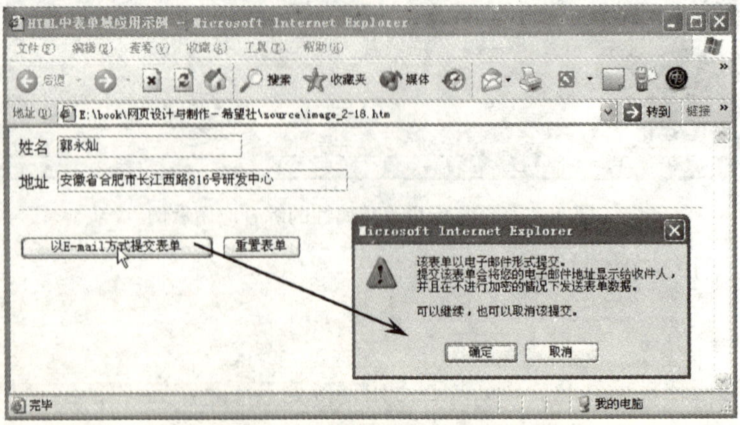

图 2-17　表单域标记的综合应用示例

与图 2-17 对应的 HTML 源代码如下所示。

```
<html>
<head>
<title>HTML 中表单域应用示例</title>
</head>
<body bgcolor="#ffffff" text="#000000">
<form name="form_name" method="post" action="mailto:guoyongcan
@vip.sina.com">
  <p>姓名
<input type="text" name="username" size="25">
  </p>
  <p>地址
<input type="text" name="address" size="40">
  </p>
  <hr size="1" color="#cccccc">
  <p>
    <input type="submit" name="submit1" value="以 E-mail 方式提
交表单">
    <input type="reset" name="submit2" value="重置表单">
  </p>
</form>
</body>
</html>
```

(2) 单行文本域标记。在 HTML 中，单行文本域有两种：一种是普通文本域；另一种是密码域。在普通文本域中输入字符后是以明文的方式显示，而在密码域中输入字符时显示的是暗文。

普通文本域的 HTML 语法描述为 <input type="text" name="character" size="number" value="character" maxlength="number">，其中，属性 type 表示文本域的类型；属性 name 表示文本域的名称；属性 size 表示文本域的尺寸（长度）、属性 value 表示文本域的初始值；属性 maxlength 表示文本域的最大字符数。

密码域的语法及其使用方法与普通文本域基本一致，唯一不同的是 type 属性的属性值为 password，即其语法描述为 <input type="password" name="character" size="number" value="character" maxlength="number">。

有关单行文本域标记的综合应用示例如图 2-18 所示。

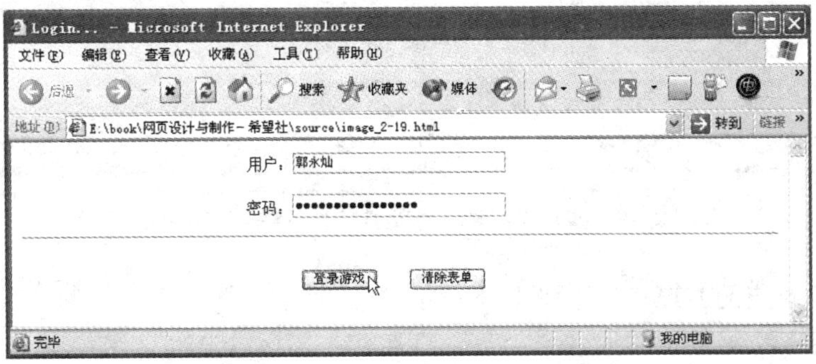

图 2-18　单行文本域标记的综合应用示例

与图 2-18 对应的 HTML 源代码如下所示。

```
<html>
<head>
<title>Login... </title>
</head>
<body>
<center>
<form name="checkout_focus">
用户:<input type="text" name="username" size="30"><p>
密码:<input type="password" name="password" size="33"><p>
<hr size="1"><p>
<input type="button" value="登录游戏">
  
<input type="reset" value="清除表单">
</form>
</center>
</body>
</html>
```

(3) 多行文本域标记。多行文本域主要用来给用户填写留言或编写 E-mail 正文等信息，在 HTML 中多行文本域的标记为 <textarea> </textarea>，其常用属性共有 rows、cols 和 name 等 3 个，具体内容如下。

◆ rows 属性：多行文本域的行数，其属性值为某个正整数。

◆ cols 属性：多行文本域的列数，其属性值为某个正整数。

◆ name 属性：多行文本域的名称，其属性值为字符串。

有关多行文本域标记及其属性的综合应用示例如图 2-19 所示。

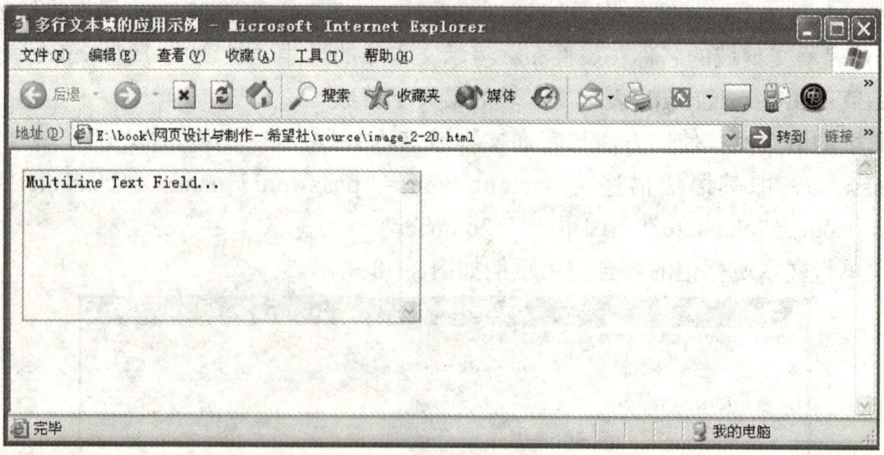

图 2-19　多行文本域标记及其属性的综合应用示例

与图 2-19 对应的 HTML 源代码如下所示。

```
<html>
<head>
```

```
<title>多行文本域的应用示例</title>
</head>
<body>
<form>
<textarea rows="10" cols="45" name="sunitedu">MultiLine
Text Field...</textarea>
</form>
</body>
</html>
```

（4）复选框标记。在网页设计与制作中，复选框的应用十分广泛，它的默认效果是允许用户对某项内容进行多项选择。在 HTML 中，复选框的默认语法为 <input type="checkbox" name="checkbox_name" value="sport" checked>，其属性的含义描述分别如下。

◆ type 属性：标识复选框的固定关键字 checkbox，在所有的 <input> 标记中，type 属性的属性值专门用来区分不同类型的表单元素。
◆ name 属性：复选框的名称，其属性值为字符串。
◆ value 属性：复选框的初始值，其属性值为字符串（中英文均可）。
◆ checked 属性：表示复选框的初始状态属于被选中状态，该属性无属性值。

需要注意的是，在当前文件的同一组复选框按钮中，复选框标记的 name 属性其属性值应各不相同，否则复选框就成为了单选按钮。

有关复选框标记及其属性的综合应用示例如图 2-20 所示。

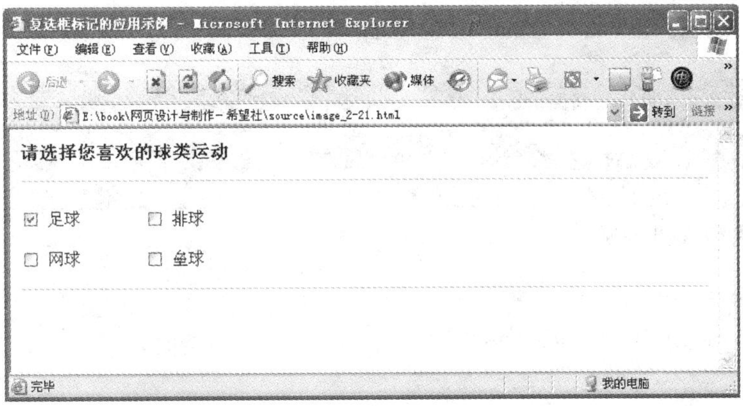

图 2-20　复选框标记及其属性的综合应用示例

与图 2-20 对应的 HTML 源代码如下所示。

```
<html>
<head><title>复选框标记的应用示例</title></head>
<body>
<p><h3>请选择您喜欢的球类运动</h3>
<hr size="1" color="#cccccc"><p>
<form>
```

```
<input type = "checkbox" name = "cb_01" value = "a" checked >  足球
      
<input type="checkbox" name="cb_02" value="b"> 排球<p>
<input type="checkbox" name="cb_03" value="c"> 网球
      
<input type="checkbox" name="cb_04" value="d"> 垒球<p>
<hr size="1" color="#cccccc">
</form>
</body>
</html>
```

（5）单选按钮标记。与复选框的功能相似，在网页设计与制作中，单选按钮的应用十分广泛，它的默认效果是限制用户对某项内容只能进行其中一项的选择。在 HTML 中，单选按钮的默认语法为 <input type = "radio" name = "radio_name" value = "football" checked>，其属性的含义描述分别如下所述。

◆ type 属性：标识单选按钮的固定关键字 radio。

◆ name 属性：单选按钮的名称，其属性值为字符串。

◆ value 属性：单选按钮的初始值，其属性值为字符串（中英文均可）。

◆ checked 属性：表示单选按钮的初始状态属于被选中状态，该属性无属性值。

在当前文件的同一组单选按钮中，单选按钮标记的 name 属性其属性值应全都一样，否则单选按钮就成了复选框。

有关单选按钮标记及其属性的综合应用示例如图 2-21 所示。

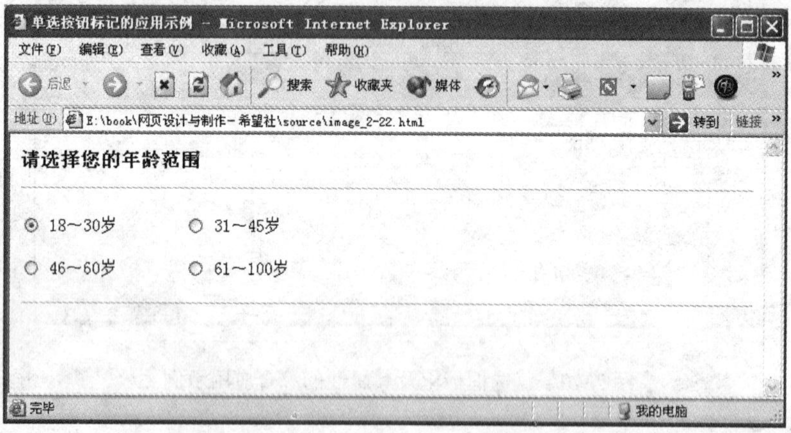

图 2-21　单选按钮标记及其属性的综合应用示例

与图 2-21 对应的 HTML 源代码如下：

```
<html>
<head>
<title>单选按钮标记的应用示例</title>
```

```
</head>
<body>
<p><h3>请选择您的年龄范围</h3>
<hr size="1" color="#cccccc"><p>
<form>
<input type="radio" name="age" value="a" checked> 18～
30岁
      
<input type="radio" name="age" value="b"> 31～45岁<p>
<input type="radio" name="age" value="c"> 46～60岁
      
<input type="radio" name="age" value="d"> 61～100岁
<p>
<hr size="1" color="#cccccc">
</form>
</body>
</html>
```

(6) 下拉菜单与下拉列表标记。在网页设计与制作中，下拉菜单或下拉列表的应用十分广泛，它一方面能有效地节省有限的网页页面空间，另一方面也很直观。在HTML中下拉菜单或下拉列表的创建需要通过<select><option></option></select>两个标记的组合应用方可实现，其语法如下所示。

```
<select name="character">
<option value="character_1">chatacter 1</option>
<option value="character_2">chatacter 2</option>
…
<option value="character_3">chatacter n</option>
</select>
```

下拉列表的语法与下拉菜单的语法基本一致，唯一的区别就是将标记<select></select>中的size属性设置为一个大于1的整数即可（size的属性值等于1时表示下拉菜单，大于1即表示下拉列表），其语法如下所示。

```
<select name="character" size="number">(number必须是大于1的
整数)
<option value="character_1">chatacter 1</option>
<option value="character_2">chatacter 2</option>
…
<option value="character_3">chatacter n</option>
</select>
```

在下拉菜单或下拉列表的语法中，<option></option>标记的主要属性分别是value和selected，其中属性value表示下拉菜单或下拉列表的初始值，而属性selected则表示当前下拉菜单或下拉列表选项的默认状态属于选中状态，有关下拉菜单或下拉列表标记及其属性的综合应用示例如图2-22所示。

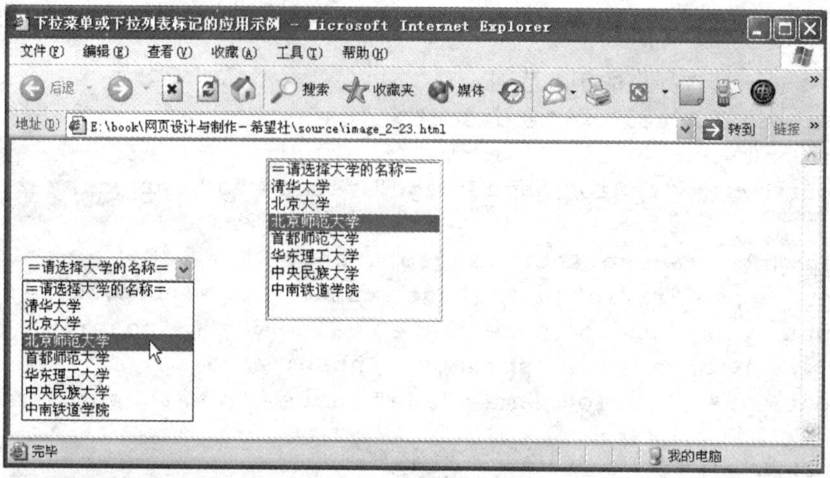

图 2-22　下拉菜单或下拉列表标记及其属性的综合应用示例

与图 2-22 对应的 HTML 源代码如下所示。

```
<html>
<head>
<title>下拉菜单或下拉列表标记的应用示例</title>
</head>
<body>
<p>
<form>
<select>
<option value="">=请选择大学的名称=</option>
<option value="university/u_info/u_info_01.asp">清华大学
</option>
<option value="university/u_info/u_info_02.asp">北京大学
</option>
<option value="university/u_info/u_info_03.asp">北京师范大学
</option>
<option value="university/u_info/u_info_04.asp">首都师范大学
</option>
<option value="university/u_info/u_info_05.asp">华东理工大学
</option>
<option value="university/u_info/u_info_06.asp">中央民族大学
</option>
<option value="university/u_info/u_info_07.asp">中南铁道学院
</option>
</select>
      
<select size="9">
<option value="">=请选择大学的名称=</option>
<option value="university/u_info/u_info_01.asp">清华大学
</option>
<option value="university/u_info/u_info_02.asp">北京大学
```

```
</option>
  <option value="university/u_info/u_info_03.asp">北京师范大学
</option>
  <option value="university/u_info/u_info_04.asp">首都师范大学
</option>
  <option value="university/u_info/u_info_05.asp">华东理工大学
</option>
  <option value="university/u_info/u_info_06.asp">中央民族大学
</option>
  <option value="university/u_info/u_info_07.asp">中南铁道学院
</option>
  </select>
  </form>
  </body>
  </html>
```

（7）按钮标记。各式各样的按钮，在网页设计与制作中是用得最多的表单元素之一。在HTML中，按钮的类型分为提交按钮、普通按钮和重置按钮3种，其中提交按钮一般用来向Web服务器端的表单处理程序发送表单数据，普通按钮一般用来通过onclick（单击）之类的鼠标事件触发某个过程，而重置按钮一般用来清除用户在表单域中输入的值，即将表单域中所有表单元素的状态恢复到默认状态。在HTML中，按钮的通用语法为<input type="submit/button/reset" value="character" name="character">。在上述语法中，属性type的属性值submit、button和reset分别表示提交按钮、普通按钮和重置按钮，属性value表示按钮的标签（即显示在按钮上的文字），属性name表示按钮的名称。有关按钮标记及其相关属性的应用示例如图2-23所示。

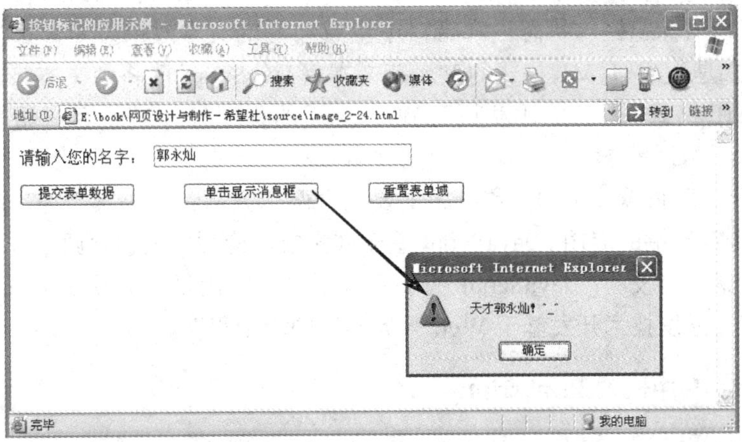

图2-23 按钮标记及其相关属性的应用示例

与图2-23对应的HTML源代码如下所示。

```
<html>
<head><title>按钮标记的应用示例</title></head>
<body>
<p>
```

```
<form method="post" action="mailto:guoyongcan@vip.sina.com">
<p>
请输入您的名字:
<input type="text" name="username" size="35"><p>
<input type="submit" value="提交表单数据" name="submit">
    
<input type="button" value="单击显示消息框" onclick="alert('天才郭永灿! ^_^')">
    
<input type="reset" value="重置表单域" name="submit">
</form>
</body>
</html>
```

任务2 JavaScript 基础

本任务主要介绍 JavaScript 的基础知识，如何在网页中使用 JavaScript 代码，以及 JavaScript 的基本语法和语句。

活动 1 JavaScript 概述

JavaScript 是一门简单易学的 Web 编程语言，它以强大的功能、良好的接口能力及接近自然语言的语法而深受广大 Web 开发人员的喜爱。

利用 JavaScript 编写的程序，既可以应用于客户端，也可以应用于 Web 服务器端。在 JavaScript 基于客户端的应用中，主要包含 3 个领域：一是改善网页的效果（JavaScript 能在浏览器窗口的标题栏、状态栏和窗口中生成动态的文本效果，如大家常见的“跑马灯”效果）；二是生成 HTML 格式的 E-mail 文本（JavaScript 能将纯文本格式的 E-mail 正文修改成 HTML 格式）；三是开发基于 Web 应用的程序（如基于客户端的搜索引擎程序）。

JavaScript 在网页设计中的大致应用主要包含两个方面：一是基于客户端的应用，二是基于 Web 服务器端的应用。JavaScript 基于客户端的应用主要包含两个方面：网页特效和表单元素的聚焦与校验。JavaScript 基于服务器端的应用是指利用 JavaScript 结合 ASP 之类的动态网页开发技术开发基于 Web 服务器端的应用程序。

活动 2 在 HTML 中嵌入 JavaScript

在 HTML 中嵌入 JavaScript 的方法有两种：一种是直接将 JavaScript 脚本嵌入到 HTML 源代码中，另一种是首先将 JavaScript 代码保存成一个*.js 格式的文件，然后将该文件以外联的方式嵌入到 HTML 源代码中，具体描述如下。

（1）直接将 JavaScript 代码直接嵌入到 HTML 源代码中。

```
<script language="javascript">
<!--
JavaScript 脚本
```

```
// -->
</script>
```

（2）以外联的方式将 JavaScript 代码嵌入到 HTML 源代码中。

```
<script language="javascript" src="URL"></script>
```

若需在 Web 服务器端的 HTML 源代码中嵌入 JavaScript 代码，可使用以下 4 种语法中的任意一种，具体描述如下。

① 语法一。

```
<script language="javascript" runat="server">
<!--
JavaScript 脚本
// -->
</script>
```

② 语法二。

```
<script language="javascript" src="URL" runat="server">
</script>
```

③ 语法三。

```
<server language="javascript">
<!--
JavaScript 脚本
// -->
</server>
```

④ 语法四。

```
<server language="javascript" src="URL"></server>
```

在上述将 JavaScript 嵌入到 HTML 源代码中的语法中，标记<script></script>和标记<server> </server>的属性 language 表示源代码的语言类型（如 JavaScript 和 VBScript 等），src 属性表示当前外联的* .js 文件所在的 URL，runat 属性限定当前脚本运行的环境。还有就是上述语法中的注释标记<!--　// -->，其意思是指当浏览当前网页的浏览器不支持或不完全支持 JavaScript 时，可以用该注释标记将 JavaScript 脚本屏蔽掉。

在 HTML 中，JavaScript 代码既可以嵌入到 HTML 文件中的<head></head>标记之间，也可以嵌入到 HTML 文件中的<body></body>之中。尽管上述两个嵌入的位置没有本质上的区别，但如果将 JavaScript 脚本嵌入到 HTML 源代码的<head></head>标记之间，那么 JavaScript 在页面载入的初始阶段就将被先行载入。

活动 3　JavaScript 的基本语法

学习任何一种程序语言，其基本语法知识的学习都是必需的，因为很多程序语言即使在编程思路上十分相似，但它们的语法总会有所区别。

本活动将介绍 JavaScript 中的变量、基本数据类型、运算符、基本语句和函数等知识，具体描述如下。

1. 变量

在 JavaScript 中，变量的声明有显式声明和隐式声明两种方式，其中显式声明变量的关键字是 var，如 var sunitedu；而隐式声明变量无须引入关键字 var，如若需要隐式声明变量 sunitedu，则直接引用它即可。

在 JavaScript 中变量的类型分为全局变量与局部变量，其中局部变量只能在其限定的范围内使用，若超出该范围则必须重新声明，例如，在函数内部定义的变量就只能在函数体内部引用，在函数体以外使用它时必须重新声明；而 JavaScript 的全局变量，只要声明一次或引用一次即可在整个程序中任意引用。

另外需要注意的是，JavaScript 中的变量名称是严格区分大小写的，而且其名称还得遵循一定的命名规范，具体内容如下所述。

◆ 变量名的开头必须是英文字母，而不能是阿拉伯数字或下划线之类的其他字符。
◆ 变量名之间不能有空格。
◆ 变量名不可以是 JavaScript 中的保留字。
◆ 变量名中间不能包含句点（.）等非法字符。
◆ 变量名必须是英文字母、下划线或阿拉伯数字等字符的组合，不可使用中文。

2. 基本数据类型

在 JavaScript 中，基本的数据类型共有 3 种：布尔类型（Boolean），数字类型（Number）与字符类型（String）。

布尔数据类型（Boolean）的返回值只能是 false（假）或 true（真），是比较运算的运算结果，例如，在 JavaScript 语句 var b =5 <2 中，b 的返回值是 false（假）。

数字数据类型（Number）是 JavaScript 中最基本的数据类型，其取值范围如下所述。

◆ 正数的取值范围：5e－324～1.797693e＋308。
◆ 负数的取值范围：－1.797693e＋308～－5e－324。

字符数据类型（String）是指包含在两个单引号（' '）或双引号（" "）之间的字符，当然也可以是没有任何字符的空字符串。

3. 运算符

在 JavaScript 中，数据的运算符主要有逻辑运算符、比较运算符、算术运算符、赋值运算符和字符串运算符等。

（1）逻辑运算符。逻辑运算符共有 3 个，分别是逻辑与（&&）、逻辑或（||）与逻辑非（!），有关逻辑运算符的运算结果详见表 2-1。

表 2-1　逻辑运算符的运算结果

运算符	操作数	操作数	操作数	操作数	结　果
&&	操作数 A	操作数 B	……	操作数 N	若所有操作数为 true，则结果为 true，只要有任意一个操作数为 false，则结果为 false
||	操作数 A	操作数 B	……	操作数 N	只要有一个操作数为 true，则结果为 true
!	操作数 M				若操作数 M 为 true，则结果为 false；若操作数 M 为 false，则结果为 true

（2）比较运算符。在JavaScript中，常用的比较运算符共有8种（见表2-2），比较运算符的运算结果为布尔值（true或false）。

表2-2 比较运算符的说明及其举例

运算符	说明	举例
==	比较两个操作数的值是否相等，若相等，则返回true，否则返回false	1==1（返回值true） 4==5（返回值false）
!=	若两个操作数的值不相等，则返回true，否则返回false	3!=15（返回值true） 9!=9（返回值false）
>	若第一个操作数（操作符左边）比第二个操作数（操作符右边）大，则返回true，否则返回false	5>4（返回值true） 7>9（返回值false）
<	若第一个操作数（操作符左边）比第二个操作数（操作符右边）小，则返回true，否则返回false	5<8（返回值true） 7<1（返回值false）
>=	若第一个操作数（操作符左边）大于或等于第二个操作数（操作符右边），则返回true，否则返回false	5>=5（返回值true） 7>=12（返回值false）
<=	若第一个操作数（操作符左边）小于或等于第二个操作数（操作符右边），则返回true，否则返回false	9<=9（返回值true） 7<=1（返回值false）
===	若两个操作数的数据类型和值同时相等，则返回true，否则返回false	4===4（返回值true） 2==="2"（返回值false）
!==	若两个操作数的数据类型和值都不相等，则返回true，否则返回false	3!=="5"（返回值true） 8!==8（返回值false）

（3）算术运算符。算术运算符主要用来处理一些数学计算，其说明及举例见表2-3所示。

表2-3 算术运算符的说明及其举例

运算符	说明	举例
+	两个操作数相加	3+4=7
-	两个操作数相减	9-1=8
*	两个操作数相乘	2*4=8
/	两个操作数相除	15/3=5
++	单一操作数加1	var i=1; i<=100; i++
--	单一操作数减1	var i=1; i<=100; i--
%	求两个操作数相除的余数	10%3=1
-	操作数的相反数	var num=-2

（4）赋值运算符。在JavaScript中，赋值运算符主要用来给变量赋予某种数据类型的值，其说明与举例见表2-4。

表 2-4　赋值运算符举例及其说明

运算符	举　例	等价于	说　明
=	var num=231	var num=231	将数值 231 赋给变量 num
+=	x+=y	x=x+y	将 x 与 y 的值相加后赋给 x
-=	x-=y	x=x-y	将 x 与 y 的值相减后赋给 x
*=	x*=y	x=x*y	将 x 与 y 的值相乘后赋给 x
/=	x/=y	x=x/y	将 x 与 y 的值相除后赋给 x
%=	x%=y	x=x%y	将 x 与 y 的值相除并取余数后赋给 x
^=	x^=y	x=x^y	将 x 的 y 次方的值赋给 x

（5）字符串运算符。在 JavaScript 中，字符串运算符仅有两个，一个是 +（字符串的连接），另一个是 +=（字符串的赋值连接），其应用示例详见示例一和示例二。

① 示例一。

```
var strA="sunitedu"
var strB="very good"
var strC=strA+strB <!--strC 的返回值为 sunitedu very good-->
```

② 示例二。

```
var strA="sunitedu"
var strB="very good"
strA+=strB <!--strA 的返回值为 sunitedu very good-->
```

4. 基本语句

在 JavaScript 中，基本语句的形式有顺序语句、条件语句和循环语句 3 种，各种语句的语法、使用方法及其应用示例分别如下所述。

（1）顺序语句。顺序语句是 JavaScript 中最常用也是最容易使用的一种语句，其特点是根据编程需要按照程序代码执行的先后顺序自然形成，即没有语句间的跳转。

（2）条件语句。条件语句是 JavaScript 中最常用的语句之一，其表现形式、语法结构及应用示例分别如下所述。

① 语法一。

```
if(关系表达式,即判断条件){
条件成立时执行的语句
}
```

如：

```
if(Hour(Now)<=12 && Hour(Now)>=11){
document.write("阳光 IT 教育第三餐厅欢迎您的光临!");
}
```

② 语法二。

```
if(关系表达式,即判断条件){
条件成立时执行的语句
}else{
条件不成立时执行的语句
}
```

如:

```
if(username =="sunitedu" && password =="123456"){
alert("您有权进入本站!");
}else{
alert("密码或用户名错误!");
}
```

(3) 循环语句。JavaScript的循环语句有多种形式，在此仅讲述for循环的语法及其使用方法（有关JavaScript中其他形式的循环语句，请大家查阅相关书籍）。

① 语法。

```
for(定义循环变量并为其赋值;循环变量的取值范围;循环变量的递增步长){
循环体语句
}
```

② 应用示例。

```
var num =0;
for(var i =1;i <=100;i ++){
num =num +i;
}
alert(num);
```

5. 函数

在JavaScript中，分别有内置函数和自定义函数，其中JavaScript的内置函数可在脚本的任意位置随时调用（如alert函数）；自定义函数则必须先定义，然后才可以调用。

在JavaScript中自定义函数的语法如下所示。

```
function 函数名称(参数1,参数2,…,参数n){
函数体语句
}
```

如:

```
function show_result(start_num,end_num){
var num =start_num +end_num;
}
```

在JavaScript脚本中调用自定义函数的方法主要有以下两种形式。

(1) 通过<body> </body>标记的onload等事件。通过<body> </body>标记的onload等事件调用自定义函数时，首先需要在HTML文件的<head>与</head>标记之间定义函数，其应用示例如图2-24所示。

图 2-24　通过<body></body>标记的 onload 等事件调用自定义函数示例

与图 2-24 对应的 HTML 和 JavaScript 源代码如下所示。

```
<html>
<head>
<title>通过 BODY 标记的 ONLOAD 等事件调用自定义函数的应用示例</title>
<script language="javascript">
<!--
function info(){
alert("您好! 阳光 IT 教育欢迎您!");
}
// -->
</script>
</head>
<body onload="info()">
</body>
</html>
```

（2）通过表单元素的鼠标事件。在 JavaScript 中通过表单元素的鼠标事件调用自定义函数时，函数的定义可在 HTML 源代码中的任意位置，即将函数的脚本定义在标记<head>与</head>之间或<body>与</body>之间均可。

有关表单元素的鼠标事件可以是 onclick（单击操作）、onmouseover（鼠标滑入）、onmousedown（鼠标按下）、onmouseout（鼠标滑出）、onchange（更改形如表单元素中下拉菜单或下拉列表的选项）等，其应用示例如图 2-25 所示。

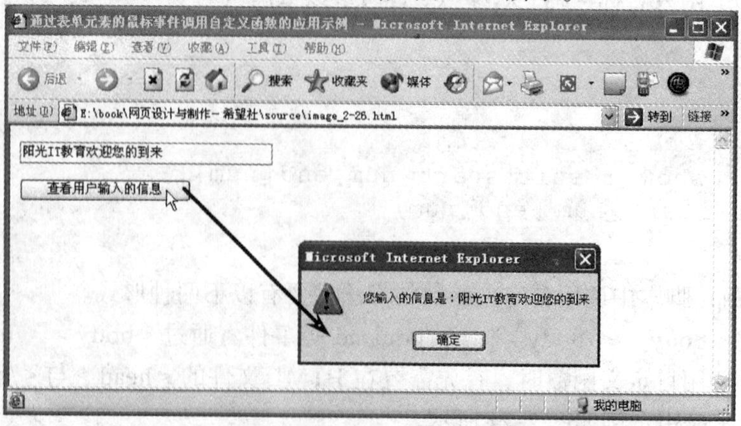

图 2-25　通过表单元素的鼠标事件调用自定义函数的应用示例

与图 2-25 对应的 HTML 和 JavaScript 源代码如下所示。

```
<html>
<head>
<title>通过表单元素的鼠标事件调用自定义函数的应用示例</title>
</head>
<body>
<form name="sunitedu">
<input type="text" name="info" size="35" value="">
<p>
<input type="button" value="查看用户输入的信息" onclick="view()">
</form>
<script language="javascript">
<!--
function view(){
var info=document.sunitedu.info.value;
alert("您输入的信息是:"+info);
}
// -->
</script>
</body>
</html>
```

活动 4　JavaScript 常用对象的使用

JavaScript 中的对象有很多种，在此仅讲述 JavaScript 中最为常用的 document 对象和 window 对象，其使用方法及应用示例具体如下所述。

1. document 对象

JavaScript 中 document 对象的使用方法有很多，在此仅介绍以下方法。

（1）信息的输出。在 JavaScript 中，信息的输出使用 document 对象的 document. write 方法，其应用示例如图 2-26 所示。

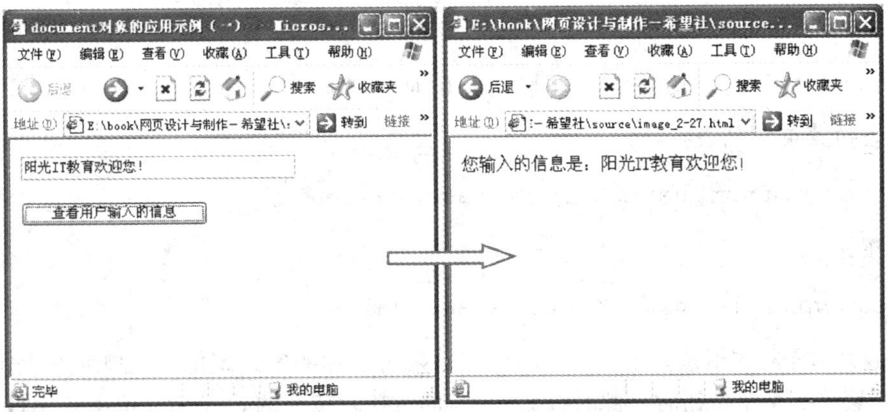

图 2-26　document 对象 document. write 方法的应用示例

与图 2-26 对应的 HTML 和 JavaScript 代码如下所示。

```
<html>
<head>
<title>document 对象的应用示例(一)</title>
</head>
<body>
<form name="sunitedu">
<input type="text" name="info" size="35" value=""><p>
<input type="button" value="查看用户输入的信息" onclick="view
()">
</form>
<script language="javascript">
<!--
function view(){
var info=document.sunitedu.info.value;
document.write("您输入的信息是:"+info);
}
//-->
</script>
</body>
</html>
```

（2）表单元素初始值的获取。表单元素初始值的获取，需要涉及表单域的名称和表单元素的名称，假设表单域 name 属性的属性值为 form_name，表单元素 name 属性的属性值为 form_object_name，则利用 document 对象获取表单元素初始值的基本语法如下所示。

```
document.form_name.form_object_name.value
```

在 HTML 中，常规表单元素的初始值的获取方法分别如下所示。

① 文本域（含单行文本域和多行文本域）。

```
document.form_name.text_name.value
```

② 复选框。

```
document.form_name.checkbox_name.value
```

③ 下拉菜单（列表）。

```
document.form_name.select_name.value
```

④ 按钮。

```
document.form_name.button_name.value
```

（3）表单元素的聚焦。表单元素的聚焦是指将光标的焦点定位到表单元素上，例如，当将光标聚焦到某个按钮时，此时按 Enter 键即可执行按钮的 onclick（单击）事件。有关表单元素的聚焦语法具体如下所述（假设表单域 name 属性的属性值为 form_name、表单元素 name 属性的属性值为 form_object_name）。

```
document.form_name.form_object_name.focus()
```

或者

```
document.form_name.form_object_name.select()
```

关于表单元素聚焦的应用示例如图 2-27 所示。

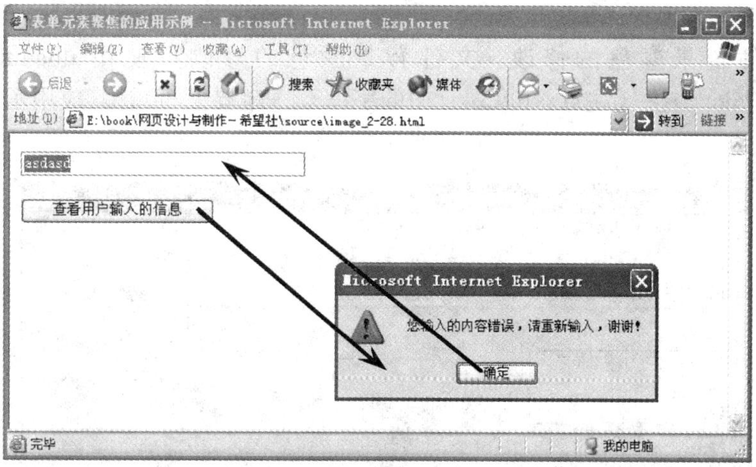

图 2-27　表单元素聚焦的应用示例

与图 2-27 对应的 HTML 和 JavaScript 源代码如下所示。

```
<html>
<head>
<title>表单元素聚焦的应用示例</title>
</head>
<body>
<form name="sunitedu">
<input type="text" name="info" size="35" value="">
<p>
<input type="button" value="查看用户输入的信息" onclick="view
()">
</form>
<script language="javascript">
<!--
function view(){
var info=document.sunitedu.info.value;
if(info==""){
alert("您没有输入任何内容,请重新输入,谢谢!");
document.sunitedu.info.focus();
}else{
if(info=="阳光 IT 教育"){
alert("感谢您对阳光 IT 教育的信任!");
}else{
alert("您输入的内容错误,请重新输入,谢谢!");
document.sunitedu.info.select();
```

```
}
}
}
// -->
</script>
</body>
</html>
```

（4）文件背景颜色的修改。文件背景颜色的修改可使用 document 对象的 document. bgColor 方法（注意：bgColor 中的字母 C 一定要大写），其应用示例如图 2-28 所示。

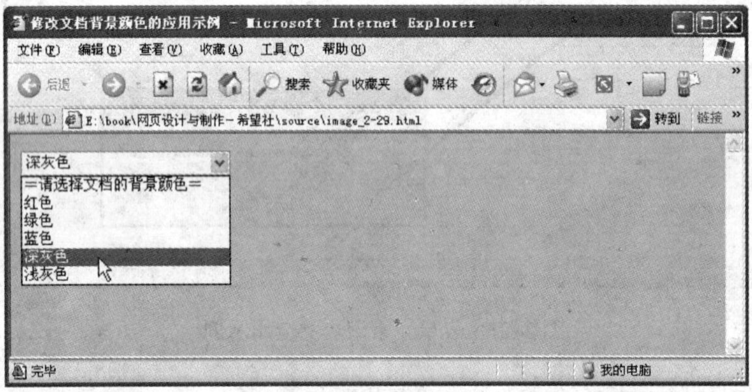

图 2-28　document 对象 document. bgColor 方法的应用示例

与图 2-28 对应的 HTML 和 JavaScript 源代码如下所示。

```
<html>
<head><title>修改文件背景颜色的应用示例</title></head>
<body>
<form name="sunitedu">
<select name="bgcolor" size="1" onchange="change_bgcolor()">
<option value="">=请选择文件的背景颜色=</option>
<option value="#ff0000">红色</option>
<option value="#00ff00">绿色</option>
<option value="#0000ff">蓝色</option>
<option value="#cccccc">深灰色</option>
<option value="#e8e8e8">浅灰色</option>
</select>
</form>
<script language="javascript">
<!--
function change_bgcolor(){
for(var i=0;i<=document.sunitedu.bgcolor.length;i++){
if(document.sunitedu.bgcolor[i].selected){
document.bgColor=document.sunitedu.bgcolor[i].value;
}
}
}
```

```
// -->
</script>
</body>
</html>
```

2. window 对象

JavaScript 中 window 对象的方法有很多，限于篇幅，在此仅讲述 window 对象的 window.open() 方法，其作用是开启一个新窗口，语法如下所示。

```
window.open("URL","window_name","window_style")
```

在 window.open() 方法的上述语法中，URL 表示新开启的窗口所在文件的 URL，window_name 表示新开启的窗口的名称，window_style 表示新开启窗口的样式，其样式主要体现在以下几个方面。

◆ menubar：浏览器窗口的菜单栏，其值若等于 no 则表示没有菜单栏。
◆ scrollbar：浏览器窗口的滚动条，其值若等于 no 则表示没有滚动条。
◆ statusbar：浏览器窗口的状态栏，其值若等于 no 则表示没有状态栏。
◆ width：新开启的浏览器窗口的宽度，其值为像素值。
◆ height：新开启的浏览器窗口的高度，其值为像素值。
◆ 若 window.open() 方法中的 URL 为空，则新开启的浏览器窗口为空白文件，有关 window 对象 window.open() 方法的应用示例如图 2-29 所示。

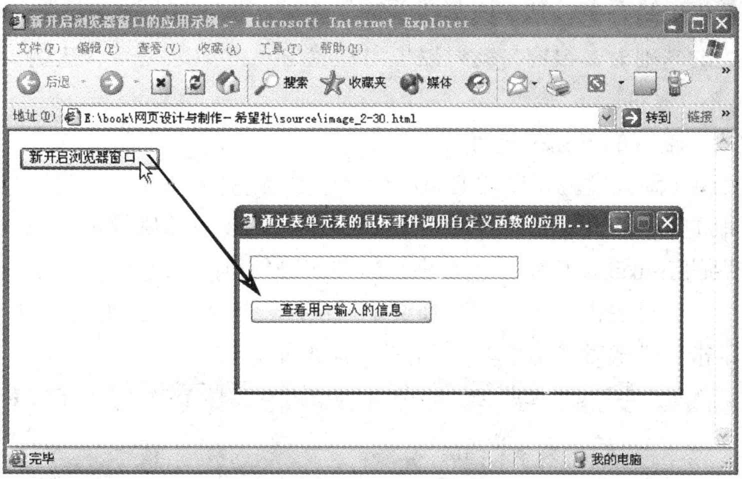

图 2-29　window 对象 window.open() 方法的应用示例

与图 2-29 对应的 HTML 和 JavaScript 源代码如下所示。

```
<html>
<head><title>新开启浏览器窗口的应用示例</title></head>
<body>
<form name="sunitedu">
<input type="button" value="新开启浏览器窗口" onclick="create_
new_window()">
</form>
```

```
<script language = "javascript">
<!--
function create_new_window(){
window.open("image_2 - 26.html","win","width = 420 height = 140
menubar = no scrollbar = no statusbar = no");
}
// -->
</script>
</body>
</html>
```

任务3　HTML与JavaScript的应用案例

前面对HTML和JavaScript的基础知识做了介绍。本任务给出两个稍微综合一些的案例，以提升应用HTML和JavaScript进行实际开发的综合能力。

活动1　E-mail地址合法性的检验

E-mail地址合法性的检验，在网页设计与制作中经常用到，甚至可以将E-mail地址合法性的检验方法写成一个公共函数，以方便随时调用。

E-mail地址是否合法，一般只需确认用户输入的E-mail地址中是否包含字符@和字符句点（.），其方法是利用JavaScript中的内部函数indexOf（字母O必须大写），其作用是检索某个字符串中是否包含某个或某些字符。

在上述描述的基础上，很容易就可以拟出检验E-mail地址是否合法的大致编程思路，具体如下所述。

（1）获取用户输入的E-mail地址。

（2）用indexOf函数检验获取的E-mail地址中是否包含字符@和字符句点（.）。

（3）若获取的E-mail地址中包含字符@和字符句点（.），则提示E-mail地址正确。

（4）若获取的E-mail地址中不包含字符@和字符句点（.），则提示E-mail地址错误。

在界面设计上，可提供一个单行普通文本域供用户输入E-mail地址，再设计一个普通按钮并以它的单击事件触发函数，具体如图2-30所示。

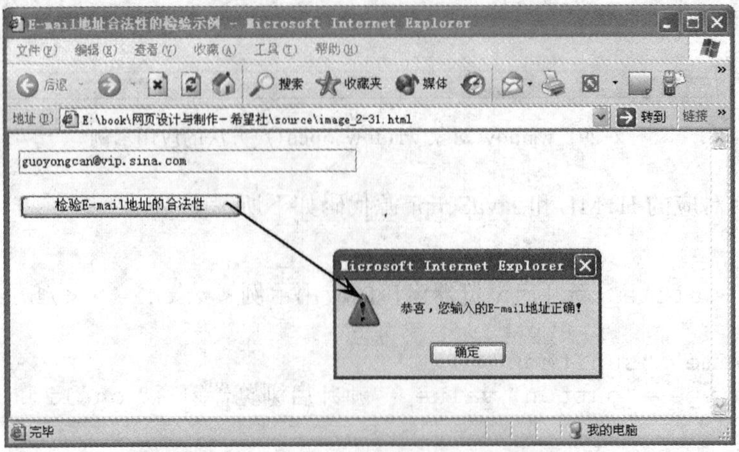

图2-30　E-mail地址合法性的检验示例

与图2-30对应的HTML和JavaScript源代码如下所示。

```
<html>
<head><title>E-mail 地址合法性的检验示例</title></head>
<body>
<form name="sunitedu">
<input type="text" name="mail_address" size="45" value="">
<p>
<input type="button" value="检验 E-mail 地址的合法性" onclick=
"check_mail()">
</form>
<script language="javascript">
<!--
function check_mail(){
var mail_address=document.sunitedu.mail_address.value;
if(mail_address.indexOf("@")==-1 && mail_address.indexOf(".")
==-1){
alert("对不起,您输入的 E-mail 地址非法!");
}else{
alert("恭喜,您输入的 E-mail 地址正确!");
}
}
// -->
</script>
</body>
</html>
```

活动2　基于客户端的用户登录程序

在网页设计与制作中，经常需要设计各种应用程序的登录程序，一般的登录程序均涉及后台数据库的开发，本例讲述的是利用HTML和JavaScript设计的基于客户端的登录程序。该登录程序的界面很简单，即只设计了一个用户名输入框（文本域）、一个密码输入框（密码域）、一个登录按钮（普通按钮）和一个重置按钮。当用户输入正确的用户名（tsinghua）和密码（university）后，单击“登录游戏”按钮即可成功链接到游戏界面（文件game.html），如图2-31所示。

图2-31　基于客户端的登录程序设计示例

与图 2-31 对应的 HTML 和 JavaScript 源代码如下所示。

```
<html>
<head>
<title>基于客户端的登录程序设计示例</title>
<script language="javascript">
<!--
function focus_to_username()
{
document.checkout_focus.username.focus();
document.checkout_focus.username.select();
}
function checkout_focus_form()
{
var username=document.checkout_focus.username.value;
var password=document.checkout_focus.password.value;
if (username=="" ||password=="")
{
alert("您至少有一个文本框没有输入,请输入正确的用户名和密码,谢谢!!");
if (username=="")
{
document.checkout_focus.username.focus();
}
else
{
document.checkout_focus.password.focus();
}
}
else
{
if (username=="tsinghua" && password=="university")
{
alert("用户名和密码正确,您有权限进入本站点!!");
location.href="game.html";
}
else
{
alert("用户名或密码错误,请重新输入,谢谢!!");
if (username!="tsinghua")
{
document.checkout_focus.username.focus();
document.checkout_focus.username.select();
}
else
{
document.checkout_focus.password.focus();
document.checkout_focus.password.select();
}
}
}
}
// -->
```

```
</script>
</head>
<body onload="focus_to_username()">
<center>
<form name="checkout_focus">
用户：<input type="text" name="username" size="30"> <p>
密码：<input type="password" name="password" size="33"> <p>
<hr size="1"> <p>
<input type="button" value="登录游戏" onclick="checkout_focus
_form()">
  
<input type="reset" value="清除表单">
</form>
</center>
</body>
</html>
```

任务 4　练习与实践

活动 1　思考与练习

（1）简要描述 HTML 文件的基本结构，并对其主要标记做简要说明。

（2）简要描述标记、标记属性和标记属性值 3 个概念，并举例说明。

（3）简要描述链接标记的属性，并说明各属性的含义及其取值。

（4）在记事本中用 HTML 编写一个 5 行 3 列的表格，并在表格的单元格中填写数据。

（5）简要描述图像在网页设计与制作中的应用，并在记事本中用 HTML 引入一图像。

（6）简要描述如何在 HTML 代码中嵌入 JavaScript 脚本（基于客户端）。

（7）在 JavaScript 中，基本数据类型有哪些？

（8）详细罗列 JavaScript 的算术运算符和逻辑运算符，并说明各操作符的含义。

活动 2　实际演练

（1）在记事本中用 HTML 编写如图 2-32 所示的表格。

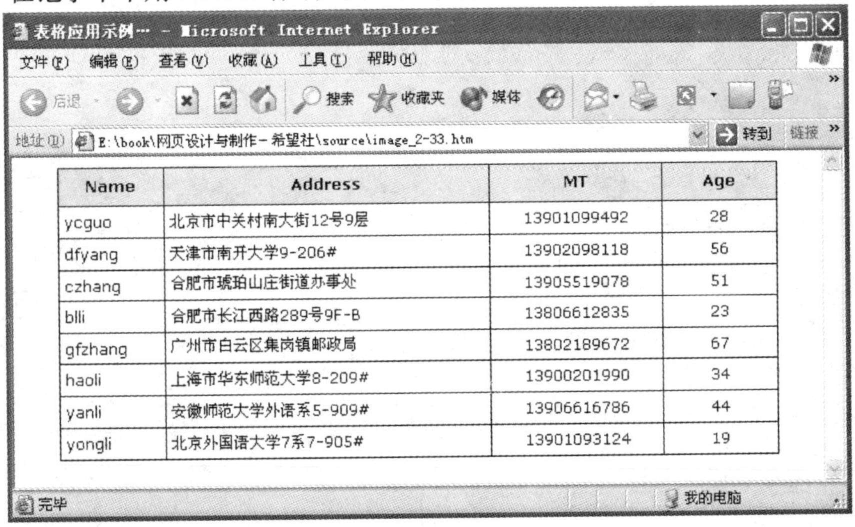

Name	Address	MT	Age
ycguo	北京市中关村南大街12号9层	13901099492	28
dfyang	天津市南开大学9-206#	13902098118	56
czhang	合肥市琥珀山庄街道办事处	13905519078	51
blli	合肥市长江西路289号9F-B	13806612835	23
gfzhang	广州市白云区集岗镇邮政局	13802189672	67
haoli	上海市华东师范大学8-209#	13900201990	34
yanli	安徽师范大学外语系5-909#	13906616786	44
yongli	北京外国语大学7系7-905#	13901093124	19

图 2-32　实际演练结果

（2）在记事本中用 HTML 和 JavaScript 编写一跳转菜单，其功能如图 2-33 所示。

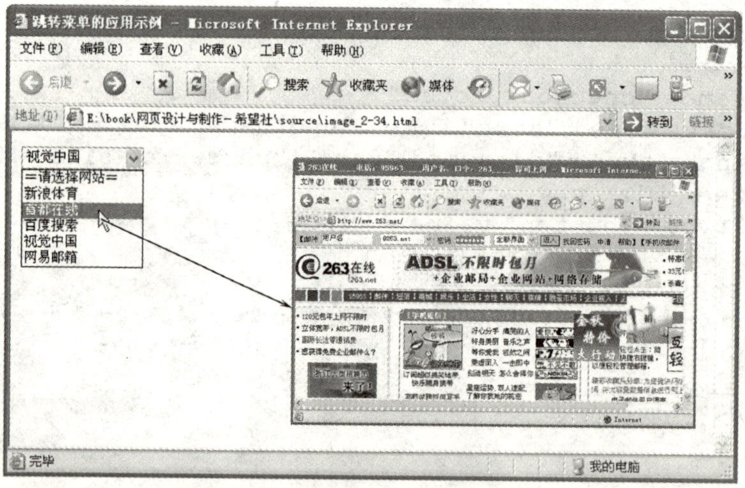

图 2-33　跳转菜单的应用示例

核心脚本提示如下。

```
function goto_url(){
for(var i=0;i<=document.form_name.select_name.length;i++){
if(document.form_name.select_name[i].selected){
location.href=document.form_name.select_name[i].value; }
```

学习情境3　Dreamweaver CS 4

情境描述

本情境让学生了解Dreamweaver CS 4的新增主要功能；认识Dreamweaver CS 4工作区；掌握Dreamweaver CS 4的基本操作；掌握常见页面元素的使用方法；熟悉网页设计中常见的布局方法；掌握网页文件的上传方法；学会网站主页的设计和制作；激发学生学习兴趣，为进一步学习打下基础。本情境参考学时18学时。

教学目标

1. 能力目标

◆ 能进行Dreamweaver CS 4的基本操作。

◆ 能熟练使用Dreamweaver CS 4中常见的页面元素。

◆ 能进行网站主页的设计和制作。

2. 知识目标

◆ 学会使用Dreamweaver CS 4网页制作软件。

◆ 熟悉Dreamweaver CS 4的工作界面和菜单。

3. 素质目标

◆ 锻炼学生自主学习、举一反三的能力。

◆ 培养学生严谨务实的工作作风。

工作任务

任务1　Dreamweaver CS 4初识

任务2　Dreamweaver CS 4基本操作

任务3　文本的输入与编辑

任务4　图像的插入与编辑

任务5　表格的制作与使用

任务6　AP Div的使用

任务7　网页布局

任务8　使用Spry框架构件

任务9　表单

任务10　行为

任务11　插入多媒体对象

任务12　模板和库

任务13　向服务器上传主页

任务14　主页制作实例

任务15　练习与实践

教学策略与教学方法总体考虑

讲授法、案例驱动法、操练法

教学手段

教学录像、多媒体课件、现场演示

设备、工具和材料

计算机、Dreamweaver CS 4 网页制作软件

教学效果评价

课堂提问（10%）、作业（10%）、任务考核（30%）、实训（30%）、作品（20%）

参考资料

James Williamson 主讲．视频演示光盘．《Lynda. com－Dreamweaver CS 4 基础教程》．http://www. verycd. com/topics/412654/

Janine Warner 主讲．视频演示光盘．《Adobe Dreamweaver CS 4 要点教程》．http://www. verycd. com/topics/2726074/

任务1　Dreamweaver CS 4 初识

了解 Dreamweaver CS 4 的新增主要功能；学会 Dreamweaver CS 4 的运行；熟悉 Dreamweaver CS 4 工作区组成和布局及各部分功能。

活动1　初识 Dreamweaver CS 4

Dreamweaver CS 4 是集网页制作和网站管理功能于一体的可视化网页编辑制作工具，是 Web 设计人员、Web 开发人员和可视设计人员的理想选择，具有“所见即所得”的特点和强大的跨平台、跨浏览器的功能。相比之前的各版本，Dreamweaver CS 4 新增以下主要功能。

（1）实时视图。可以在真实的浏览器环境中设计网页，同时可以直接访问代码。呈现的屏幕内容会立即反映出对代码所做的更改。

（2）针对 Ajax 和 JavaScript 框架的代码提示。使用改进的 JavaScript 核心对象和基本数据类型支持功能，可以更有效地编写 JavaScript 脚本。通过集成包括 jQuery、Prototype 和 Spry 在内的流行 JavaScript 框架，设计人员可以充分利用 Dreamweaver CS 4 的扩展编码功能，只需附加适当的 JavaScript 外部文件，即可自动显示代码提示。

（3）全新用户界面。使用共享型用户界面设计，可以在 Adobe Creative Suite 4 的不同组件（如 Fireworks CS 4 及 Photoshop CS 4）之间更快、更灵活地工作，通过工作区切换器可以从一个工作环境快速切换到另一个环境。

（4）相关文件和代码导航器。单击相关文件栏中显示的任何包含文件，如图 3-1 所示，即可在“代码”视图中查看其源代码，在“设计”视图中

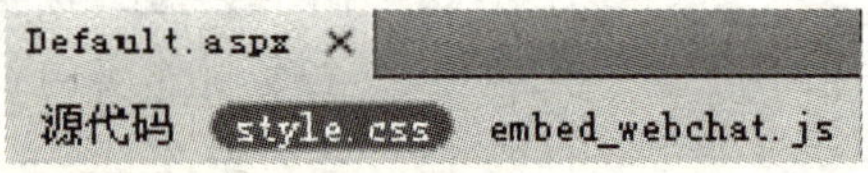

图 3-1　相关文件栏

查看父页面。新增的代码导航器能显示影响当前选定内容的 CSS 源代码，并可以快速访问。

（5）HTML 数据集 。无须掌握数据库或 XML 编码即可在网页中融入强大的动态数据功能。Spry 数据集可以将简单 HTML 表中的内容识别为交互式数据源。

（6）Adobe Photoshop 智能对象。可将任何 PSD 文件插入 Dreamweaver CS 4 以创建图像。智能对象与源文件紧密链接，无须打开 Photoshop 即可在 Dreamweaver CS 4 中更改源图像和更新图像。

（7）CSS 全面支持及最佳做法。增强的 CSS 实施工具，可以在“属性”面板中即时定义和修改 CSS 样式，无须编写代码即可实施 CSS 最佳做法。在“属性”面板中可以新建 CSS 样式，并可以在样式级联中清晰、简单地说明每个属性的相应位置。

（8）FLV 支持。可以轻松地将 FLV 文件集成到任何网页中，设计时在全新的实时视图中播放 FLV 影片。

活动 2 运行 Dreamweaver CS 4

选择“开始”|“程序”| Adobe Dreamweaver CS 4 命令，即可启动 Dreamweaver CS 4。

首次启动 Dreamweaver CS 4，会出现“欢迎”界面，如图 3-2 所示。可根据网页设计的需要选择相应的文件类型，也可以通过“欢迎”界面在线了解关于 Dreamweaver CS 4 的更多信息。

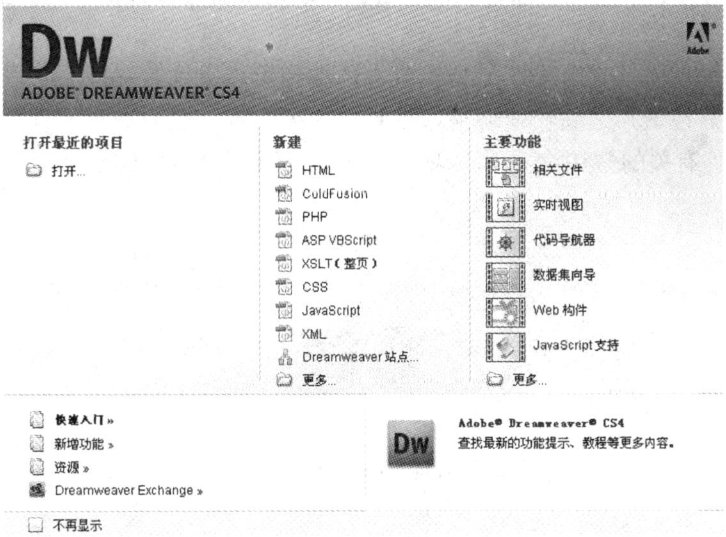

图 3-2 “欢迎”界面

活动 3 熟悉 Dreamweaver CS 4 工作区

Dreamweaver CS 4 提供了一个将全部元素置于一个窗口中的集成布局。在集成的工作区中，所有窗口和面板都被集成到一个更大的应用程序窗口中。通过这个窗口，开发人员可以方便快速地更改文件。Dreamweaver CS 4 的应用程序界面如图 3-3 所示，由应用程序栏、文件工具栏、文件窗口、面板组、标签选择器及“属性”面板等组成。

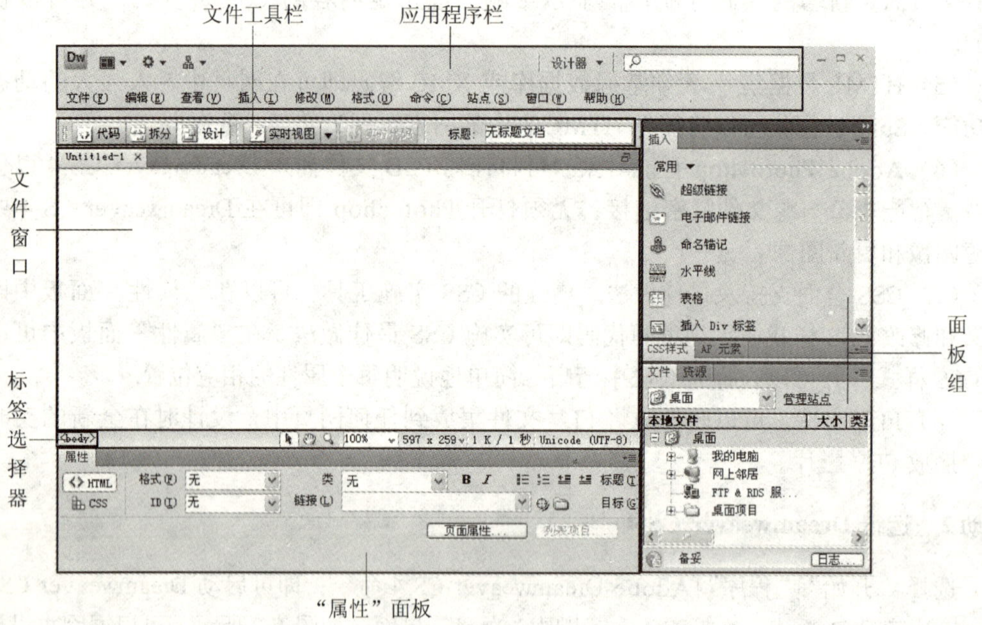

图 3-3　Dreamweaver CS 4 的应用程序界面

（1）应用程序栏。应用程序栏顶部包含工作区切换器（设计器）、常用菜单及其他应用程序控件。

（2）文件工具栏。使用文件工具栏包含的按钮可以在文件的不同视图（如“设计”视图和“代码”视图）之间快速切换。工具栏中还包含一些与查看文件、在本地和远程站点间传输文件有关的常用命令和选项（如在浏览器中预览（按 F12 键）），如图 3-4 所示。

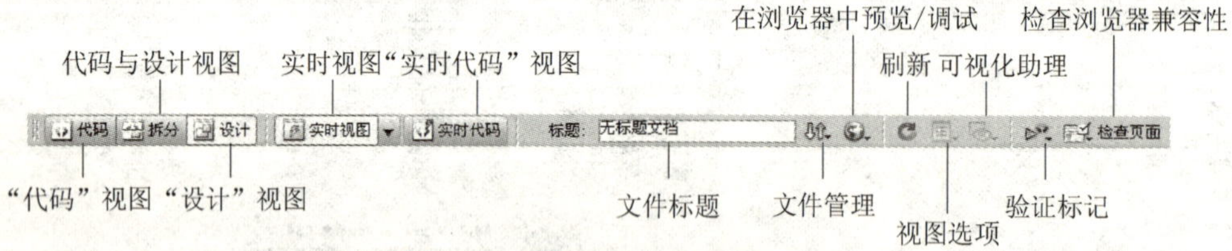

图 3-4　Dreamweaver CS 4 的文件工具栏

（3）文件窗口。根据选择的视图，文件窗口将显示当前创建和编辑的文件。若文件窗口处于最大化状态，窗口顶部会显示一个包括所有打开文件的文件名的选项卡。如果更改了某文件，文件名后会显示一个星号“*”，表明未保存所做的更改。

若要切换到某个文件，可单击相应选项卡。Dreamweaver CS 4 还会在文件的选项卡下（如果在单独窗口中查看文件，则在文件标题栏下）显示相关文件工具栏。工具栏中包含所有与当前文件相关联的文件，如 CSS 文件或 JavaScript 文件。若要在文件窗口中打开这些相关文件，在相关文件工具栏中单击其文件名。

（4）面板组。面板组可以帮助设计人员监控和修改文件，如“插入”面板、“CSS 样式”面板和“文件”面板。若要展开某个面板，可双击其选项卡。

①“插入”面板。“插入”面板包含用于创建和插入图像、表格、链接和媒体元素等各种类型对象的按钮。每个对象都是一段 HTML 代码，允许在插入时设置不同的属性。例如，可以在“插入”面板中单击“媒体”按钮，插入一个媒体元素（如 SWF 对象），如图 3-5 所示。也可以使用“插入”菜单来插入对象。

这些按钮按几个类别进行组织，可以从“类别”弹出菜单中选择所需类别来进行切换，如图 3-6 所示。

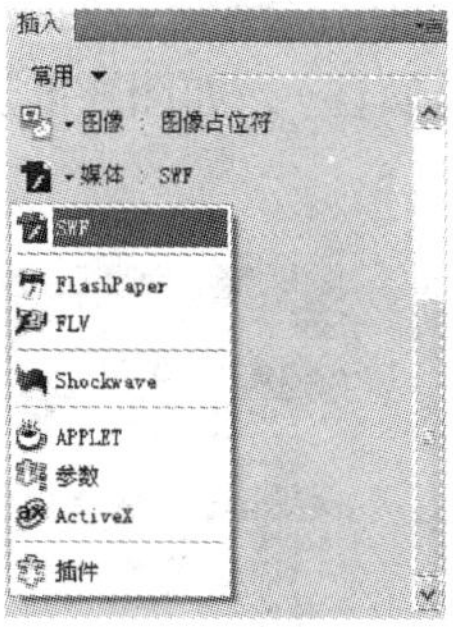

图 3-5 “插入”面板

图 3-6 “类别”弹出菜单

某些按钮带有弹出菜单，从弹出菜单中选择一个选项时，该选项将成为下一次单击该按钮的默认操作。例如，从“媒体”按钮的弹出菜单中选择“SWF”，下次单击“媒体”按钮时，Dreamweaver CS 4 会弹出 SWF 文件选择对话框，提示插入一个 SWF 文件。每当从弹出菜单中选择一个新选项时，该按钮的默认操作都会改变。“插入”面板按以下类别进行组织，见表 3-1。

表 3-1 “类别”弹出菜单功能描述

类别名称	功 能 描 述
常用	创建和插入最常用的对象，如图像和表格
布局	插入 Div 标签、框架、表格和 Spry 构件等。还可以选择表格的两种视图：标准（默认）表格和扩展表格
表单	创建表单和插入表单元素（包括 Spry 验证构件）
数据	插入 Spry 数据对象和其他动态元素，如记录集、用户身份验证、插入记录和更新记录表单等。
Spry	构建 Spry 页面，包括 Spry 数据对象和构件
InContext Editing	生成 InContext 编辑页面，包括用于可编辑区域、重复区域和管理 CSS 类的按钮
文本	插入各种文本格式和列表格式的标签
收藏夹	将“插入”面板中最常用的按钮分组到某一公共位置
服务器代码类别	仅适用于使用特定服务器语言的页面，这些服务器语言包括 ASP，CFML Basic，CFML Flow，CFML Advanced 和 PHP。只有当前文件包含服务器代码时显示该类别

与 Dreamweaver CS 4 中的其他面板不同，“插入”面板可以从默认位置拖放到文件窗口顶部的水平位置。这样它就会从面板更改为工具栏。

②“CSS 样式”面板。使用“CSS 样式”面板可以跟踪并修改影响当前所选页面元素的 CSS 样式和属性（“正在”模式），或影响整个文件的规则和属性（“全部”模式），使用顶部的切换按钮可以在两种模式之间切换。

在“正在”模式下，“CSS 样式”面板将显示 3 个窗格：“所选内容的摘要”窗格（显示文件中当前所选内容的 CSS 属性）、“规则”窗格（显示所选属性的位置）、“属性”窗格（可以编辑所选内容的规则的 CSS 属性），如图 3-7 所示。

在“全部”模式下，“CSS 样式”面板将显示两个窗格：“所有规则”窗格（显示当前文件中定义的规则及附加到当前文件的样式表中定义的所有规则的列表）、“属性”窗格（可以编辑“所有规则”窗格中任何所选规则的 CSS 属性），如图 3-8 所示。

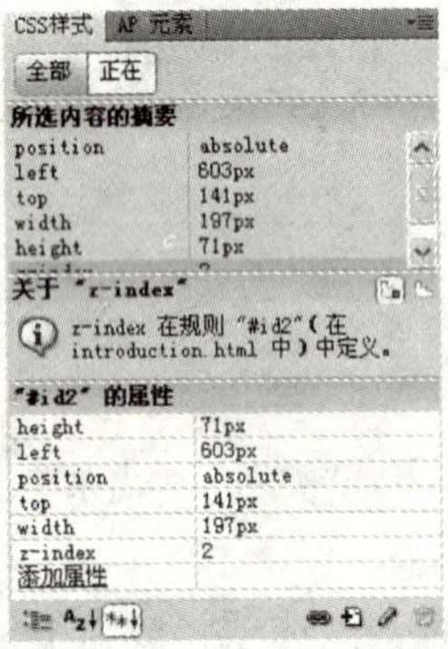

图 3-7 “正在”模式下的“CSS 样式”面板

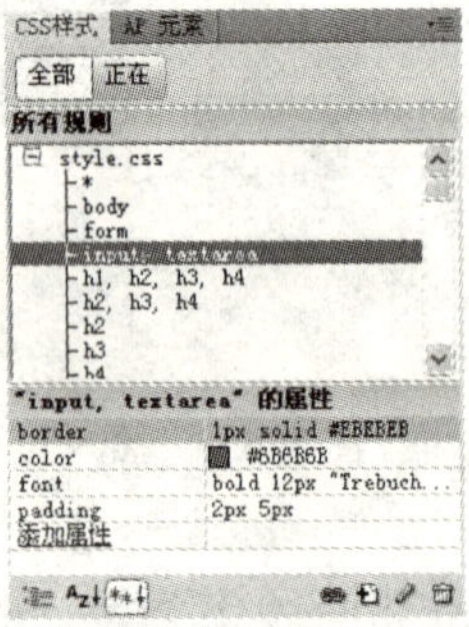

图 3-8 “全部”模式下的“CSS 样式”面板

不管在上述何种模式下，对“属性”窗格所做的任何更改都将立即生效，设计人员可以在操作的同时预览效果。

③“文件”面板。无论站点是位于本地硬盘还是远程服务器上，都可以通过“文件”面板来管理站点中的文件和文件夹。此外，使用“文件”面板还可以访问本地磁盘上的全部文件，非常类似于 Windows 资源管理器，如图 3-9 所示。

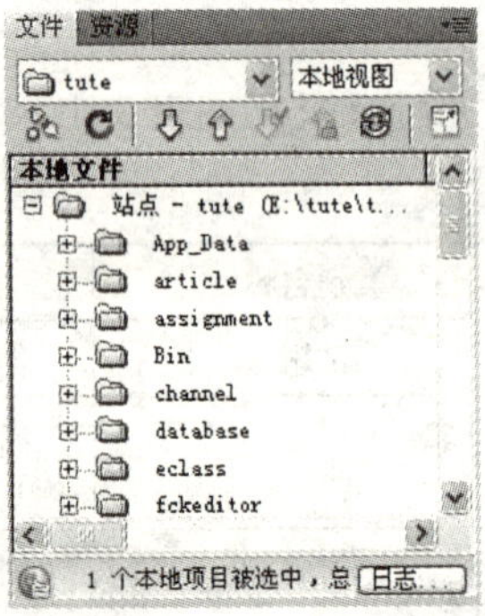

图 3-9 “文件”面板

在“文件”面板中查看站点、文件或文件夹时，可以更改查看区域的大小，也可以展开或折叠“文件”面板。当展开“文件”面板时，会显示本地站点、远程站点、测试服务器或 SVN 库中的内容。

在 Dreamweaver CS 4 中，还可以通过更改折叠面板中默认显示的视图（本地站点视图或远程站点视图）来对“文件”面板进行自定义。

（5）标签选择器。标签选择器位于文件窗口底部的状态栏中。显示环绕当前选定内容的标签的层次结构。单击该层次结构中的任何标签以选择该标签及其全部内容，如图 3-10 所示。例如，单击 <body> 标签，可以选择文件的整个正文。若要在标签选择器中设置某个标签的 class 或 ID 属性，右击该标签，然后从上下文菜单中选择一个类或 ID。

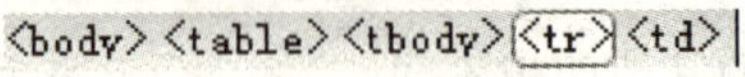

图 3-10 标签选择器

(6)“属性”面板。“属性”面板用于查看和更改当前选定页面元素（如文本或图像）的最常用属性。“属性”面板中的内容根据选定的元素会有所不同。例如，如果选择页面上的一个图像，则“属性”面板将改为显示该图像的属性（包括图像的文件名、路径、宽度和高度及图像周围的边框等），如图 3-11 所示。

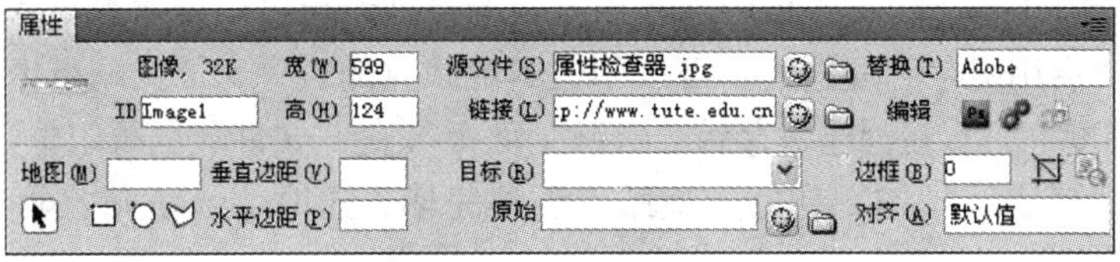

图 3-11 图像对象的属性面板

默认情况下，“属性”面板位于工作区的底部边缘，但是可以将其取消停靠并使其成为工作区中的浮动面板。

任务 2 Dreamweaver CS 4 基本操作

掌握本地站点及站点中网页的创建方法，并能设置主页；熟悉页面属性的设置方法；能够准确区分绝对路径、文件相对路径和站点根目录相对路径的工作方式；熟练掌握各种常见链接的创建及设置方法；为后续进一步学习打下基础。

活动 1 创建本地站点

为了组织和管理所有的 Web 文件，在制作网站之前，首先要创建一个本地站点。本地站点就是网站所有文件在本地计算机上的存放位置。若要定义站点，需要给站点命名并指定一个用于存放该网站所有文件的目录。创建站点的方法如下。

(1) 展开“文件”面板，选择“管理站点”命令，在弹出的“管理站点”对话框中选择“新建”|“站点”命令，弹出如图 3-12 所示的新建站点对话框。

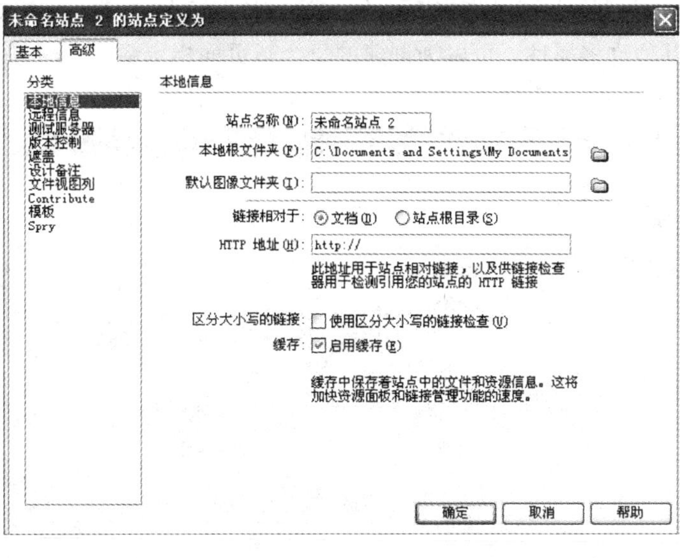

图 3-12 新建站点对话框

（2）在“站点名称”文本框中输入站点名称，该名称显示在“文件”面板和“管理站点”对话框中，不会在浏览器中显示。

（3）在“本地根文件夹”文本框中选择保存站点文件、模板和库项目的本地目录，在“默认图像文件夹”文本框中选择保存站点中图像文件的本地目录。

（4）在“HTTP 地址”文本框中输入该站点的网址，也可以以后再输入。

（5）选中“启用缓存”复选框，可以创建本地站点的缓存，加快站点中链接更新和站点管理任务的速度，只有在创建缓存后“资源”面板（在“文件”面板组中）才有效。

（6）单击“确定”按钮，新的本地站点创建完毕，这时会显示站点管理窗口，参见图 3-9。

活动 2　创建网页

打开站点管理窗口，右击要创建网页的文件夹，从弹出的快捷菜单中选择“新建文档”命令，即可创建一个空白网页，如图 3-13 所示。刚创建的新文件，其名称处于可编辑状态（默认文件名为 untitled. html），此时可以对文件进行重命名。如果要创建其他类型的文件（如 ASP 及 VBScript 类型），单击“文件”菜单中的“新建”命令，选择相应类型即可。创建好的网页，在文件窗口中可以进行编辑，如果标题栏上的文件名右边出现“* ”，则表明对文件所做的修改没有保存。

图 3-13　创建空白网页

在站点内，所有的网页都是围绕主页来组织的，因此在创建站点后，首先要设置主页，主页通常以 index. html 或 Default. html 来命名。

活动 3　设置页面属性

选择“修改”|“页面属性”命令（按快捷键 Ctrl + J），弹出图 3-14 所示的“页面属性”对话框，在此对话框中可以指定页面的默认字体、字体大小、背景颜色、边距、链接样式及页面的其他许多属性。可以为创建的每个新页面指定新的页面属性，也可以修改现有页面的属性。

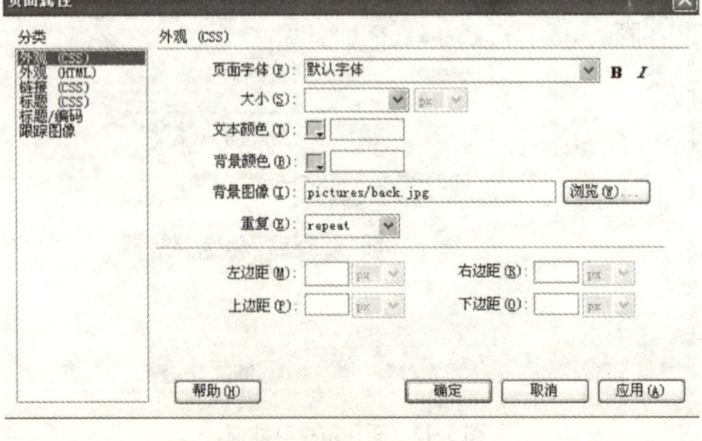

图 3-14　“页面属性”对话框

（1）设置“外观（CSS）”属性。设置CSS页面的默认字体、字体大小、文本颜色、背景颜色和背景图像，以及背景图像的重复显示方式。

（2）设置“外观（HTML）”属性。设置页面默认背景图像、背景颜色、文本颜色及链接在不同访问状态下的颜色。该设置将使页面采用HTML格式，而不是CSS格式。

（3）设置“链接（CSS）”属性。定义CSS链接的默认字体、字体大小、颜色、下划线样式及链接在不同访问状态下的颜色，并且可以使用变换图像指定当鼠标位于链接上时显示的颜色。

（4）设置“标题（CSS）”属性。设置CSS页面标题的默认字体、字体大小和颜色，最多可以指定6个级别的标题标签使用的字体大小和颜色。

（5）设置“标题/编码”属性。除了设置页面的标题外，还可以指定特定于制作Web页面时所用语言的文件编码类型，以及要用于该编码类型的Unicode范式。在选择编码时，通常指定Unicode（UTF－8）为文件编码类型，因为UTF－8可以安全地表示所有字符。Unicode范式仅在选择UTF－8作为文件编码时才有效，有4种Unicode范式，最重要的是范式C，它是用于万维网的字符模型的最常用范式。

（6）设置“跟踪图像”属性。通过此属性可以在页面中插入一个带透明度的图像文件，并在设计页面时使用该文件作为参考。该图像仅供参考，并不在浏览器中显示。

活动4 创建超级链接

1. 路径

（1）绝对路径。在链接中，如果使用完整的URL地址（包括所使用的协议），这种链接就是绝对路径，如http：//www. tute. edu. cn。使用绝对路径，只要网站的地址不发生改变，都可以正常实现跳转而不发生错误。链接外部服务器上的文件时，必须使用绝对路径。对本地链接（即到同一站点内文件的链接）建议不使用绝对路径，因为一旦将此站点移动到其他位置，则所有本地绝对路径链接都将断开。

（2）文件相对路径。文件相对路径就是以当前文件所在位置为起点到被链接文件所经由的路径，其基本思想是省略掉对于当前文件和所链接的文件都相同的绝对路径部分，而只提供不同的路径部分，如. . /eclass/index. html。相对路径可用于当前文件与处于同一文件夹中的另一个文件相链接，或同一站点下不同文件夹中的文件相链接。使用相对路径，只要站点的结构和文件的位置不发生改变，那么链接就不会发生错误。

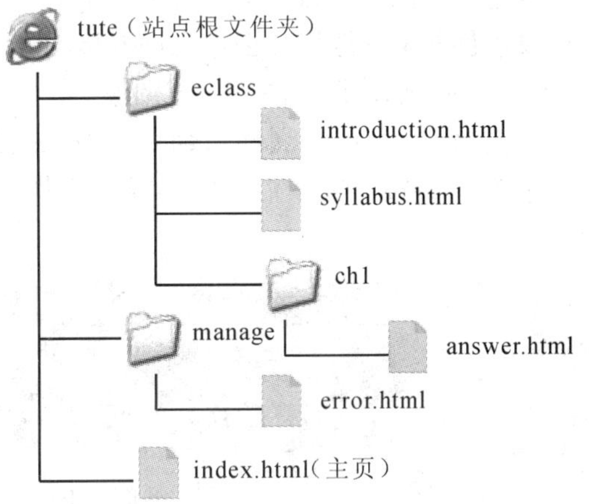

图3-15 tute站点结构图

假设一个站点的结构如图3-15所示。

① 若要从introduction. html链接到syllabus. html（两个文件位于同一文件夹中），可使用相对路径syllabus. html；

② 若要从introduction. html链接到answer. html（在ch1子文件夹中），可使用相对

路径 ch1/answer. html。每出现一个斜杠（/），表示在文件夹层次结构中向下移动一个级别；

③ 若要从 introduction. html 链接到 index. html（位于父文件夹中 introduction. html 的上一级），可使用相对路径../index. html。两个点和一个斜杠（../）表示在文件夹层次结构中向上移动一个级别；

④ 若要从 introduction. html 链接到 error. html（位于父文件夹的不同子文件夹中），可使用相对路径../manage/error. html。其中，../表示向上移至父文件夹，而 manage/表示向下移至 manage 子文件夹中。

（3）站点根目录相对路径。站点根目录相对路径就是从当前站点的根目录开始到被链接文件所经由的路径，它总是以“/”开头，该斜杠表示站点根文件夹，如/eclass/introduction. html 是文件（introduction. html）的站点根目录相对路径，该文件位于站点根文件夹的 eclass 子文件夹中。使用站点根目录相对路径，即使包含链接的文件在站点内产生移动，也无须修改原有的链接。如果需要经常在 Web 站点的不同文件夹之间移动 HTML 文件，那么站点根目录相对路径通常是指定链接的最佳方法。不过，如果不熟悉此类型的路径，最好坚持使用相对路径。

2. 创建链接

创建链接之前，一定要清楚绝对路径、文件相对路径及站点根目录相对路径的工作方式。

（1）链接的类型。在一个文件中可以创建以下几种类型的链接。

① 文件链接，链接到其他文件或文件（如图片、Word、影片或声音文件）的链接。

② 锚记链接，此类链接跳转至同一文件或不同文件内的特定位置。

③ E-Mail 链接，此类链接新建一个已填好收件人 E-Mail 地址的空白电子邮件。

④ 空链接和脚本链接，此类链接用于在对象上附加行为，或者创建执行 JavaScript 代码的链接。

通过“属性”面板，可以为文件中的图像、对象或文本创建以上几种链接。

（2）创建文件链接。创建文件链接的方法如下所述。

① 选中要创建链接的文字或图像。

② 选择“窗口”|“属性”命令（按快捷键 Ctrl+F3），打开“属性”面板。

③ 在“链接”文本框中输入或从文件夹中选择要链接的目标 URL 地址，如图 3-16 所示。

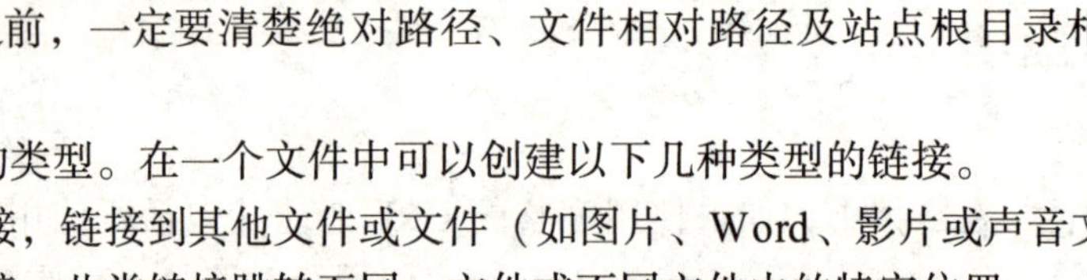

图 3-16　创建文件链接

（3）创建 E-Mail 链接。创建 E-Mail 链接的方法如下所述。

① 打开“插入”面板，选择“常用”类别下的“电子邮件链接”按钮，会弹出如图 3-17 所示的“电子邮件链接”对话框。

图 3-17 “电子邮件链接”对话框

② 在“文本”文本框中输入作为链接电子邮件的文本，如“与我联系”。

③ 在“E-Mail”文本框中输入接收电子邮件的 E-Mail 地址，如 webmaster@tute. edu. cn。

④ 输入完毕后，单击“确定”按钮。

(4) 创建锚记链接。在网页内容较多的情况下，拖动滚动条来阅读极为不便。为了解决这个问题，可以在文件中设置一些锚记。所谓锚记，就是为跳转到特定位置而设置的标记。为锚记创建超级链接后，单击这些锚记就可以直接跳转到指定位置。

创建锚记链接的方法如下所述。

① 在文件窗口中，在要创建锚记的位置单击。

② 打开“插入”面板，选择“常用”类别下的“命名锚记”按钮，在弹出的如图 3-18 所示的“命名锚记”对话框中输入锚记名称(不能用中文,对大小写敏感),如 chapter1。

图 3-18 “命名锚记”对话框

③ 单击“确定”按钮后，会在光标的位置出现锚记标识符。如果锚记标识符未出现，可选择“文件工具栏”|“可视化助理”|“不可见元素”命令。

④ 在文件中选择要创建锚记的文本或图像，然后在“属性”面板的“链接”文本框中输入#和锚记的名称，如#chapter1，#和锚记的名称之间不能留空格，如图 3-19 所示。

图 3-19 创建锚记链接

(5) 创建空链接。空链接是未指派的链接。空链接用于向页面上的对象或文本附加行为。例如，可向空链接附加一个行为，以便在鼠标滑过该链接时交换图像或显示绝对定位的元素（AP 元素）。

创建空链接的方法如下所述。

① 在文件窗口的“设计”视图中选择文本、图像或其他对象。

② 在“属性”面板的“链接”文本框中输入“javascript:;”(javascript 一词后依次接一个冒号和一个分号)，如图 3-20 所示。

图 3-20　创建空链接

（6）创建脚本链接。脚本链接可用于执行 JavaScript 代码或调用 JavaScript 函数，它能够在不离开当前页面的情况下为访问者提供有关某对象的附加信息。脚本链接还可用于在访问者单击特定对象时，执行计算、验证表单和完成其他处理任务。创建脚本链接的方法如下所述。

① 在文件窗口的“设计”视图中选择文本、图像或其他对象。

② 在“属性”面板的“链接”文本框中输入“javascript:”，后跟一些 JavaScript 代码或函数（在冒号与代码或函数之间不能有空格），如图 3-21 所示为创建一个关闭当前页面的脚本链接。

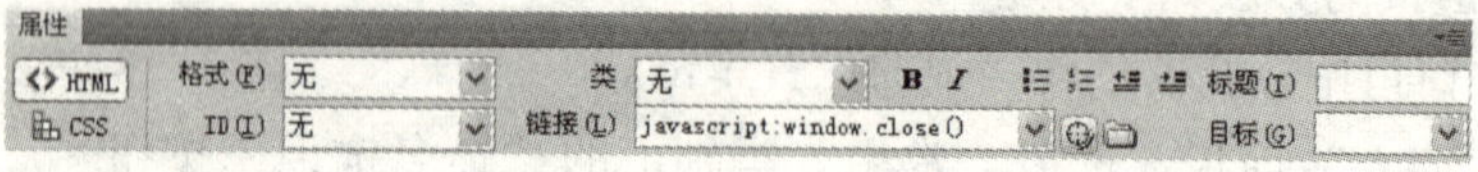

图 3-21　创建一个关闭当前页面的脚本链接

任务 3　文本的输入与编辑

熟悉文本的输入方法；掌握 CSS 样式的定义及设置方法，能够使用 HTML 样式和 CSS 样式格式化文本。

活动 1　输入文本

要将文本添加到文件，可将光标移至需要插入文本的位置，然后输入文本内容；或者从其他应用程序中（如 IE 浏览器、Word、WPS 及文本文件）复制文本，然后切换到 Dreamweaver CS 4，将光标定位在文件窗口的“设计”视图中，然后选择“编辑”|“粘贴”或“选择性粘贴”命令。

“选择性粘贴”命令允许以不同的方式指定所粘贴文本的格式，具体方式如下所述。

- 纯文本：粘贴无格式文本。粘贴后原始文本的所有格式设置都将被去掉。
- 带结构的文本：粘贴文本并保留结构，但不保留基本格式设置。例如，可以粘贴文本并保留段落、列表和表格的结构，但不保留粗体、斜体和其他格式设置。
- 带结构的文本及基本格式：可粘贴结构化并带简单 HTML 格式的文本。
- 带结构的文本及全部格式：可粘贴文本并保留所有结构、HTML 格式设置和 CSS 样式。
- 保留换行符：可保留所粘贴文本中的换行符。如果选择了“仅文本”，则此选项无效。
- 清理 Word 段落间距：粘贴文本时删除段落之间的多余空白。

活动2　使用 HTML 样式格式化文本

Dreamweaver CS 4 定义了文本标题和段落的各种格式，设计人员可以使用 HTML 样式在网页中设置文本格式。HTML 样式是一系列 HTML 格式标记的组合，用于对文本的字体、字号、颜色及对齐方式等属性进行一次性设置。

1. 设置 HTML 格式

（1）按快捷键 Ctrl + J 打开“属性”面板，然后单击 HTML 按钮，如图 3-22 所示。

图 3-22　“属性”面板

（2）选择要设置格式的文本。

（3）在“属性”面板中，设置要应用于所选文本的选项如下所述。

◆ 格式：设置文本的段落样式。

◆ ID：为所选内容分配一个 ID，此 ID 只能应用于一个 HTML 元素。

◆ 类：显示当前应用于文本的类样式，如果没有对所选内容应用过任何样式，则下拉菜单显示“无”；如果已对所选内容应用了多个样式，则该菜单显示为空，同时也可以对文本附加外部样式表。

◆ B：将 <b> 或 <strong> 标签应用于文本。

◆ I：将 <i> 或 <em> 标签应用于文本。

◆ ：创建段落的项目列表。

◆ ：创建段落的编号列表。

◆ ：通过应用 <blockquote> 标签，缩进段落。

◆ ：通过删除 <blockquote> 标签，删除段落的缩进。

在列表中，缩进创建一个嵌套列表，而删除缩进则取消嵌套列表。

◆ 链接：为文本创建超链接。

◆ 标题：为超级链接指定提示文本。

◆ 目标：指定超链接文件的目标窗口。

2. 使用 HTML 格式

（1）设置段落格式。段落格式的具体设置方法如下所述。

将光标放在要格式化的段落中或选择段落中部分文本，从“属性”面板选择相应的格式（如“标题 1”、“预先格式化的”等），“属性”面板如图 3-23 所示，标题和段落的字体、字号及颜色的设置可以参阅“任务 2 中‘活动 3 设置页面属性’”的相关设置方法。

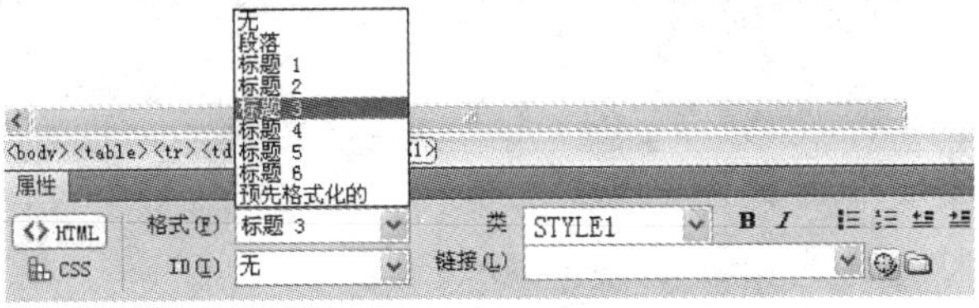

图 3-23　文本格式的“属性”面板

（2）应用字体样式。可以将文本格式应用于网页中的一个字母或整个文本段落和文本块。使用“格式”菜单可设置或更改所选文本的字体特征，如图 3–24 所示。

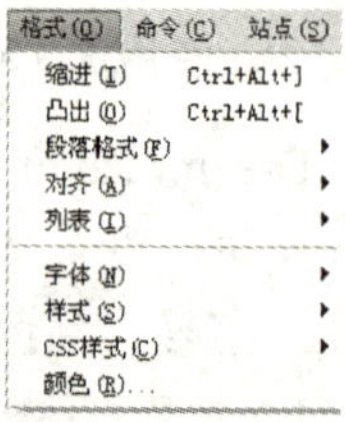

图 3–24 “格式”菜单

其具体设置方法如下所述。

① 选择文本。如果未选择文本，则格式将应用于随后输入的文本。

② 若要更改字体，从“格式”|“字体”子菜单中选择一种字体组合。选择“默认”对所选文本应用默认字体（或者是浏览器的默认字体，或者是在 CSS 样式表中指定的字体）。

③ 若要更改字体样式，从“格式”|“样式”子菜单中进行选择（如粗体、斜体及下划线等）。

活动 3　使用 CSS 样式格式化文本

HTML 样式只会改变应用到的文本，或是选定 HTML 样式后创建的文本。如果修改了 HTML 样式，之前被格式化的文本不会自动改变其样式。想得到同时改变的效果，则需使用 CSS 样式。CSS 是一组格式设置规则，通过使用 CSS 样式设置页面的格式，可将页面的内容与表示形式分离开。页面内容（即 HTML 代码）存放在 HTML 文件中，而用于定义页面表示形式的 CSS 规则存放在另一个文件（外部样式表）或 HTML 文件的另一部分（通常为文件头）中。

使用 CSS 样式定义文本格式可以缩短浏览器加载时间，设计人员可以非常灵活并更好地控制页面的布局和外观。

1. 新建 CSS 样式

可以创建一个 CSS 样式来自动设置 HTML 标签的格式，或者 class 和 ID 属性所标识的文本的格式。

（1）在文件窗口中选择文本，从 CSS 属性面板的“目标规则”弹出菜单中选择“新建 CSS 规则”，然后单击“编辑规则”按钮，打开如图 3–25 所示的“新建 CSS 规则”对话框。

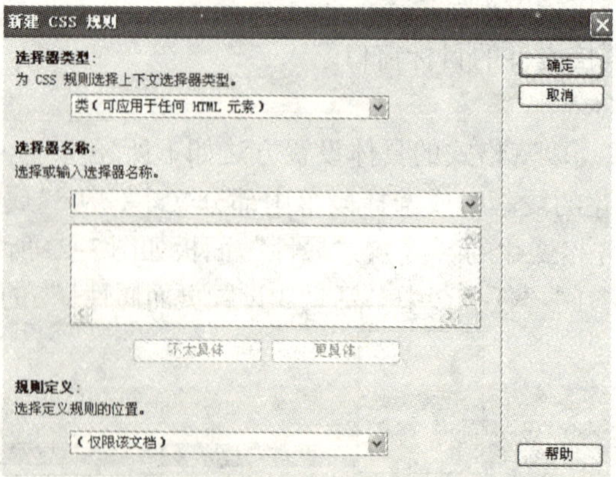

图 3–25　“新建 CSS 规则”对话框

（2）在“新建CSS规则”对话框中，指定CSS样式的选择器类型和名称。

① 若创建一个class属性使用的样式，从“选择器类型”的下拉列表中选择“类”选项，然后在“选择器名称”文本框中输入样式的名称。

② 若定义包含特定ID属性使用的样式，从“选择器类型”的下拉列表中选择“ID”选项，然后在“选择器名称”文本框中输入唯一的ID（如content）。

③ 若重新定义HTML标签的默认格式，可从“选择器类型”下拉列表中选择“标签”选项，然后在“选择器名称”文本框中输入或选择一个HTML标签。

④ 若定义同时影响两个或多个标签、类或ID的复合样式，可选择“复合内容”选项并输入用于复合样式的选择器名称。例如，如果输入“div p”，则div标签内的所有p元素都将受此样式的规则影响。

（3）在“新建CSS规则”对话框中，可选择定义CSS样式的位置。

① 若将样式放在已附加到文件中的样式表中，可选择相应的样式表。

② 若创建外部样式表，可选择“新建样式表文件”。

③ 若在当前文件中嵌入样式，可选择“仅对该文件”。

（4）单击“确定”按扭，在弹出的“CSS规则定义”对话框中，选择要为新的CSS样式设置的样式选项。

（5）完成对样式属性的设置后，单击“确定”按钮。

2. 设置CSS属性

可以定义CSS样式的属性，如文本字体、背景图像和颜色、间距和布局及列表元素外观等。首先创建样式，然后设置下列属性。

（1）定义CSS样式“类型”属性。在“.CSS的CSS规则定义”对话框的“类型”类别中，可以设置CSS样式的基本字体和类型等属性，如图3-26所示。

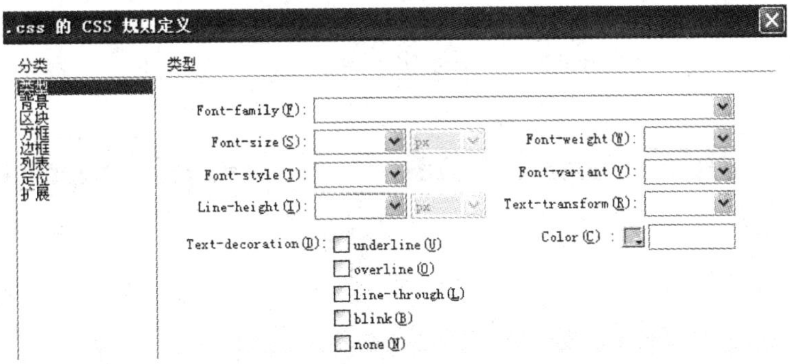

图3-26 定义CSS样式的“类型”属性

对于CSS样式中不重要的类型选项，可将其保留为空。

（2）定义CSS样式“背景”属性。在“.CSS的CSS规则定义”对话框的“背景”类别中，可以设置CSS样式的背景属性，如图3-27所示。对于CSS样式中不重要的背景选项，可将其保留为空。

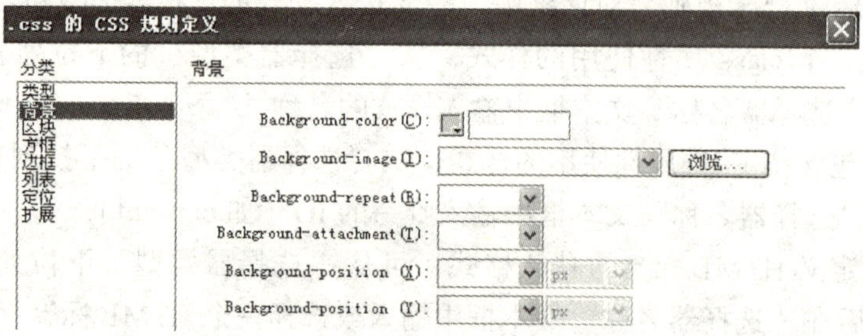

图 3-27 定义 CSS 样式的“背景”属性

(3) 定义 CSS 样式区块属性。在“.CSS 的 CSS 规则定义”对话框的“区块”类别中，可以设置标签和属性的间距及对齐方式等属性，如图 3-28 所示。对于 CSS 样式中不重要的区块选项，可将其保留为空。

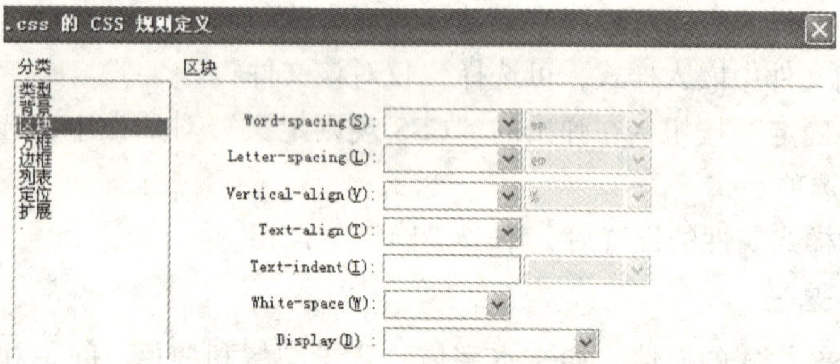

图 3-28 定义 CSS 样式的“区块”属性

(4) 定义 CSS 样式“方框”属性。在“.CSS 的 CSS 规则定义”对话框的“方框”类别中，可以为用于控制元素在页面上的放置方式的标签和属性进行设置。例如，可以设置应用于元素的各个边的填充和边距属性，也可以使用“全部相同”将相同的设置应用于元素的所有边，如图 3-29 所示。对于 CSS 样式中不重要的方框选项，可将其保留为空。

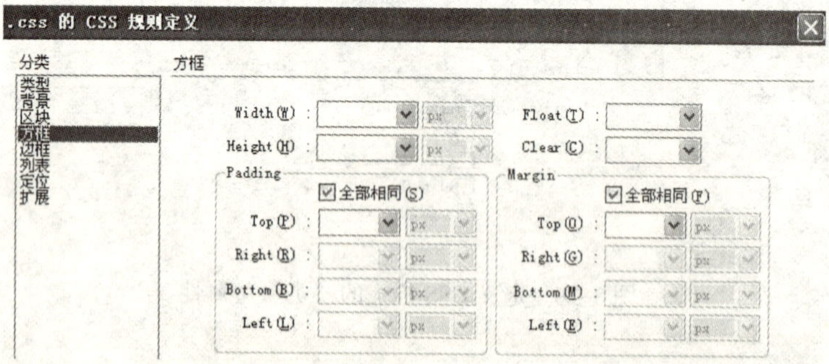

图 3-29 定义 CSS 样式的“方框”属性

(5) 定义 CSS 样式“边框”属性。在“.CSS 的 CSS 规则定义”对话框的“边框”类别中，可以设置元素周围的边框的属性（如宽度、颜色和样式），如图 3-30 所示。对于 CSS 样式中不重要的边框选项，可将其保留为空。

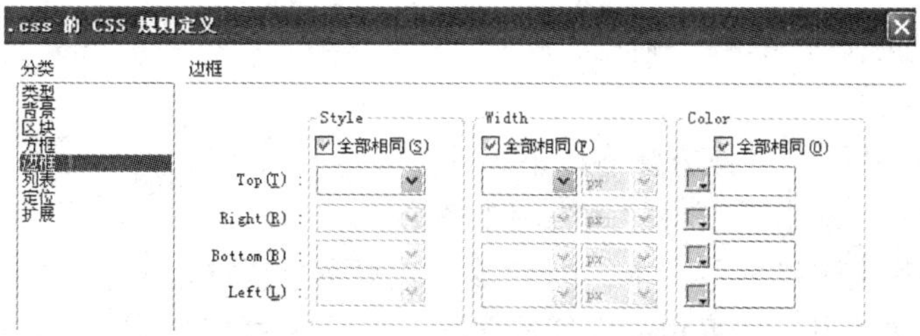

图 3-30　定义 CSS 样式的“边框”属性

（6）定义 CSS 样式“列表”属性。在“. CSS 的 CSS 规则定义”对话框的“列表”类别中，可以为列表标签定义相关属性，如图 3-31 所示。对于 CSS 样式中不重要的列表选项，可将其保留为空。

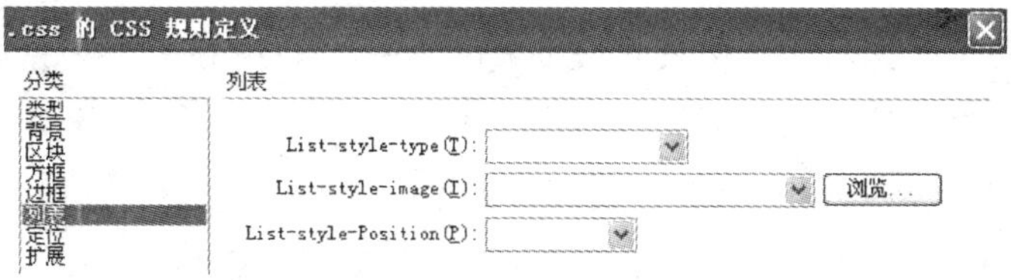

图 3-31　定义 CSS 样式的“列表”属性

（7）定义 CSS 样式“定位”属性。在“. CSS 的 CSS 规则定义”对话框的“定位”类别中，可以确定与选定的 CSS 样式相关的内容在页面上的定位方式，如图 3-32 所示。对于 CSS 样式中不重要的定位选项，可将其保留为空。

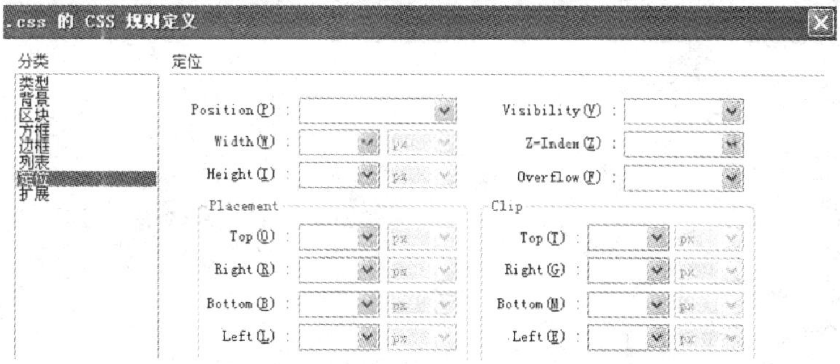

图 3-32　定义 CSS 样式的“定位”属性

（8）定义 CSS 样式“扩展”属性。Dreamweaver CS 4 中提供了许多扩展属性，包括滤镜、分页和指针等，但是必须使用“CSS 样式”面板才能访问这些属性。具体设置方法为：在“. CSS 的 CSS 规则定义”对话框中，选择“扩展”类别，然后设置相关属性，如图 3-33 所示。对于 CSS 样式中不重要的扩展选项，可将其保留为空。

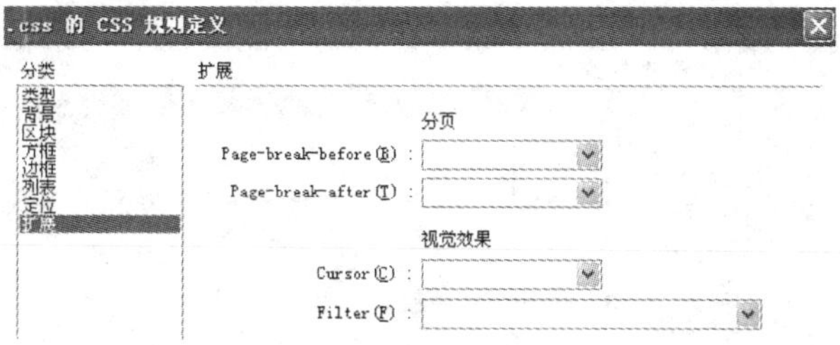

图 3-33　定义 CSS 样式的“扩展”属性

设置完这些选项后，单击“确定”按钮。

3. 应用CSS样式

（1）选择文本范围，具体方法有以下3种。

① 将光标放在段落中以便将样式应用于整个段落。

② 在单个段落中选择某些文本，则CSS样式只影响所选范围。

③ 选择位于文件窗口左下角的标签选择器，则CSS样式应用于选中的确切标签。

（2）在“CSS样式”面板中，选择“全部”模式，右击要应用的样式的名称，然后选择“应用”命令。也可以在HTML“属性”面板中，从“类”弹出菜单中选择要应用的样式。

任务4　图像的插入与编辑

掌握图像的插入方法；熟悉图像属性的设置方法；能够使用Dreamweaver CS 4提供的功能编辑图像；熟悉鼠标经过图像的创建方法。

活动1　插入图像

在插入图像之前，应确保该图像文件位于当前站点中。插入图像的方法如下。

（1）将光标放在需要插入图像的位置，单击“插入”面板的“常用”类别中的“图像”按钮，然后选择“图像”图标。

（2）从弹出的“选择图像源文件”的对话框中选择所需的文件，如图3-34所示。

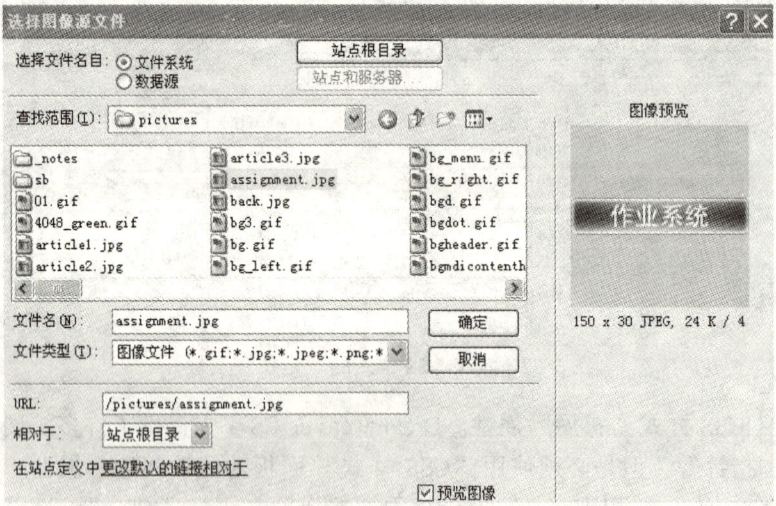

图3-34　“选择图像源文件”对话框

（3）单击“确定”按钮将弹出“图像标签辅助功能属性”对话框，如图3-35所示。

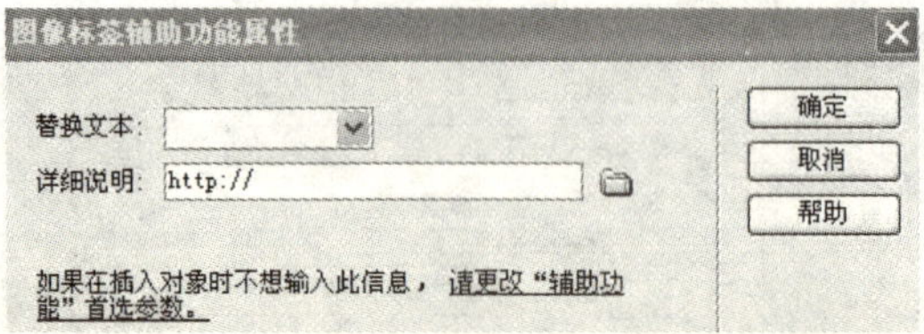

图3-35　“图像标签辅助功能属性”对话框

“替换文本”就是图片的 alt 属性，可以在此为图像输入一个名称或一段简短描述（50 个字符内），对于较长的描述可在“详细说明”文本框中输入。“详细说明”是图片的 longsec 属性，一般使用不到，可以不填，最后单击“确定”按钮，一张图片就插入到网页中了。

活动 2　设置图像属性

可以在图像“属性”面板里设置图像的各种属性。

（1）选择“窗口”|“属性”命令以查看所选图像的“属性”面板，如图 3-36 所示。

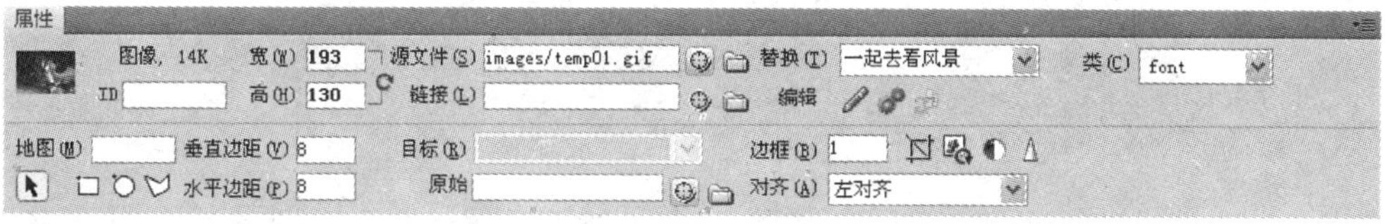

图 3-36　图像“属性”面板

（2）在缩略图旁边的 ID 文本框中，输入名称，以便在使用 Dreamweaver CS 4 行为（如“交换图像”）或脚本语言（如 JavaScript 或 VBScript）时可以引用该图像。

（3）设置图像的其他属性。

◆ 宽和高：指定图像的宽度和高度（用像素表示）。在页面中插入图像时，Dreamweaver CS 4 会自动使用图像的原始尺寸，当然也可以根据需要指定图像大小。若要恢复原始值，单击“宽”和“高”文本框标签，或单击用于输入新值的“宽”和“高”文本框右侧的“重设大小”按钮。

◆ 源文件：单击文件夹图标指定图像的源文件路径。

◆ 链接：为图像设置超级链接。

◆ 替换：图像的注释，即当浏览器不能正常显示时，在图像的位置显示的文本。

◆ 类：指定用于选定图像的 CSS 类样式。

◆ 地图：使用名称、热点工具标注和创建客户端图像地图。

◆ 垂直边距和水平边距：沿图像的边添加边距（用像素表示）。垂直边距沿图像的顶部和底部添加边距。水平边距沿图像的左侧和右侧添加边距。

◆ 目标：加载链接的目标窗口。_blank 将链接的文件在一个未命名的新浏览器窗口中打开；_parent 将链接的文件在含有该链接的框架的父框架集或父窗口中打开；_self 将链接的文件在该链接所在的同一框架或窗口中打开；_top 将链接的文件在整个浏览器窗口中打开。

◆ 边框：图像边框的宽度（用像素表示）。默认为无边框。

◆ 原始：可以从 PSD 文件或 Fireworks 文件中获取源文件。

◆ 对齐：设置图像的对齐方式。

活动 3　编辑图像

Dreamweaver CS 4 提供了对 JPEG 和 GIF 格式图像文件的基本编辑功能，包括对图像进行优化、裁剪、重新取样、亮度及对比度调整和锐化。另外，还可以利用外部图像编辑软件（如 Photoshop）对图像进行编辑。

1. 优化图像

（1）选择要优化的图像。

（2）在图像“属性”面板中单击“编辑图像设置”按钮，打开“图像预览”对话框。

（3）在“选项”和“文件”选项卡中，进行相应的设置并单击“确定”按钮，如图 3-37 所示。

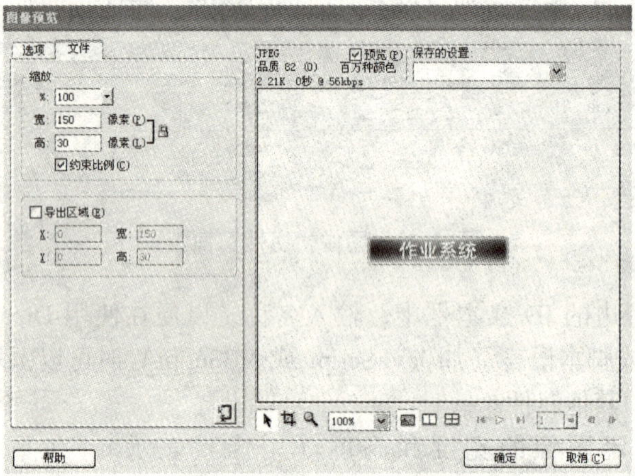

图 3-37 “图像预览”对话框

2. 裁剪图像

在网页设计中有时为了强调主题，或是想删除图像中不需要的部分，可以利用图像裁剪功能来实现。裁剪图像并退出 Dreamweaver CS 4 后，会更改磁盘上的源文件，最好事先做好备份。

（1）选择要裁剪的图像。

（2）在图像“属性”面板中单击“裁剪工具”图标，将提示正在调整的图像文件将在磁盘上被更改，单击“确定”按钮。此时，所选图像周围会出现裁剪控制点，如图 3-38 所示。

图 3-38 裁剪图像

（3）调整裁剪控制点至合适大小，在边界框内部双击或按 Enter 键裁剪所选图像。

（4）预览该图像，如果裁剪后的效果不能满足要求，选择“编辑”|“撤销裁剪”命令恢复到原始图像，重新裁剪即可。

3. 重新取样

对已调整大小的图像进行重新取样，即添加或减少图像文件的像素，改变图片在新的大小和形状下的品质。对位图进行重新取样时，会在图像中添加或删除像素，以使其变大或变小。

重新取样的方法是：选中要进行重新取样的图像，单击图像“属性”面板中的“重新取样”图标，将提示正在调整的图像文件将在磁盘上被更改，单击“确定”按钮，完成取样，其效果如图3-39所示。

（a）取样前效果　　（b）取样后效果

图3-39　取样前后效果

对图像进行重新取样时，如果新的分辨率比原分辨率高，一般不会导致品质下降；如果新的分辨率比原分辨率低，会导致数据丢失，并且通常会降低图像品质。

4. 调整图像的亮度和对比度

调整图像的高亮显示、阴影和中间色调，以及修正过暗或过亮的图像时通常使用“亮度/对比度”调整功能。

（1）选择要调整的图像。

（2）在图像“属性”面板中单击“亮度/对比度”按钮，将提示正在调整的图像文件将在磁盘上被更改，单击“确定”按钮，弹出“亮度/对比度”对话框，如图3-40所示。

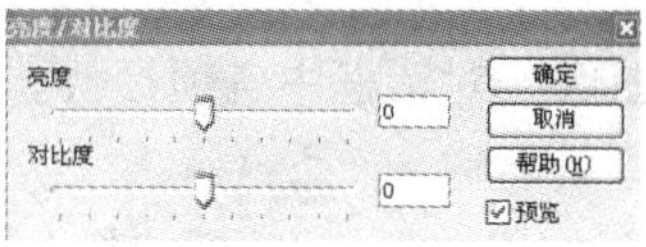

图3-40　“亮度/对比度”对话框

（3）拖动亮度和对比度滑块进行相应的设置并单击“确定”按钮。

5. 锐化图像

可以通过增加图像中边缘的对比度调整图像的焦点。扫描图像或拍摄数码照片时，大多数图像捕获软件的默认操作是柔化图像中各对象的边缘。这可以防止特别精细的细节从组成数码图像的像素中丢失。不过，要显示数码图像文件中的细节，经常需要锐化图像，从而提高边缘的对比度，使图像更清晰。

（1）选择要锐化的图像。

（2）在图像“属性”面板中单击“锐化”按钮，将提示正在调整的图像文件将在磁盘上被更改，单击“确定”按钮，弹出“锐化”对话框，如图3-41所示。

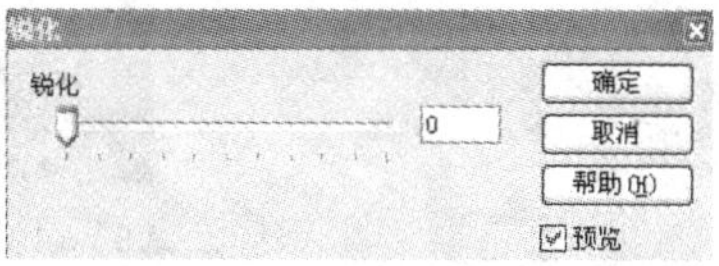

图3-41　“锐化”对话框

（3）拖动滑块控件调整图像的锐化程度，可以实时地预览锐化后的效果。调整满意后单击“确定”按钮即可。

活动 4　创建鼠标经过图像

鼠标经过图像是一种在浏览器中查看并当鼠标经过它时发生变化的图像。创建鼠标经过图像必须使用两个图像：主图像（首次加载页面时显示的图像）和次图像（鼠标经过主图像时显示的图像）。主图像和次图像应大小相等，如果这两个图像大小不同，Dreamweaver CS 4 将调整次图像的大小以与主图像匹配。创建鼠标经过图像的方法如下所述。

（1）在文件窗口中，将光标放在要显示鼠标经过图像的位置。

（2）在“插入”面板的“常用”类别中，单击“图像”按钮，然后选择“鼠标经过图像”图标，弹出“插入鼠标经过图像”对话框，如图 3-42 所示。

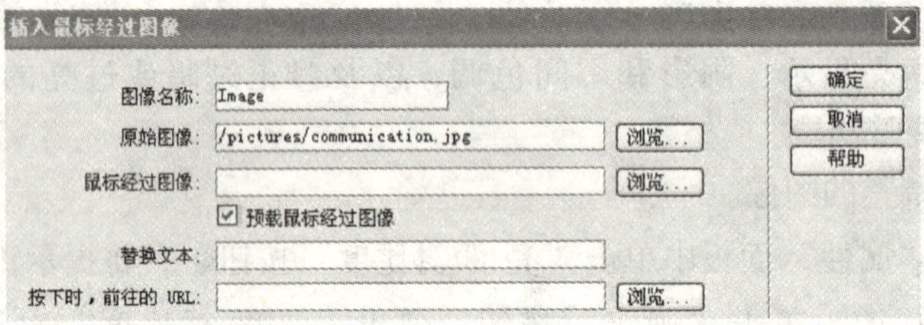

图 3-42　“插入鼠标经过图像”对话框

（3）设置“插入鼠标经过图像”对话框中各项参数。

◆ 图像名称：鼠标经过图像的名称。

◆ 原始图像：单击“浏览”按钮选择打开网页时显示的图像。

◆ 鼠标经过图像：单击“浏览”按钮选择鼠标经过原始图像时显示的图像。

◆ 预载鼠标经过图像：选中此复选框，将图像预先加载到浏览器的缓存中，以便加快图像显示速度。

◆ 替换文本：当浏览器不能正常显示时，在鼠标经过图像的位置显示的文本。

◆ 按下时，前往的 URL：单击“浏览”按钮为鼠标经过图像设置超级链接。

设置完毕，单击“确定”按钮。

（4）按 F12 键在浏览器中预览鼠标经过图像的效果。

（5）在浏览器中，将鼠标经过原始图像以查看鼠标经过图像时的效果，如图 3-43 所示。

（a）鼠标在图像外的效果　　（b）鼠标经过图像时的效果

图 3-43　鼠标经过图像的效果

任务5 表格的制作与使用

掌握表格的插入和编辑方法，熟悉表格属性的设置方法；学会用表格进行简单页面的布局。

表格具有清晰的显示列表的数据和网页定位等功能。所谓网页定位，就是把文字与图片等网页元素放在指定的位置。

活动1 制作表格

1. 插入表格

（1）切换到文件窗口的“设计”视图，将光标放在插入表格的位置。

（2）在“插入”面板的“常用”类别中，单击“表格”按钮，打开“表格”对话框，如图3-44所示。

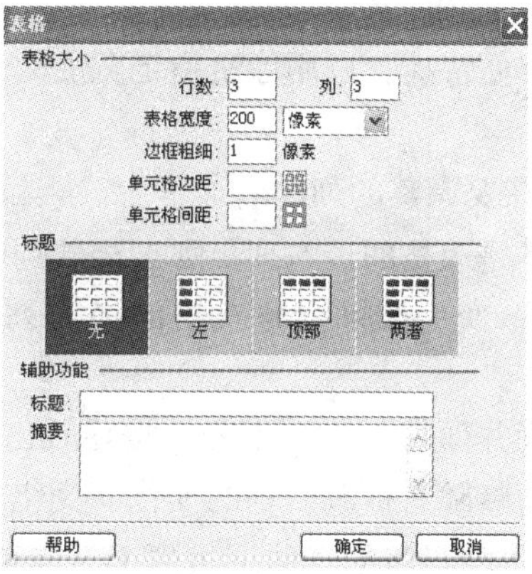

图3-44 “表格”对话框

（3）设置“表格”对话框的属性。

◆ 行数：设置表格的行数。

◆ 列：设置表格的列数。

◆ 表格宽度：可以用“像素”或“百分比”来设置表格的宽度。

◆ 边框粗细：设置表格边框的宽度，单位为像素。如果设置为0，则在浏览器里看不见表格的边框。

◆ 单元格边距：设置单元格边界与单元格内容之间的像素数。

◆ 单元格间距：设置相邻单元格之间的像素数。

◆ 标题：设置表格内的标题相对于表格的显示位置。

■ 无：不启用行或列标题。

■ 左：将表格的第一列作为标题列，以便为表格中的每一行输入标题。

■ 顶部：将表格的第一行作为标题行，以便为表格中的每一列输入标题。

■ 两者：同时启用行标题和列标题。

◆ 标题：定义一个显示在表格外的标题。

◆ 摘要：用来对表格进行注释。该文本不会显示在用户的浏览器中。

(4) 单击“确定”按钮，即可创建表格。

2. 编辑表格

(1) 选择表格。单击表格上的任意一个边框线，可以选择整个表格。也可以将光标放在表格内任意位置，单击文件窗口左下角的<table>标记来选择。

(2) 调整表格大小。在“属性”面板里可以精确地调整表格及其单元格的“宽”和“高”，如图3-45所示。

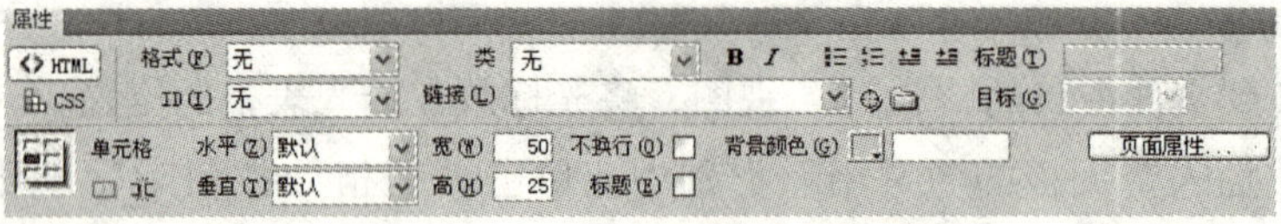

图3-45 在“属性”面板中调整表格大小

用鼠标拖动调整则更加方便快捷，以用像素指定宽度的表格为例，调整表格大小的方法如下所述。

① 调整列宽。将光标放在要调整的列的右边框上，当鼠标变成时，拖动鼠标即可调整列的宽度，如果调整的不是表格的最右列，那么相邻列的宽度也会改变，即同时调整了两列，而整个表格的宽度不变。如果调整表格的最右列，整个表格的宽度将作相应变化。

如果要更改某个列的宽度并保持其他列不变，按住Shift键，然后拖动要调整列的右边框。此时，整个表格的宽度将随着被调整列的变化而变化。

② 调整行高。将光标放在要调整的行的下边框上，当鼠标变成时，拖动鼠标即可调整行的高度。该调整不影响相邻行的行高，而直接影响整个表格的高度。

(3) 添加行或列。在已经创建好的表格中添加行或列，先将光标放在要添加行或列的单元格中，选择“修改”|“表格”|“插入行”或“插入列”命令，在光标的上面（左侧）将出现一行（列）。

此外，在表格的最后一个单元格中按Tab键会自动在表格中添加一行。

(4) 删除行或列。将光标放在要删除行或列的单元格中，选择“修改”|“表格”|“删除行”或“删除列”命令。也可选择完整的一行或一列，直接按Delete键。

(5) 拆分单元格。将光标放在要拆分的单元格中，选择“修改”|“表格”|“拆分单元格”命令，或直接单击属性面板上的“拆分单元格”按钮，在弹出的“拆分单元格”对话框中，指定按行或按列拆分单元格，并设定拆分后的行数或列数，如图3-46所示。

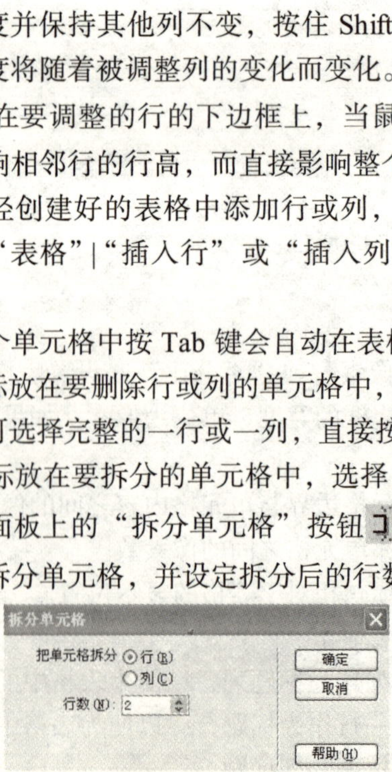

图3-46 拆分单元格

（6）合并单元格。选中表格中要合并的两个或多个单元格，选择“修改”|“表格”|“合并单元格”命令，或者使用“属性”面板中的“合并单元格”按钮，将选中的单元格合并为一个单元格。其中，所选的第一个单元格的属性将应用于合并后的单元格。

可以一次复制、粘贴或删除单个单元格或多个单元格，并保留单元格的格式设置。

（7）剪切或复制单元格。选中形状为矩形的一个或多个单元格，选择“编辑”|“剪切”或“拷贝”命令，将选中的单元格复制到剪贴板。注意，如果选中的区域不是矩形的，在进行剪切或复制时，将弹出警告对话框，如图 3-47 所示。

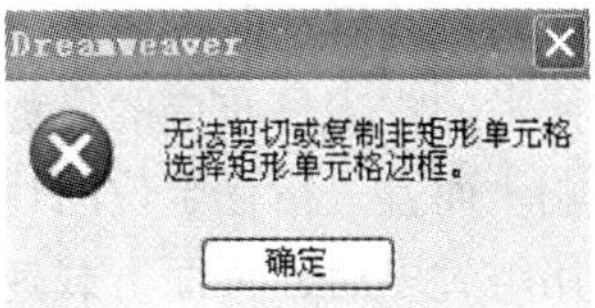

图 3-47　警告对话框

（8）粘贴表格单元格。选择一组与剪贴板上的单元格具有相同布局的现有单元格，选择“编辑”|“粘贴”命令（Ctrl + V）。如果要粘贴的是一整行或一整列单元格，则只需将光标放在要粘贴单元格的位置，然后执行粘贴命令即可。

（9）删除单元格内容。选中一个或多个单元格，选择“编辑”|“清除”命令，或直接按 Delete 键，单元格里的内容即被删除。

3. 设置表格属性

为了使表格更具特色，需要在表格的“属性”面板中设置表格的边框和对齐方式等属性。具体操作方法如下所述。

（1）选择要设置属性的表格。

（2）在“属性”面板中，根据需要设置表格的各种属性，如图 3-48 所示。

图 3-48　设置表格属性

- ◆ 表格：指定表格的 ID。
- ◆ 行和列：指定表格的行数和列数。
- ◆ 宽：表格的宽度，以像素或百分比为单位。通常不需要设置表格的高度。
- ◆ 填充：单元格内容与单元格边界之间的像素数。
- ◆ 间距：相邻单元格之间的像素数。
- ◆ 对齐：指定表格相对于同一段落中的其他元素的显示位置。Dreamweaver CS 4 提供了“默认”、“左对齐”、“右对齐”和“居中对齐”4 种对齐方式。
- ◆ 边框：设置表格边框的宽度，单位为像素。如果设置为 0，则在浏览器里看不见表格的边框。
- ◆ 类：为表格指定一个 CSS 样式。
- ◆ ：删除表格中所有明确指定的列宽。
- ◆ ：删除表格中所有明确指定的行高。
- ◆ ：将表格中每列的宽度指定为以像素为单位的当前宽度。

◆ ：将表格中每列的宽度指定为占文件窗口宽度百分比的当前宽度。

活动 2　用表格布局页面

表格是网页制作中最为重要的一个对象，目前大多数网页都是用表格来布局页面和组织元素的。表格布局的优势在于它能对不同对象加以处理，而又不用担心不同对象之间的影响。而且表格在定位图片和文本上比起 CSS 更加方便。表格布局唯一的缺点是，当表格用得过多时，页面下载速度将受到影响。用表格布局页面的技巧在于熟练使用表格嵌套，以及表格中单元格的拆分与合并，也就是合理利用表格的行数和列数来控制页面的布局。常用的表格宽度有两种：760～800 像素和 1000 像素左右，建议使用前者，以便在早期的显示器里也能正常浏览页面。

表格布局方式因页面中元素的不同而不同，下面以一个简单页面为例，详细说明用表格布局页面的具体操作方法。

（1）在文件窗口中插入一个 1 行 1 列的表格，宽度是 780 像素，其他参数设置如图 3-49 所示，高度不用设置，然后令这个表格居中对齐。为了不与其他表格混淆，不妨将表格命名为 main，以后所有的内容都限制在这个表格中。

图 3-49　表格 main 的参数设置

（2）在表格 main 中插入一个 2 行 2 列的表格，命名为 top，具体参数设置如图 3-50 所示。

图 3-50　表格 top 的参数设置

将表格 top 第二行的两个单元格合并，然后选中第一行第一个单元格，在“属性”面板中设置其高度和宽度，分别为 100 像素和 180 像素。

切换到“代码”视图，将表格 top 的背景颜色设置为“#F4F4FF”，即设置其 bgcolor 属性值为“#F4F4FF”。

（3）在表格 top 的下方插入一个 1 行 2 列的表格，命名为 bottom，具体参数设置如图 3-51 所示。

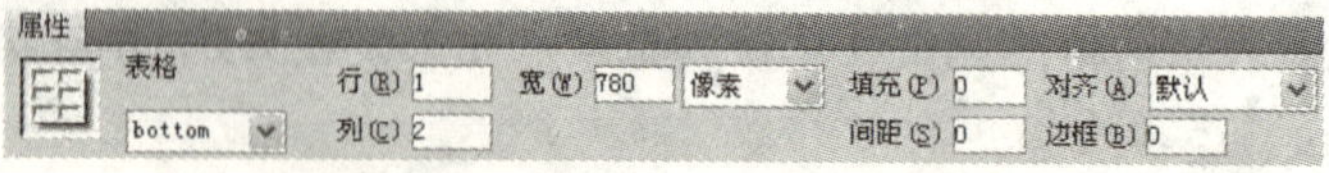

图 3-51　表格 bottom 的参数设置

选中左边单元格，在“属性”面板中设置其宽度为 120 像素，背景颜色为“#DADAF4”。

（4）将光标放在表格 bottom 中的右边单元格，插入一个 6 行 2 列的表格，命名为 right，具体参数设置如图 3-52 所示。

图 3-52 表格 right 的参数设置

选中表格 right 中第一个单元格，在“属性”面板中设置其宽度为 20 像素。

选中表格 right 中最后两行单元格，在“属性”面板中设置其背景颜色为“#DADAF4”。

（5）将光标放在表格 right 中第二行的右边单元格，插入一个 2 行 1 列的表格，命名为 right1，具体参数设置如图 3-53 所示。

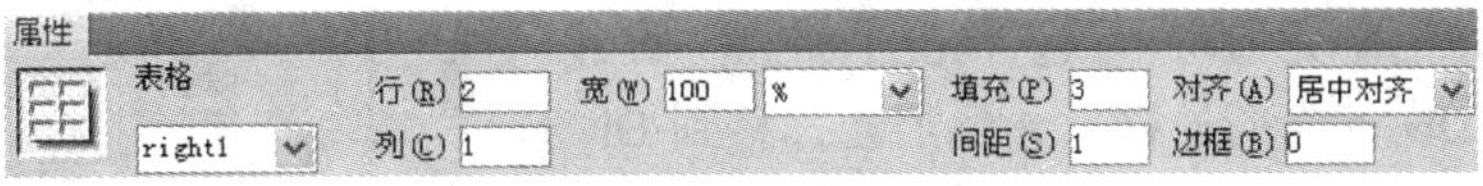

图 3-53 表格 right1 的参数设置

将光标放在表格 right1 中第一个单元格，在“属性”面板中设置其高度为 20 像素，背景颜色为“#F4F4FF”。

将光标放在表格 right1 中第二个单元格，在“属性”面板中设置其高度为 120 像素，背景颜色为“#FFFFFF”。

切换到“代码”视图，将表格 right1 的背景颜色设置为“#CCCCCC”，即设置其 bgcolor 属性值为“#CCCCCC”。

（6）选中表格 right1，将其复制到表 right 中第 4 行的右边单元格，复制后的表格，名称自动变为 right2。

（7）布局完毕。最终结果如图 3-54 所示，保存并按 F12 键可预览其效果。

图 3-54 用表格布局页面的最终结果

整个过程一共用到了 6 个表格，根据实际需要还可以继续添加表格。在表格 top 中可以放置页面的 Logo、Flash 动画及导航条；在表格 bottom 的左边单元格中可以放置一些超级链接，即二级导航；在表格 right1 和 right2 中可以放置要链接到的页面标题和摘要信息。

设计表格时，表格的边框一定要设置为 0，即 <table> 标签中的 border 属性值为 0。也就是让表格在网页预览中不可见，这样才能实现表格布局的目的。

任务 6 AP Div 元素的使用

了解 AP 元素的定义及功能；掌握 AP Div 元素的创建和设置方法；熟悉 AP Div 元素的基本操作；熟悉 AP Div 元素和表格的相互转换。

活动 1 认识 AP Div 元素

AP 元素，即绝对定位元素，是分配有绝对位置的任何 HTML 页面元素。在 AP 元素中，可以包含文本、图像或其他任何可放在 HTML 文件正文中的内容。

AP 元素通常是指绝对定位的 Div 标签，可通过 CSS 来定义 Div 标签的显示样式，即外观。AP 元素是网页布局的重要手段，可以放在网页的任何位置。可以任意调整 AP 元素的大小、背景、叠放顺序及可见性等，利用 AP 元素可以自由地布局和设计页面。

活动 2　AP Div 元素的创建和设置

在 Dreamweaver CS 4 中，可以在页面上轻松地创建和定位 AP Div 元素，还可以创建嵌套的 AP Div 元素。

1. 插入 AP Div 元素

当插入 AP Div 元素时，默认情况下将在“设计”视图中显示 AP Div 元素的外框，并且当光标移到 Div 边框上时还会高亮显示该 Div 块及其相关信息，如图 3-55 所示。可以通过“可视化助理”禁用“AP 元素轮廓线”、“CSS 布局外框”和“CSS 布局框模型”。

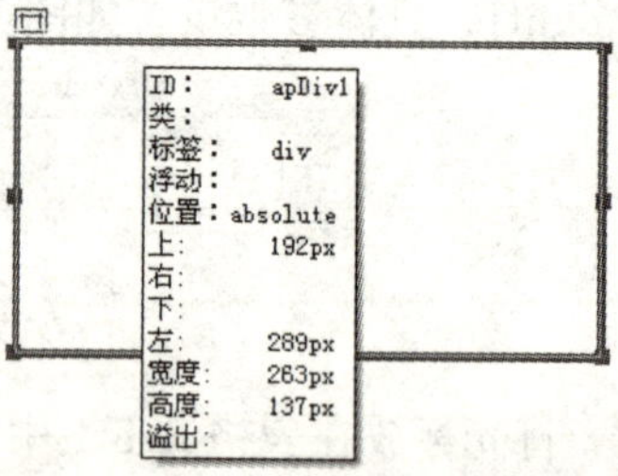

图 3-55　AP Div 边框高亮显示

创建 AP Div 元素后，只需将光标放在该 AP Div 元素中，就可以像在页面中添加内容一样，将内容添加到 AP Div 元素中。

绘制 AP Div 元素的方法如下所述。

（1）在“插入”面板的“布局”类别中，单击“绘制 AP Div”按钮。

（2）在文件窗口的“设计”视图中，拖动鼠标左键以绘制一个 AP Div 元素。

如果要连续绘制多个 AP Div 元素，可以按住 Ctrl 键拖动鼠标左键来实现。

2. 插入嵌套 AP Div 元素

嵌套通常用于将多个 AP Div 元素组合在一起。嵌套的 AP Div 元素随其父 AP Div 元素一起移动，并且可以继承其父级的可见性。嵌套的 AP Div 元素是其代码包含在另一个 AP Div 标签内的 AP Div 元素。

如：

```
<div id="apDiv1"> </div>
<div id="apDiv2"> </div>
```

显示了两个未嵌套的 AP Div 元素，apDiv1 实际上位于 apDiv2 的上方，如图 3-56 所示。

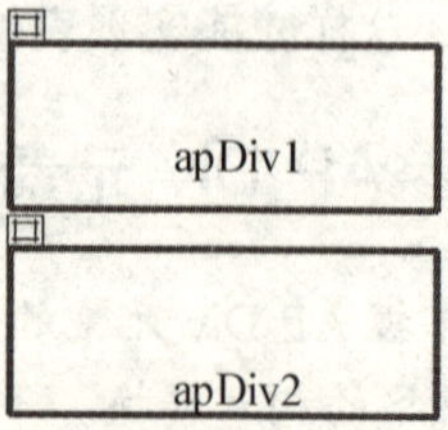

图 3-56　未嵌套的 AP Div 元素

```
<div id="apDiv3">
<div id="apDiv4"></div>
</div>
```

显示了两个嵌套的 AP Div 元素，apDiv4 实际上位于 apDiv3 的内部，如图 3-57 所示。

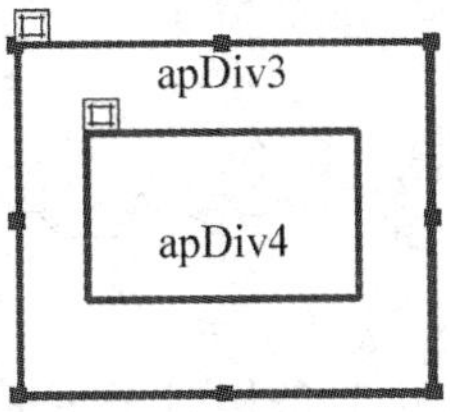

图 3-57 嵌套的 AP Div 元素

（1）绘制嵌套 AP Div 元素。在绘制嵌套 AP Div 元素之前，确保在“AP 元素”面板中已取消选择“防止重叠”，绘制嵌套 AP Div 元素的具体方法如下所述。

① 选择“编辑”|“首选参数”|“AP 元素”命令，选中“嵌套”复选框，如图 3-58 所示。

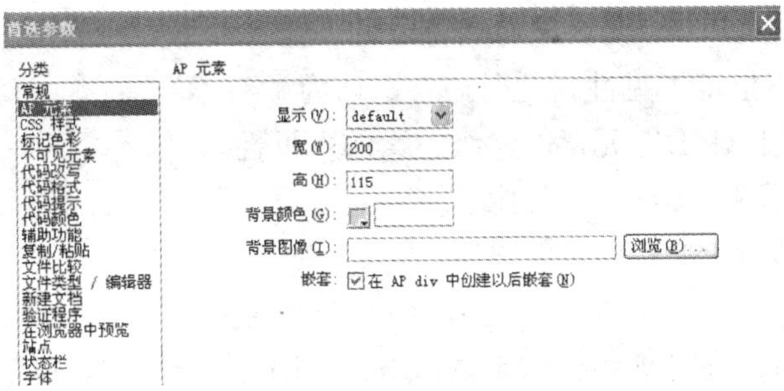

图 3-58 设置首选参数

② 切换到“设计”视图，将光标放在一个现有 AP Div 元素的内部，然后单击“插入”面板的“绘制 AP Div”按钮，在所在 AP Div 元素的内部直接绘制要嵌套的 AP Div 元素。

（2）嵌套现有 AP Div 元素。可以使用“AP 元素”面板将现有 AP Div 元素嵌套在另一个 AP Div 元素中，具体操作方法如下所述。

① 选择“窗口”|“AP Div 元素”命令，打开“AP Div 元素”面板。

② 在“AP Div 元素”面板中选择一个 AP Div 元素，然后按住 Ctrl 键将此 AP Div 元素拖动到“AP Div 元素”面板中的目标 AP Div 元素。

③ 当目标 AP Div 元素的名称高亮显示时，松开鼠标即可，如图 3-59 所示。

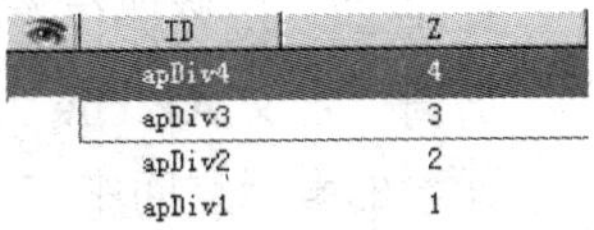

图 3-59 嵌套现有 AP Div 元素

3. 设置 AP Div 元素属性

当选择一个 AP Div 元素时，“属性”面板将显示 AP Div 元素的属性，可以根据实际需要重新设置 AP Div 元素的属性，如图 3-60 所示。

图 3-60　设置 AP Div 元素属性

这些属性主要包括以下几个选项。

◆ CSS－P 元素：为选定的 AP Div 元素指定一个 ID。此 ID 用于在“AP Div 元素”面板和 JavaScript 代码中标识 AP 元素。

◆ 左和上：指定 AP Div 元素的左上角相对于页面（如果嵌套，则相对于父 AP Div 元素）左上角的位置。

◆ 宽和高：指定 AP Div 元素的宽度和高度，默认单位为像素。如果 AP Div 元素的内容超过指定大小，在“溢出”属性设置为“可见”的情况下，AP Div 元素的底边会自动延伸以显示这些内容。

◆ Z 轴：确定 AP Div 元素的 Z 轴或堆叠顺序。可以使用“AP Div 元素”面板或属性面板更改 AP Div 元素的堆叠顺序。

◆ 可见性：指定 AP Div 元素最初是否可见。共有以下 4 种选择。

■ default：不指定可见性，此时通常默认为“继承”。

■ 继承：使用 AP Div 元素的父级元素的可见性。

■ 可见：显示 AP Div 元素的内容。

■ 隐藏：隐藏 AP Div 元素的内容。

使用脚本语言（如 JavaScript）可控制 AP Div 元素的可见性并动态地显示其内容。

◆ 背景图像：单击文件夹图标指定 AP Div 元素的背景图像。

◆ 背景颜色：指定 AP Div 元素的背景颜色，如果此处为空白，则意味着指定透明的背景。

◆ 类：指定用于设置 AP Div 元素的 CSS 类样式。

◆ 溢出：控制当 AP Div 元素的内容超过 AP Div 元素的指定大小时如何在浏览器中显示 AP Div 元素。共有以下 4 种显示方式。

■ 可见：AP Div 元素会自动延伸来显示额外的内容。

■ 隐藏：不在浏览器中显示额外的内容。

■ 滚动：浏览器会在 AP Div 元素上添加滚动条。

■ 自动：浏览器仅在需要时才显示 AP Div 元素的滚动条。

◆ 剪辑：定义 AP Div 元素的可见区域。通过指定左、上、右和下坐标，在 AP Div 元素的坐标空间中定义一个可见的矩形区域。

活动 3　AP Div 元素的基本操作

1. 选择 AP Div 元素

可以选择一个或多个 AP Div 元素进行操作或更改它们的属性。

（1）在“AP 元素”面板中选择 AP Div 元素。在“AP 元素”面板中，单击要选择的 AP Div 元素的名称即可。

（2）在文件窗口中选择 AP Div 元素。将光标放在要选择的 AP Div 元素中，单击 AP Div 元素的选择柄□或边框，也可按住 Ctrl + Shift 键在 AP Div 元素内部单击。此外，还可以使用标签选择器来选择 AP Div 元素。

在选择 AP Div 元素的时候，按住 Shift 键可同时选择多个 AP Div 元素。

2. 更改 AP Div 元素的堆叠顺序

在 HTML 代码中，AP Div 元素的堆叠顺序（即 Z 轴）决定了 AP Div 元素在浏览器中的显示顺序。AP Div 元素的 Z 轴值越高，该 AP Div 元素在堆叠顺序中的位置就越高。使用“属性”面板或“AP 元素”面板可更改 AP Div 元素的堆叠顺序。

（1）使用“AP 元素”面板更改 AP Div 元素的堆叠顺序。选择“窗口”|“AP 元素”命令，打开“AP 元素”面板，将 AP Div 元素向上或向下拖至所需的堆叠顺序。

（2）使用“属性”面板更改 AP Div 元素的堆叠顺序。在“AP 元素”面板或文件窗口中选择 AP Div 元素，在“属性”面板的“Z 轴”文本框中设置该元素新的堆叠顺序。

3. 显示和隐藏 AP Div 元素

当设计页面时，可以使用“AP 元素”面板手动显示和隐藏 AP Div 元素，以查看页面在不同条件下的显示方式。

（1）使用“AP 元素”面板更改 AP Div 元素的可见性。选择“窗口”|“AP 元素”命令，打开“AP 元素”面板，可以在 AP Div 元素的眼形图标列内单击以更改其可见性，如图 3-61 所示。

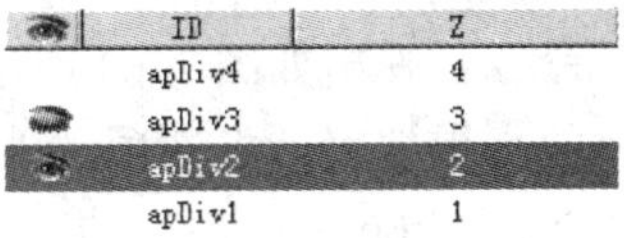

图 3-61　显示和隐藏 AP Div 元素

睁眼表示可见，闭眼表示不可见，如果没有眼形图标，AP Div 元素通常会继承其父级的可见性。

（2）使用“属性”面板更改 AP Div 元素的可见性。在“AP 元素”面板或“文档”窗口中选择 AP Div 元素，在“属性”面板的“可见性”下拉列表框中选择其显示方式。

4. 调整 AP Div 元素的大小

选中要调整的 AP Div 元素，可按以下几种方法来改变其大小。

（1）拖动选中的 AP Div 元素边框的手柄（矩形控制点）调整大小。

（2）在“属性”面板上的“宽”和“高”文本框中直接输入数值。

（3）选中 AP Div 元素后，按住 Ctrl 键，再按方向键，每按一次，改变一个像素大小。

5. 移动 AP Div 元素

可以按照在最基本的图形应用程序中移动对象的方法在“设计”视图中移动 AP Div 元素。如果已启用“防止重叠”选项，那么在移动 AP Div 元素时将无法使该 AP Div 元素与另一个 AP Div 元素重叠。

移动 AP Div 元素的方法有以下两种。

（1）选中 AP Div 元素后，将鼠标放在 AP Div 元素的边框或句柄上，当鼠标变成✥形状时，按下鼠标左键将 AP Div 元素拖动到新的位置。

（2）选中 AP Div 元素后，按下键盘上相应的方向键，每按一次，移动一个像素的距离。同时按住 Shift 键可按当前网格靠齐增量来移动 AP Div 元素，默认为 10 像素。

6. 对齐 AP Div 元素

使用 AP Div 元素对齐命令可将一个或多个 AP Div 元素与最后一个选定的 AP Div 元素的边框对齐。

在“设计”视图中，选择要对齐的 AP Div 元素，选择“修改”|“排列顺序”命令，然后从“左对齐”、“右对齐”、“上对齐”、“对齐下缘”4 个选项中进行选择，如图 3-62 所示。

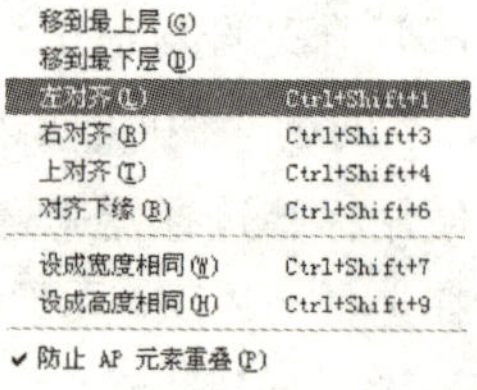

图 3-62　对齐 AP Div 元素

活动 4　AP Div 与表格的相互转换

1. 将 AP Div 元素转换为表格

在 Dreamweaver CS 4 中，可以使用 AP Div 元素来创建自己的布局，考虑到有的低版本浏览器不支持 AP Div 功能，可将它们转换为表格。不过，转换后会产生带有大量空白单元格的表格。此外，页面上包含特定的 AP Div 元素（如嵌套 AP Div 元素和模板文件中的 AP Div 元素）时，不能将其转换为表格。

在转换为表格之前，确保 AP Div 元素没有重叠。转换的具体方法如下所述。

（1）选择“修改”|“转换”|“将 AP Div 转换为表格”命令，弹出如图 3-63 所示的对话框。

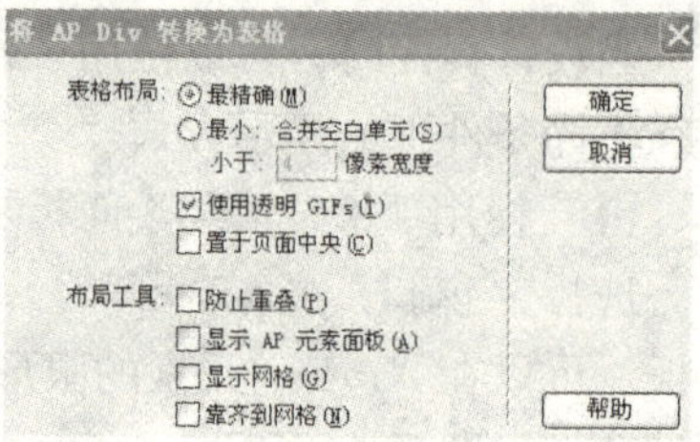

图 3-63　“将 AP Div 转换为表格”对话框

（2）设置对话框选项，然后单击“确定”按扭。

◆ 最精确：为每个 AP Div 元素创建一个单元格，为 AP Div 元素之间的空间附加空白单元格。

◆ 最小：合并空白单元，选择此项，结果表格中将包含较少的空行和空列。

◆ 使用透明 GIFs：使用透明的 GIF 文件填充表格的最后一行，以确保在所有浏览器中显示相同列宽的表格。

◆ 置于页面中央：将结果设为表格居中对齐。如果不选此项，表格将左对齐。

◆ 布局工具：可根据需要自行选择转换后需启用的功能，一般不用选择。

2. 将表格转换为 AP Div

可以在 AP Div 元素和表格之间来回转换，以调整布局并优化网页设计。将表格转换回 AP Div 元素时，与对表格进行转换之前页面上已具有的 AP Div 元素的类型无关。不能转换页面上的特定表格（如模板文件的表格）。

转换的具体方法如下所述。

（1）选择“修改”|“转换”|“将表格转换为 AP Div”命令，弹出如图 3-64 所示的对话框。

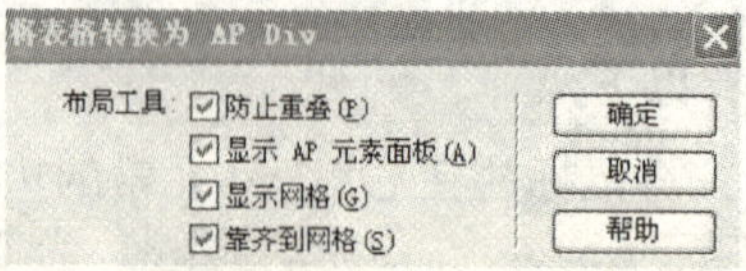

图 3-64　“将表格转换为 AP Div”对话框

（2）选择相应选项，然后单击“确定”按钮。

◆ 防止重叠：约束转换后的AP Div元素的移动、调整和定位，使AP Div元素不会重叠。

◆ 显示AP元素面板：转换后将展开“AP元素”面板。

◆ 显示网格：在转换后的文件中显示网格。

◆ 靠齐到网格：在转换后的文件中显示网格，并使AP Div元素边框贴近网格线。

其中，位于表格外的页面元素会放入转换后的AP Div元素中，而没有背景颜色的空白表格将不会转换为AP Div元素。

任务7　网 页 布 局

了解框架的定义及功能描述；熟悉框架及框架集的创建方法和基本操作，能用框架布局简单的页面；了解Div + CSS布局的优势；熟悉Div标签的使用方法，能用Div + CSS进行页面布局。

除了传统的表格布局外，目前使用较多的还有框架布局和Div + CSS布局，它们各有优势，设计时可根据实际需要进行选择。

活动1　用框架布局页面

框架也是一种网页定位工具，框架的作用是将一个浏览器窗口划分为多个区域，每个区域都可以显示不同的HTML文件，它们的操作是独立的。使用框架的最常见情况就是：一个框架显示包含导航控件的文件，而另一个框架显示包含内容的文件。框架的集合称之为框架集。框架集是HTML文件，它定义一组框架的布局和属性，包括框架的数目、框架的大小和位置及最初在每个框架中显示的页面的URL。框架集文件本身不包含要在浏览器中显示的HTML内容，但<noframes>部分除外。框架集文件只是向浏览器提供应如何显示一组框架及在这些框架中应显示哪些文件的有关信息。

框架不是文件，当前显示在框架中的文件并不是框架的一部分。框架只是存放文件的容器。

1. 创建框架和框架集

创建框架集的方法有两种：可以从若干预定义的框架集中选择，也可以自己设计框架集。

选择预定义的框架集将会设置创建布局所需的所有框架集和框架，它是迅速创建基于框架的布局的最简单方法。在创建框架集或使用框架前，选择“查看”|“可视化助理”|“框架边框”命令，确保框架边框在文件窗口的“设计”视图中可见。

创建框架集的具体方法如下所述。

（1）切换到文件窗口的“设计”视图。

（2）在“插入”面板的“布局”类别中，单击“框架”按钮上的下三角按钮，然后在弹出的菜单中选择预定义的框架集。

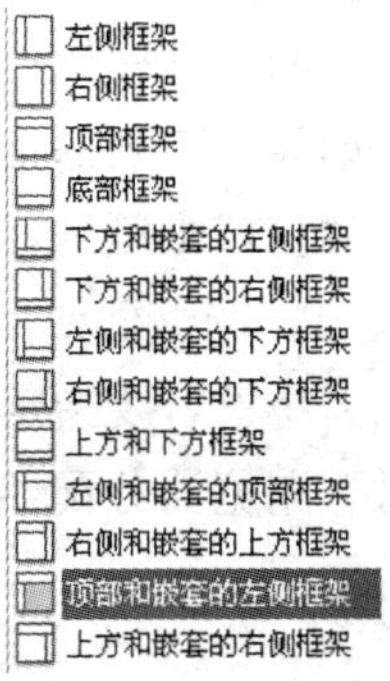

图3-65　选择常用的框架集“顶部和嵌套的左侧框架”

在这里选择一个常用的框架集“顶部和嵌套的左侧框架”，如图3-65所示。这是一个由3个框架组成的框架布局：一个框架横放在顶部，其中可以放置站点的 Logo、Flash 动画或标题等；一个较窄的框架位于左侧，其中可以放置站点的导航条等；一个大框架占据了页面的其余部分，其中可以显示网页的主要内容。

（3）在打开的“框架标签辅助功能属性”对话框中，从“框架”的下拉列表中选择一个框架，并输入此框架的标题，单击“确定”按钮，如图 3-66 所示。默认情况下，Dreamweaver CS 4 会为各个框架指定一个与其在框架集中的位置相对应的名称（如 topframe，leftframe 及 mainframe 等）。

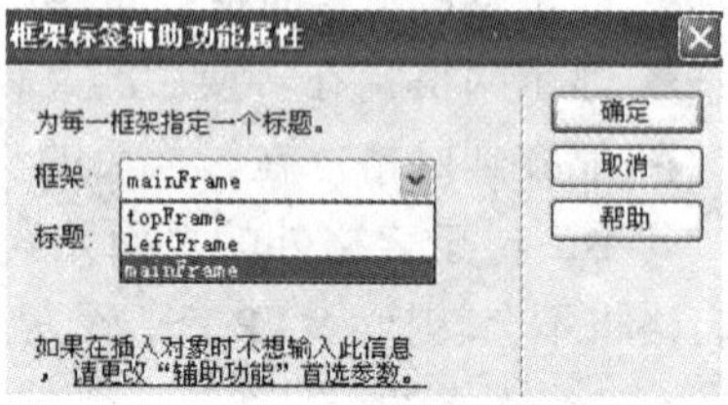

图 3-66 “框架标签辅助功能属性”对话框

2. 框架和框架集的基本操作

（1）选择框架和框架集。如果要更改框架或框架集的属性，必须先选择要更改的框架或框架集。既可以在文件窗口中选择框架或框架集，也可以通过“框架”面板进行选择。

“框架”面板提供框架集内各框架的可视化缩略图。它能够显示框架集的层次结构，而这种层次结构在文件窗口中的显示可能不够直观。在“框架”面板中，环绕每个框架集的边框非常粗；而环绕每个框架的边框是较细的灰线，并且每个框架由框架标题标识。

在文件窗口的“设计”视图中，选定了一个框架后，其边框被虚线环绕；在选定了一个框架集后，该框架集内各框架的所有边框都被淡颜色的虚线环绕。下面介绍两种选择框架或框架集的方法。

① 在“框架”面板中选择框架或框架集。选择“窗口”|“框架”命令，打开“框架”面板，如图 3-67 所示。

在“框架”面板中，单击要选择的框架内的任何区域，在文件窗口的“设计”视图中，框架周围会出现一个虚线轮廓，表示当前框架处于选中状态。单击环绕框架集的边框，相应的框架集即被选中，此时被选中的框架集的每个框架周围都会出现一个虚线轮廓，而子框架集里的框架周围并不会出现虚线轮廓。

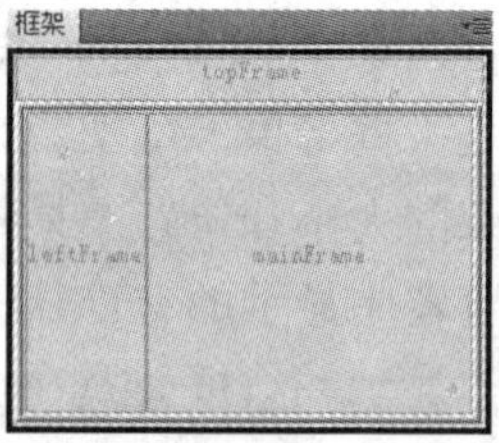

图 3-67 “框架”面板

② 在文件窗口中选择框架或框架集。切换到文件窗口的“设计”视图。

按住 Shift + Alt 组合键的同时单击框架内部，即可选中框架；若要选择框架集，单击框架集的内部框架边框。

如果看不到框架边框，选择“查看”|“可视化助理”|“框架边框”命令，使框架边框在文件窗口中可见。

（2）调整框架大小。在文件窗口的“设计”视图中拖动框架边框，可以设置框架的近似大小；若要指定框架的精确大小，并指定当浏览器窗口大小不允许框架以完全大小显示时，浏览器分配给框架的行或列的大小，可在“属性”面板中进行设置，如图 3-68 所示。

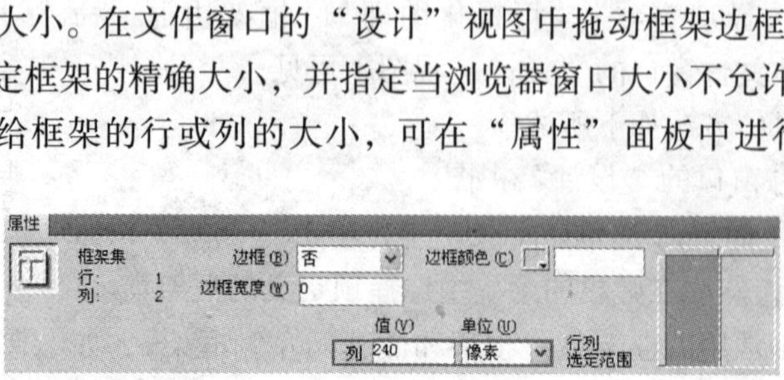

图 3-68 调整框架大小

（3）删除框架。要删除框架，将相应边框框架拖离页面或拖到父框架的边框上即可。如果要删除的框架中有未保存的文件，则 Dreamweaver CS 4 将弹出对话框，提示保存该文件。关闭显示框架集的文件窗口，可删除一个框架集。如果该框架集文件已保存，则删除该文件。

（4）设置框架和框架集属性。使用“属性”面板可以设置框架的许多属性，包括边框、边距及是否在框架中显示滚动条等。

① 按照之前的方法选择要改变其属性的框架。

② 在“属性”面板中设置框架的各项属性，如图 3-69 所示。

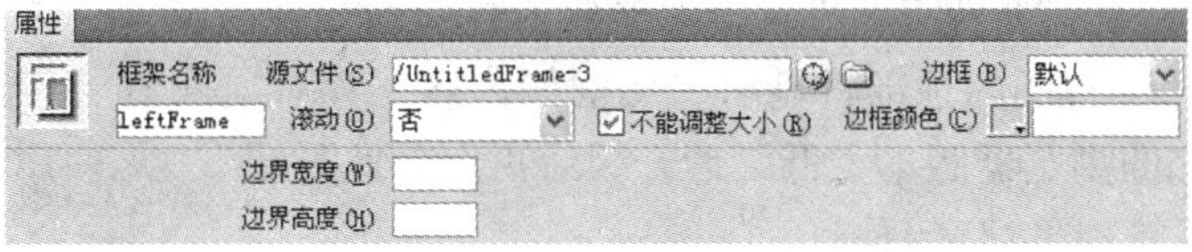

图 3-69 设置框架属性

◆ 框架名称：链接的 target 属性或脚本在引用框架时所使用的名称。

◆ 源文件：单击文件夹图标可以指定在框架中显示的源文件。

◆ 滚动：指定在框架中是否显示滚动条。如果将此选项设置为“默认”，大多数浏览器会默认为“自动”，这意味着只有在浏览器窗口中没有足够空间来显示当前框架的完整内容时才显示滚动条。

◆ 不能调整大小：无法通过拖动框架边框在浏览器中调整框架大小。

◆ 边框：在浏览器中查看框架时显示或隐藏当前框架的边框。

◆ 边框颜色：设置框架边框的颜色。此颜色应用于和框架接触的所有边框。

◆ 边界宽度：以像素为单位设置框架边框与内容之间的左、右边距。

◆ 边界高度：以像素为单位设置框架边框与内容之间的上、下边距。

若要更改框架的背景颜色，可在页面属性中设置该框架中文件的背景颜色。

此外，还可以直接使用标签检查器编辑 HTML 代码，设置框架的辅助功能属性。

（5）保存框架和框架集文件。在浏览器中预览框架集前，必须保存框架集文件及要在框架中显示的所有文件。可以单独保存每个框架集文件和带框架的文件，也可以同时保存框架集文件和框架中出现的所有文件。

① 保存框架集文件。在“框架”面板或文件窗口中选择框架集，若要保存框架集文件，选择“文件”|“保存框架页”命令；若要将框架集文件另存为新文件，选择“文件”|“框架集另存为”命令。在弹出的“另存为”对话框中，指定框架集名称及要保存的位置，单击“确定”按钮即可。

② 保存框架中显示的文件。单击框架，然后选择“文件”|“保存框架”或选择“文件”|“框架另存为”命令。在弹出的“另存为”对话框中，指定框架名称及要保存的位置，单击“确定”按钮即可。

③ 保存与一组框架关联的所有文件。选择“文件”|“保存全部”命令，该命令将保存框架集中打开的所有文件，包括框架集文件和所有带框架的文件。如果未保存该框架集文件，则在“设计”视图中的框架集（或未保存的框架）的周围将出现粗边框。

如果使用“文件”|“在框架中打开”命令在框架中打开文件，则当保存框架集时，在框架中打开的文件将成为该框架中显示的默认文件。如果不希望该文件成为默认文件，则不要保存框架集文件。

3. 为不支持框架的浏览器提供内容

考虑到早期的浏览器不能很好地支持框架在页面中的显示，在 Dreamweaver CS 4 中可以指定特定的显示内容。此内容存储在框架集文件中，用<noframes>标签括起来。当不支持框架的浏览器加载该框架集文件时，浏览器只显示包含在<noframes>标签中的内容。

具体操作方法如下所述。

（1）选择“修改”|“框架集”|“编辑无框架内容”命令。

（2）在“设计”视图的顶部将显示“无框架内容”字样。可在文件窗口中输入要显示的内容，如“您的浏览器版本太低，请升级后再查看此页!”、“您使用的系统不允许您查看框架。请联系管理员!”等信息。

（3）再次选择“修改”|“框架集”|“编辑无框架内容”命令，返回到框架集文件的普通视图。

活动 2　用 Div + CSS 布局页面

Div + CSS 作为一种盒子模式的网页开发技术，已成为目前最为流行的网页布局方式。Div 元素是用来为 HTML 文件内大块（block - level）的内容提供结构和背景的元素，通过与 CSS 的结合，可以实现 Div 的准确定位，从而实现页面内容的灵活排版。

1. Div + CSS 布局的优势

（1）表现和内容相分离。将设计部分剥离出来放在一个独立样式文件（CSS）中，HTML 文件中只存放文本信息。

（2）提高搜索引擎对网页的索引效率。用只包含结构化内容的 HTML 代替嵌套的标签，搜索引擎将更有效地搜索到网页内容，并可能给出一个较高的评价。

（3）提高页面浏览速度。对于同一个页面视觉效果，采用 Div + CSS 布局的页面容量要比表格布局的页面文件容量小得多，前者一般只有后者的 1/2 大小。浏览器就不用去编译大量冗长的标签，大大提高了页面加载速度。

（4）易于维护和改版。只要简单地修改几个 CSS 文件就可以重新设计整个网站的页面。

（5）代码简洁。使用 Div + CSS 布局，页面代码简洁，提高了搜索引擎对网页索引的质量和数量。

2. Div 标签的应用

Div 标签是用来定义 Web 页面中的逻辑区域的标签。可以插入 Div 标签并对它们应用 CSS 定位样式来创建页面布局。使用 Div 标签可以居中内容块、创建列效果和不同的颜色区域等。

（1）插入 Div 标签。可以使用 Div 标签创建 CSS 布局块并在文件中对它们进行定位，也可以将包含定位样式的现有 CSS 样式表附加到文件中。在 Dreamweaver CS 4 中，能够快速插入 Div 标签并对它应用现有样式。

① 在文件窗口中，将光标放在要显示 Div 标签的位置。

② 在“插入”面板的“布局”类别中，单击“插入 Div 标签”按钮，弹出“插入 Div 标签”对话框，如图 3-70 所示。

图 3-70　“插入 Div 标签”对话框

③ 设置对话框选项。

◆ 插入：选择要插入 Div 标签的位置。

◆ 类：选择要应用于当前标签的类样式。如果附加了样式表，则该样式表中定义的类将出现在列表中。

◆ ID：指定用于标识 Div 标签的名称。如果附加了样式表，则该样式表中定义的 ID 将出现在列表中。此处不会列出文件中已存在的块的 ID。

◆ 新建 CSS 规则：打开“新建 CSS 规则”对话框，创建新的 CSS 样式。

④ 单击“确定”按钮，将 Div 标签插入到指定位置。

在选定了“CSS 布局外框”后，Div 标签以一个虚线框的形式出现在文件中，并带有占位符文本。当光标移到该框的边缘上时，此虚线框将高亮显示。如果 Div 标签已绝对定位，则它将变成 AP 元素。

（2）编辑 Div 标签。插入 Div 标签之后，可以为它添加内容或进行其他操作。为 Div 标签添加内容的方法很简单，只要将光标放在 Div 标签中，然后就像在页面中添加内容那样直接添加即可。

还可以查看和编辑应用于 Div 标签的 CSS 样式，其方法如下所述。

① 单击 Div 标签的边框，或通过文件窗口底部的标签选择器来选择 Div 标签。

② 展开“CSS 样式”面板，应用于 Div 标签的规则将显示在面板中。

③ 根据需要进行编辑，在应用新的 CSS 样式之前先保存相关的 CSS 文件。

3. Div + CSS 布局应用

为了更好地理解和掌握 Div + CSS 布局方式，下面以一个简单的实例加以说明。详细的操作方法如下所述。

（1）插入 Div 标签。

① 新建文件，切换到文件窗口的“设计”视图，在“插入”面板的“布局”类别中，单击“插入 Div 标签”按钮，在弹出的对话框中，将标签 ID 命名为“container”，如图 3-71 所示，单击“确定”按钮插入外层 Div。为了方便观察，将标签中的默认文本更改为“外层容器”字样。

图 3-71　插入 Div 标签“container”

② 将光标放在外层 Div（container）中，单击“插入 Div 标签”按钮，在弹出的对话框中，将标签 ID 命名为“Top”，如图 3-72 所示，单击“确定”按钮插入顶部 Div，并将标签内容更改为“页面顶部”字样。

图 3-72　插入 Div 标签“Top”

③ 单击“插入 Div 标签”按钮，在弹出的对话框中，将光标选择为 Top 标签之后，在 ID 的对应文本框中输入“PageBody”，如图 3-73 所示，单击“确定”按钮插入页面主体 Div，并将标签内容更改为“页面主体”字样。

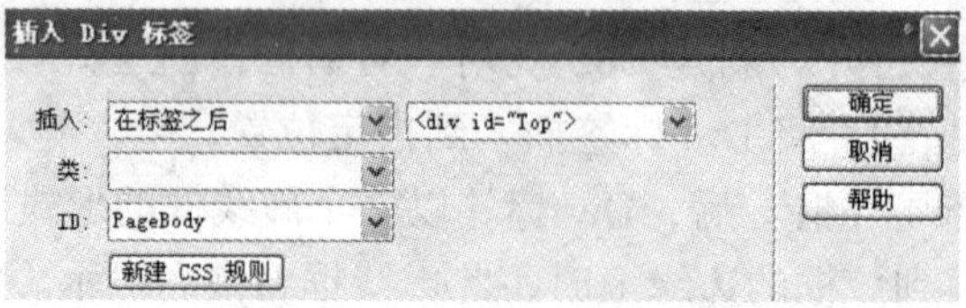

图 3-73　插入 Div 标签“PageBody”

④ 将光标放在页面主体 Div（PageBody）中，单击“插入 Div 标签”按钮，在弹出的对话框中，将标签 ID 命名为“SideBar”，如图 3-74 所示，单击“确定”按扭插入左侧栏 Div，并将标签内容更改为“左侧栏”字样。

图 3-74　插入 Div 标签“SideBar”

⑤ 单击“插入 Div 标签”按钮，在弹出的对话框中，将光标的插入位置选择为 SideBar 标签之后，在 ID 的对应文本框中输入“MainBody”，如图 3-75 所示，单击“确定”按钮，插入主体内容 Div，并将标签内容更改为“主体内容”字样。

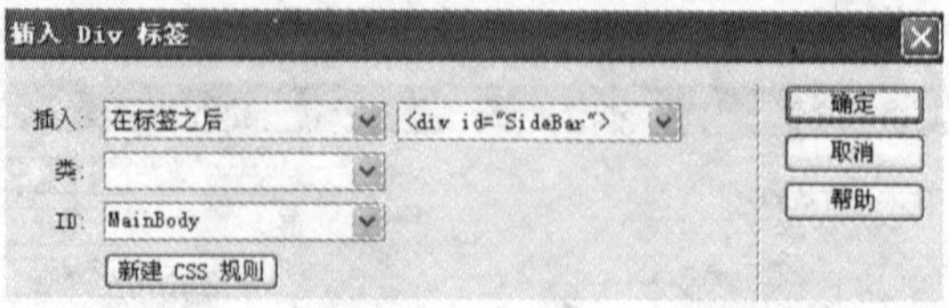

图 3-75　插入 Div 标签“MainBody”

⑥ 单击“插入 Div 标签”按钮，在弹出的对话框中，将光标选择为 PageBody 标签之后，在 ID 的对应文本框中输入“Bottom”，如图 3-76 所示，单击“确定”按钮，插入页面底部 Div，并将标签内容更改为“页面底部”字样。

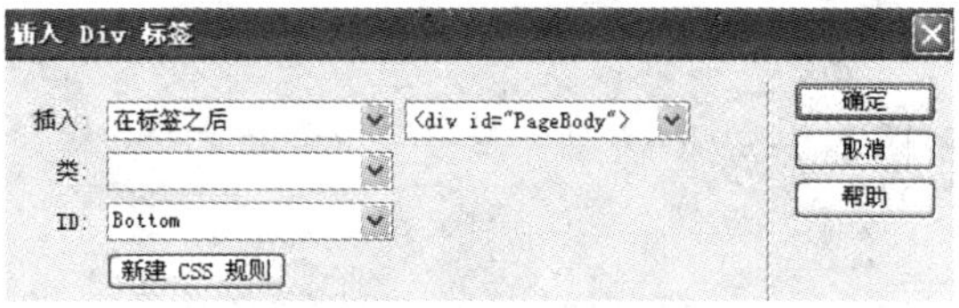

图 3-76 插入 Div 标签“Bottom”

至此，Div 标签的插入已经结束，整个过程共用到了 6 个 Div 标签，其中 container 为整个页面的外层标签，它好似一个容器，所有页面内容都放在这个标签中；Top 标签中可以放置页面的 Logo、Flash 动画及标题等；在 PageBody 中又包含有两个标签：SideBar 和 MainBody，分别可用来放置导航菜单和页面的主要内容；Bottom 标签为页面的底部标签，可以放置页面的版权等信息。6 个 Div 标签的原始效果如图 3-77 所示。

图 3-77 Div 标签原始效果

⑦ 以 index.html 为名称保存文件至站点目录。

如果认为以上操作方法过于烦琐，可在 HTML 代码的 <body> 标签中，直接输入以下代码，同样能达到图 3-77 所示的效果。

```
<div id="container">外层容器
  <div id="Top">页面顶部</div>
  <div id="PageBody">页面主体
    <div id="SideBar">左侧栏</div>
    <div id="MainBody">主体内容</div>
  </div>
  <div id="Bottom">页面底部</div>
</div>
```

（2）创建 CSS 样式表。Div 标签设置完成之后，还要靠 CSS 样式表来进行定位，才能最终实现网页布局的目的。创建 CSS 样式表的操作方法如下所述。

① 选择“文件”|“新建”命令，弹出“新建文档”对话框，在页面类型中选择 CSS，单击“创建”按钮。

② 在 CSS 文件中添加以下代码。

```
/*基本信息*/
body {font:16px Tahoma;margin:0px;text-align:center;background:
#FFF}
/*页面层容器*/
#container {width:800px;margin:10px auto;background:#CCC}
/*页面头部*/
#Top {width:800px;margin:0 auto;height:100px;background:
```

```
#FFCC99}
    /*页面主体*/
    #PageBody{width:800px;margin:0 auto;height:400px;background:
#CCFF00}
    /*左侧栏*/

    #SideBar {width:160px;margin:0 640px 0 0;height:385px;
background:#CCFFbb;}
    /*主体内容*/
    #MainBody{width:640px;margin:-385px 0 0 160px;height:385px;
background:#CCF;}
    /*页面底部*/
    #Bottom{width:800px;margin:0 auto;height:50px;background:
#00FFFF;}
```

③ 以 css.css 为名称保存文件至站点目录，确保和 index.html 文件在同一目录下。

（3）附加 CSS 样式表。要想看到最终的 Div + CSS 布局效果，还必须将刚刚定义的 css.css 样式表文件附加到 index.html 页面中，附加样式表的方法很简单。

① 打开 index.html 文件，并切换到文件窗口的“设计”视图。

② 单击页面空白区域，在“属性”面板的“类”下拉列表框中选择“附加样式表”命令，如图 3-78 所示，弹出“链接外部样式表”对话框，在“文件/URL”文本框中输入“css.css”，或单击“浏览”按钮选择刚刚定义的 css.css 样式表，如图 3-79 所示。

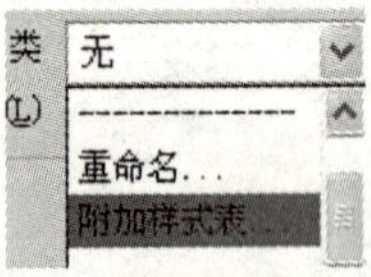

图 3-78 选择“附加样式表”命令

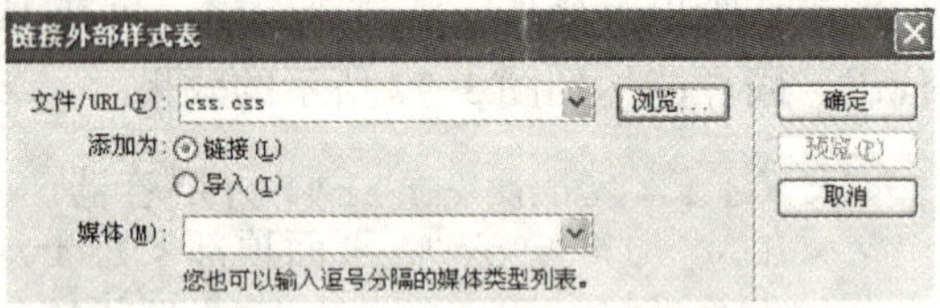

图 3-79 选择 css.css 样式表

③ 单击“确定”按钮，css.css 样式表即被附加到了 index.html 中，保存页面，整个 Div + CSS 布局过程结束，按 F12 键可在浏览器中预览其效果，最终布局如图 3-80 所示。

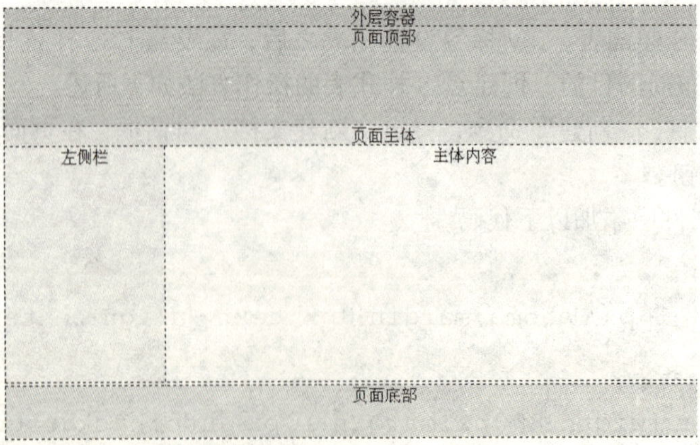

图 3-80 Div + CSS 布局页面

任务 8　使用 Spry 框架构件

了解 Spry 框架的相关知识和 Spry 折叠式构件的功能描述，掌握 Spry 折叠式构件的使用方法；了解 Spry 菜单栏构件的功能描述，掌握 Spry 菜单栏构件的使用方法；了解 Spry 可折叠面板构件的功能描述，掌握 Spry 可折叠面板构件的使用方法；了解 Spry 选项卡式面板构件的功能描述，掌握 Spry 选项卡式面板构件的使用方法。

Spry 框架是一个可用来构建更加丰富的网页的 JavaScript 和 CSS 库。Spry 框架支持一组用标准 HTML、CSS 和 JavaScript 编写的可重用构件。可以方便地插入这些构件（采用最简单的 HTML 和 CSS 代码），然后设置构件的样式。Spry 框架中的每个构件都与唯一的 CSS 和 JavaScript 文件相关联。当使用 Dreamweaver CS 4 插入构件时，Dreamweaver CS 4 会自动将这些文件链接到页面，以便页面中包含该构件的功能和样式。

活动 1　使用 Spry 折叠式构件

折叠式构件是一组可折叠的面板，可以将大量内容存储在一个紧凑的空间中。用户可通过单击该面板上的选项卡来隐藏或显示存储在折叠式构件中的内容。当用户单击不同的选项卡时，折叠式构件的面板会相应地展开或收缩。在折叠式构件中，每次只能有一个内容面板处于打开且可见的状态。下面通过实例讲述折叠式构件的使用方法，最终效果如图 3-81 所示。

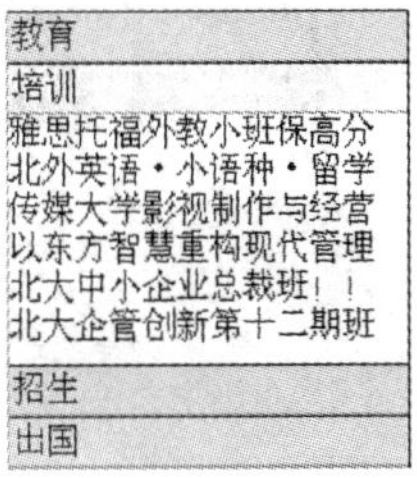

图 3-81　Spry 折叠式构件

1. 插入折叠式构件

新建文件并保存，将光标放在文件窗口中，在“插入”面板的“布局”或“Spry”类别中，单击“Spry 折叠式”按钮，插入折叠式构件，如图 3-82 所示。

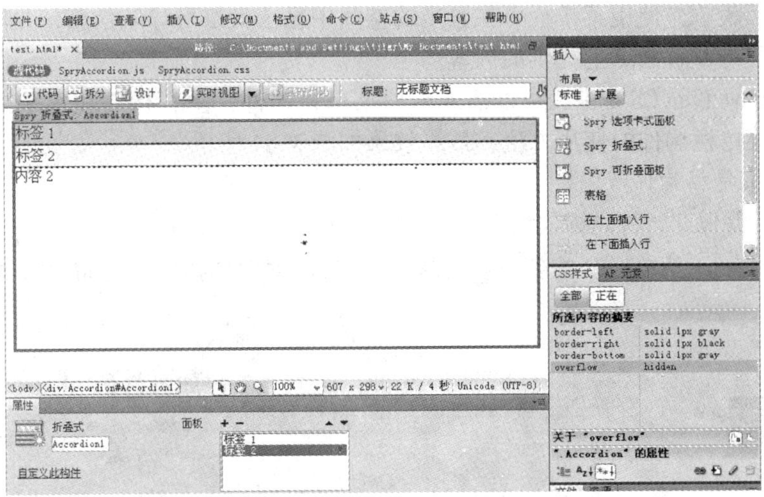

图 3-82　插入折叠式构件

2. 编辑折叠式构件

（1）在文件窗口中单击“Spry 折叠式”构件上方的蓝色选择柄以选中构件，在“属性”面板中单击➕按钮可添加标签，单击▲和▼按钮可更改标签的顺序，在左边文本框中输入“折叠式构件”名称。

（2）单击“属性”面板的“面板”菜单中的标签名称。

（3）在文件窗口中编辑标签名称和内容等，如图 3-83 所示。

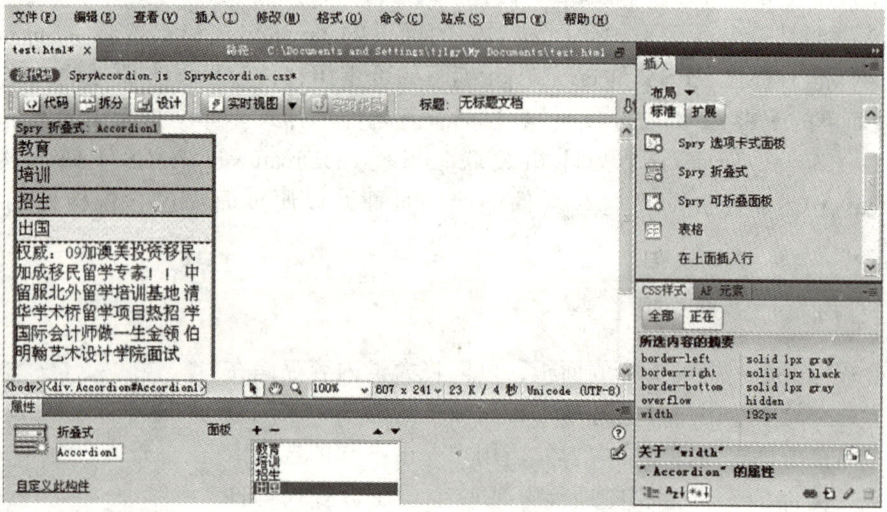

图 3-83 编辑折叠式构件

（4）设置完毕，保存网页，按 F12 键在浏览器中预览效果，参见图 3-80。

活动 2 使用 Spry 菜单栏构件

菜单栏构件是一组可导航的菜单按钮，当访问者将光标停在其中的某个按钮上时，将显示相应的子菜单。使用菜单栏可在紧凑的空间中显示大量可导航信息，并使用户无须深入浏览站点即可了解站点上提供的内容。

在 Dreamweaver CS 4 中，可以插入两种菜单栏构件：垂直构件和水平构件。下面通过实例讲述菜单栏构件的使用方法，最终效果如图 3-84 所示。

1. 插入菜单栏构件

新建文件并保存，将光标放在文件窗口中，在“插入”面板的“布局”或“Spry”类别中，单击“Spry 菜单栏”按钮，在弹出的对话框中选择所需的布局方式，如图 3-85 所示。

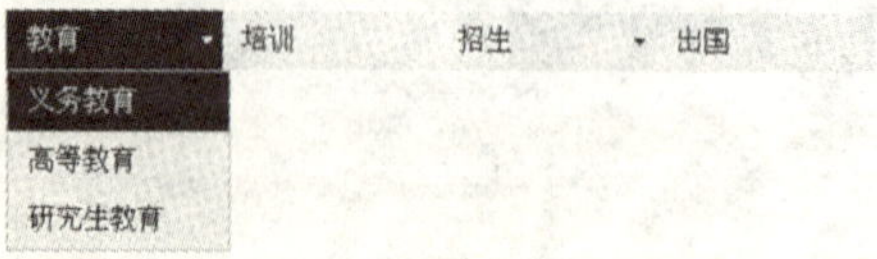

图 3-84 Spry 菜单栏构件

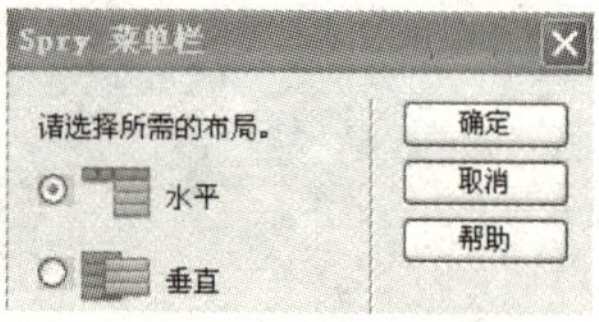

图 3-85 选择菜单栏布局方式

单击“确定”按钮，插入菜单栏构件，默认情况下菜单栏包含 4 项菜单，如图 3-86 所示。

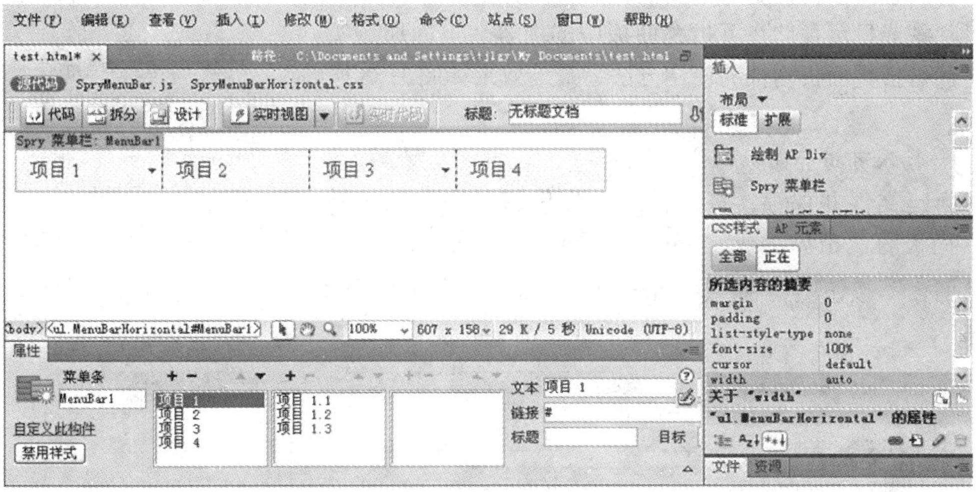

图 3-86　插入菜单栏构件

2. 编辑菜单栏构件

（1）在文件窗口中单击“Spry 菜单栏”构件上方的蓝色选择柄以选中构件，在“属性”面板中单击 + 按钮可添加菜单及子菜单，单击 ▲ 和 ▼ 按钮可更改菜单的顺序，在左边文本框中输入“菜单栏构件”名称。

（2）单击“属性”面板中的菜单及子菜单，可在右侧文本框中更改菜单名称，并指定超链接，如图 3-87 所示。

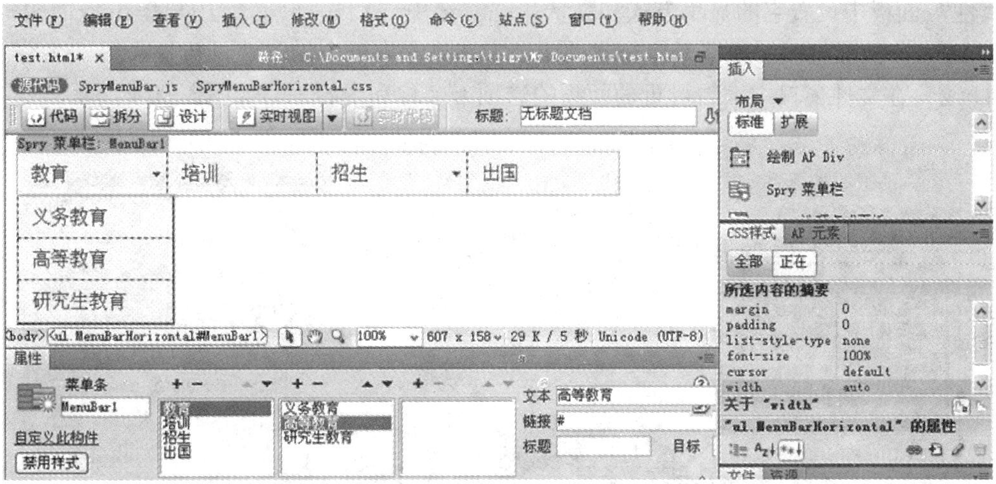

图 3-87　编辑菜单栏构件

（3）设置完毕，保存网页，按 F12 键在浏览器中预览效果，参见图 3-84。

活动3　使用Spry可折叠面板构件

可折叠面板构件是一个面板，可将内容存储到紧凑的空间中。用户单击构件的选项卡即可隐藏或显示存储在可折叠面板中的内容。下面通过实例讲述可折叠面板构件的使用方法，最终效果如图3-88所示。

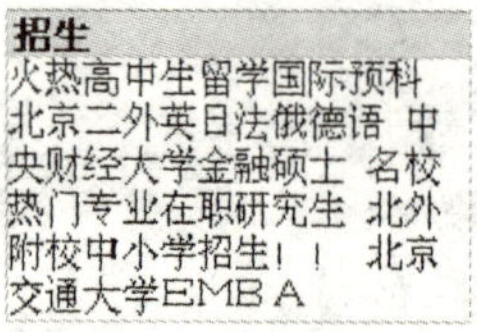

图3-88　Spry可折叠面板构件

1. 插入可折叠面板构件

新建文件并保存，将光标放在文件窗口中，在“插入”面板的“布局”或“Spry”类别中，单击“Spry可折叠面板”按钮，插入可折叠面板构件，如图3-89所示。

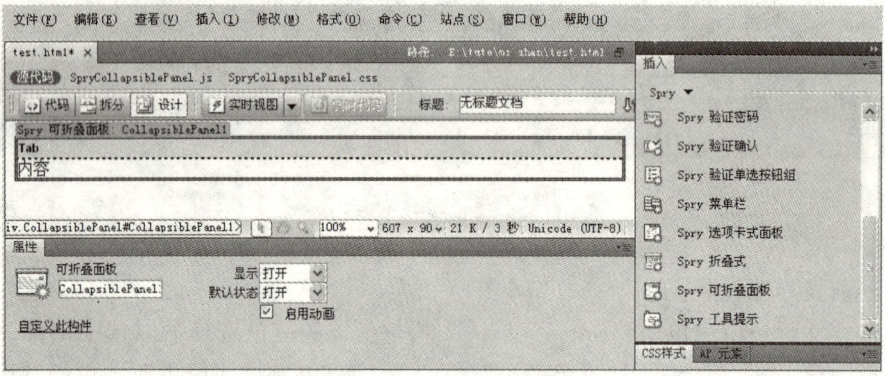

图3-89　插入可折叠面板构件

2. 编辑可折叠面板构件

（1）在文件窗口中单击“Spry可折叠面板”构件上方的蓝色选择柄以选中构件，在“属性”面板中设置它的显示方式和默认状态。选中“启用动画”，用户单击该面板的选项卡时，该面板将缓缓地平滑打开或关闭。在左边文本框中输入“可折叠面板”名称。

（2）在文件窗口中编辑可折叠面板的选项卡名称和内容等，如图3-90所示。

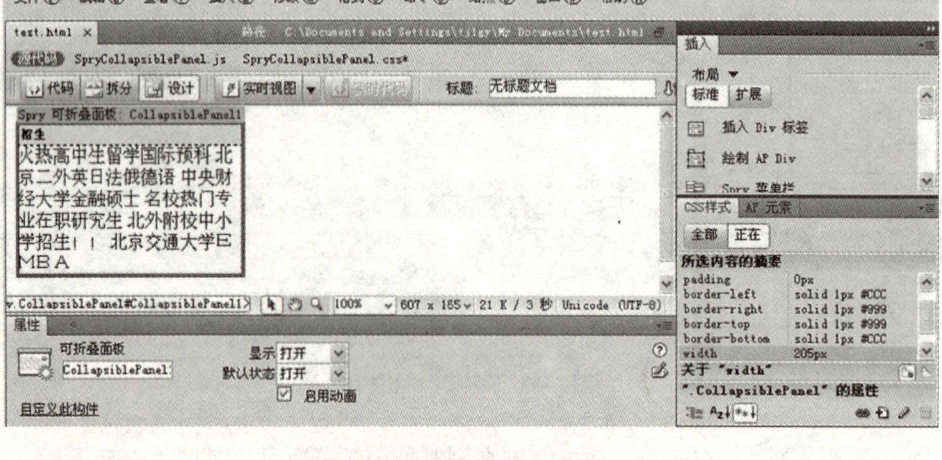

图3-90　编辑可折叠面板构件

（3）设置完毕，保存网页，按 F12 键在浏览器中预览效果，参见图 3–88。

活动 4　使用 Spry 选项卡式面板构件

选项卡式面板构件是一组面板，用来将内容存储到紧凑空间中。用户可通过单击要访问的面板上的选项卡来隐藏或显示存储在选项卡式面板中的内容。当用户单击不同的选项卡时，构件的面板会相应地打开。在给定时间内，选项卡式面板构件中只有一个内容面板处于打开状态。下面通过实例讲述选项卡式面板构件的使用方法，最终效果如图 3–91 所示。

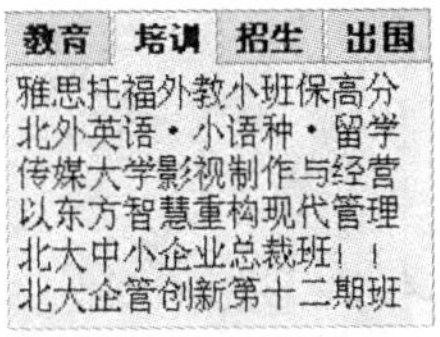

图 3–91　Spry 选项卡式面板构件

1. 插入选项卡式面板构件

新建文件并保存，将光标放在文件窗口中，在“插入”面板的“布局”或“Spry”类别中，单击“Spry 选项卡式面板”按钮，插入选项卡式面板构件，如图 3–92 所示。

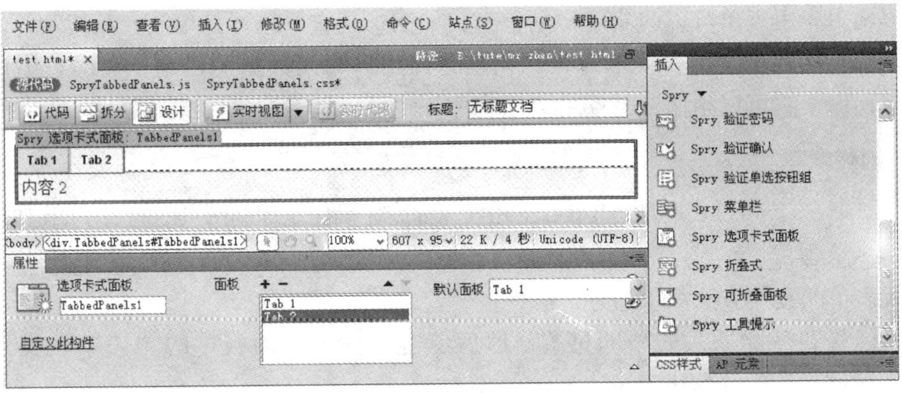

图 3–92　插入选项卡式面板构件

2. 编辑选项卡式面板构件

（1）在文件窗口中单击“Spry 选项卡式面板”构件上方的蓝色选择柄以选中构件，在“属性”面板中单击按钮可添加选项卡，单击和按钮可更改选项卡的顺序，在左边文本框中输入“选项卡式面板”名称。

（2）将光标移到选项卡式面板上，然后单击出现在该选项卡右侧中的眼睛图标，或者单击“属性”面板的“面板”菜单中的选项卡名称。

（3）在文件窗口中编辑选项卡名称和内容等，如图 3–93 所示。

（4）在“属性”面板中，从“默认面板”弹出菜单中选择默认情况下要打开的选项卡。设置完毕，保存网页，按 F12 键在浏览器中预览效果，参见图 3–91。

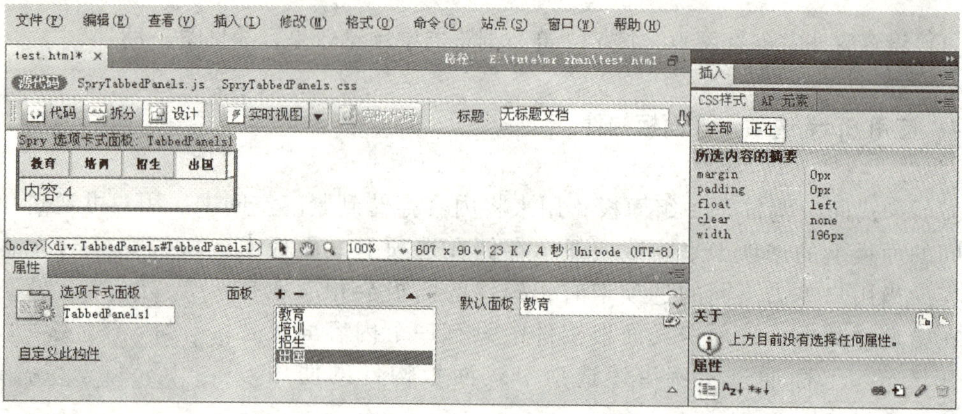

图 3-93　编辑选项卡式面板构件

任务9　表　　单

了解表单的组成及功能描述；学会在网页中创建表单并设置表单属性；熟悉常见表单对象的添加和使用方法。

在网站中应用表单可以收集客户的信息，如需求调查、填写订单及产品搜索等。一个完整的表单包括两个组件：表单对象，它是允许用户输入数据的机制，在网页中进行描述；应用程序，它可以是服务器端的应用程序，也可以是客户端的脚本等。

活动 1　创建表单

选择“查看”|“可视化助理”|“不可见元素”命令，确保添加到网页中的表单的边框可见。

1. 插入表单

插入表单的具体方法如下所述。

将光标移到需要插入表单的位置，然后单击“插入”面板中的“表单”类别里的“表单”按钮，即可创建表单，如图 3-94 所示。

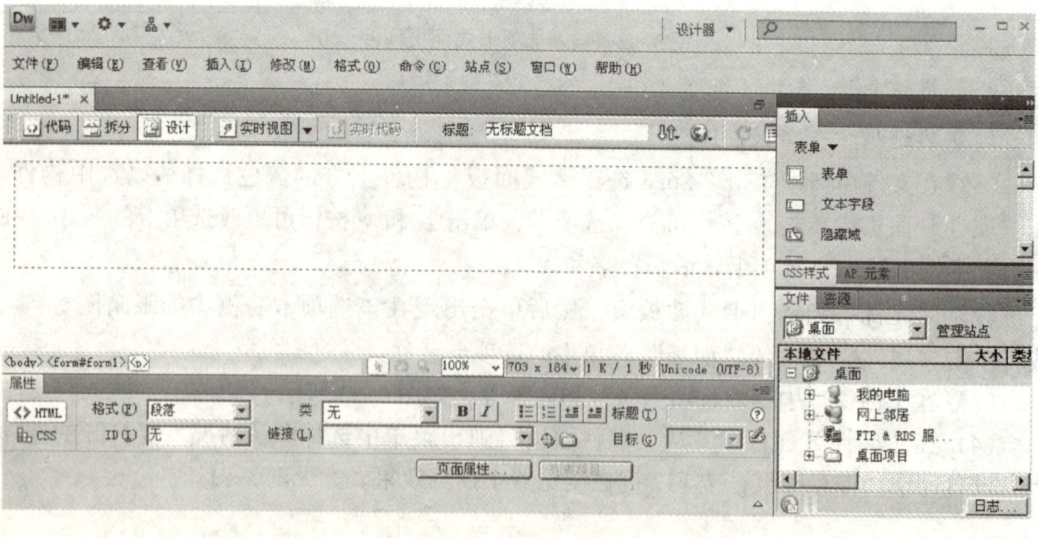

图 3-94　创建表单

2. 设置表单属性

单击表单边框时，“属性”面板会显示如图3-95所示的表单属性，可根据需要进行相应的设置。

图3-95　表单“属性”面板

- ◆ 表单ID：指定标识该表单的唯一名称，方便使用脚本语言（如JavaScript或VBScript）引用或控制该表单。
- ◆ 动作：指定处理该表单的动态页或脚本的路径。
- ◆ 方法：选择将表单数据传输到服务器的方法。POST表示当发送按钮被按下时，浏览器等候服务器来读取信息；GET表示当发送按钮被按下时，浏览器会立刻把表单上的信息送出去。基本上GET方法的执行效率比较高，但能够发送的数据量是有限的（小于2KB），而POST方法在传送的信息量上则没有什么限制。默认方法通常为GET方法。
- ◆ 目标：指定被调用程序所返回的数据的目标显示窗口。
- ◆ 编码类型：指定对提交给服务器进行处理的数据使用的编码类型。application/x-www-form-urlencode通常与POST方法协同使用。而multipart/form-data类型在创建文件上传域时使用。
- ◆ 类：为表单内容指定CSS样式。

活动2　添加表单对象

1. 添加文本域

文本域，即文本输入框，可以接受任何类型的字母或数字等文本。文本可以单行或多行显示，也可以以密码域的方式显示，在这种情况下，输入的文本将被星号或其他符号替换，避免旁观者看到这些文本。

添加文本域的基本方法为：选择需添加文本的位置，然后单击“插入”面板中的“表单”类别里的“文本字段”按钮，在弹出的对话框中设置其辅助功能属性，单击“确定”按钮。默认状态下创建一个单行的文本框。

添加文本域后，可在“属性”面板中设置文本域对象属性。其操作方法为：首先选中文本域，然后在如图3-96所示的文本域“属性”面板中进行相关设置。

图3-96　文本域“属性”面板

- ◆ 文本域：指定文本域名称。
- ◆ 字符宽度：指定文本域最多可显示的字符数。

◆ 最多字符数：指定用户在单行文本域中最多可输入的字符数。如将邮政编码限制为6位数字，将姓名限制为4个字符等。如果此处为空白，则对用户的输入不加限制。

◆ 行数：选中“多行”选项时可用，设置多行文本域的高度。

◆ 禁用：禁用文本域。

◆ 只读：使文本域处于只读状态。

◆ 类型：指定文本域的类型，包括单行、多行和密码3种类型。其中，多行文本框如图3-97所示，单行密码框如图3-98所示。

◆ 初始值：指定表单在默认状态下显示的文本。可以在域中指定说明或提示信息。

◆ 类：为文本域指定CSS样式。

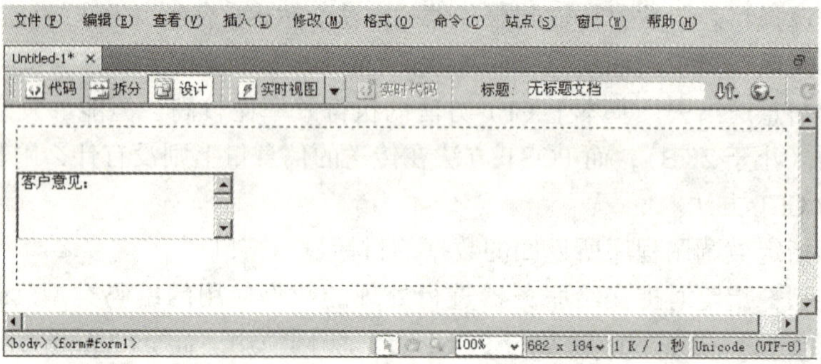

图3-97　多行文本框

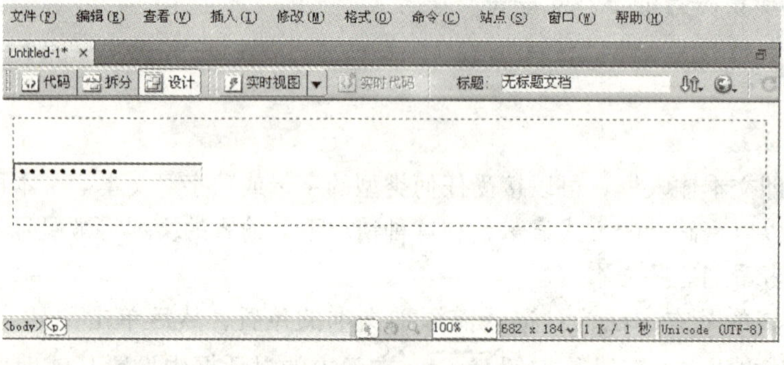

图3-98　单行密码框

2. 添加按钮

使用按钮可将表单数据提交到服务器，或者重置表单。还可以为按钮指定其他处理任务，如计算商品价格等。添加按钮的方法如下所述。

将光标放在要插入的位置，然后单击“插入”面板中的“表单”类别里的“按钮”按钮，在弹出的对话框中设置其辅助功能属性，单击“确定”按钮。默认状态下，添加的是一个提交按钮，此时的“属性”面板如图3-99所示。

图3-99　添加按钮“属性”面板

◆ 按钮名称：指定按钮名称。
◆ 值：设定按钮上显示的文本。
◆ 动作：指定单击按钮时发生的动作。有提交表单和重置表单两个常用动作，如果要为按钮指定其他动作，则选择“无”。
◆ 类：为按钮指定 CSS 样式。

3. 添加复选框

设置复选框的目的是允许浏览者从多个复选框中选择一项或多项。

添加复选框的方法为：将光标放在要插入的位置，然后单击“插入”面板中的“表单”类别里的“复选框”按钮，在弹出的对话框中设置其辅助功能属性，单击“确定”按钮。默认状态下，添加一个空白复选框，一般应在旁边加上描述性文字，如图 3-100 所示。

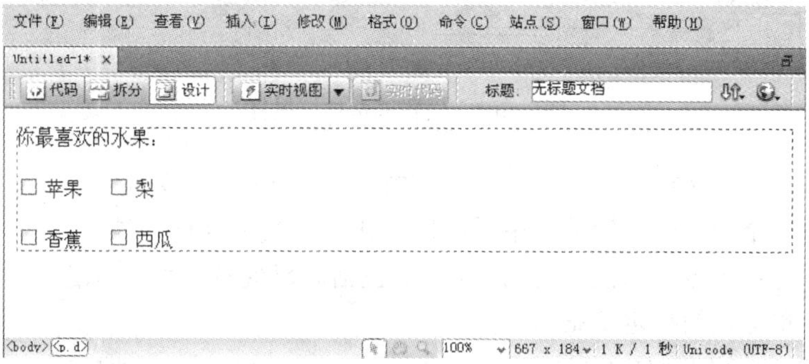

图 3-100　添加复选框

单击复选框，可以在“属性”面板中设置相关属性，如图 3-101 所示。

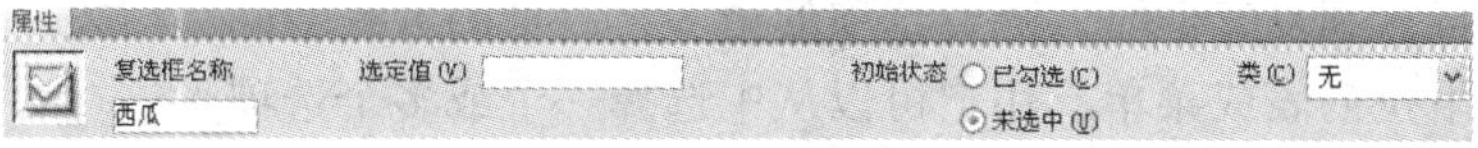

图 3-101　设置复选框属性

◆ 选定值：指定复选框被选中后的值，此值将发送给服务器。
◆ 初始状态：确定复选框的初始状态，包括“已勾选”和“未选中”两种状态。
◆ 类：为复选框指定 CSS 样式。

此外，还可以利用“插入”面板中的“表单”类别里的“复选框组”按钮来添加一组复选框。

4. 添加单选按钮

单选按钮代表互相排斥的选择，只允许用户从某单选按钮组中选择一个。所谓单选按钮组，即由两个或多个共享同一名称的按钮组成的一组按钮。

添加单选按钮的方法为：将光标放在要插入的位置，然后单击“插入”面板中的“表单”类别里的“单选按钮”按钮，在弹出的对话框中设置其辅助功能属性，单击“确定”按钮。默认状态下，添加一个空白单选框，一般应在旁边加上描述性文字，如图 3-102 所示。

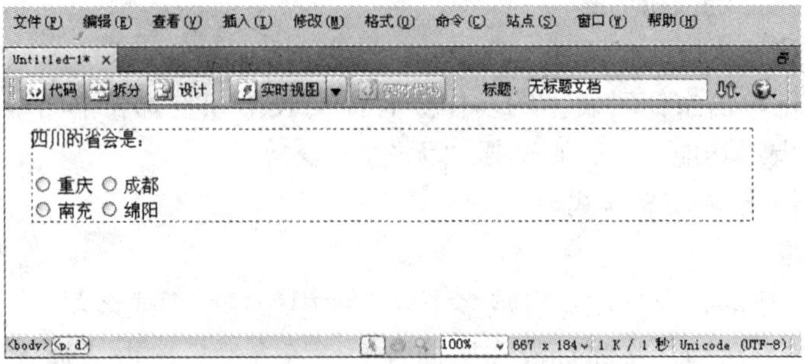

图 3-102　添加单选按钮

单击“单选按钮”可以在“属性”面板中设置相关属性，如图 3-103 所示。

图 3-103　设置单选按钮属性

◆ 单选按钮：单选按钮的名称，同一组内各个单选按钮名称应一样。

◆ 选定值：指定单选按钮被选中后的值，此值将发送给服务器。

◆ 初始状态：确定单选按钮的初始状态，包括“已勾选”和“未选中”两种状态。

◆ 类：为单选按钮指定 CSS 样式。

此外，还可以利用“插入”面板中的“表单”类别里的“单选按钮组”按钮来添加一组单选按钮。

5. 添加下拉列表或菜单

使用单选按钮和复选框时，随着选项的增多，占据的屏幕空间会增大。解决这个问题的办法是使用下拉列表或菜单，用户可以从中选择一个或多个选项。

添加下拉列表或菜单的方法为：将光标放在要插入的位置，然后单击“插入”面板中的“表单”类别里的“列表/菜单”按钮，在弹出的对话框中设置其辅助功能属性，单击“确定”按钮，一个空的下拉列表或菜单就被插入到页面中了，如图 3-104 所示。

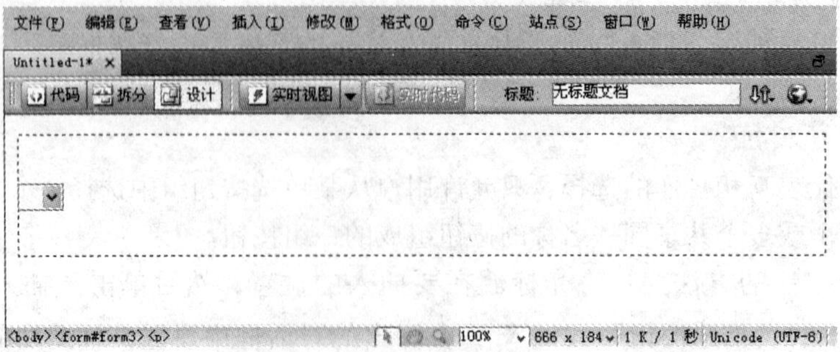

图 3-104　添加下拉列表或菜单

单击下拉列表或菜单，可以在“属性”面板中设置相关属性，如图 3-105 所示。

图 3-105 设置下拉列表或菜单属性

- 列表/菜单：为菜单指定一个名称。
- 类型：包括“列表”和“菜单”两种类型。选择“列表”类型将显示一个列有项目的可滚动列表，用户可以选择多个项。而选择“菜单”类型，单击时弹出下拉菜单，用户只能从中选择单个选项，如图 3-106 所示。
- 高度：选中列表类型时，该项被激活，允许指定列表的高度。
- 选定范围：选中此项，用户可以从列表中选择多个项。
- 列表值：打开一个对话框，可通过它向表单菜单添加选项，如图 3-107 所示。
- 类：为列表或菜单指定 CSS 样式。
- 初始化时选定：设置列表中默认选定的菜单项。

（a）下拉菜单 （b）下拉列表

图 3-106 下拉列表或菜单

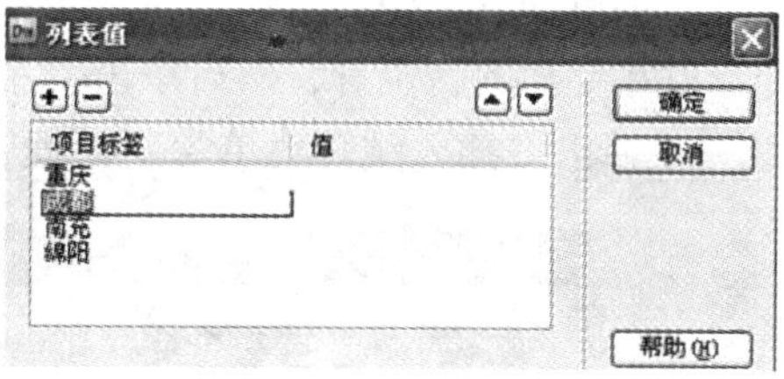

图 3-107 添加表单菜单选项

6. 添加文件域

文件域允许用户把计算机上的某个文件作为表单数据上传给服务器，但必须要有服务器端脚本或能够处理文件提交操作的页面，才可以使用文件域上传。

添加文件域的方法为：将光标放在要插入的位置，然后单击“插入”面板中的“表单”类别里的“文件域”按钮，在弹出的对话框中设置其辅助功能属性，单击“确定”按钮，即在页面中插入了文件域，如图 3-108 所示。

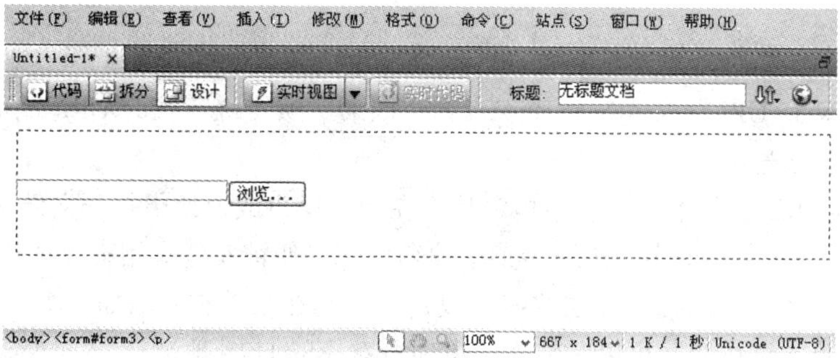

图 3-108 添加文件域

文件域由文本域和“浏览”按钮组成，单击“浏览”按钮可以从磁盘上定位并选择要上传到服务器的文件。

单击文件域可以在“属性”面板中设置相关属性，如图 3-109 所示。

图 3-109　设置文件域属性

◆ 文件域名称：指定文件域的名称。

◆ 字符宽度：指定文件域文本框中最多可显示的字符数。

◆ 最多字符数：指定文件域文本框中允许输入的最大字符数。

◆ 类：为文件域指定 CSS 样式。

7. 添加跳转菜单

所谓跳转菜单，实际上是一个下拉列表，一般用于当前站点的导航，单击其中的某个选项，就可跳转到相应的网页或站点，从而实现站点内或站点间导航的目的。

添加跳转菜单的方法如下所述。

将光标放在要插入的位置，然后单击“插入”面板中的“表单”类别里的“跳转菜单”按钮，弹出“插入跳转菜单”对话框，如图 3-110 所示。

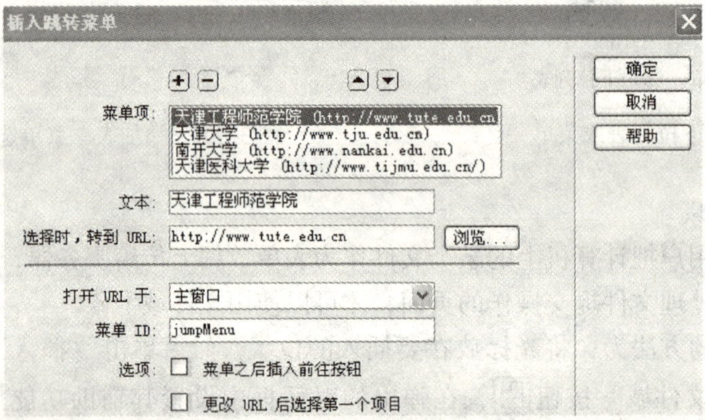

图 3-110　“插入跳转菜单”对话框

单击按钮，增加一个新的跳转菜单选项，在“文本”文本框中输入菜单项的名称，在“选择时，转到 URL”文本框中输入或选择该菜单项要跳转到的 URL 地址。单击按钮可删除跳转菜单选项。

在“打开 URL 于”下拉列表中指定是否在同一窗口或框架中打开文件。

在“菜单 ID”文本框中输入跳转菜单的名称，以便被其他应用程序调用。

如果选中“菜单之后插入前往按钮”复选框，则在菜单右方添加一个“前往”按钮。在浏览器中，单击该按钮，可以跳转到菜单项所对应的 URL 地址。

如果选中“更改 URL 后选择第一个项目”复选框，则无论用户选择了哪个菜单项，之后原菜单中都将显示第一项。

8. 添加图像域

使用图像域可以在表单中插入一个图像，以生成图形化按钮，如“提交”或“重置”按钮。如果使用图像来执行任务而不是提交数据，则需要将某种行为附加到表单对象。

添加图像域的方法如下所述。

将光标放在要插入的位置，然后单击“插入”面板中的“表单”类别里的“图像域”按钮，弹出“选择图像源文件”对话框，如图3-111所示。

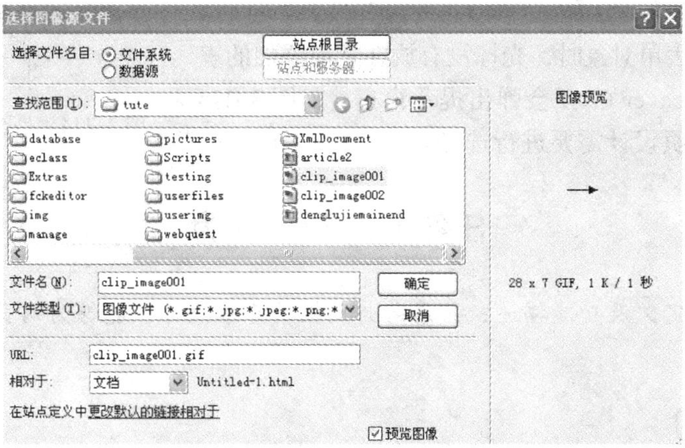

图3-111 “选择图像源文件”对话框

选择要插入的图像，单击“确定”按钮，在弹出的对话框中设置其辅助功能属性，插入图像域。单击图像域可以在“属性”面板中设置相关属性，如图3-112所示。

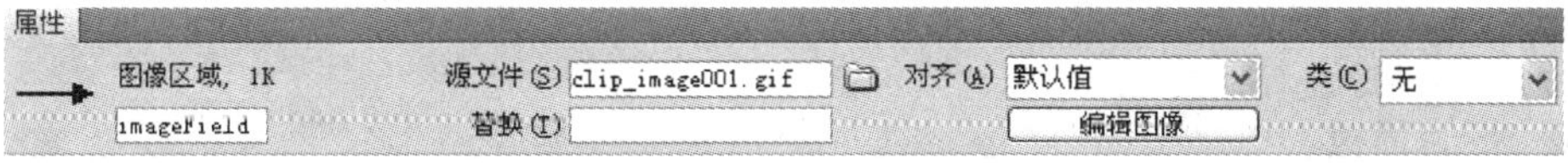

图3-112 设置图像域属性

◆ 图像区域：为图像域按钮指定一个名称。
◆ 源文件：指定要为该按钮使用的图像。
◆ 替换：输入描述性文本，在图像加载失败时显示，即设置其alt属性。
◆ 对齐：设置对象的对齐方式。
◆ 编辑图像：启动默认的图像编辑器（如PhotoShop）编辑该图像。
◆ 类：为图像域指定CSS样式。

9. 添加隐藏域

隐藏域用于存储用户输入的信息，如姓名及E-mail地址等，并在该用户下次访问此站点时使用这些数据。

添加隐藏域的方法如下所述。

将光标放在要插入的位置，然后单击“插入”面板中的“表单”类别里的“隐藏域”按钮，插入隐藏域。

单击隐藏域可以在“属性”面板中设置相关属性，如图3-113所示。

图 3-113　设置隐藏域属性

◆ 隐藏区域：指定该域的名称。

◆ 值：为隐藏域指定一个值。该值在提交表单时传递给服务器。

如果在添加表单对象时，光标没有放在之前添加的表单域中，Dreamweaver CS 4 会弹出提示窗口，如图 3-114 所示，可根据网页设计需要进行选择。

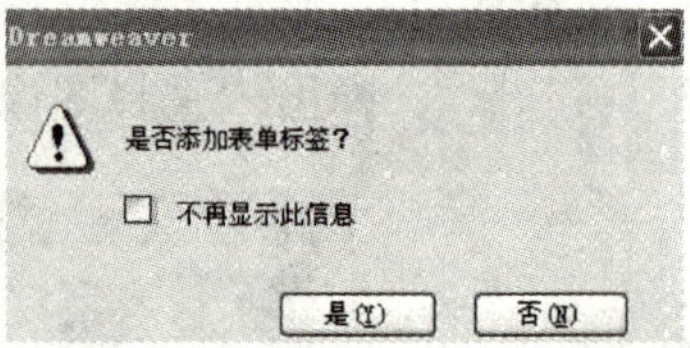

图 3-114　是否添加表单标签

任务 10　行　　为

了解行为的定义及功能描述；熟悉行为面板的基本操作；能够为网页中的对象添加常见的行为。

活动 1　行为简介

行为就是为响应某一事件而采取的一个或多个动作，通过这些动作可以实现用户与网页的交互，或通过动作执行某个动作。行为由事件和该事件所触发的动作组成。事件是触发动作的原因，由用户或浏览器触发，如用户将鼠标移动到图像上就是一个事件，而动作是预先写好的一段 JavaScript 代码，用于完成某一特定任务，如打开一个窗口，播放一段音乐等。

活动 2　行为面板

在 Dreamweaver CS 4 中，行为的设定可通过行为面板来实现，“行为”面板如图 3-115 所示。选择“窗口”|“行为”命令（按快捷键 Shift + F4），即可打开“行为”面板。

图 3-115　“行为”面板

在“行为”面板中，单击 + 按钮可打开一个行为添加菜单，为对象添加行为；单击 − 按钮可删除选中的某个行为；▲ 和 ▼ 按钮用于改变特定事件的行为发生顺序，如 onLoad 事件。

活动 3　应用内置行为

Dreamweaver CS 4 自带了许多行为，用户可直接使用弹出菜单中的行为，从而轻松实现丰富的动态页面效果，达到用户与页面交互的目的。

为网页中的对象添加行为的方法如下所述。

（1）在文件窗口中，选中要添加行为的对象（单击状态栏上的 body 标记可为整个文件添加行为）。

（2）单击“行为”面板上的+按钮，从弹出的行为菜单中选择合适的行为。

（3）在弹出的对话框中进行相应的设置。

（4）单击“确定”按钮，行为创建完毕。

常见的行为及功能描述如下。

◆ 调用 JavaScript：指定当事件发生时，执行自定义的函数或 JavaScript 代码。
◆ 改变属性：改变某个对象的属性，如 div 的背景颜色或表单的动作等。
◆ 检查浏览器：根据用户所使用的浏览器类型和版本将它们转到不同的页面。
◆ 检查插件：检查用户是否安装了某个插件，然后决定是否将它们转到其他页面。
◆ 控制 Shockwave 或 SWF：控制 Shockwave 或 SWF 文件的播放、停止、后退或转到 Shockwave 或 SWF 文件中的某一帧。
◆ 拖动 AP 元素：允许用户拖动绝对定位的（AP）元素，以实现某些特殊的效果。使用此行为可创建拼板游戏、滑块控件和其他可移动的界面元素。
◆ 转到 URL：可在当前窗口或指定的框架中打开一个新页面。此行为适用于通过一次单击更改两个或多个框架的内容。
◆ 跳转菜单：使用此行为可编辑现有的跳转菜单。
◆ 跳转菜单转到：与跳转菜单行为密切关联，可以通过“转到”按钮和一个跳转菜单关联起来。
◆ 播放声音：控制声音的播放，如每次光标滑过某个链接时播放声音效果，或在加载页面时播放音乐剪辑等。
◆ 弹出消息：弹出一个包含指定消息的 JavaScript 窗口，如警告信息，可起到提示作用。
◆ 预先载入图像：可以对在页面打开之初不会立即显示的图像（如鼠标经过图像等）进行缓存，以缩短显示时间。
◆ 设置导航栏图像：将某个图像变为导航栏图像，还可以更改导航栏中图像的显示和动作。
◆ 设置框架文本：动态设置框架的文本，并用指定的内容替换框架的内容和格式。
◆ 设置容器的文本：将页面上的现有容器（指可以包含文本或其他元素的任何元素）的内容和格式替换为指定的内容。
◆ 设置状态栏文本：在浏览器窗口左下角处的状态栏中显示指定的消息。
◆ 设置文本域文字：用指定的内容替换表单文本域的内容。
◆ 显示-隐藏元素：显示、隐藏或恢复一个或多个页面元素的默认可见性。此行为用于在用户与页面进行交互时显示信息。
◆ 显示弹出菜单：编辑 Dreamweaver CS 4 中现有的弹出菜单，或者打开并修改 Dreamweaver CS 4 文件中插入的 Fireworks 弹出菜单。
◆ 交换图像：通过更改 <img> 标签的 src 属性将一个图像和另一个图像进行交换。使用此行为可创建鼠标经过按钮的效果及其他图像效果。
◆ 检查表单：检查指定文本域的内容以确保用户输入的数据类型正确。

任务 11　插入多媒体对象

掌握 SWF 动画的插入和设置方法；掌握 FLV 视频的插入和设置方法；掌握常见音频文件的插入和设置方法；了解其他媒体对象的插入和设置方法。

活动 1　插入 SWF 动画

SWF 是 Adobe 公司的动画设计软件 Flash 经过编译后的专用文件格式，是一种支持矢量和点阵图形的动画文件格式。具有缩放不失真、文件体积小等特点，它采用了流媒体技术，可以一边下载一边播放，目前在网页设计中被广泛使用，SWF 文件通常也被称为 Flash 文件。

1. 插入 SWF 文件

在网页中插入 SWF 文件的基本方法如下所述。

（1）将光标放在要插入 SWF 文件的位置。

（2）选择“窗口”|“插入”命令，打开“插入”面板，单击“插入”面板中的“常用”类别里的“SWF”按钮，弹出如图 3-116 所示的“选择 SWF 文件”对话框。

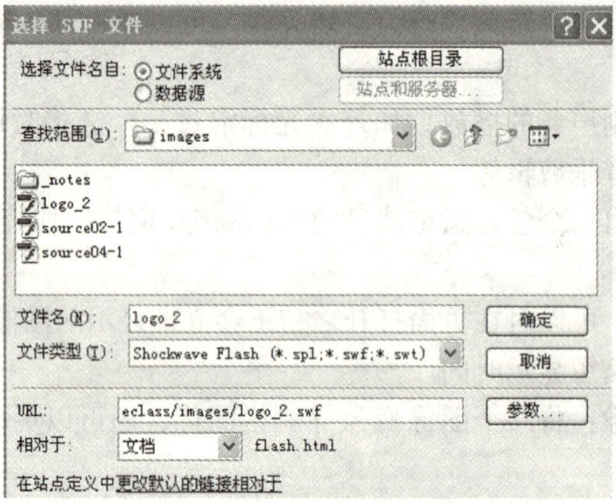

图 3-116　“选择 SWF 文件”对话框

（3）在对话框中选择要插入的 SWF 文件，然后单击“确定”按钮，即可将 SWF 文件插入到网页中，如图 3-117 所示。

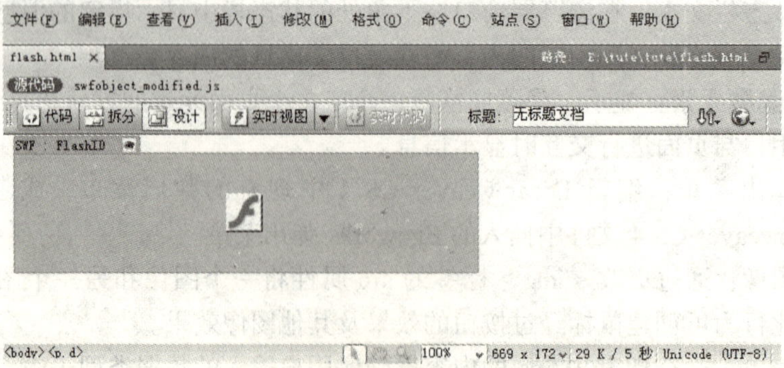

图 3-117　插入到网页中的 SWF 动画

2. 设置 SWF 文件的属性

单击 SWF 对象可以在“属性”面板中设置相关属性，如图 3-118 所示。

图 3-118　设置 SWF 动画“属性”面板

- ◆ SWF, nK：在最左侧的未标记文本框中输入 SWF 文件的唯一 ID，以便脚本调用。“,”后面的“nK”表示此 SWF 文件的大小。
- ◆ 宽和高：以像素为单位指定影片的宽度和高度。
- ◆ 文件：单击文件夹图标指定 SWF 文件或 Shockwave 文件的路径。
- ◆ 源文件：指定源文件（FLA 文件）的路径（如果计算机上已安装了 Flash）。若要编辑 SWF 文件，可更新影片的源文件。
- ◆ 背景颜色：指定影片区域的背景颜色。在不播放影片时也显示此颜色。
- ◆ 编辑：启动 Flash 以更新 FLA 文件。如果计算机上没有安装 Flash，则会禁用此选项。
- ◆ 类：为 SWF 文件指定 CSS 样式。
- ◆ 循环：使影片连续播放。
- ◆ 自动播放：在加载页面时自动播放影片。
- ◆ 垂直边距和水平边距：指定影片上、下、左、右空白的像素数。
- ◆ 品质：设置播放动画对象的质量。包括高品质、自动高品质、低品质和自动低品质 4 个选项。
- ◆ 比例：确定影片播放时的缩放比例。
- ◆ 对齐：指定影片在页面上的对齐方式。
- ◆ Wmode：为 SWF 文件设置 Wmode 参数以避免与 DHTML 元素（如 Spry 构件）相冲突。
- ◆ 播放：在文件窗口中播放影片。
- ◆ 参数：打开一个对话框，可在其中输入传递给影片的附加参数。影片必须已设计好，可以接收这些附加参数。

活动 2　插入 FLV 视频

FLV 是 FLASH VIDEO 的简称，它是一种新的流媒体格式。由于它形成的文件极小、加载速度极快，使得通过网络观看视频文件成为可能。目前各在线视频网站均采用此视频格式，FLV 已经成为当前下载速度最快、在网页设计中使用得最为广泛的视频传播格式。

1. 插入 FLV 文件

在网页中插入 FLV 文件的基本方法如下所述。

(1) 将光标放在要插入 FLV 文件的位置。

(2) 选择“窗口”|“插入”命令，打开“插入”面板，单击“插入”面板中的“常

用”类别里的“FLV”按钮，弹出如图 3-119 所示的“插入 FLV”对话框。

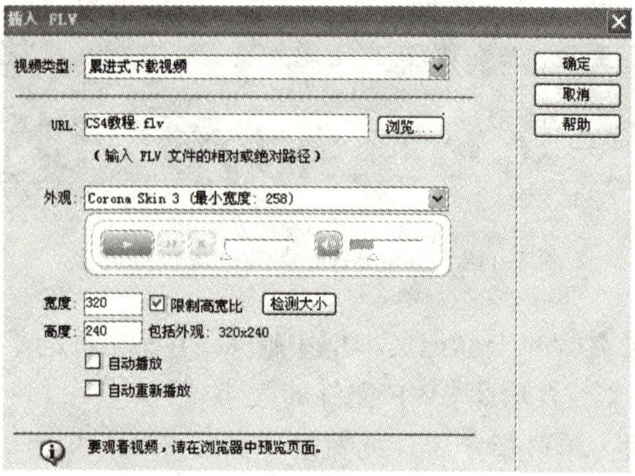

图 3-119 “插入 FLV”对话框

（3）设置“插入 FLV”对话框的相关选项。

◆ 视频类型：包括“累进式下载视频”和“流视频”两种类型，选择“累进式下载视频”。
◆ URL：单击“浏览”按钮指定 FLV 文件的相对路径，也可以直接输入 FLV 文件的绝对路径（如 http：//www. tute. edu. cn/myvideo. flv）。
◆ 外观：指定视频组件的外观，在弹出菜单的下方可以预览。
◆ 宽度和高度：以像素为单位指定 FLV 文件的尺寸。若要确定 FLV 文件的准确尺寸，则单击“检测大小”按钮。“包括外观”将显示 FLV 文件的宽度和高度。
◆ 限制高宽比：保持视频组件的宽度和高度之间的比例不变。
◆ 自动播放：指定在页面打开时是否播放视频。
◆ 自动重新播放：指定播放控件在视频播放完之后是否返回到初始位置。

2. 修改 FLV 文件的属性

单击 FLV 对象可以在“属性”面板中修改以上属性，如图 3-120 所示。

图 3-120 修改 FLV 文件的属性

活动 3 插入音频文件

可以向网页添加多种不同格式的声音文件，如 . wav，. wma，. midi 和 . mp3 等。

由于浏览器不同，处理声音文件的方式也会有很大差异和不一致的地方。最好将声音文件添加到 SWF 文件中，然后再嵌入该 SWF 文件以改善一致性。

1. 链接到音频文件

链接到音频文件是将声音添加到网页的一种简单而有效的方法，这种集成声音文件的方法，用户只有将音频文件下载到本地计算机，才能收听该文件。其操作方法非常简单，具体如下。

（1）选择要用作指向音频文件的链接的文本或图像。

（2）在“属性”面板中，单击“链接”文本框旁的文件夹图标以浏览音频文件，或者在文本框中输入音频文件的路径和名称。

2. 嵌入声音文件

嵌入音频可将声音直接集成到页面中，但只有在用户安装了所选声音文件的适当插件后，声音才可以播放。如果希望将声音用作背景音乐，并希望控制音量和显示播放器在页面上的外观等，就可以嵌入文件。

以目前最为流行的 . mp3 文件为例，将其嵌入到网页的基本方法如下所述。

（1）将光标放在要插入 . mp3 文件的位置。

（2）选择“窗口”|“插入”命令，打开“插入”面板，单击“插入”面板中的“常用”类别里的“插件”按钮，弹出如图 3-121 所示的对话框。

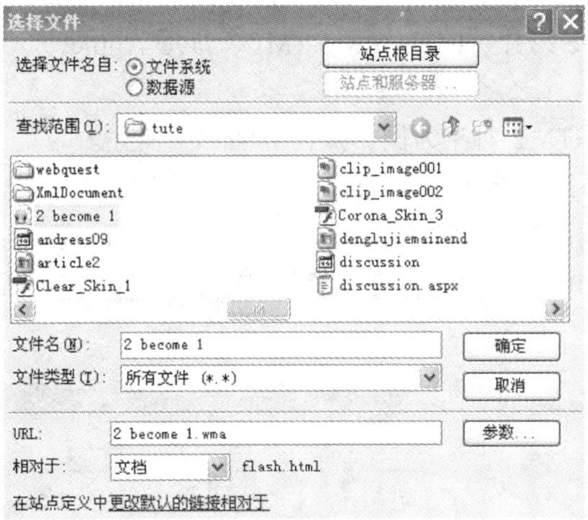

图 3-121　选择要插入的音频文件

（3）选择要插入的 . mp3 文件，然后单击“确定”按钮，即可将 . mp3 文件插入到网页中。单击插件对象可以在“属性”面板中设置相关属性，如图 3-122 所示。

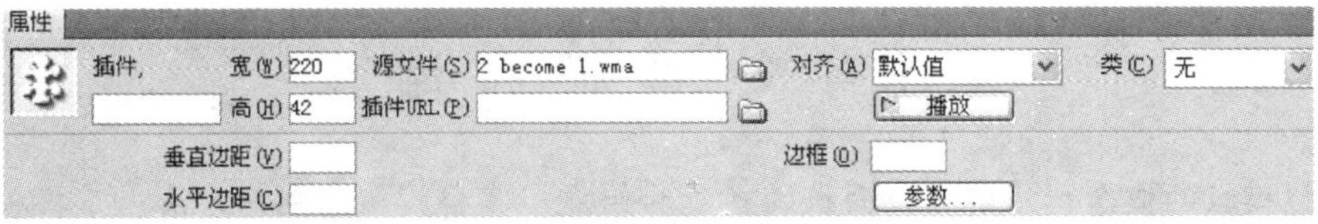

图 3-122　设置 mp3 文件属性

◆ 插件：指定用来标识插件以撰写脚本的名称。

◆ 宽和高：以像素为单位指定在页面上分配给对象的尺寸。

◆ 源文件：要嵌入到网页中的声音文件。单击文件夹图标可进行修改。

◆ 插件 URL：指定插件的完整 URL，如果浏览页面的用户没有安装插件，浏览器将尝试从此 URL 下载插件。

◆ 对齐：确定对象在页面上的对齐方式。

◆ 垂直边距和水平边距：以像素为单位指定插件上、下、左、右的空白量。

◆ 边框：指定环绕插件四周的边框的宽度。

◆ 参数：打开一个用于输入要传递给 Netscape Navigator 插件的其他参数的对话框。

（4）按 F12 键在浏览器中预览效果，如图 3-123 所示，可控制音频文件的播放与停止等。

图 3-123　在浏览器中预览效果

如果仅仅是为网页制作背景音乐，而不想在浏览器中显示其图形界面，可在 Dreamweaver CS 4 中创建一 Div 元素，设置其可见性为“hidden”，然后将之前插入的“插件”对象拖入其中即可。

活动 4　插入其他媒体对象

除了 SWF，FLV 与 MP3 文件之外，还可以在 Dreamweaver CS 4 文件中插入 QuickTime 或 Shockwave 影片、Fireworks HTML、Java Applet、ActiveX 控件或其他音频或视频对象。

以插入 Fireworks HTML 对象为例，操作方法如下所述。

（1）将光标放在要插入 Fireworks HTML 对象的位置。

（2）选择“窗口”|“插入”命令，打开“插入”面板，单击“插入”面板中的“常用”类别里的“Fireworks HTML”按钮，弹出如图 3-124 所示的“插入 Fireworks HTML”对话框。

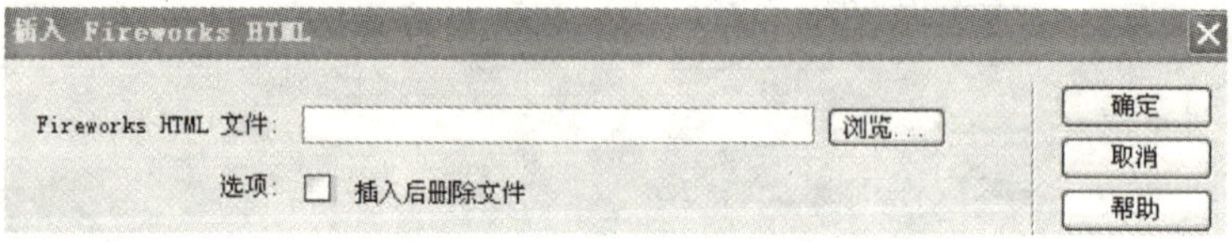

图 3-124　插入 Fireworks HTML 对象

（3）在“Fireworks HTML 文件”文本框中输入要插入的文件，如果选中“插入后删除文件”复选框，则在插入对象后删除源文件，插入完毕后单击“确定”按钮。

任务 12　模板和库

了解模板的概念；了解模板面板的功能和组成；掌握模板的创建方法；掌握模板中基本页面和可编辑区的定义方法；熟悉模板的应用；了解库面板的功能和组成；掌握库项目的创建和应用方法。

活动 1　模板

1. 模板简介

（1）模板的概念。在网页制作中，为了保持风格的统一，可以制作一个模板，其他文件都可以在该模板的基础上进行修改。所谓模板，就是一种用来产生带有固定特征和共同格式的基础文件。当需要制作带有共同格式和特征的文件时，就可以先使用模板建立新文件，新文件中会自动出现模板中定义的共同内容，网页设计者只需对每个文件的不同内容进行修改。模板在后期维护中也非常重要，当需要修改网站的风格时，可以通过修改模板来修改整个网站中所有使用该模板创建的页面。

模板包括可编辑区域和锁定区域两部分。锁定区域禁止用户修改，它包含了在所有页面中的共同内容，可编辑区域是允许用户修改的区域。

(2)“模板”面板。利用“模板”面板，可以方便地对模板进行操作。选中“窗口”|“资源”命令，打开“资源”面板，单击左侧的按钮，即可打开“模板”面板。“模板”面板如图3-125所示。

图3-125 “模板”面板

“模板”面板的显示区域包括两部分：上半部分区域为预览窗口，下半部分区域显示当前站点中可使用的模板列表。

2. 创建模板

(1) 创建空白模板。创建空白模板的方法如下所述。

① 单击“模板”面板右下角“新建模板”按钮或其右上角的下三角按钮，从弹出的菜单中选择“新建模板”命令，然后给无标题的模板进行命名，如图3-126所示。

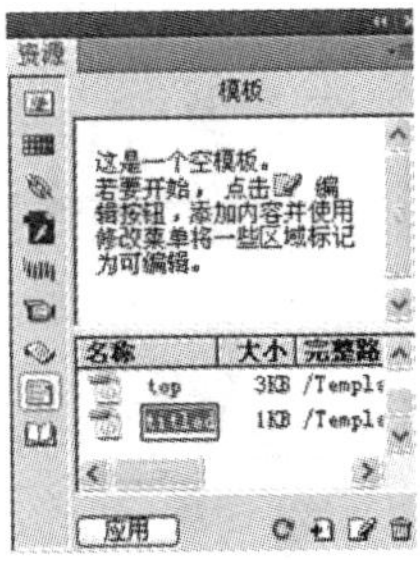

图3-126 创建空白模板

② 定义基本页面。在模板文件中定义一个基本页面，包括Logo、标题、导航、版权和要添加内容的区域等部分，其中要添加的内容区可先放一些临时的元素。

③ 定义可编辑区。创建模板后，还应该在模板中创建可编辑区，这样，模板的创建才有意义，避免因所有区域都处于锁定状态而不能使用。定义可编辑区的方法为：打开模板文件，将光标移到要设置可编辑区域的位置，然后选择“插入”|“模板对象”|“可编辑区域”命令（按快捷键Ctrl + Alt + V），会弹出如图3-127所示的对话框，在对话框中输入可编辑区域的名称后单击“确定”按钮，即可创建一个可编辑区域。

图3-127 “新建可编辑区域”对话框

如果将定义好的可编辑区域改为锁定区域，可选定该编辑区域，再选择“修改”|“模板”|“删除模板标记”命令即可。

④ 保存模板。选择“文件”|“另存为模板”命令，弹出如图3-128所示的“另存模板”对话框。在对话框的“站点”下拉列表中选择要保存模板的站点，在“另存为”文本框中输入要保存的模板名称，单击“保存”按钮。

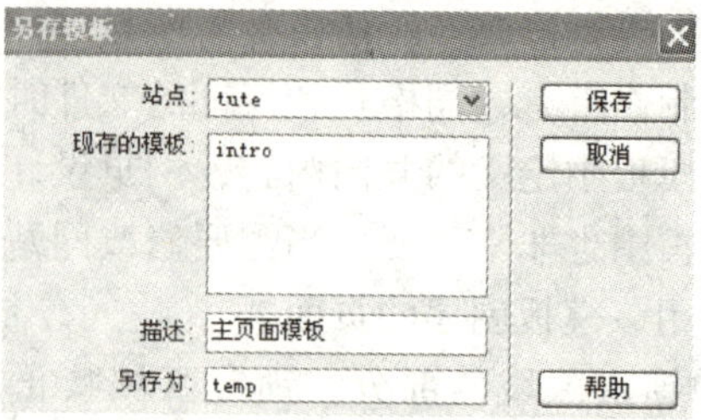

图 3-128 “另存模板”对话框

（2）将现有文件设置模板。将现有文件设置为模板的方法与创建空白模板的步骤③和步骤④相同。

3. 应用模板

（1）应用模板创建文件。应用模板创建文件的操作方法如下所述。

① 在文件窗口中，选择“文件”|“新建”命令，弹出“新建文档”对话框，选择“模板中的页”标签，如图 3-129 所示。

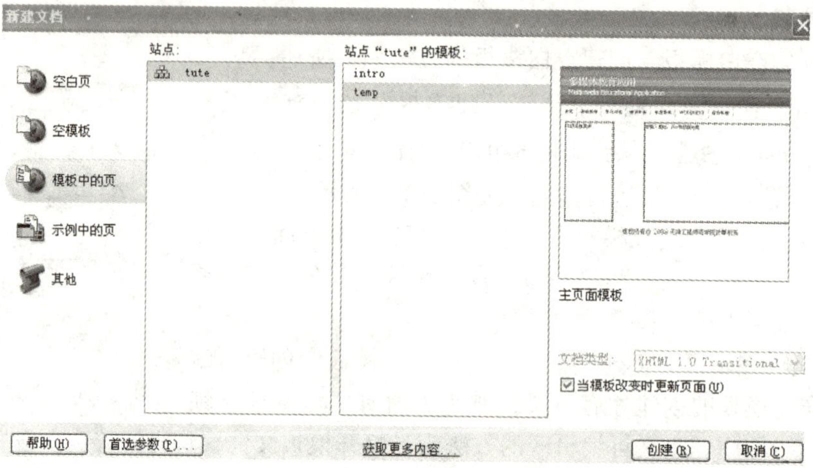

图 3-129 “新建模板”对话框

② 从“站点”列表中选择站点，然后从“模板”列表中选择要使用的模板，右边可预览“模板”效果。

③ 单击“创建”按钮，即可启动一个根据已有模板创建的新文件。

（2）对已有页面应用模板。对已有页面应用模板的方法描述如下。

打开“模板”面板，然后从模板列表中选择合适的模板，单击“应用”按钮。Dreamweaver CS 4 会尝试将现有内容与模板中的区域进行匹配。如果出现不匹配的内容，Dreamweaver CS 4 将跟踪这些内容，如图 3-130 所示。

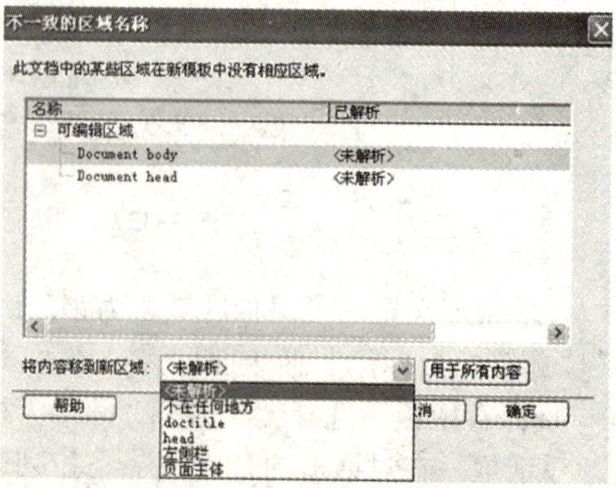

图 3-130 跟踪不一致的区域

这样，就可以选择将当前页面的内容移到某个或某些区域，也可以选择“不在任何地方”以删除不匹配的内容。

(3) 更新模板。如果修改了模板，在保存时会出现“更新模板文件”对话框，可以从中将修改后的模板应用于所有文件，如图3-131所示。

图3-131 “更新模板文件”对话框

(4) 更新整个站点。如果在编辑完模板后没有及时更新站点中使用了该模板的页面，可使用以下方法更新。

① 选择“修改”|“模板”|“更新页面”命令，弹出如图3-132所示的“更新页面”对话框。

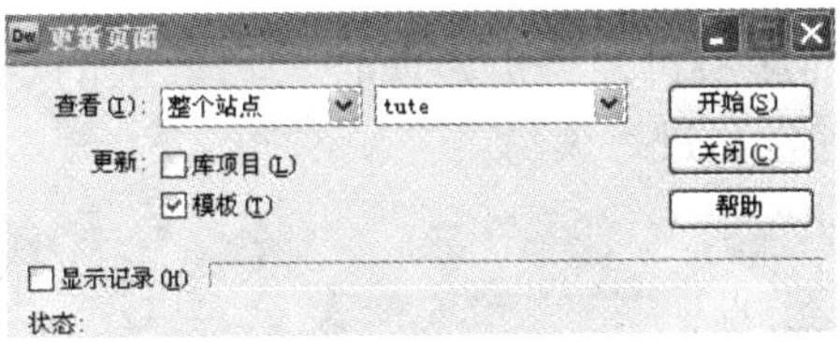

图3-132 “更新页面”对话框

② 在“查看”下拉列表框中选择更新的范围。选择“整个站点”，表示对整个站点更新，即站点中所有文件分别重新应用各自使用的模板；而“文件使用”表示对站点中所有使用某一模板的文件进行更新。选择“模板”复选框，单击“开始”按钮，站点中所有应用了同一模板的文件都将更新。

(5) 将文件与模板分离。如果不希望在某个文件中继续应用模板，可选择“修改”|“模板”|“从模板中分离”命令，就可以将文件与模板分离。此时，文件任何区域都可编辑。

活动2 库

在站点中，许多页面除了具有相似的风格外，还包括一些相同的元素，如网站Logo、标题、广告语及版权信息等。为了提高工作效率，可以创建一个包含这些元素的库项目，然后在每个页面上使用这个库项目。如果需要更改某些元素，如广告语，则可以更改该库项目，这样可以自动更新所有使用这个项目的页面。

1. 创建库项目

库项目是在网页中可重复使用的部分。可以将单独的文件对象创建为库项目，也可以将多个文件对象的组合创建为库项目。其操作方法如下所述。

（1）选择“窗口”|“资源”命令，打开“资源”面板，单击左侧的按钮，即可打开“库”面板。

（2）单击“库”面板右下角“新建库项目”按钮或其右上角的下三角按钮，从弹出的菜单中选择“新建库项目”命令，一个新的库项目就被添加到库面板中，如图3–133所示。

（3）重新命名库项目，双击库项目名称，在 Dreamweaver CS 4 中编辑刚刚创建的库项目，图3–134是一个创建好的包括版权信息的库项目。

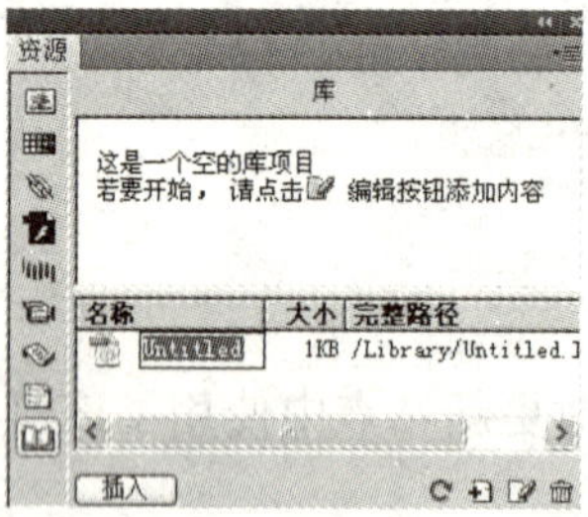

图3–133　添加新的库项目

图3–134　创建好的库项目

2. 修改库项目

在页面中选定要修改的库项目，单击“属性”面板上的“打开”按钮，如图3–135所示，就可以打开相应的库项目进行编辑。

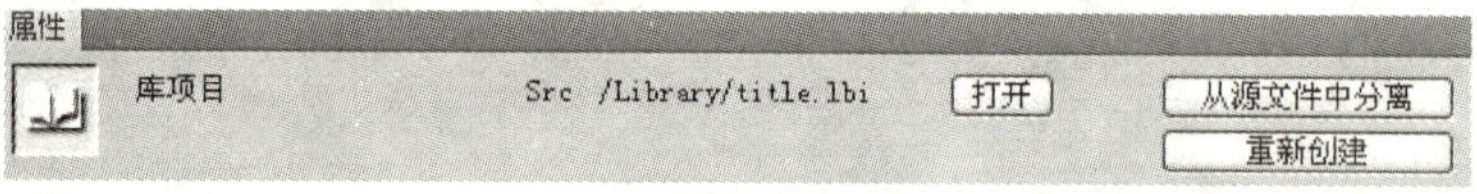

图3–135　库项目“属性”面板

编辑完毕保存时，系统会提示更新当前站点中所有使用了该库项目的文件，如图3–136所示。

图3–136　“更新库项目”对话框

单击“属性”面板上的“从源文件中分离”按钮，可以使插入的库项目从库文件中分离出来，成为单独的网页元素，不再受库项目的影响。

3. 插入库项目

插入库项目的方法为：首先在文件中将光标放在需要插入库项目的位置，然后从“库”面板中将需要的库项目拖到当前文件窗口位置即可。

4. 更新库项目

如果在编辑完库项目后没有及时更新页面，可使用以下方法更新。

（1）打开“修改”|“库”|“更新页面”命令，弹出如图 3-137 所示的“更新页面”对话框。

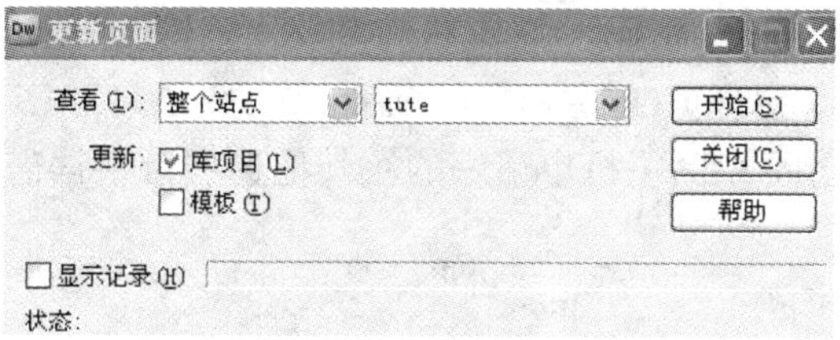

图 3-137　“更新页面”对话框

（2）在“查看”下拉列表框中选择更新的范围。选择“整个站点”，表示对整个站点更新，即站点中所有文件分别重新应用各自使用的库项目；而“文件使用”表示对站点中所有使用某一库项目的文件进行更新。选择“库项目”复选框，单击“开始”按钮，站点中所有应用了相同库项目的文件都将更新。

通过“更新页面”对话框，可同时更新库项目和模板。

任务 13　向服务器上传主页

熟悉远程站点的定义方法；掌握向远程站点上传网页文件的方法。

活动 1　定义远程站点

定义远程站点的方法如下所述。

（1）在“文件”面板中打开“管理站点”对话框，如图 3-138 所示，选择已经创建好的站点（如 tute），然后单击“编辑”按钮，在弹出的对话框中选择“远程信息”类别，如图 3-139 所示。

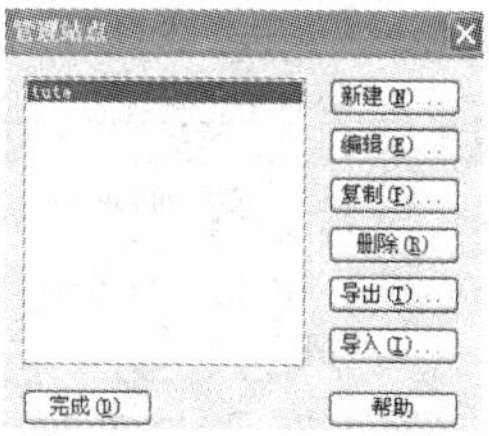

图 3-138　“管理站点”对话框

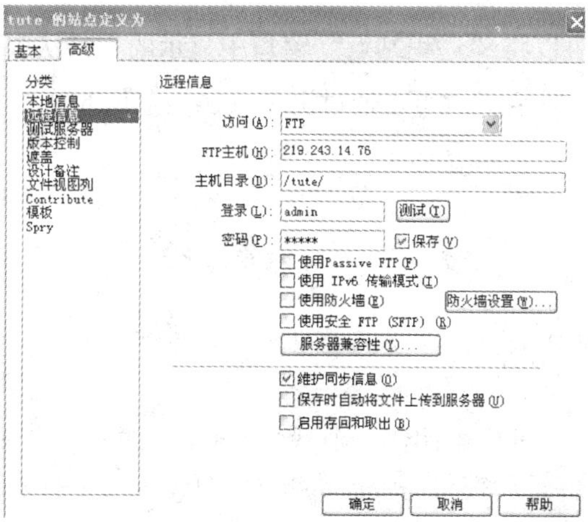

图 3-139　定义站点远程信息

（2）设置远程站点信息。从“访问”下拉列表框中选择 FTP，在“FTP 主机”文本框中输入远程站点的 IP 地址（如 219. 243. 14. 76），在“主机目录”文本框中输入“/tute/”，分别在“登录”和“密码”文本框中输入用于管理该远程站点的登录名和密码，单击“测试”按钮以验证 FTP 主机、主机目录、登录名和密码。其中，主机目录、登录名和密码是提前向远程 FTP 主机申请好的。其他选项可根据需要选择，设置完毕后，单击“确定”按钮。

活动 2　文件上传

文件上传的操作方法如下所述。

（1）在“文件”面板中选择要上传的本地站点，然后选择“远程视图”或直接单击按钮，如图 3-140 所示，将会开始登录 FTP 服务器。

经过一段时间后，按钮由断开变为闭合按钮，并且旁边的小点变绿，表明服务器连接成功。只要在设置远程站点信息时测试成功，这里都可以连接到 FTP 服务器。

（2）单击“上传”按钮，可将选中的文件上传到服务器。如果是第一次上传，则须将本地站点中的所有文件上传到远程服务器中。上传成功的文件将在“远程视图”窗口中显示，如图 3-141 所示。

图 3-140　连接服务器

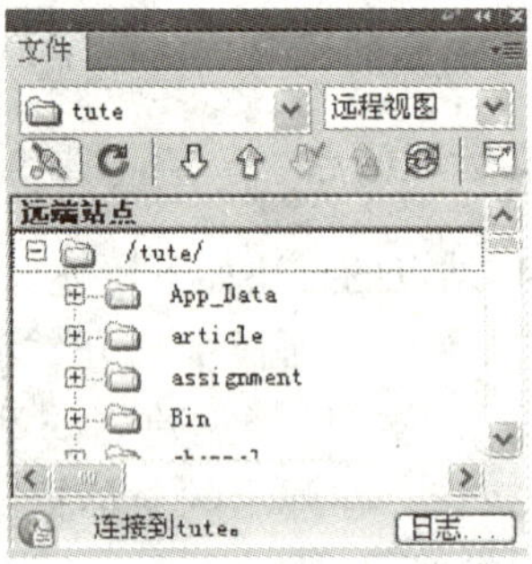

图 3-141　上传成功的文件

（3）单击按钮，可以将“远程站点”窗口中显示的文件从服务器下载到本地站点。

（4）在上传完所有文件后，就可以通过浏览器访问上传的站点了。单击按钮，断开与服务器的连接。

任务 14　主页制作实例

熟悉各种常见页面元素的使用方法；学会网站主页的设计方法；掌握网站主页的设计流程。

本任务是根据以上所学的内容制作一个基本的应用网页——网站主页。其中主要应用 Div + CSS 来架构网页，并运用表格、Spry 菜单栏、JavaScript 脚本和库项目等页面元素。通过制作这个网页，可以了解网页制作的过程和页面元素的插入方法，借以加深对网页设计与制作的理解。此网页的最终效果如图 3-142 所示。

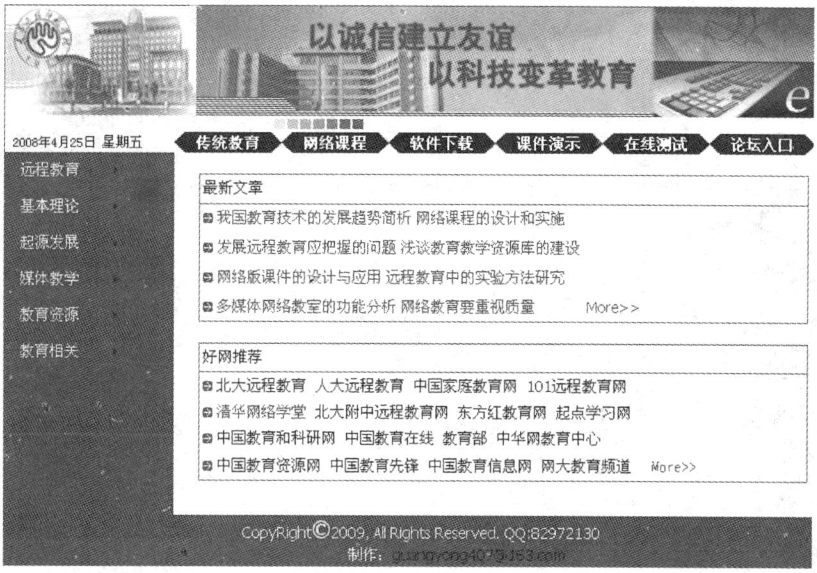

图 3-142　网站主页整体效果

活动 1　页面布局

页面布局的方法描述如下。

1. 插入 Div 标签

（1）新建文件，在文件窗口的“设计”视图中插入外层 Div 标签，命名为 container，以下所有 Div 标签都插入到外层标签 container 中。

（2）在外层 Div（container）中，分别插入 Top、PageBody 和 Bottom 3 个 Div 标签，并在 PageBody 中插入 SideBar 和 MainBody 两个 Div 标签。保存文件为 index.html。

2. 定义 CSS 样式表

新建 CSS 文件，并在文件中添加如下代码。

```
/*页面层容器*/
#container {width: 760px; margin: 10px auto; border: 1px solid #006699;}
/*页面头部*/
#Top {width:760px;margin:0 auto;height:134px;}
/*页面主体*/
#PageBody {width:760px;margin:0 auto;height:330px;}
/*左侧栏*/
#Sidebar {width: 160px; margin: 0 600px 0 0; height: 330px; background:#006699;}
/*主体内容*/
#MainBody {width:600px;margin:-330px 0 0 160px;height:330px;}
/*页面底部*/
#Bottom {width: 760px; margin: 0 auto; height: 46px; overflow: hidden;background:#006699;}
```

保存 CSS 文件，并将其附加到 index.html 中。完成页面的布局，如图 3-143 所示。

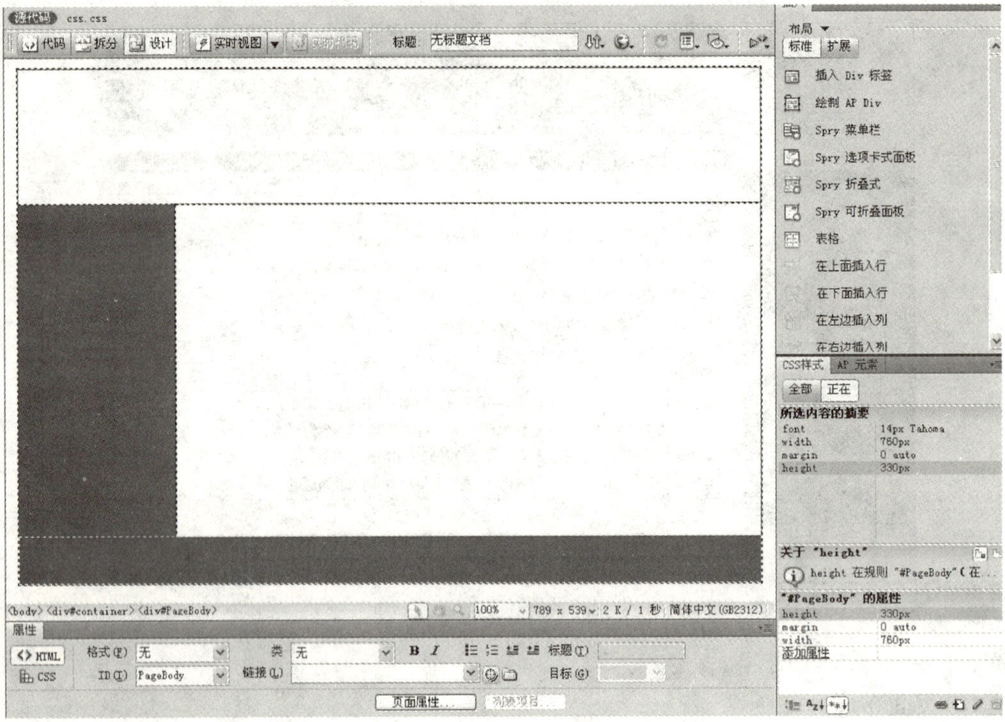

图 3-143　利用 Div + CSS 布局页面

活动 2　细化布局

这是页面布局的第二步，需要对页面中各个区域进一步细化，以便更加快捷地插入各页面元素。

细化布局的方法如下所述。

1. 细化页面顶部

（1）在 Div 标签（Top）中，插入一个宽 760 像素、3 行 2 列的表格，行高分别为 100 像素、15 像素、19 像素，列宽分别为 180 像素、580 像素。在该表格中可以放置页面 Logo、标题、Flash 动画及导航条等。

（2）合并第 2 行和第 3 行单元格，在合并后的第 3 行中插入一个宽 760 像素，1 行 7 列的表格，第 1 列宽为 160 像素，用于放置显示时间的 JavaScript 代码，其余各列宽均为 100 像素，用于放置导航条。

2. 细化页面主体

（1）在 Div 标签（MainBody）中，插入一个宽 100%，4 行 2 列的表格，行高分别为 16 像素、110 像素、16 像素、110 像素，第 1 列宽为 25 像素。

（2）在第 2 行第 2 列中，插入一个宽 99%，填充和间距分别为 3 和 1，2 行 1 列的表格，行高分别为 20 像素、90 像素。

设置第 1 行背景颜色为“#f4f4ff”，第 2 行背景颜色为“#ffffff”，并在第 2 行中插入一个宽 99%，7 行 1 列的表格，设置其偶数行的高为 8 像素。

（3）将第（2）步中插入的所有内容，复制到第 4 行第 2 列中。

页面其余区域可根据实际需要插入相关元素，在这里不用细化。细化之后的页面布局如图 3-144 所示。

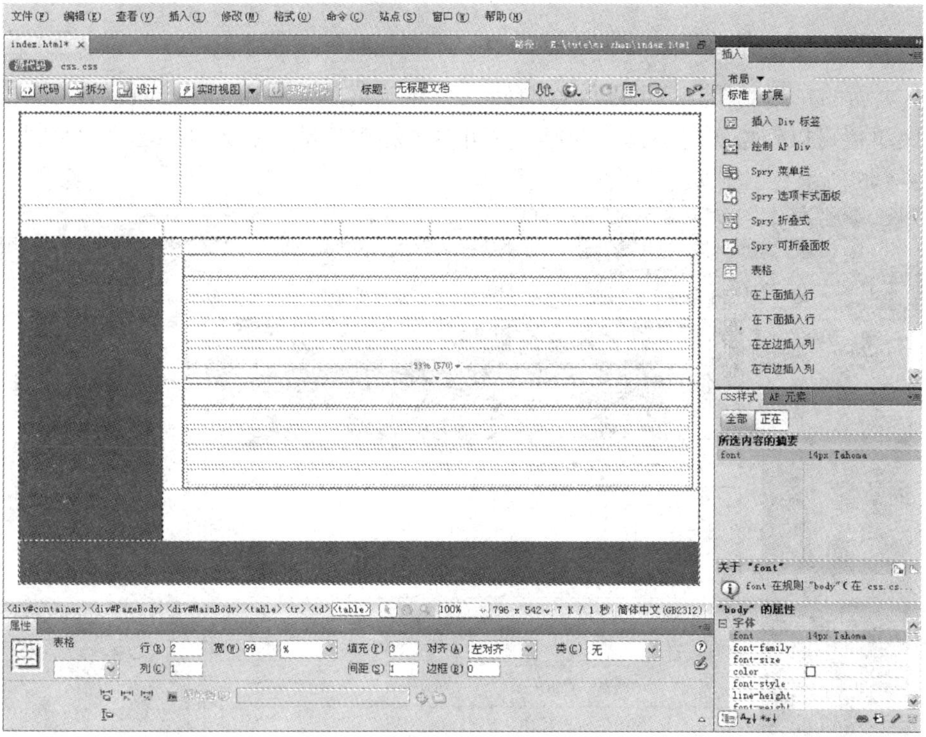

图 3-144　细化之后的页面布局

活动 3　编辑页面顶部

布局完成后，就可以向页面添加元素了，方法很简单，只需将事先准备好的网站 Logo、图片和 Flash 动画插入相应位置，并设置相关表格背景及导航条，如图 3-145 所示。

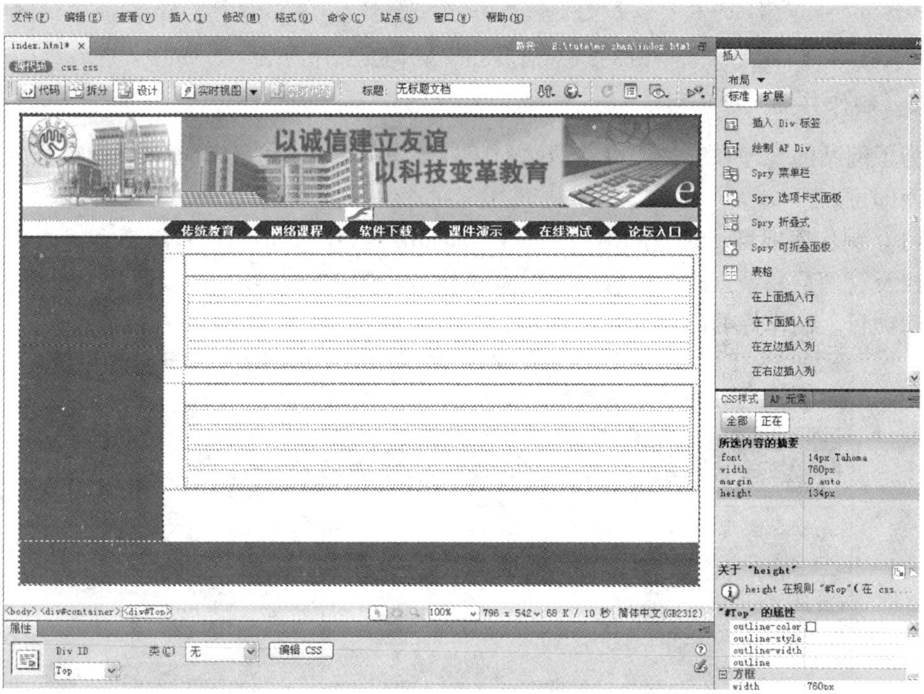

图 3-145　编辑页面顶部

活动 4　插入 Spry 菜单栏

在页面的左侧栏部分，可以放置网站二级导航菜单，利用 Dreamweaver CS 4 提供的 Spry 菜单栏可以轻松实现。具体设置方法可参考相关活动，插入 Spry 菜单栏之后的页面如图 3-146 所示。

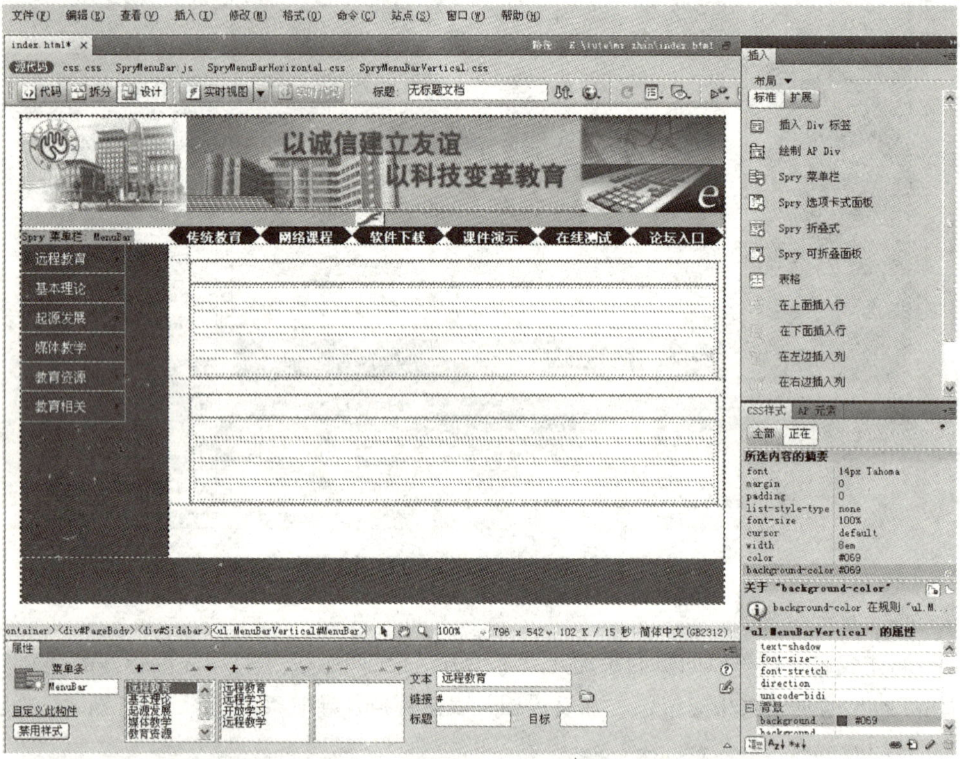

图 3-146　插入 Spry 菜单栏之后的页面

活动 5　制作并插入库项目

为了网站的管理和维护，可将网站的版权等信息制作为一个库项目，然后插入到每一个页面即可。

（1）制作库项目。新建库项目，并在 Dreamweaver CS 4 中进行编辑，插入表格，设置版权及管理员联系方式等信息，并设置表格背景为“#006699”，以便和主页背景匹配，保存库项目。制作好的库项目如图 3-147 所示。

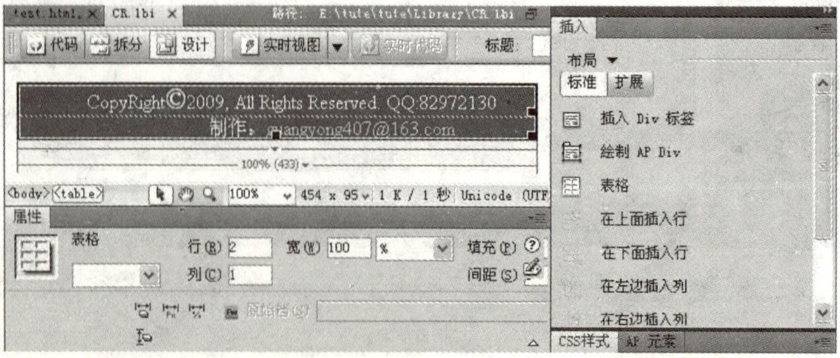

图 3-147　制作好的库项目

（2）插入库项目。打开 index.html 文件，打开库面板，将创建好的库项目拖到页面的 Bottom 标签里，插入到页面中的库项目会高亮显示，如图 3-148 所示。

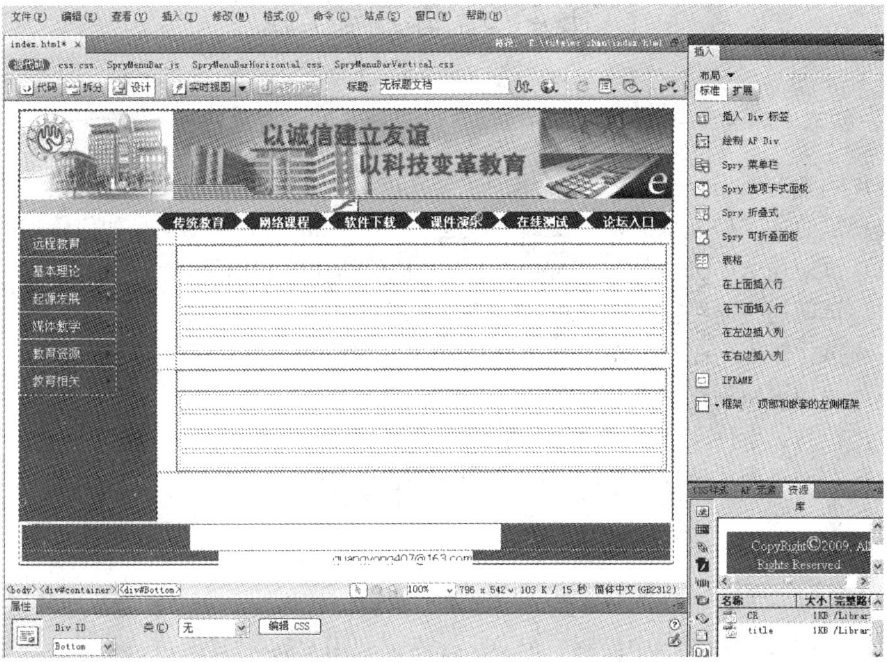

图 3-148　插入库项目

活动 6　添加页面主体内容

到此为止，离网站主页的完成只剩下最后一步了。在页面的主体内容部分（MainBody 标签）添加相关的图片和文字，并设置其超级链接即可，如图 3-149 所示。

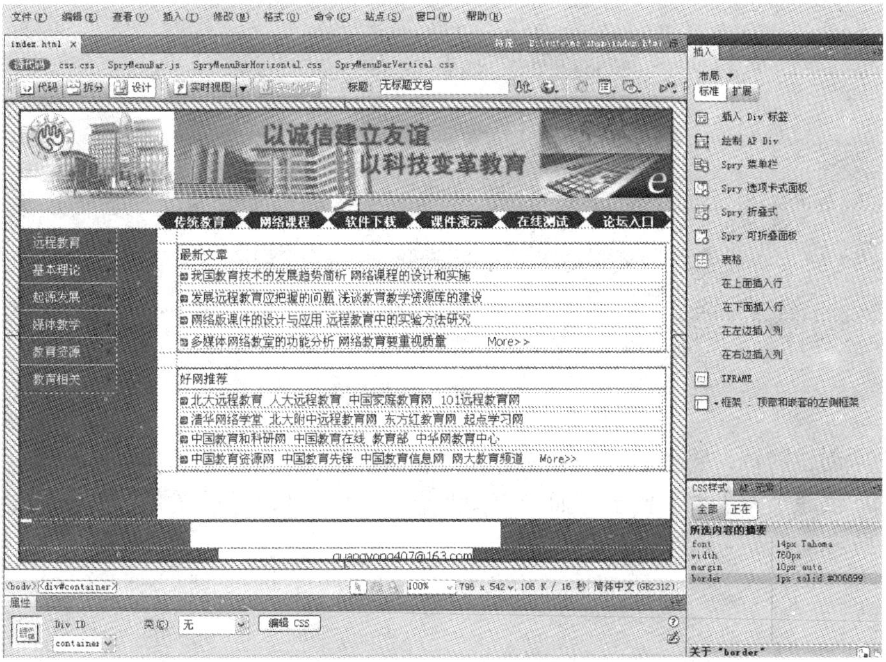

图 3-149　添加页面主体内容

保存网页，按 F12 键在浏览器中预览，网站主页最终效果参见图 3-142。

任务 15　练习与实践

活动 1　练习

（1）列举 Dreamweaver CS 4 新增的主要功能。

（2）试简述“CSS 全面支持及最佳做法”在 Dreamweaver CS 4 是如何体现的。

（3）试简述 AP Div 元素、Spry 框架及其构件的功能和作用。

（4）试简述绝对路径、文件相对路径与站点根目录相对路径的区别。

（5）试比较表格布局、框架布局和 Div + CSS 布局的优缺点。

（6）使用模板制作网页有什么好处？

（7）行为、事件与动作之间的关系是什么？

（8）在网页制作过程中使用库项目的好处是什么？

活动 2　实际演练

（1）建立一个新站点，在站点内创建两个网页，并将其中一个设为本站的主页。

（2）在“设计视图”中绘制一个 Div 标签，利用 CSS 对其定位，要求水平和垂直两个方向都居中显示，并显示其边框。

（3）怎样实现表格与 AP Div 元素的互换？试上机操作。

（4）如何在模板中定义可编辑区？试操作说明。

（5）自选两幅大小相等的图片，创建一个鼠标经过图像。

（6）创建如图 3-150 所示的注册表单，熟练掌握表单属性的设置。

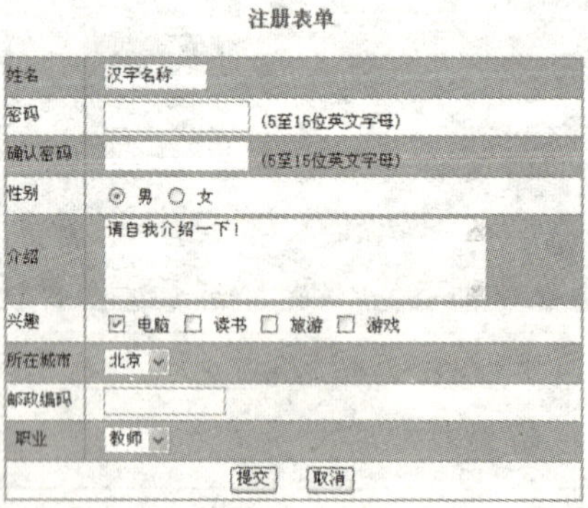

图 3-150　注册表单

（7）创建网页，插入 FLV 视频文件，并在浏览器中预览效果。

（8）创建个人主页，要求页面中有图片、Flash 动画及导航菜单，并使用 Div + CSS 进行布局。

学习情境 4　Fireworks CS 4

情境描述

本情境让学生了解 Fireworks CS 4 的新增主要功能，认识 Fireworks CS 4 工作区；掌握 Fireworks CS 4 的基本操作；掌握矢量图的绘制和编辑方法；熟悉 Fireworks CS 4 中常见工具的使用方法；熟悉文本的使用方法；掌握在 Fireworks CS 4 中处理位图的方法；熟悉和掌握层、蒙版和滤镜的使用方法；学会特效按钮、动画、弹出式菜单的设计和制作方法；激发学生学习兴趣，为进一步学习打下基础。本情境参考学时 10 学时。

教学目标

1. 能力目标

◆ 能进行 Fireworks CS 4 的基本操作。

◆ 能熟练使用 Fireworks CS 4 中的常见工具。

◆ 能进行特效按钮、动画、弹出式菜单的设计和制作。

2. 知识目标

◆ 学会使用 Fireworks CS 4 图形处理软件。

◆ 熟悉 Fireworks CS 4 的工作界面和菜单。

3. 素质目标

◆ 锻炼学生自主学习、举一反三的能力。

◆ 培养学生严谨务实的工作作风。

工作任务

任务 1　Fireworks CS 4 初识

任务 2　Fireworks CS 4 文件的基本操作

任务 3　矢量图的绘制和编辑

任务 4　文本的使用

任务 5　位图处理

任务 6　层、蒙版和滤镜

任务 7　Fireworks CS 4 应用实例

任务 8　练习与实践

教学策略与教学方法总体考虑

讲授法、案例驱动法、操练法

教学手段

教学录像、多媒体课件、现场演示

设备、工具和材料

计算机、Fireworks CS 4 图形处理软件

教学效果评价

课堂提问（10%）、作业（10%）、任务考核（30%）、实训（30%）、作品（20%）

参考资料

Jim Babbage 主讲．视频演示光盘《FW CS 4 基本教程》．http://www.verycd.com/topics/420583/

VTC．视频演示光盘《VTC 快速上手系列教程》．http://www.verycd.com/topics/2724603/

任务1　Fireworks CS 4 初识

了解 Fireworks CS 4 的新增主要功能；学会 Fireworks CS 4 的运行；熟悉 Fireworks CS 4 工作区组成和布局及各部分功能。

活动1　Fireworks CS 4 简介

Fireworks CS 4 是 Adobe 公司开发的一款用于创建、编辑和优化网页图形的图像处理软件，可以利用它创建和编辑位图和矢量图像、设计网页效果（如变换图像和弹出菜单）、裁剪和优化图形、自动执行重复性任务来节省时间。可以将文件导出或保存为 JPEG 文件、GIF 文件或其他格式的文件。这些文件可与包含 HTML 表和 JavaScript 代码的 HTML 文件一同保存，以便在网页中使用它们。相比之前的各版本，Fireworks CS 4 新增了以下主要功能。

（1）性能和稳定性提高。从文件的打开和保存到符号更新，以及位图和矢量对象的操作等，Fireworks CS 4 的整体性能都得到增强，用户能够更快速有效地操作。

（2）新用户界面。使用简单易用的通用用户界面进行设计，能与其他 Adobe Creative Suite 4 应用程序（如 Photoshop，Illustrator 和 Flash）快速切换。

（3）基于 CSS 的布局。可以在 Fireworks CS 4 提供的功能强大的图形环境中设计完整的网页，然后一次性导出基于 CSS 且附带外部样式表的标准网页兼容布局。设计者可以从 6 种最常见的布局中选择一种开始操作，然后使用自动边缘和边距检测功能来集成前景和背景图像。将 HTML 元件拖放到 Fireworks CS 4 布局上，并指定标题、链接和表单属性来进行精确的 CSS 控制。

（4）PDF 导出。使用 Fireworks CS 4 能设计和生成高精度、交互式且安全的 PDF 文件，以增强与客户端的通信能力。

（5）Adobe 文字引擎。Fireworks CS 4 已具备 Photoshop 和 Illustrator 用户熟悉的"Adobe 文字引擎"，从 Illustrator 或 Photoshop 导入或复制/粘贴双字节字符而不会失真，可使用其增强的文字设置功能来制作高级的文字特效。

（6）动态样式。在网页设计中，能使用具有专业设计样式的 Fireworks CS 4 对象、文本或自定义集合，可通过修改单个样式源来更新应用的效果、颜色和文本属性。

（7）工作区改进。借助“智能辅助线”，可以快速准确地定位、测量画布上的辅助线和元素；可以在拖动辅助线时了解自己在画布上所处的位置；使用元件编辑功能可以精确地美化页面中的元件；扩展的9切片缩放工具可应用于画布上的任何对象，而不仅仅是元件。

活动2 运行Fireworks CS 4

单击“开始”按钮，选择“程序”|“Adobe Fireworks CS 4”命令，即可启动Fireworks CS 4。

首次启动Fireworks CS 4，出现“欢迎”界面，如图4-1所示。此时，可以新建或打开已有的Fireworks CS 4文件，也可以通过“欢迎”界面在线了解关于Fireworks CS 4的更多信息。

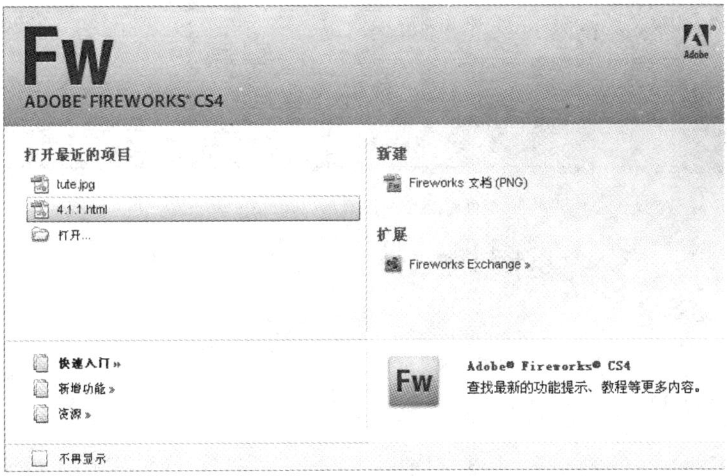

图4-1 “欢迎”界面

活动3 认识Fireworks CS 4工作区

首次运行Fireworks CS 4时，工作区中包括工具面板、“属性”面板、菜单和其他一些面板。“工具”面板位于屏幕的左侧，该面板分成了多个类别并用标签标明，其中包括位图、矢量和Web工具。“属性”面板默认情况下出现在文件的底部，它最初显示文件的属性。当在文件中工作时，它将改为显示新近所选工具或当前所选对象的属性。其他面板最初沿屏幕右侧成组停放，而文件窗口则出现在应用程序的中心。

Fireworks CS 4的应用程序界面如图4-2所示，由应用程序栏、主工具栏、工具面板、文件窗口、面板组及“属性”面板等组成。

（1）应用程序栏。应用程序窗口顶部包含一个工作区切换器（设计器）、几个常用菜单及其他应用程序控件。

（2）主工具栏。若主工具栏被隐藏，可选择“窗口”|“工具栏”|“主要”命令将其显

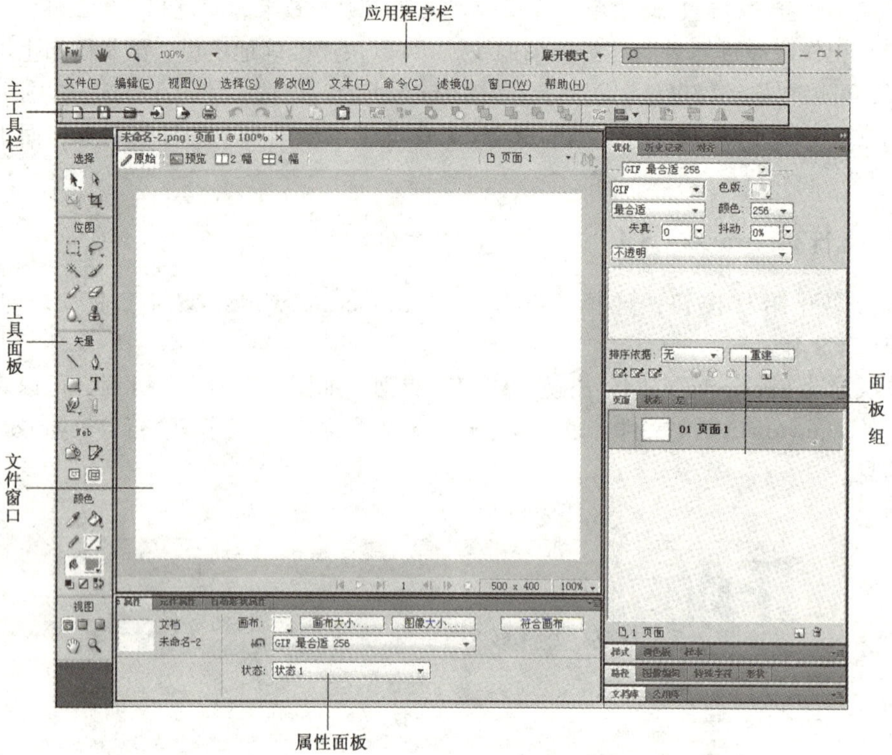

图 4-2　Fireworks CS 4 的应用程序界面

示出来。

主工具栏由两部分组成：“常用”工具栏和“修改”工具栏。“常用”工具栏如图 4-3所示。其中导入、导出图形文件是 Fireworks CS 4 中独有的按钮。

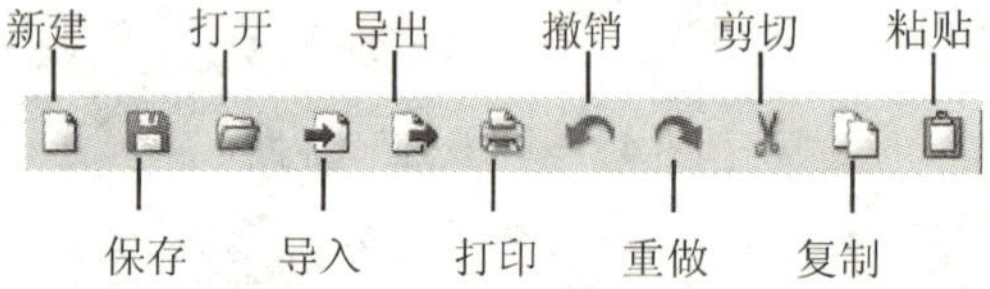

图 4-3　“常用”工具栏

“修改”工具栏如图 4-4 所示，各按钮的功能描述如下。

图 4-4　“修改”工具栏

- ◆ 分组：把选中的两个以上的对象组合成一个对象。
- ◆ 取消分组：从一个组合对象拆分出多个组合前的对象。
- ◆ 接合：合并选中对象的路径。
- ◆ 拆分：把合并的路径拆开。
- ◆ 移到最前：同一图层内的几个对象互相遮盖时，把被选对象置于最前面。

- ◆ 上移一层：把被选对象向前提一层。
- ◆ 下移一层：把被选对象向后移一层。
- ◆ 移到最后：同一图层内的几个对象互相遮盖时，把被选对象置于最后面。
- ◆ 对齐：把被选的几个对象按指定方式对齐。
- ◆ 逆时针旋转 90°：把被选对象逆时针旋转 90°。
- ◆ 顺时针旋转 90°：把被选对象顺时针旋转 90°。
- ◆ 水平翻转：被选对象水平翻转。
- ◆ 垂直翻转：被选对象垂直翻转。

（3）工具面板。工具面板中包含了图像处理操作中最常用的工具，共有 6 个类别：选择、位图、矢量、Web、颜色和视图，如图 4-5所示。要选择某种工具，只需单击工具面板中的相应工具按钮即可。在工具面板中，工具按钮右下角的小三角表示它是某个工具组的一部分。要从工具组中选择某种工具，可在该工具按钮上按住鼠标打开子工具选择菜单，然后进行选择。一旦从工具组中选择了某个工具，该工具就会变成工具组按钮的默认工具。在实际应用中，一次只能打开一个工具按钮。当选择一种工具时，属性面板将显示工具选项。

图 4-5　工具面板

（4）文件窗口。文件窗口如图 4-6 所示。在文件窗口中可以选择不同的模式来显示正在编辑的图像。“原始”仅显示原始图像；“预览”是以预览方式显示图像的优化效果；“2 幅”是左右分割窗口，左边显示原始图像，右边以预览方式显示图像的优化效果；“4 幅”是以十字形分割窗口，左上角窗口显示原始图像，其他3 个窗口分别预览图像的不同优化效果。

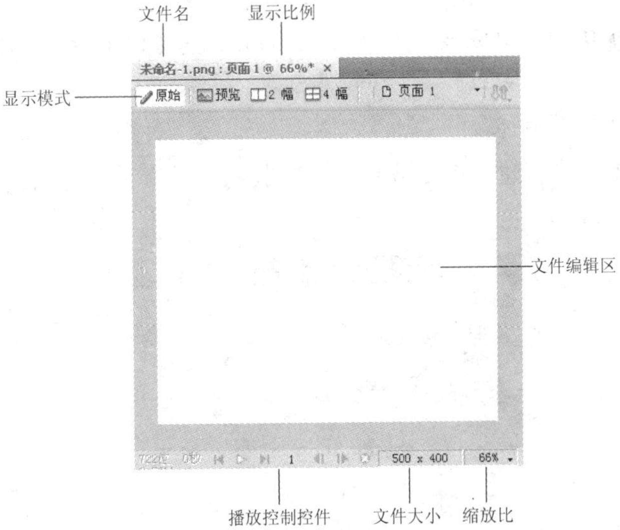

图 4-6　文件窗口

（5）面板组。面板是浮动的控件，能够帮助设计人员编辑所选对象的属性或文件的元素。每个面板都是可拖动的，因此可以自定义面板的排列方式和进行分组。Fireworks

CS 4 提供了优化面板、层面板、样式面板及行为面板等22种，每个面板都包含了某种操作的详细菜单，多数面板含有较多的列表框和丰富的选项，可以方便地设置和满足不同的需求。若要展开某个面板，可双击其选项卡。

（6）“属性”面板。“属性”面板是一个上下文关联面板，它显示当前选区的属性、当前工具选项或文件属性。默认情况下，“属性”面板停放在工作区的底部，如图4-7所示。

图4-7 “属性”面板

“属性”面板可以半高方式打开，只显示两行属性，也可以全高方式打开，显示4行属性。要改变“属性”面板的显示方式，只需单击面板左上角的上下箭头  即可。

任务2 Fireworks CS 4 文件的基本操作

掌握 Fireworks CS 4 文件的新建、打开及导入等基本操作方法；掌握 Fireworks CS 4 中面板的显示及隐藏等基本操作方法。

活动1 文件的基本操作

1. 新建文件

Fireworks CS 4 中的新文件将保存为可移植网络图形（PNG）文件。PNG是 Fireworks CS 4 的固有文件格式。在 Fireworks CS 4 中创建的图形可以按照多种图形格式导出或保存。无论选择哪种优化和导出设置，原始的 Fireworks CS 4 PNG 文件都会被保留，以便日后编辑。

新建文件的方法如下所述。

（1）选择“文件”|“新建”命令或单击主工具栏的“新建”按钮 ，弹出“新建文档”对话框，如图4-8所示。

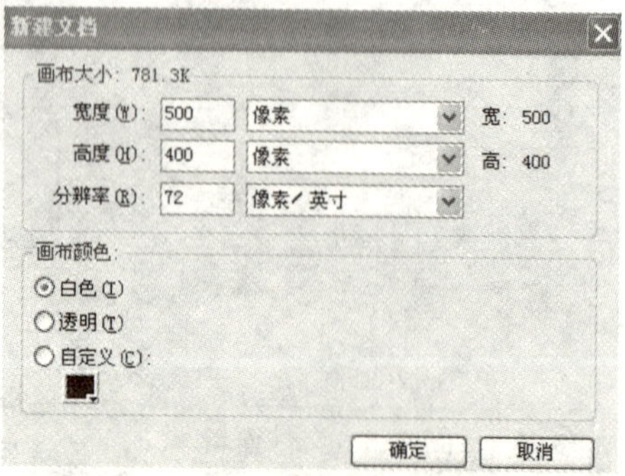

图4-8 “新建文档”对话框

（2）在“画布大小”区域的下拉列表中选择画布的单位，设置画布的“宽度”、“高度”和“分辨率”。

（3）在“画布颜色”区域中选择背景色，默认为“白色”，也可选择“透明”或“自定义”颜色。若选择“自定义”，可单击“自定义”下面的颜色选择器，从弹出的颜色面板中选择所需背景色。

2. 打开和导入文件

在Fireworks CS 4中，不仅可以打开PNG格式的文件，也可以打开或导入其他常见图像格式的文件，如GIF，JPEG，TIFF，BMP及PSD等。

（1）打开文件。打开文件的方法如下所述。

① 选择“文件”|“打开”命令或单击主工具栏中的“打开”按钮，也可以通过“欢迎”界面打开文件。

② 在弹出的对话框中选择要打开的文件，在对话框的预览区域将显示所选文件的预览图，可预览GIF，JPEG及PNG等格式文件。若要打开文件而不覆盖前一版本，可选择“打开为‘未命名’”，然后用其他名称保存该文件。

③ 最后单击“打开”按钮。

（2）导入文件。导入文件的方法如下所述。

① 选择“文件”|“导入”命令或单击主工具栏中的“导入”按钮。

② 从弹出的对话框中选择要导入的图像文件，单击“打开”按钮。

③ 在画布上，将导入指针定位在要放置图像的左上角。单击鼠标导入完全尺寸的图像，单击并拖动鼠标以调整图像大小。

打开与导入文件的区别在于：导入可在一个已打开的文件中添加图像，而打开则是创建一个新的文件窗口。

3. 修改文件

（1）调整图像的大小。调整图像大小的方法如下所述。

① 选择“修改”|“画布”|“图像大小”命令，或者单击“属性”面板的“图像大小”按钮[图像大小...]，弹出“图像大小”对话框，如图4-9所示。

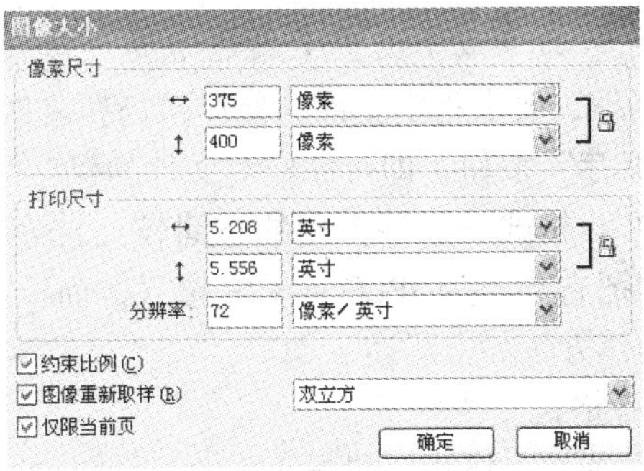

图4-9 “图像大小”对话框

② 在“像素尺寸”区域中输入新的水平尺寸和垂直尺寸。若选中“约束比例”复选框，只要改变宽和高的任意一个数值，另外一个数值便会自动更改。

③ 在“打印尺寸”区域中输入打印图像的水平尺寸、垂直尺寸和分辨率。更改图像的打印尺寸会使像素尺寸发生变化。如果取消选择“图像重新取样”复选框，则“像素尺寸”区域将不可用，此时只能更改“打印尺寸”区域中的输入信息。

④ 选择“仅限当前页”复选框，可将图像大小更改仅应用于当前页面。

⑤ 单击“确定”按钮，修改完毕。

（2）调整画布大小。画布大小就是当图像设计制作完成后用于显示图像的整个空间。在操作过程中可对画布大小进行修改。调整画布大小的方法如下所述。

① 选择“修改”|“画布”|“画布大小”命令，或者单击“属性”面板的“画布大小”按钮 画布大小...，弹出“画布大小”对话框，如图4-10所示。

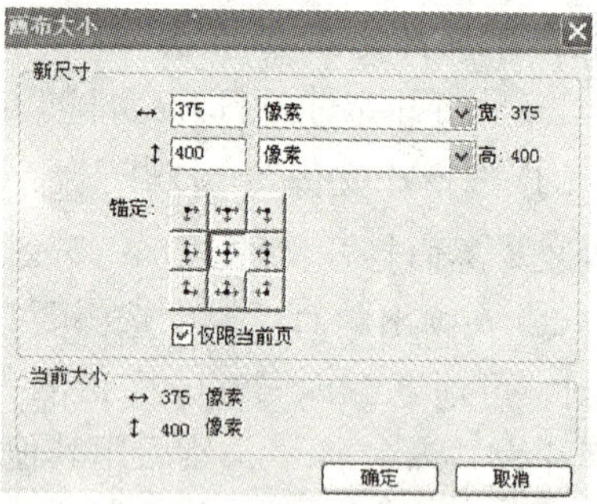

图4-10 “画布大小”对话框

② 在“新尺寸”区域中输入画布新的长度和宽度，还可以在数据输入框的右边选择数据的单位。

③ 在“新尺寸”的“锚定”区域，可通过选择某个按钮来设置画布大小变化的方向。

④ 选择“仅限当前页”复选框，可将画布大小更改仅应用于当前页面。

⑤ 在“当前大小”区域中，显示了当前画布的大小，作为参考。

⑥ 单击“确定”按钮，修改完毕。

（3）修改画布颜色和旋转画布。修改画布颜色的方法为选择“修改”|“画布”|“画布颜色”命令，在弹出的对话框中，单击颜色选择器，选择修改所需的背景色，如图4-11所示。

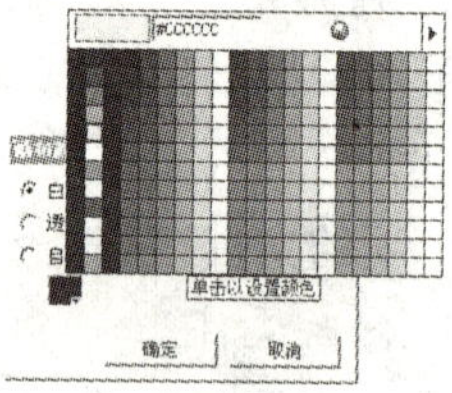

图4-11 修改画布的颜色

旋转画布的方法为选择“修改”|“画布”命令，将出现“旋转180°”、“顺时针旋转90°”及“逆时针旋转90°”等选项，可根据实际需要选择旋转方向和角度。

4. 保存和导出文件

（1）保存Fireworks CS 4文件。

① 选择“文件”|“保存”命令或单击主工具栏中的“保存”按钮，首次保存文件，会弹出“另存为”对话框，要求指定文件的保存路径和名称。

② 操作完毕后单击“保存”按钮，即可完成对文件的保存，默认扩展名为.png。

（2）导出文件。由于PNG格式的文件占用的空间较大，为了提高网页的浏览速度，通常把它导出为JPEG或GIF格式，而原文件仍然存在。导出文件的操作方法如下所述。

① 打开需要导出的PNG格式文件。

② 从“优化”面板中选择导出格式，如图4-12所示。

③ 选择“文件”|“导出”命令或单击主工具栏中的“导出”按钮，在出现的“导出”对话框中指定要导出的文件名，然后单击“保存”按钮，即可将文件导出为选定的文件格式。

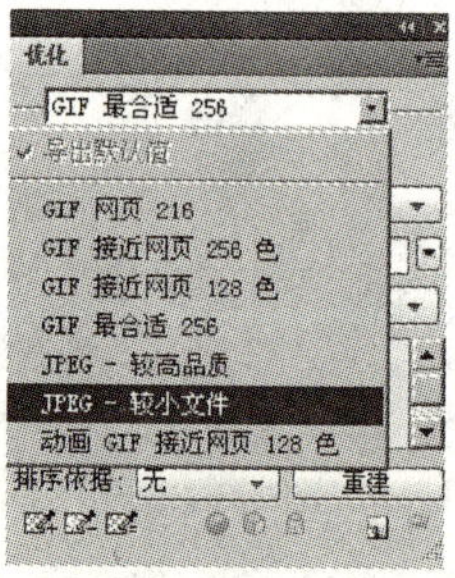

图4-12 选择导出格式

活动 2　面板的基本操作

1. 显示和隐藏面板

面板以面板组的方式出现在窗口的右侧。选择“窗口”菜单下对应的面板名称就可以显示或隐藏相应的面板。如果某个面板组已经处于打开状态，直接单击面板组的某个面板标题条，此面板的内容就会显示在最上方。选择“窗口”|“隐藏面板”命令可显示或隐藏所有面板。

2. 停放和取消停放面板

停放是一组放在一起显示的面板或面板组，通常在垂直方向显示。可通过将面板移到停放中或从停放中移走来停放或取消停放面板。

（1）要停放面板，可将其标签拖移到停放中，如图 4-13 所示。要停放面板组，可将其标题栏（标签上面的实心空白栏）拖移到停放中。

图 4-13　停放面板

（2）要删除面板或面板组，可将其标签或标题栏从停放中拖走。也可以将其拖到另一个停放中，或者使其自由浮动。

3. 移动面板

拖移面板标签，会看到突出显示的蓝色放置区域，可以在该区域中移动面板，如图 4-14所示。例如，将一个面板拖到另一个面板上的蓝色放置区域中，可以在停放中移动该面板。如果拖移到的区域不是放置区域，该面板将成为自由浮动面板。

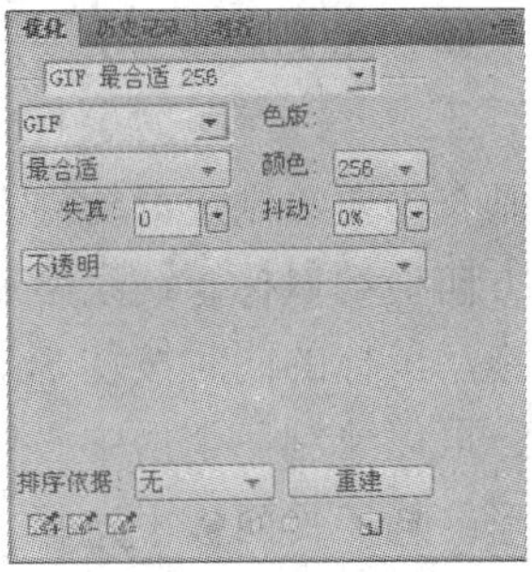

图 4-14　移动面板

要移动面板组或浮动面板，可拖移标题栏。

4. 添加和删除面板

要添加面板，可从“窗口”菜单中进行选择，然后将面板移动到工作区右边缘直到出现放置区域，松开鼠标，将其停放在所需的位置，如图 4-15 所示。

若要移除面板，右击其选项卡，然后选择“关闭”按钮，或从“窗口”菜单中取消选择该面板。如果从停放中删除所有面板，该停放将会消失。

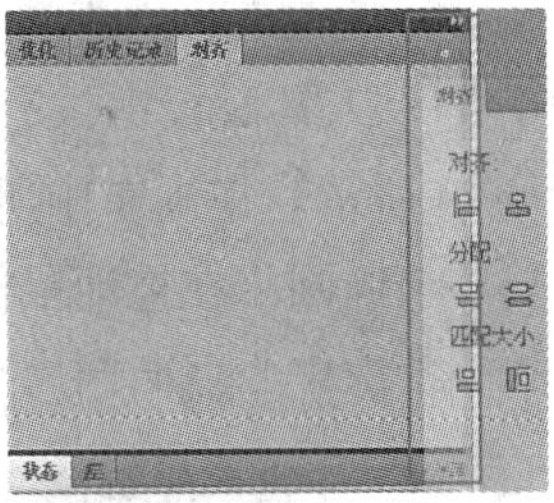

图 4-15　从停放中删除面板

任务 3　矢量图的绘制和编辑

了解矢量对象的定义；熟悉 Fireworks CS 4 中常见工具的使用方法；掌握基本图形的绘制和编辑方法；掌握路径的绘制和编辑方法；熟悉 Fireworks CS 4 中对象的基本操作方法。

矢量对象是以路径来定义形状的计算机图形，矢量对象的形状由路径上绘制的点确定。矢量对象的笔触和填充确定了图形在以打印形式出版或在 Web 上发布时的外观。

矢量对象形状包括基本形状、自动形状（矢量对象组，具有可用于调整其属性的特殊控件）和自由变形形状。可以使用多种工具和技术来绘制和编辑矢量对象。

活动1　绘制和编辑基本图形

1. 基本几何图形的绘制

（1）绘制直线。从工具面板中选择“直线”工具，在“属性”面板中设置笔触和填充属性，如图4-16所示。在画布中要绘制直线的起点位置，按下鼠标左键不放，在

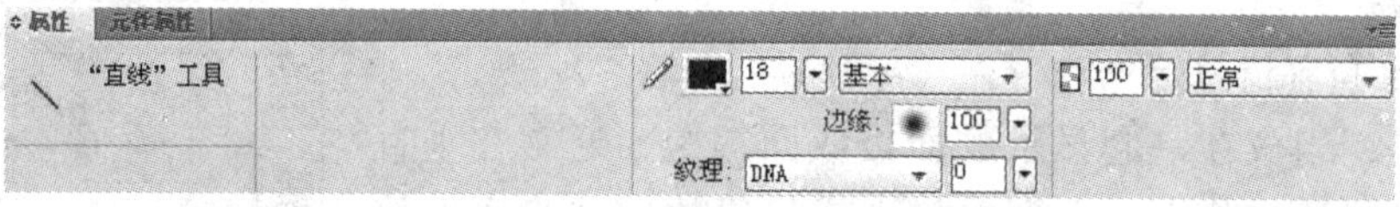

图4-16　设置“直线”工具属性

画布上拖动鼠标，结束绘制时，松开鼠标，绘制一条直线。如果在拖动鼠标的同时按住Shift键，可绘制水平、垂直或45°倍数的直线，如图4-17所示。

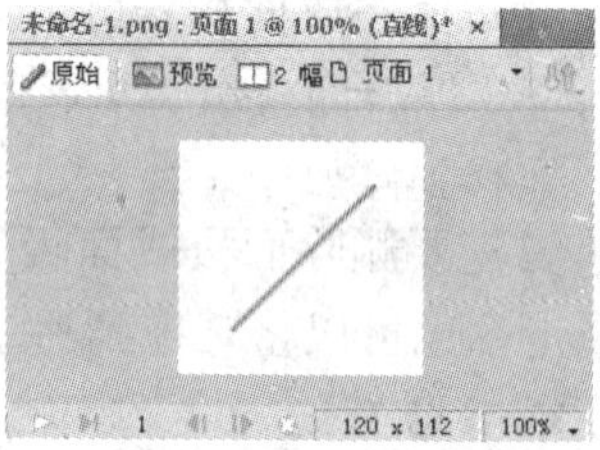

图4-17　绘制直线

（2）绘制矩形和圆角矩形。从工具面板中选择“矩形”工具，在“属性”面板中设置笔触和填充属性。在画布中要绘制矩形的左上角位置按下鼠标不放，向右下角方向拖动鼠标，结束绘制时，松开鼠标，画出矩形。若在拖动鼠标的同时按住Shift键，可绘制正方形。若按住Alt键，可以绘制一个由中心点向四周扩展的矩形。若绘制圆角矩形，从工具面板中选择“圆角矩形”工具，其他操作与绘制矩形相同，如图4-18所示。

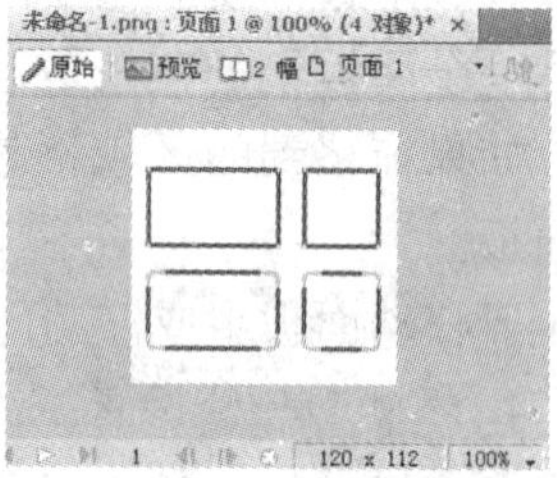

图4-18　画矩形和圆角矩形

（3）绘制椭圆和圆。从工具面板中选择“椭圆”工具，如果工具面板中没有，从工具组选择菜单中选择，如图4-19所示。在画布中所需位置按住鼠标左键拖动，可以绘制一个椭圆。在拖动鼠标的同时按住Shift键，可以绘制一个圆。若按住Alt键，可以绘制一个由中心点向四周扩展的椭圆或圆，如图4-20所示。

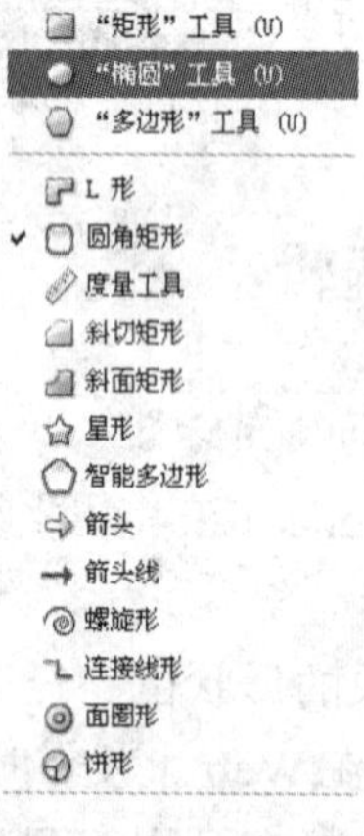

图4-19　选择“椭圆”工具

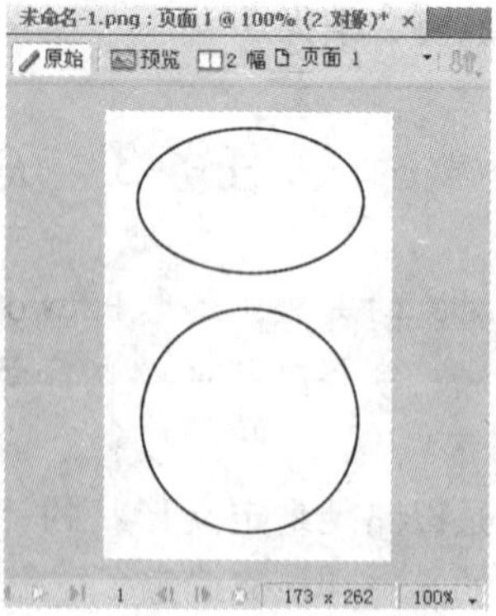

图4-20　绘制椭圆和圆

(4) 绘制多边形。从工具面板中选择“多边形”工具，可以绘制六边形。若要绘制各种规则多边形，可在“属性”面板中进行设置，如图4-21所示，在“形状”下拉列表框中选择“多边形”，在“边”文本框中设置多边形的边数，然后在画布中拖动鼠标进行绘制。如果在“形状”下拉列表框中选择“星形”，在“角度”中输入角度值，则可绘制星形图案（如五角星）。多边形图案如图4-22所示。

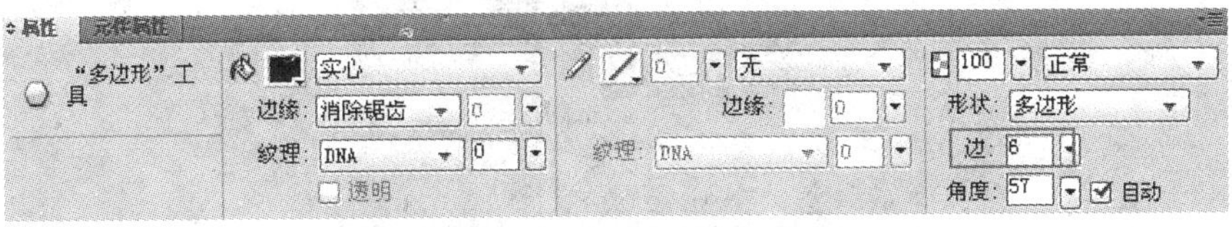

图4-21　多边形“属性”面板

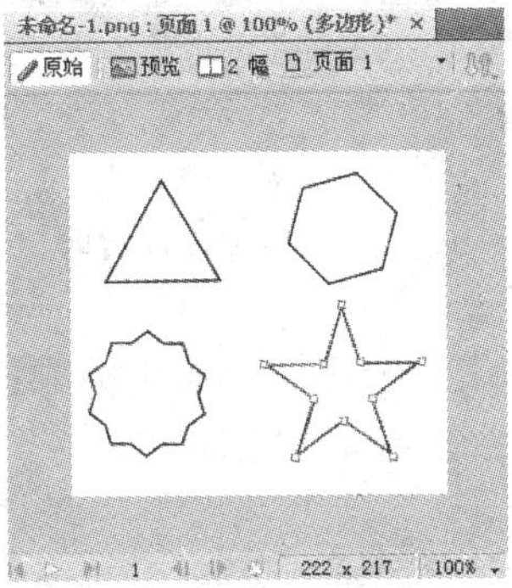

图4-22　多边形图案

另外，还可以使用“智能多边形”工具绘制各种多边形。

2. 缩放图形

缩放矢量图形将按比例调整大小，但不会改变它的笔触宽度。其方法为：首先选中要进行缩放的图形，然后在“属性”面板中输入新的宽度（W）或高度（H）值，或者选择工具面板的“缩放”工具，并拖动角点变形手柄进行缩放。

3. 图形的填充

(1) 单色填充。单色填充是指使用单一的颜色对对象进行填充。其操作方法为：首先选中要填充的对象（选中对象的方法见活动3中的对象操作），然后选择工具面板中的“油漆桶”工具，在油漆桶的属性面板中选择填充颜色，如图4-23所示。若不选择填充颜色，则默认为黑色。

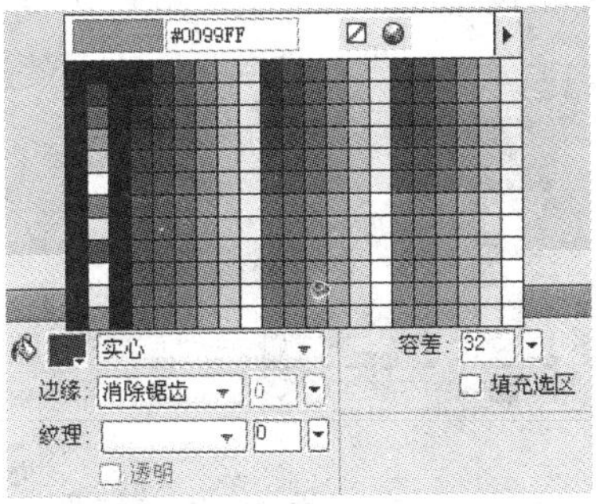

图4-23　选择油漆桶填充颜色

也可在工具面板中设置填充颜色。

（2）渐变色填充。渐变色填充能做出特别的效果，包括“条状”、“放射状”、“椭圆形”、“矩形”及“波浪”等。其操作方法为：选择要填充的对象，选择“油漆桶”或“渐变”工具，从“属性”面板的填充类别下拉列表框中选择渐变类型，如图 4-24 所示。

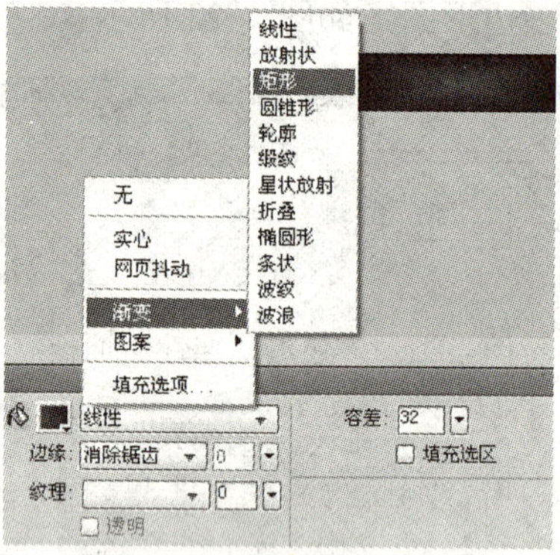

图 4-24　填充属性设置

如果要修改渐变颜色，可单击“属性”面板上的颜色选择器，在弹出的对话框中单击两侧的按钮，修改渐变颜色，如图 4-25 所示。

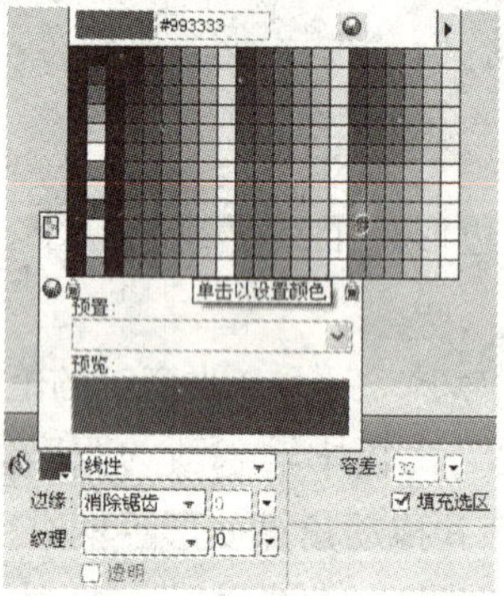

图 4-25　选择渐变颜色

（3）图案填充。Fireworks CS 4 中自带了多种图案，可用来对图形进行填充。其操作方法为：选择要填充的对象，选择“油漆桶”或“渐变”工具，从“属性”面板的“填充类型”下拉列表框中选择图案类型，如图 4-26 所示。

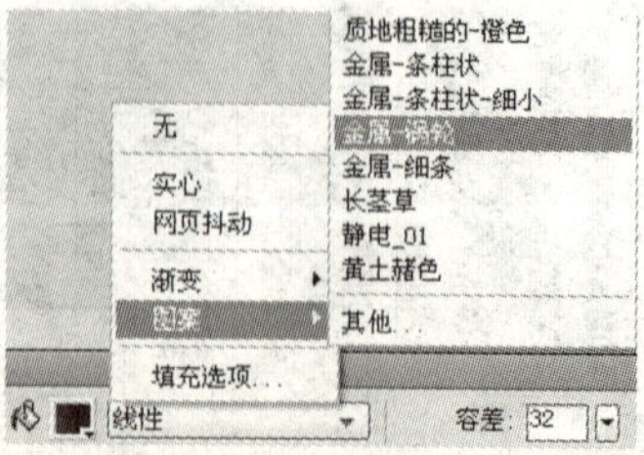

图 4-26　选择填充类型

（4）设置纹理。以上 3 种填充方式都可以设置填充纹理，其方法为：选择好填充方式后，在“属性”面板中的“纹理”下拉列表框中选择要填充的纹理，如图 4-27 所示。

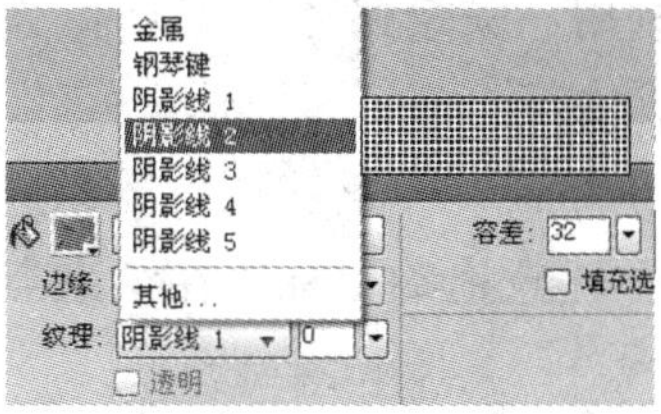

图 4-27　设置纹理

活动 2　绘制和编辑路径

1. 路径类型

路径有开口和闭合两种类型。所谓开口路径，就是有起点和终点的路径，这两点是不同的点，而闭合路径则是起点和终点重合为一点的路径。即使一个单独的路径自身相交并形成封闭的区域，但起点和终点不重合为一点，仍然是开口路径，如图 4-28 所示。

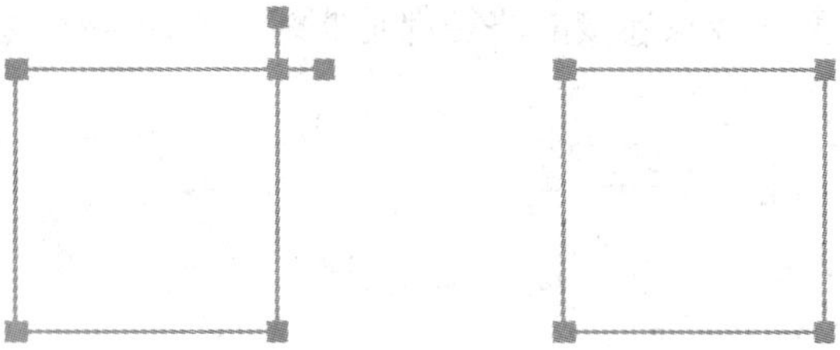

图 4-28　开口和闭合路径

2. 绘制路径

（1）绘制直线段和曲线段路径。绘制直线段和曲线段路径可通过使用“钢笔”工具来实现。事实上，“钢笔”工具是逐点绘制路径的，其操作方法如下所述。

① 从工具面板中选择“钢笔”工具。

② 绘制直线段路径。在画布中要绘制的起始位置单击，然后移动鼠标到下一个点的位置单击，此时在两点之间自动生成一条直线线段；继续移动鼠标并单击，会生成另外一条线段。

③ 绘制曲线段路径。在画布中要绘制的起始位置单击，然后移动鼠标到下一个点的位置单击并按住鼠标左键拖动，此时会出现一个控制柄，控制柄的长短和方向控制着曲线的曲率和方向，直到满意时释放鼠标。若将鼠标移到下一个位置并执行同样的操作，可绘制连续的曲线。

绘制好的直线段路径和曲线段路径，如图 4-29 所示。

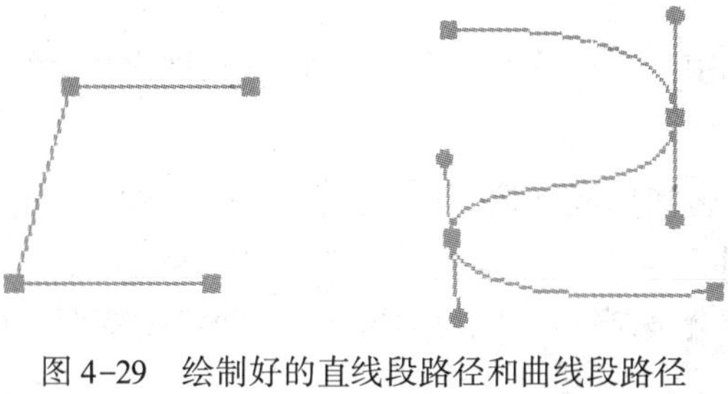

图 4-29　绘制好的直线段路径和曲线段路径

若绘制闭合路径，将鼠标移动到起点位置，当鼠标右下角出现小圆圈时，双击结束绘制；若绘制开口路径，可在路径的终点处双击结束绘制。

（2）绘制任意形状路径。利用“矢量路径”工具和“重绘路径”工具可以绘制任意形状的路径。其操作方法如下所述。

① 从工具面板中选择“矢量路径”工具或“重绘路径”工具。

② 在画布中指定位置按住并任意拖动鼠标，在结束点位置释放鼠标，即可绘制任意形状的路径。

③ 如果绘制开口路径，可在任意位置释放鼠标；如果要闭合路径，将鼠标指针返回到路径起始点，然后释放鼠标。

如果希望所绘制的路径保持水平或垂直，则需在拖动鼠标时按住 Shift 键。

3. 编辑路径

编辑路径的方法有两种：通过编辑路径上的点或使用工具面板中的路径修改工具。

（1）通过编辑点来修改路径。在 Fireworks CS 4 中，构成路径的框架是点，点将路径分割成线段，根据所连接路径的不同，点分为角点和曲线点两种。角点是一端连接直线或两端都连接直线的点，而曲线点连接的路径都是曲线，如图 4-30 所示。

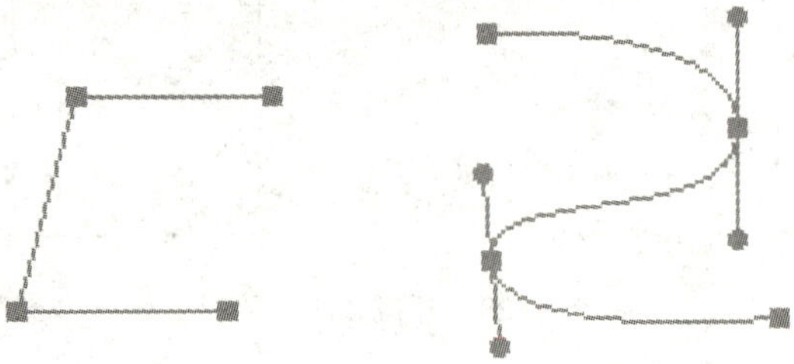

图 4-30　角点和曲线点

角点和曲线点可以相互转化。从工具面板中选择“钢笔”工具后，单击角点并按住不放，可将其转化为曲线点；单击曲线点，则将其转化为角点；拖动曲线点的控制手柄，或者直接拖动角点，可以改变该点两端所连接的路径。

（2）使用“自由变形”工具。使用“自由变形”工具可以直接对矢量对象执行弯曲和变形操作，而不是对各个点执行操作。它在不改变路径上原有点的情况下，自动根据生成的路径在路径上增加、删除或移动点来任意弯曲路径，它有推动路径和拉伸路径两种工作方式。

推动路径，它好像一个滚筒滚过路径留下的痕迹。

推动路径的操作方法如下所述。

① 选中要修改的路径。

② 从工具面板中选中“自由变形”工具，此时鼠标指针会变成右下角带有小圆圈的空心箭头。

③ 将鼠标指针稍稍偏离路径，按下鼠标，这时会以鼠标指针为圆心，生成一个圆圈，可以把它想象成一个滚筒。

④ 推动路径，路径会被圆圈的边缘所推动，从而产生变形，如图 4-31 所示。

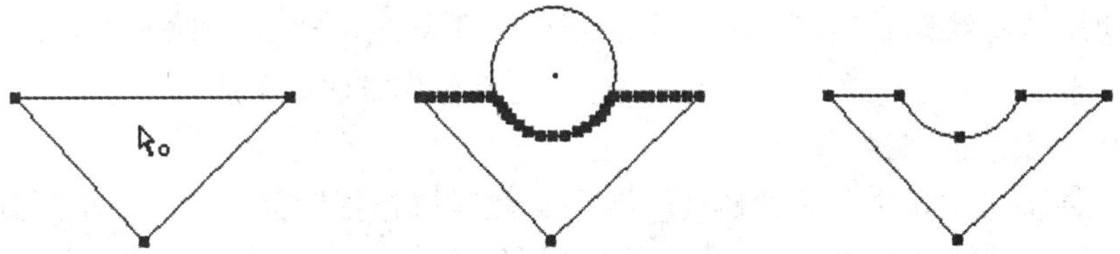

图4-31　推动路径

在利用滚筒推动路径的同时，按下左方向键，可以减小滚筒的尺寸；按右方向键可以增大滚筒的尺寸。也可以在“属性”面板中设置压力大小，来指定滚筒的尺寸。

拉伸路径，它的效果与推动路径相反。

拉伸路径的操作方法如下所述。

① 选中要修改的路径。

② 从工具面板中选中“自由变形”工具，此时鼠标指针会变成右下角带有小圆圈的空心箭头。

③ 将鼠标指针放在所选路径的正上方，这时鼠标指针会变成右下角带有一段小曲线的空心箭头。

④ 按住鼠标并拖动到适当的位置，然后释放鼠标，路径会产生变形，如图4-32所示。

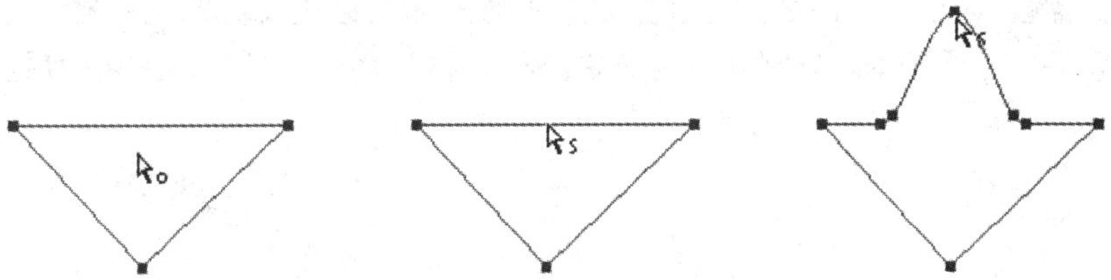

图4-32　拉伸路径

（3）使用“更改区域形状”工具。“更改区域形状”工具不仅可以修改局部路径，还可以扭曲整个路径。“更改区域形状”工具的使用方法与“自由形状”工具的类似，其操作方法如下所述。

① 选中要修改的路径。

② 从工具面板中选中“更改区域形状”工具，此时鼠标指针会变成右下角带有小圆圈的空心箭头。在“属性”面板中设置指针的压力大小和强度。

③ 在路径附近按下鼠标，这时会以鼠标指针为圆心，生成两个同心圆。指针的内圆是工具的全强度边界，指针的外圆决定指针的引力拉伸。

④ 穿越路径进行拖动，路径就会发生改变，直到出现所需要的形状为止。如图4-33所示。

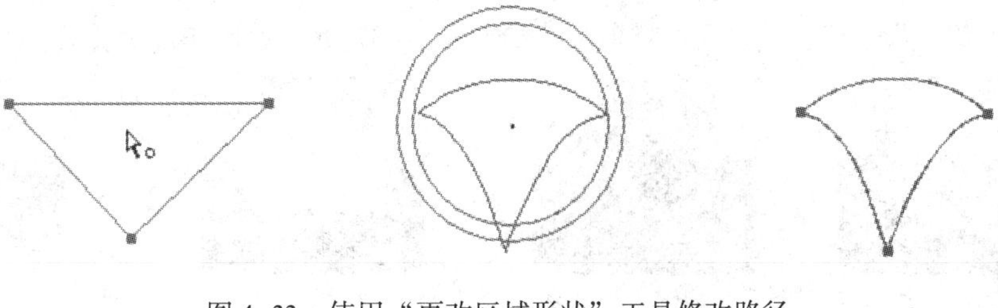

图4-33　使用“更改区域形状”工具修改路径

（4）使用“重绘路径”工具。“重绘路径”工具用来重新绘制路径的某一部分，同时路径的笔触、填充和效果特性将得以保留。其操作方法如下所述。

① 选中要重绘的路径。

② 从工具面板中选中“重绘路径”工具，此时鼠标指针会变成一个小圆圈。在“属性”面板中设置其精度级别，数字越大，出现在路径上的点就越多。

③ 在路径的正上方按住鼠标左键不放，拖动以重绘或扩展路径段，释放鼠标，路径的形状就会发生改变，如图 4-34 所示。

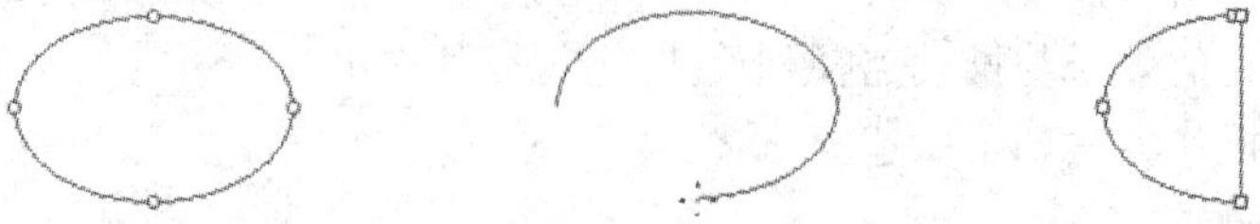

图 4-34　重绘路径

（5）使用“刀子”工具。切割路径的“刀子”工具可以将一个路径分割成多条路径。其操作方法如下所述。

① 选中要切割的路径。

② 从工具面板中选中“刀子”工具，此时鼠标指针会变成一把小刀。

③ 根据需要，在画布中按下鼠标左键并拖动鼠标，穿过要分割的路径，小刀画过的位置会出现点，表明路径被分割开。再选中路径，将其移开，可观察到切割后的效果，如图 4-35 所示。

图 4-35　切割路径

4. 路径的其他操作

使用“修改”菜单中的路径操作，可以组合或更改现有路径来创建新形状。对于某些路径操作，所选路径对象的堆叠顺序将影响操作的执行方式。

（1）合并路径。合并路径可以将两个或两个以上开口或闭合路径合并成一个路径，其中重合的路径部分将完全被融合，而最后的填充色和外边框则是下一层路径留下来的。其操作方法为：同时选中要合并的多个对象，选择“修改”|“组合路径”|“联合”命令，图 4-36 所示为合并前和合并后的结果。

（2）交集。使用交集操作可以将多个被选对象的公共部分留下来，而其他部分则被剪切掉，最后的填充色和外边框则取决于下一层路径。其操作方法为：同时选中多个对象，选择“修改”|“组合路径”|“交集”命令，图 4-37 所示为操作前和操作后的结果。

图 4-36　合并对象

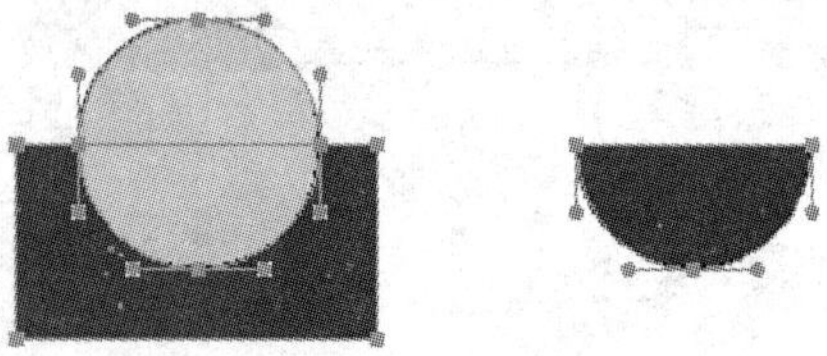

图 4-37　合并交集

（3）打孔。打孔操作可以删除所选路径对象的某些部分，这些部分是由排列在其前面的另一个所选路径对象的重叠部分决定的。最后的填充色和外边框则取决于下一层路径。其操作方法为：同时选中多个对象，选择“修改”|“组合路径”|“打孔”命令，图4-38所示为打孔前和打孔后的结果。

（4）裁剪路径。裁剪操作可以使用另一个路径的形状来裁剪路径。前面或最上面的路径决定裁剪区域的形状，即剪切掉多个路径的非重叠部分，保留重叠的部分。最后的填充色和外边框则取决于下一层路径。其操作方法为：同时选中多个对象，选择“修改”|“组合路径”|“裁切”命令，图4-39所示为裁剪前和裁剪后的结果。

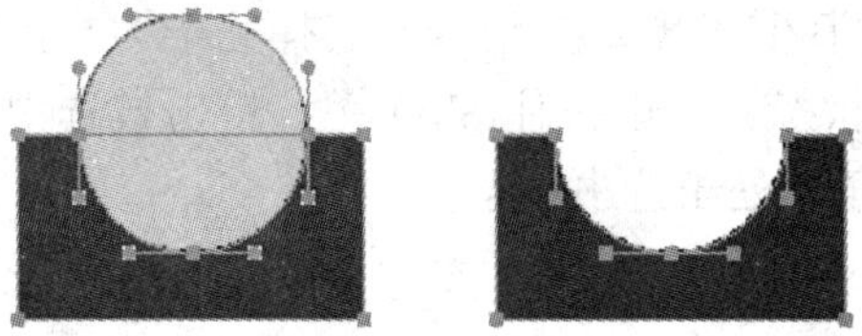

图4-38 打孔操作

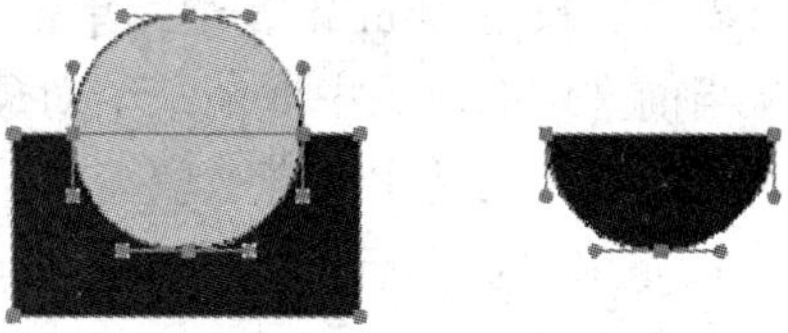

图4-39 裁剪对象

（5）接合和拆分操作。接合操作和交集操作刚好相反，可以将多个被选对象的公共部分去掉，而保留其他部分，最后的填充色和外边框则取决于下一层路径。其操作方法为：同时选中多个对象，选择“修改”|“组合路径”|“接合”命令，图4-40所示为接合前和接合后的结果。

拆分操作可将接合后的对象还原到接合前的状态，但是无法还原接合前对象的填充色和外边框。其操作方法为：选中要拆分的对象，选择“修改”|“组合路径”|“拆分”命令即可。

（6）将路径转换为选区。可以将矢量形状转换为位图选区，然后使用位图工具编辑新的位图。默认情况下，将路径转换为选区会删除所选的路径。其操作方法为：选中一个路径，选择“修改”|“将路径转换为选取框”命令，在“将路径转换为选取框”对话框中，设置选区的“边缘”效果，包括实边、消除锯齿和羽化，图4-41所示为羽化前和羽化后的效果。

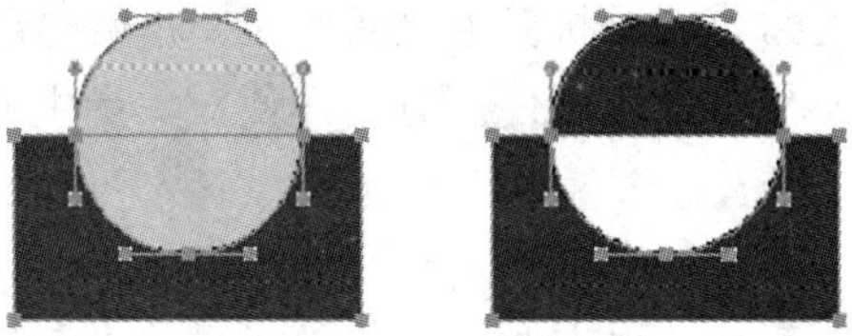

图4-40 接合对象

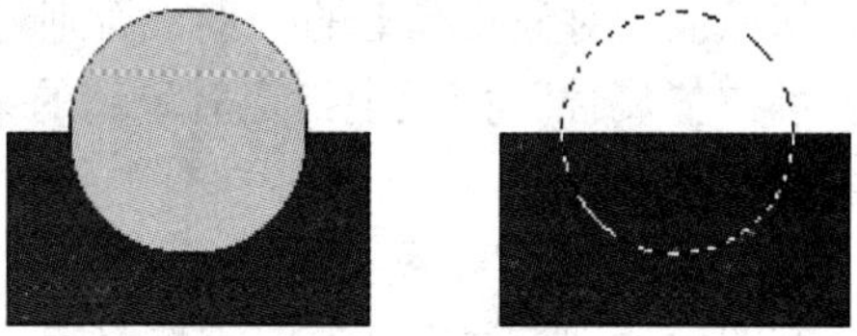

图4-41 将路径转换为选区

以上各种操作都可以使用“路径”面板（“窗口”|“其他”|“路径”）中的工具来实现，这样可以提高编辑路径的速度。

活动3 对象操作

1. 选择对象

Fireworks CS 4对对象的操作遵循“先选定，后操作”的原则，这些对象包括矢量对象、路径或点、文本块、单词、字母、切片或热点、实例或位图对象。选择对象可通过工具面板中的选择工具来实现。

(1) 使用“指针”工具。“指针”工具用来选择及拖放对象，被选中的对象其路径在默认状态下显示为蓝色，它可选中单个或多个对象。

选择单个对象。从工具面板上选择“指针”工具，在要选择的对象上单击，即可选中。

选择多个对象。从工具面板上选择“指针”工具，在文件中按住鼠标左键，拖动鼠标，将要选择的对象全部圈住，然后释放鼠标，多个对象就会被同时选中。也可在选中第一个对象后，按住 Shift 键，继续单击要选择的其他对象，直到全部选择完毕为止。如果希望从当前选中的对象中取消某个对象的选中状态，可以按住 Shift 键，单击被选中的对象，这时该对象的选中状态被取消，但其他对象仍处于选中状态。

(2) 使用“选择后方对象”工具。一个 Fireworks CS 4 文件可以包含对象，这些对象可以相互重叠，相互遮挡，因此，要选择被遮挡的对象必须使用“选择后方对象”工具。其操作方法如下所述。

① 从工具面板中“选择后方对象”工具。

② 在被遮挡对象的上层对象上单击，选中上层对象，再次单击，即可选中被遮挡的对象。如果要选择对象的上方不止一层对象，则需要多次单击，直到选中为止。

需要注意的是：使用“选择后方对象”工具时，鼠标指针变为形状，且鼠标移动到被遮挡对象的区域中时，被遮挡对象的路径会显示出来，默认情况下为红色，如图 4-42 所示。

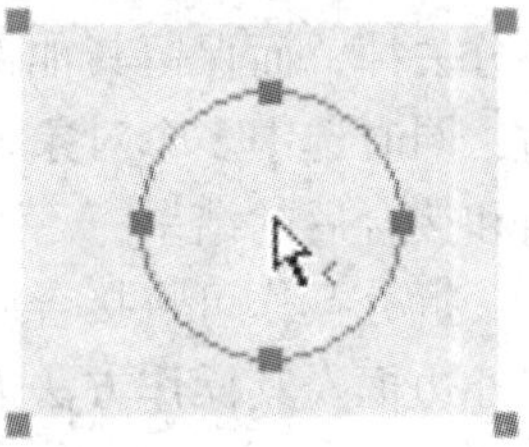

图 4-42　选择后方对象

(3) 使用“部分选定”工具。如果要选择、移动或修改矢量路径上的点或者所属组的对象，就可以使用“部分选定”工具。其操作方法非常简单：从工具面板上选择“部分选定”工具，然后单击要选择的对象即可。

2. 移动对象

移动对象的方法很简单，首先选中对象，然后按住鼠标左键拖动即可。在拖动对象时，切忌拖动对象路径上的控点，否则将可能会使路径的形状发生改变。若要精确移动对象，可在“属性”面板中指定对象新的 x 坐标和 y 坐标，也可使用方向键使对象产生 1 个像素的移动增量。

3. 隐藏和显示对象

在图形处理过程中，有时需要将一些对象隐藏起来，以方便操作。隐藏对象不参与导出，并且随时可以显示出来。如果要隐藏选中的对象，可选择“视图”|“隐藏选区”命令。如要重新显示被隐藏的对象，选择“视图”|“显示所有”命令。

4. 复制、剪切和粘贴对象

复制和剪切必须配合粘贴操作来使用。选中对象，单击主工具栏中的复制按钮或剪切按钮，然后在画布的目标位置单击“粘贴”按钮，即可完成对象的粘贴操作。

5. 重制和克隆对象

重制和克隆类似于对象的复制操作。其区别在于重制和克隆产生的对象副本的目标位

置由 Fireworks CS 4 自动产生，而复制产生的对象副本的目标位置可人为控制。重制对象，其副本将相对之前的对象向下和向右各偏移 10 个像素，最新的对象成为所选对象；克隆对象，其副本正好堆叠在原对象的前面并成为所选对象。使用“编辑”|“重制”或“克隆”命令，即可完成对象的重制或克隆操作，如图 4-43 所示为重制对象后的结果。

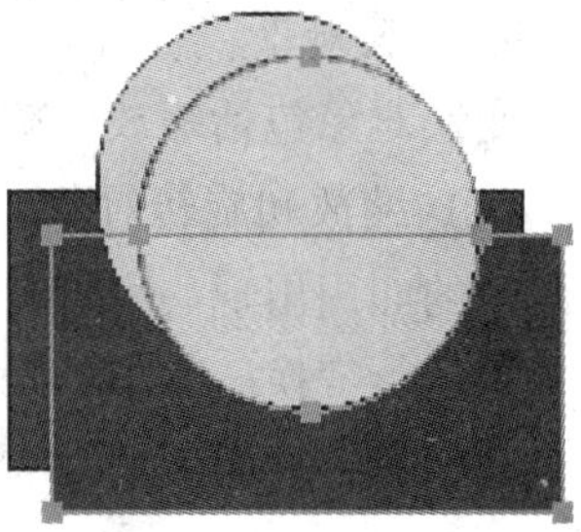

图 4-43 重制对象

6. 删除对象

选中要删除的对象，直接按 Del 键，或选择“编辑”|“清除”命令，即可删除对象。

7. 对齐对象

使用“对齐”命令可以对多个被选中的对象进行对齐操作。若要快速访问这些命令，可使用“对齐”面板（选择“窗口”|“对齐”命令），如图 4-44 所示。

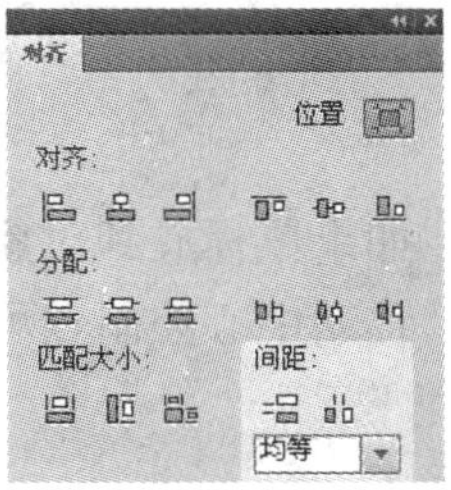

图 4-44 “对齐”面板

一共有以下 6 种对齐方式。

- ◆ 左对齐：将对象与最左侧的所选对象对齐。
- ◆ 水平居中：将对象的中心点沿水平轴对齐。
- ◆ 右对齐：将对象与最右侧的所选对象对齐。
- ◆ 顶对齐：将对象与最上方的所选对象对齐。
- ◆ 垂直居中：将对象的中心点沿垂直轴对齐。
- ◆ 底对齐：将对象与最下方的所选对象对齐。

对齐对象的方法为：首先选择要对齐的多个对象，然后从“对齐”面板中选择对齐方式。也可使用“修改”菜单下的“对齐”子菜单选项来对齐所选对象。

8. 改变对象的堆叠顺序

层会影响对象的堆叠顺序。例如，如果文件有两层，名称分别为“层 1”和“层 2”。如果在“层”面板中，“层 1”位于“层 2”之下，那么“层 2”上的所有内容出现在“层 1”上的所有内容之上，如图 4-45 所示。

图 4-45 “层”面板

通过在“层”面板中将层拖动到新位置可以更改层的顺序。

在层内，Fireworks CS 4 基于对象的创建顺序堆叠对象，将最近创建的对象放在最上面。对象的堆叠顺序决定了它们重叠时的外观。若要将对象移到堆叠顺序的最前或最后，选择“修改”|“排列”|“移到最前”或“移到最后”命令；若要将对象在堆叠顺序中向上或向下移动一个位置，选择“修改”|“排列”|“上移一层”或“下移一层”命令。如果选中了多个对象，则这些对象会移动到所有未被选择的对象之前或之后，并保持它们之间的相对顺序不变。

此外，“层”面板提供了组织控件的另一种维度，可以在层间排列对象。若要将所选对象从一层移动到另一层，将对象缩略图或蓝色的选择指示器拖动到另一层即可，如图 4-46所示。

图 4-46 移动对象

9. 变换对象

变换对象包括缩放、旋转、倾斜、翻转和扭曲等。

（1）缩放和旋转对象。选中要变换的对象，单击工具面板中的“缩放”工具，此时对象的四周出现一个带有 8 个控制点和 1 个中心控制点的方框，用鼠标拖动控制点可以对对象进行变换。其中，4 个角上的控制点用来实现等比缩放，其余 4 个控制点用于水平和垂直缩放，如图 4-47所示。

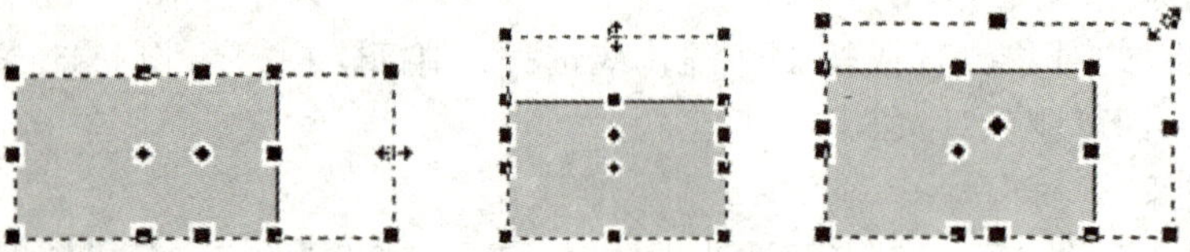

图 4-47　缩放对象

如果鼠标放到对象外边的位置，鼠标形状就会变成旋转指针，拖动鼠标可以旋转对象。移动中心控制点可以改变旋转的圆心，如图 4-48 所示。

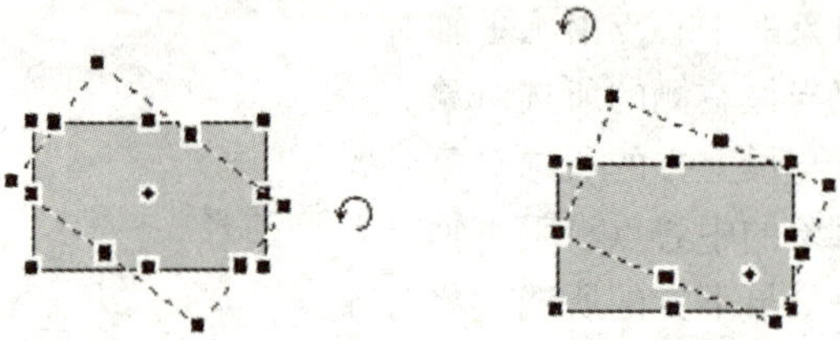

图 4-48　旋转对象

使用“修改”|“变形”菜单还可实现对象的 90°整数倍旋转、水平和垂直翻转等。

（2）倾斜对象。可将对象沿水平轴、垂直轴或同时沿两个轴倾斜达到变形效果。选中要倾斜的对象，单击工具面板中的“倾斜”工具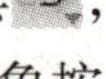，用鼠标拖动控制点可以对对象进行倾斜操作。其中拖动 4 条边中间的控制点，使对象按照平行四边形的规律变化，拖动 4 个角上的控制点使对象按梯形规律变化，如图 4-49所示。

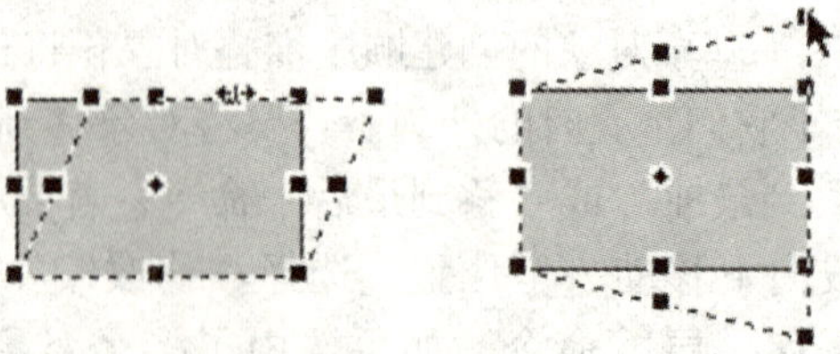

图 4-49　倾斜对象

使用“倾斜”工具也可以旋转对象，其操作与缩放工具相同。

（3）扭曲对象。使用“扭曲”工具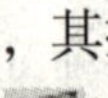拖动选择手柄可以更改对象的大小和比例。选中要扭曲的对象，单击工具面板中的“扭曲”工具，用鼠标拖动控制点可以对对象进行

扭曲。其中，拖动某条边中间的控制点，可以使这条边向任意方向平行移动，拖动 4 个角上的控制点可以向任意方向移动，如图 4-50 所示。

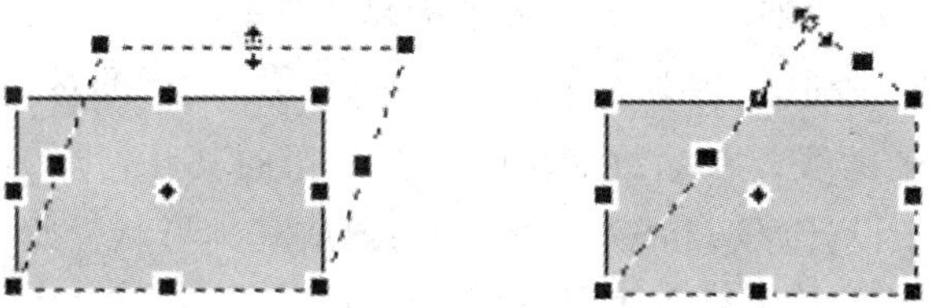

图 4-50　扭曲对象

使用“扭曲”工具同样可以旋转对象。因此，使用“扭曲”工具可以实现对对象的任意变形。

（4）9 切片缩放。9 切片缩放能够缩放矢量和位图对象而不扭曲其几何形状，并且能保留关键元素（如文本或圆角）的外观。

Fireworks CS 4 提供两种 9 切片缩放方法：元件缩放和标准缩放。利用可重新调整的永久切片辅助线可实现元件缩放，使用应用一次的临时辅助线可实现标准缩放。元件缩放适合于多次重复使用的对象，标准缩放适合于对要合并到设计模式的位图对象或基本图形进行的一次性快速调整。

① 对元件应用 9 切片辅助线。选中要缩放的对象，右击将其转换为元件，并启用 9 切片缩放辅助线，如图 4-51所示，单击“确定”按钮。

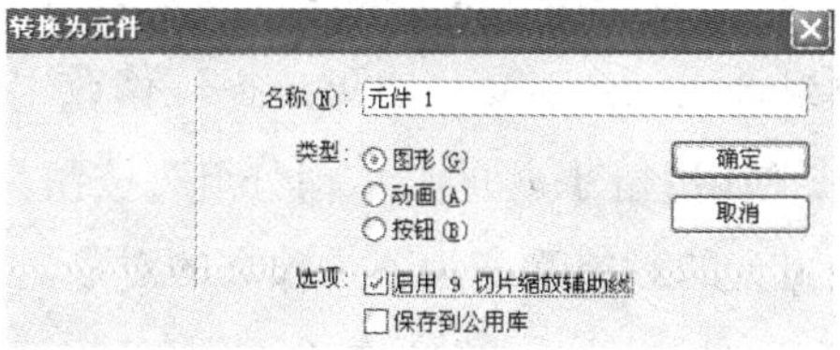

图 4-51　“转换为元件”对话框

在画布中双击元件以进入元件编辑模式，将显示 9 切片缩放辅助线。移动辅助线并将其正确地放在元件上，确保缩放时不希望扭曲的元件部分（如各个角）在辅助线之外，如图 4-52 所示。

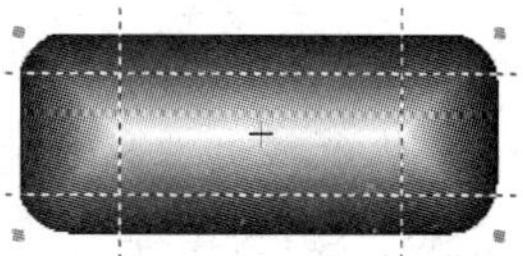

图 4-52　辅助线之外的部分不被扭曲

在“属性”面板中，锁定 9 切片缩放辅助线，如图 4-53所示。

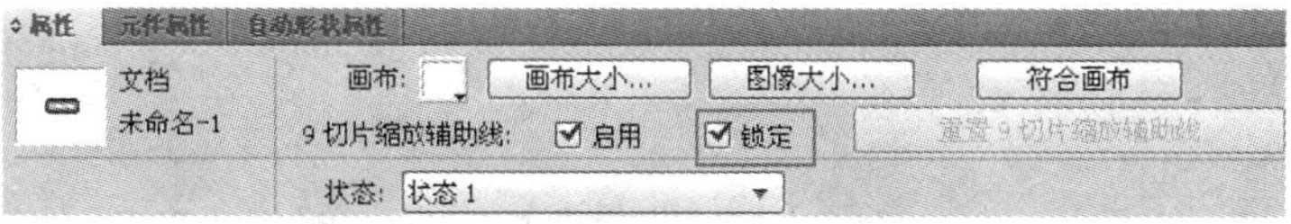

图 4-53　锁定 9 切片缩放辅助线

单击文件面板顶部的“页面”图标，返回到包含页，使用“缩放”工具根据需要调整元件大小，如图 4-54所示。

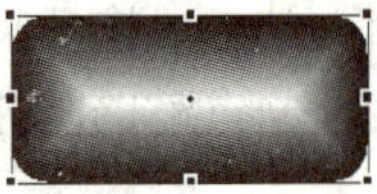

图 4-54 按钮被缩放但不会扭曲角的形状

将 9 切片辅助线应用到元件后，可以将该元件嵌套到其他 9 切片元件的受保护区域，从而创建可以自由缩放的复杂对象。

② 9 切片标准对象。利用“9 切片缩放”工具可以对标准对象创建临时的 9 切片辅助线，在缩放对象时不至于扭曲其几何形状。对于快速缩放用于设计原型和模式的位图对象或基本形状，此工具很有帮助。使用“9 切片缩放”工具创建的辅助线在使用一次后即消失。

在画布上，选择位图对象或矢量形状，选择工具面板中的“9 切片缩放”工具。此时被选中的对象上将出现临时辅助线，如图 4-55 所示。

调节切片辅助线位置，以最好地保留对象的几何形状。拖动对象的角或边上的手柄使对象变形，如图 4-56 所示。

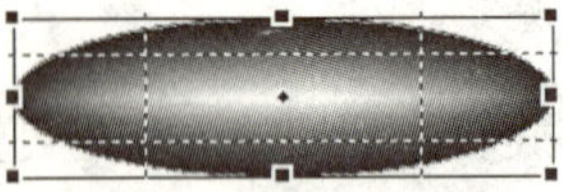

图 4-55 9 切片缩放临时辅助线

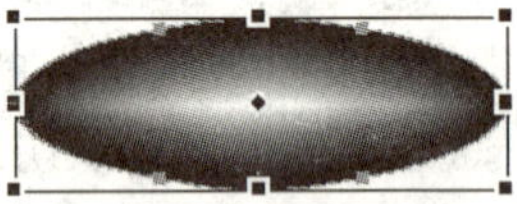

图 4-56 变形对象

10. 组合对象

如果使多个对象的相对位置保持不变，可将这些对象组合起来，作为一个对象处理。

组合对象的方法为：首先选中要组合的多个对象，然后单击主工具栏的“对象分组”按钮，就会把多个对象组合成一个对象。也可选择“修改”|“组合”命令来组合对象。

如果要解除对象的组合，使用主工具栏的“取消分组”按钮，或者选择“修改”|“取消组合”命令，就会使原先组合的对象又变为各个独立的对象。

任务 4 文本的使用

熟悉文本的输入和编辑方法，能对文本进行简单的修饰；掌握将文本附加到路径的操作方法；熟悉将文本转换为路径的操作方法。

Fireworks CS 4 提供了很多复杂的桌面排版软件才有的功能，其中包括使用不同的字体和字号及调整字距、间距、颜色、字顶距和基线等。可以随时编辑文本（即使在应用动态滤镜之后也是如此），而且可以从 Photoshop 文件中导入可编辑的文本。

活动 1 文本的基本操作

1. 输入文本

使用“属性”面板中的“文本”工具 T 和选项可以在图形中输入文本、设置文本格式和编辑文本。文本对象会自动以与输入的文本匹配的名称保存。可以在“属性”面板的“文本”框中或者在“层”面板中的对象缩略图中更改指定的名称。

输入文本的方法：单击工具面板上的“文本”工具，在画布中要输入文本的位置单击，输入需要的文字，如图 4-57 所示。

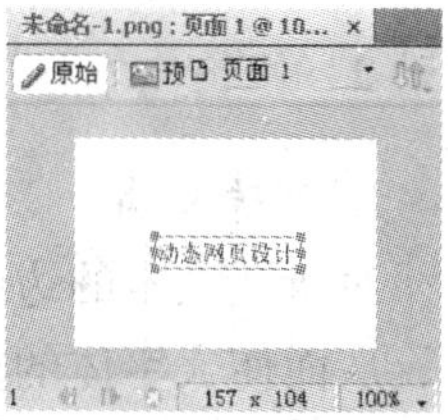

图 4-57 文本编辑

2. 编辑文本

在编辑文本时，“属性”面板提供的方式最为快捷，并且提供了更为详细的编辑控制。除了使用“属性”面板，还可以使用“文本”菜单中的命令。

编辑文本的方法：双击文本块，选中要编辑的文本，利用“属性”面板设置文本的字体、字号、颜色、间距、文字方向及对齐方式等属性，如图 4-58 所示。

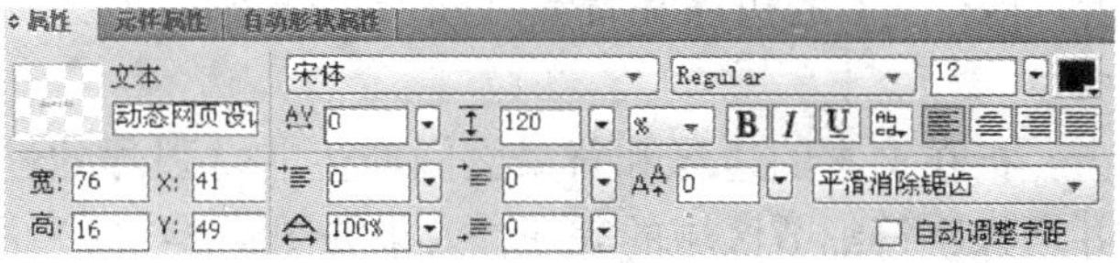

图 4-58 在属性面板中编辑文本

（1）设置文本方向。可以将整个文本块设置为水平或垂直方向，其方法描述如下。

① 选中文本块，单击“属性”面板中的“文本方向”按钮。

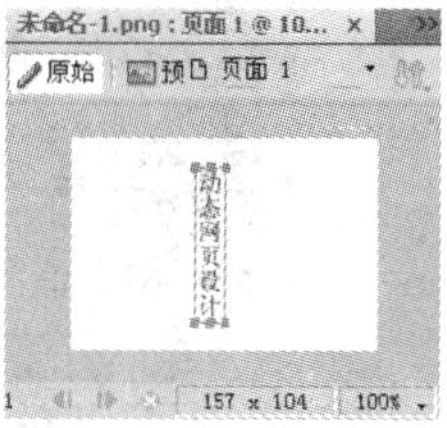

图 4-59 垂直文本块

② 选择方向选项：“水平方向从左向右”或“垂直方向从右向左”。文本默认方向为水平方向，可以设置为垂直方向，如图 4-59 所示。

（2）设置文本对齐方式。对齐方式决定了文本段落相对于其文本块边缘的位置。默认情况下，水平文本为左对齐。垂直文本可以与文本块的顶部或底部对齐、在文本块中居中，或同时与顶部和底部的边缘对齐。其设置方法很简单：选中文本块，单击“属性”面板中的某个对齐方式按钮即可。

（3）设置段落缩进和间距。若要使文本缩进，可在“属性”面板中，拖动“段落缩进”弹出滑块或在文本框中输入一个值（用像素表示），如图 4-60 所示。

若要设置段落之前和之后的间距量，可在“属性”面板中，拖动“段前空格”或“段后空格”弹出滑块，或者在文本框中输入值，如图 4-61 所示。

（4）设置行间距和字母间距。在“属性”面板中，选中“自动调整字距”复选框，启用字距微调功能，可以增大或减小某些字母组合之间的间距（用百分比表示），从而改善它们的外观。

字顶距确定段落中相邻行之间的距离。字顶距的度量单位可以是像素，也可以是行的基线之间的间隔（以磅值表示）的百分比，可在“属性”面板中进行设置，如图 4-62 所示。

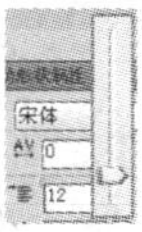

图 4-60 设置段落缩进

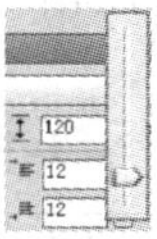

图 4-61 设置段落间距

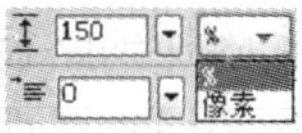

图 4-62 设置字顶距

活动 2　修饰文本

1. 消除锯齿

对所选文本的边缘进行平滑处理称为消除锯齿。消除锯齿将使文本的边缘混合在背景中，从而使大字体的文本更清楚。消除锯齿会应用到给定文本块的所有字符。

消除锯齿的方法为：选中文本块，在“属性”面板中，从“消除锯齿”弹出菜单中选择一个选项，如图 4-63 所示。

- ◆ 不消除锯齿：指禁用文本平滑处理功能，效果如图 4-64（a）所示。
- ◆ 匀边消除锯齿：指在文本的边缘和背景之间产生强烈的过渡，效果如图 4-64（b）所示。
- ◆ 强力消除锯齿：指在文本的边缘和背景之间产生非常强烈的过渡，同时保持文本字符的形状并增强字符细节区域的表现，效果如图 4-64（c）所示。
- ◆ 平滑消除锯齿：指在文本的边缘和背景之间产生柔和的过渡，效果如图 4-64（d）所示。

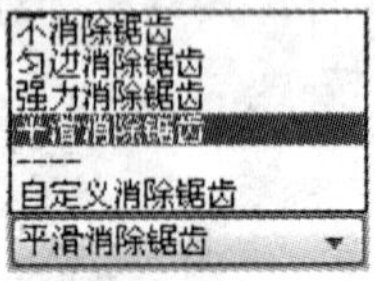

图 4-63　消除锯齿

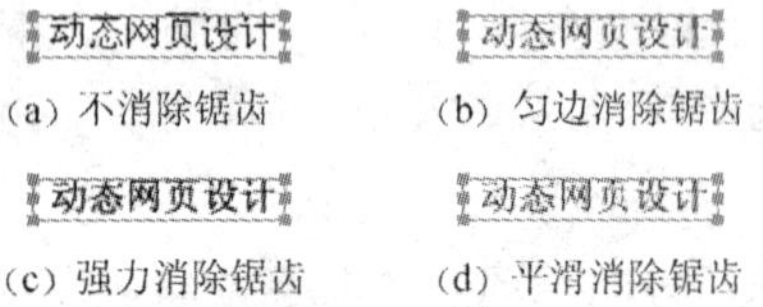

（a）不消除锯齿　（b）匀边消除锯齿

（c）强力消除锯齿　（d）平滑消除锯齿

图 4-64　消除锯齿效果

此外，还可以对文本应用“自定义消除锯齿”。

2. 向文本应用颜色

默认情况下，文本为黑色，并且没有笔触。可以更改所选文本块中全部文本的颜色，或者更改某个文本块中部分文本的颜色。另外，还可以将笔触和动态滤镜添加到所选文本块内的所有文本，如图 4-65 所示。

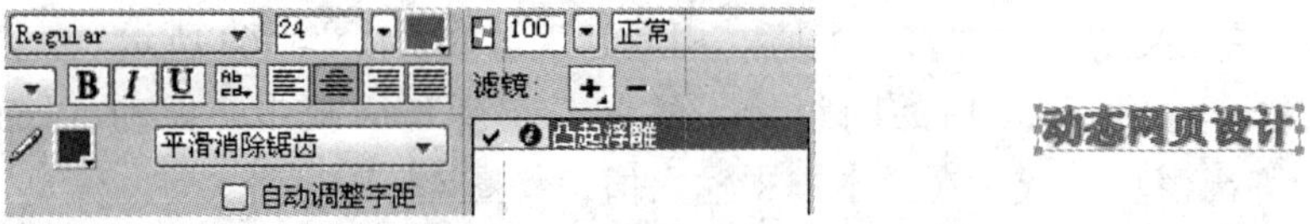

图 4-65　设置文本颜色和笔触及最终效果

在文件中也可以对文本进行缩放、旋转和扭曲。其操作方法是：选中文本块，使用“缩放”工具、“倾斜”工具或“扭曲”工具做相应的变形处理。

活动 3　文本附加到路径

在 Fireworks CS 4 中，文本可以和路径相结合，使文本顺着路径的形状排列，文本和路径都是可编辑的。

将文本附加到路径后，该路径会暂时失去其笔触、填充及滤镜属性。随后应用的任何笔触、填充和滤镜属性都将应用到文本，而不是路径。如果之后将文本从路径分离出来，该路径会重新获得其笔触、填充及滤镜属性。其操作方式如下所述。

（1）在文件中分别输入文字并绘制路径，根据需要设置笔触、填充及滤镜属性，如图 4–66 所示。

（2）按 Shift 键并选择文本对象和路径，选择“文本”|“附加到路径”命令，将文本附加到路径，并设置文本对齐方式，如图 4–67 所示。

图 4–66　设置文本和路径

图 4–67　将文本附加到路径

如果绘制的路径是闭合路径，还可使用“文本”菜单下的“附加到路径内”命令，将文本附加到路径内部。

（3）如果要调整附加到路径的文本的方向，可选择“文本”菜单下的“方向”子菜单中的相应选项。包括“依路径旋转”（默认）、“垂直”、“垂直倾斜”和“水平倾斜”4 个选项，如图 4–68 所示。

（4）如果要移动附加到路径的文本的起始点，选择该路径文本对象，然后在“属性”面板中的“文本偏移”文本框中输入一个值。

还可以选择“文本”|“倒转方向”命令实现文本的垂直反转，如图 4–69 所示。

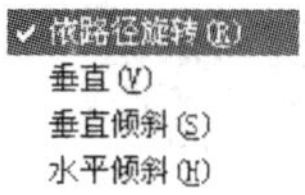

图 4–68　“文本”菜单下的“方向”子菜单

图 4–69　垂直反转文本

（5）使用“指针”或“部分选定”工具双击路径文本对象，可编辑附加到路径的文本；使用“部分选定”工具选择路径文本对象，然后拖动部分选定的点可以改变路径的形状。若要将文本从所选路径分离出来，选择“文本”|“从路径分离”命令，分离之后路径会重新获得其笔触、填充及滤镜属性，如图 4–70 所示。

图 4–70　从路径分离文本

活动 4　文本转换为路径

在 Fireworks CS 4 中，文本可以转换为路径，但这种转换是不可逆的，转换后的图像不能再当作文本来编辑。转换方法为：选中目标文本，选择“文本”|“转换为路径”命令，即可将文本转换为路径，如图 4–71 所示。

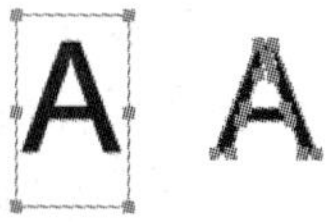

图 4–71　转换前和转换后的效果

将文本转换为路径后，就可以像对待任何矢量对象那样，可以使用所有的矢量编辑工具，编辑字符的形状。

任务 5　位 图 处 理

了解位图的定义；熟悉位图的创建方法，能将矢量对象转换为位图对象；掌握在 Fireworks CS 4 中编辑位图对象的方法；熟悉图像映射的功能及创建方法；了解切片的定义及功能描述；掌握切片的创建方法。

活动1　创建位图

位图是由称为像素的彩色小正方形组成的图形，这些小正方形就像马赛克中的瓷片那样拼合在一起形成图像。照片、扫描的图像及用绘画程序创建的图形都属于位图图形。它们有时被称为栅格图像。

Fireworks CS 4 集照片编辑、矢量绘图和绘画应用程序的功能于一体。可以通过使用位图工具进行绘制和画画，或者将矢量对象转换成位图图像，或者打开或导入图像等方法来创建位图图像。位图图像不能转换成矢量对象。

1. 绘制位图对象

（1）从工具面板的“位图”部分中选择“刷子”或“铅笔”工具。

（2）在“属性”面板中设置工具属性，用选择的工具在画布上绘画或绘图以创建位图对象，如图4-72所示。

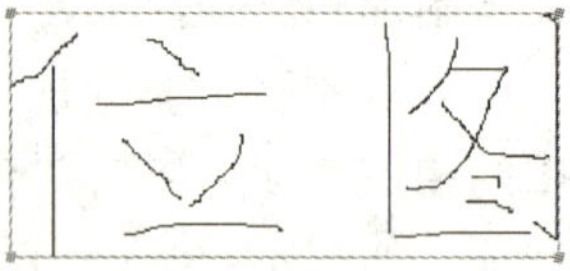

图4-72　绘制位图对象

一个新的位图对象随即添加到“层”面板的当前层中。可以在位图对象所在的层下看到每个对象的缩略图和名称。

2. 将矢量对象转换为位图图像

从矢量到位图的转换是不可逆转的，只有使用“编辑”|“撤销”或撤销“历史记录”面板中的动作才可以取消该操作。转换方法非常简单：选中目标矢量对象，选择“修改”|“平面化所选层”命令。

3. 导入图像

导入图像的方法描述如下。

（1）选择“文件”|“导入”命令或单击主工具栏中的“导入”按钮。

（2）从弹出的对话框中选择要导入的图像文件，单击“打开”按钮。

（3）在画布上，将导入指针定位在要放置图像左上角的位置。单击以导入完全尺寸的图像；单击并拖动鼠标指针以调整图像大小。

活动2　编辑位图图像

1. 克隆像素

当要修复有划痕的照片或去除图像上的灰尘时，克隆像素很有用。可以复制照片的某一像素区域，然后用克隆的区域替代划痕或灰尘点。这时可以使用“橡皮图章”工具对区域进行克隆。其操作方法如下所述。

（1）选择“橡皮图章”工具，在“属性”面板中设置图章大小和边缘柔和度，如图4-73所示。

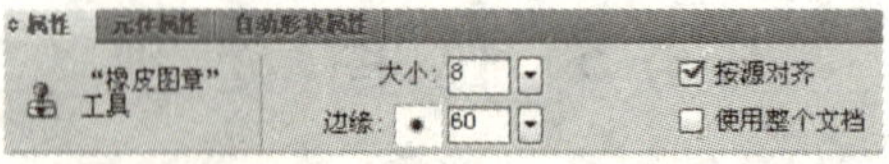

图4-73　橡皮图章“属性”面板

其中，选择“按源对齐”复选框后，取样指针会垂直和水平移动以与克隆指针对齐。取消选择“按源对齐”复选框，不管将克隆指针移到何处以及在何处单击它，取样区域都是固定的。选择“使用整个文档”复选框可从各个层上的所有对象中取样。取消选择此复选框后，“橡皮图章”工具只从活动对象中取样。

(2) 在要克隆的图像区域上单击，设置克隆源，这时被克隆处鼠标指针变为十字形状，目标处鼠标指针变为蓝色圆圈。单击并拖动鼠标，十字形指针处的像素会被复制并应用于蓝色圆圈区域，如图 4-74 所示。

图 4-74　克隆像素

按 Alt 键并单击另一个像素区域，可以指定另一个克隆源。

2. 图像的变形

在对图像进行缩放、旋转、倾斜和扭曲等变形时，首先使用工具面板的“选取框”工具、“椭圆选取框”工具或“魔术棒”工具选取图像，然后选择缩放、倾斜或扭曲工具，具体操作参见本章任务 3 有关变换对象的内容。

3. 擦除图像

擦除图像需要使用“橡皮擦”工具。橡皮擦可以擦除位图对象或选区中的像素点，橡皮擦有圆形和方形两种形状。擦除图像的方法如下所述。

(1) 单击工具面板中的“橡皮擦”工具，在橡皮擦“属性”面板中选择橡皮擦形状，设置橡皮擦边缘和大小等属性，如图 4-75 所示。

(2) 按住鼠标左键并拖动鼠标，当前位图对象中橡皮擦经过的地方就会被擦除，如图 4-76 所示。

图 4-75　橡皮擦“属性”面板

图 4-76　被擦除的部分图像

4. 裁剪图像

“裁剪”工具主要用于截取现有图像的一部分，它可以隔离 Fireworks CS 4 文件中的单个位图对象，只裁剪当前位图对象而使画布上的其他对象保持不变。其裁剪方法描述如下。

(1) 从工具面板中选择“裁剪”工具。

(2) 在需要裁剪的图像上拖动鼠标绘制裁剪区域，这时会出现带有控点的定界边框，边框内的部分确定了需要裁剪的区域，如图 4-77 所示。

图 4-77　绘制定界边框

(3) 调整定界边框到适合位置，在边框内部双击或按 Enter 键以裁剪选区，裁剪后的图像如图 4-78 所示。

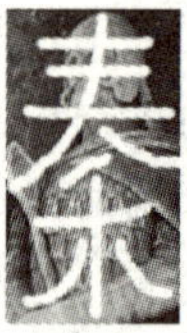

图 4-78　裁剪后的图像

5. 图像特效

（1）减淡或加深图像。使用“减淡”工具或“加深”工具可分别减淡或加深图像中的像素。使用这些工具与在洗印照片时增加或减少曝光量相似。

① 单击工具面板中的“减淡”工具或“加深”工具，以减淡或加深图像的局部区域。

② 在“属性”面板中设置刷子大小、边缘柔和度和曝光量，如图 4-79 所示。

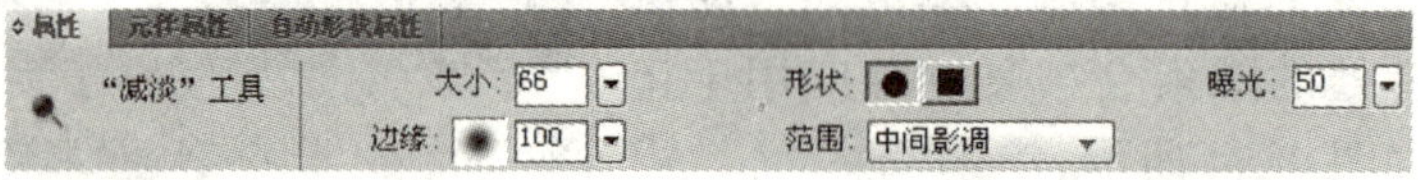

图 4-79　减淡工具“属性”面板

其中，曝光范围为 0～100 像素，值越大，效果越明显。

“范围”包括阴影、中间影调和高光 3 个方面。阴影主要更改图像的深色部分，中间影调主要更改图像中每个通道的中间范围，高光主要更改图像的浅色部分。

③ 在图像中要减淡或加深的部分上拖动鼠标，如图 4-80 所示为减淡和加深后的效果。

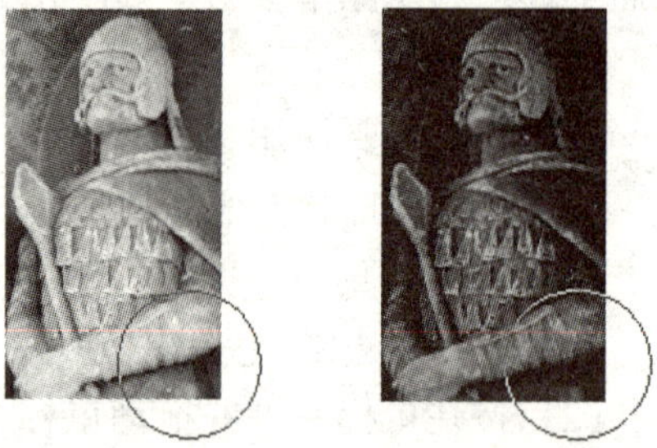

图 4-80　减淡和加深后的效果

按 Alt 键，可在“减淡”工具和“加深”工具之间临时切换。

（2）消除红眼。“红眼消除”工具仅对照片的红色区域进行快速绘画处理，用灰色和黑色替换红色。

① 在工具面板中，选择“红眼消除”工具。如果该工具不可见，按住“橡皮图章”工具，直到出现弹出菜单。

图 4-81　设置容差和强度

② 在“属性”面板中，设置容差和强度，如图 4-81 所示。容差确定要替换的色相的范围（0 表示只替换红色；100 表示替换包含红色的所有色相）。强度设置用于替换红色的灰色暗度。

③ 在照片中的红色瞳孔上拖动十字形指针，松开鼠标，观察效果，如图 4-82 所示。

（a）有红眼的照片　（b）消除红眼操作　（c）消除红眼后的照片

图 4-82　消除照片中的红眼

如果仍有红眼，选择“编辑”|“撤销”命令，并使用不同的“容差”和“强度”设

置，重复步骤②和步骤③。

（3）羽化边缘。羽化可使像素选区的边缘变得模糊，有助于所选区域与周围的像素混合。当复制选区并将其粘贴到另一个背景中时，羽化很有用。

羽化图像的方法有以下两种。

① 从菜单栏进行羽化。利用“属性”面板中的“位图选择”工具创建图像选区，如图 4-83 所示。

选择“选择”|“羽化”命令，在弹出的“羽化所选”对话框中输入羽化半径，如图 4-84 所示。

图 4-83　创建图像选区

图 4-84　设定羽化半径

单击“确定”按钮，图像选区将根据设定的羽化值变为相应的圆角选区，如图 4-85 所示。

复制选区内图像，并将其粘贴到目标位置，观察羽化后的效果，如图 4-86 所示。

② 在创建像素选区时进行羽化。在“属性”面板中选择“位图选择”工具，并从“边缘”弹出菜单中选择“羽化”选项，如图 4-87 所示。拖动右边的滑块设定羽化半径。

图 4-85　羽化选区

图 4-86　羽化后的效果

图 4-87　设置“边缘”为“羽化”

创建图像选区，参见图 4-83 所示。重复以上从菜单栏进行羽化的第③与第④步，即可得到图 4-86 所示的效果。

活动 3　创建图像映射

在图形上创建热点后，可将该图形导出为图像映射，将产生 HTML 文件和相应的图形文件，以便在 Web 浏览器中进行浏览。当用户单击该热点时，就会链接到对应的页面。创建图像映射的过程如下所述。

（1）选择源图像。

（2）从工具面板中选择“矩形热点”工具、“圆形热点”工具或“多边形热点”工具，通过拖动鼠标指针在源图像上绘制一个热点，如图 4-88 所示。

图 4-88 绘制热点

（3）选中热点，在“属性”面板的“链接”文本框中输入需要链接到的目标 URL 地址（如 http://www.tute.edu.cn），或者从下拉列表框中选择现有的链接地址。

（4）在“替代”文本框中输入描述图片的文本，其作用是：一旦浏览器无法显示图像时，将会在图像的位置显示替代文本，或者让用户了解当图像正在下载时显示的内容（如“校徽”），如图 4-89 所示。

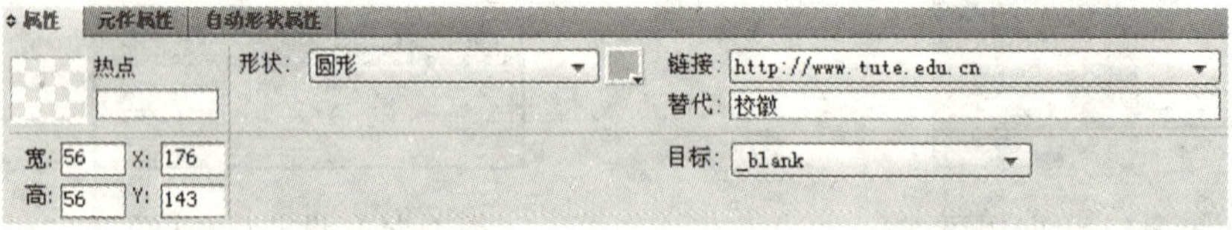

图 4-89 输入链接地址和替代文本

（5）在“目标”下拉列表框中，指定打开链接页面的目标窗口。

（6）选择“文件”|“导出”命令，在弹出的对话框中设置 HTML 文件名及保存路径，设置导出类型为“HTML 和图像”，单击“保存”按钮，导出图像映射，如图 4-90 所示。

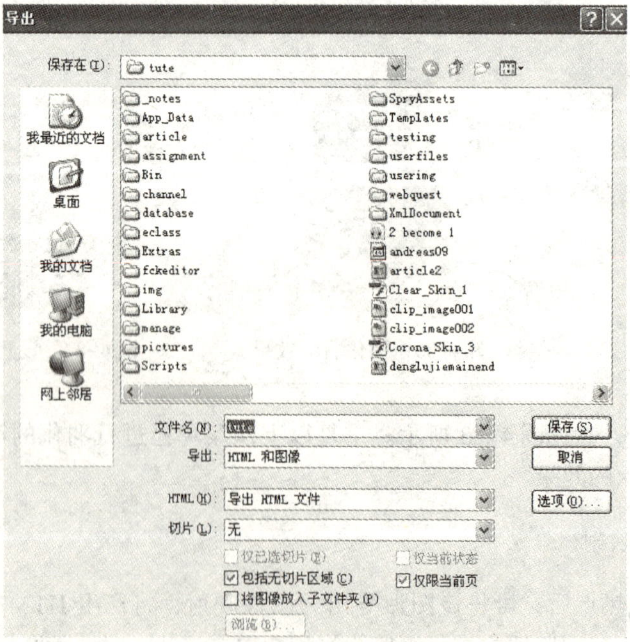

图 4-90 导出图像映射

（7）在 Web 浏览器中打开图像映射文件（即 HTML 文件），预览效果。

如果要将图像映射复制到剪贴板，以便将其粘贴到 Dreamweaver 或其他 HTML 编辑器中，可在图 4-90 所示的对话框中将“HTML”下拉列表选项设置为“复制到剪贴板”。

活动 4　图像切片

切片（slice）就是指把一幅大图像按照相近的区域分割成小图像。将图像分割成多个切片，不仅可以单独地优化，以不同的格式输出图像的每一张切片，而且可以大大减小图像的大小，有利于图像在网上更快速地传输。

1. 绘制切片

绘制切片可使用工具面板中的“切片”工具和“多边形切片”工具。考虑到多边形切片在浏览时需要更多的 JavaScript 代码而影响到浏览器的处理时间，因此，在绘制切片时，大多数情况下使用“切片”工具绘制矩形切片，只有将较为复杂的图像分割为切片时才采用“多边形切片”工具。

（1）绘制矩形切片。从工具面板中选择“切片”工具，在图像的适当位置单击，然后按住鼠标左键并拖动鼠标绘制一个矩形，释放鼠标，就形成了一个切片，此时，图像上会覆盖一层淡绿色，如图 4-91 所示。若制作多个切片则需重复以上方法。

默认状态下，绘制好的切片上会显示红色切片辅助线，若隐藏此辅助线，可单击工具面板上的“隐藏切片和热点”按钮。

（2）绘制多边形切片。从工具面板中选择“多边形切片”工具，在需要绘制多边形切片的图像上依次单击，即可绘制多边形切片，如图 4-92 所示。

图 4-91　绘制矩形切片

图 4-92　绘制多边形切片

2. 切片对象命名

在绘制切片时，Fireworks CS 4 会自动为每个切片命名，如果把每个切片作为单独的文件输出，可重新命名，以便区分。

对切片命名的方法为：选择目标切片，在“属性”面板的“切片”文本框中输入切片名称，如图 4-93 所示。

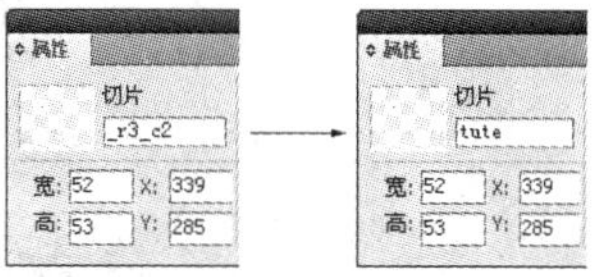

图 4-93　重命名切片

3. 为切片创建超级链接

为切片创建超级链接，当用户单击图像的切片区域时，就会跳到相应的页面。创建方法可参考活动 3 中创建图像映射的相关方法，这里不再赘述。

4. 导出切片

切片创建完毕后，必须导出保存。导出切片有以下两种方式。

（1）导出切片为图像。

① 选中目标切片，在“属性”面板中优化要导出的切片质量，如图 4-94 所示。

② 选择“文件”|“导出”命令，或在切片上右击，从弹出的快捷菜单中选择“导出所选切片”命令，弹出“导出”对话框，如图 4-95 所示。

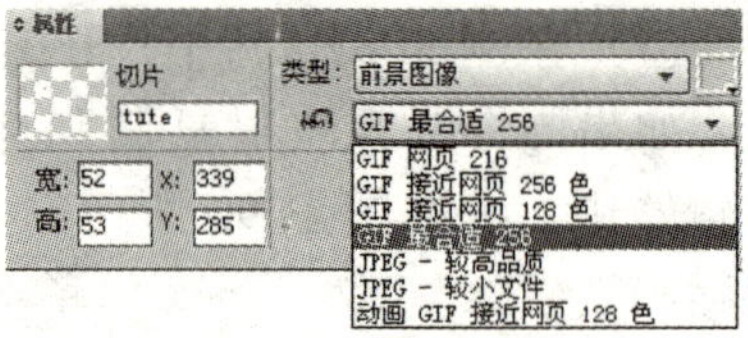

图 4-94 优化切片质量

图 4-95 切片的“导出”对话框

③ 文件名为切片的名称，确认无误，单击“保存”按扭即可。

（2）导出切片为 HTML 文件。

① 选中目标切片，在“属性”面板中优化要导出的切片质量。

② 选择“文件”|“导出”命令，弹出“导出”对话框，设置 HTML 文件名及保存路径，设置导出类型为“HTML 和图像”，其余参数如图 4-96 所示，单击“保存”按钮，导出切片。

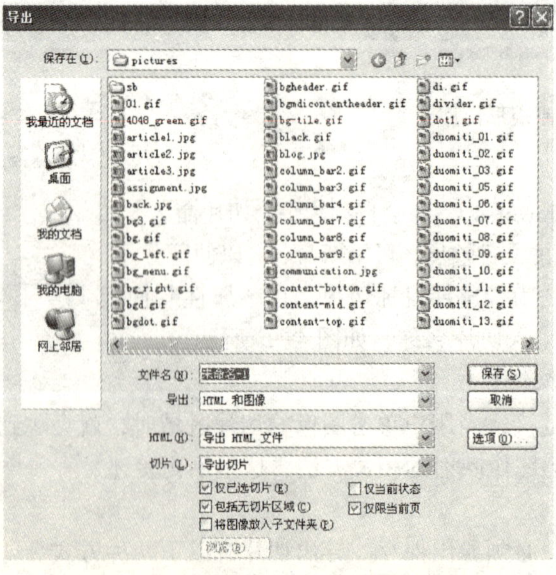

图 4-96 “导出”对话框的参数设置

③ 在 Web 浏览器中打开导出的 HTML 文件，预览效果。

取消选择“仅已选切片”复选框，并确保选中了“包括无切片区域”复选框，可以导出整幅图像，包括没有创建切片的区域。

任务 6　层、蒙版和滤镜

了解层的基本功能；熟悉层的添加、删除等操作方法；了解蒙版的基本功能和种类；掌握使用多种方法创建蒙版；了解滤镜的基本功能和种类；掌握常见滤镜的使用方法。

活动 1　层

1. 层的概述

层将 Fireworks CS 4 文件分成不连续的平面，并有组合、有顺序地重叠起来，就像是在描图纸的不同覆盖面上绘制插图的不同元素一样。一个 Fireworks CS 4 文件可以包含许多层，而每一层又可以包含许多子层或对象。Fireworks CS 4 层类似于 Photoshop 中的图层组，而 Photoshop 图层则类似于各个 Fireworks CS 4 子层或对象。

在 Fireworks CS 4 中，“层”面板中会列出每一层包含的子层和对象，如图 4-97 所示。

2. 图层基本操作

（1）添加和删除层。

① 添加层。单击“层”面板底部的“新建/重制层”按钮，即可添加空白层，空白层将出现在当前选定层的上方。单击“新建子层”按钮，可在选定层中添加子层，如图 4-98 所示。

图 4-97　“层”面板

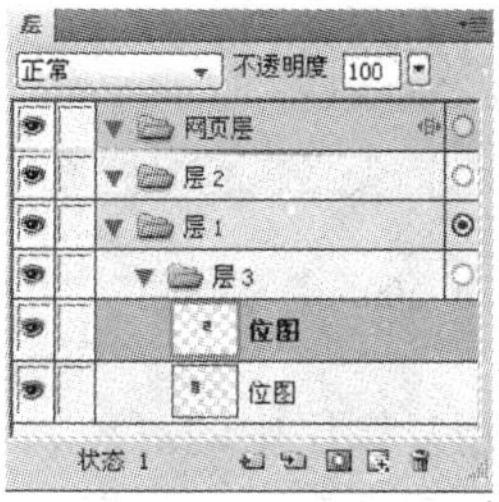

图 4-98　添加层

② 删除层。删除层的方法为：单击“层”面板中的图层名称以选中图层，如果选中的图层右边出现带黑点的圆圈，说明图层不是空白层，这时需单击两次“层”面板右下角的“垃圾桶”图标，才能删除选中的图层。第一次单击，删除层中的对象，第二次单击，删除选中的图层。

删除的层上方的图层会成为活动层。如果删除的层是剩余的最后一层，则会创建一个新的空白层。

（2）折叠和展开层。要避免“层”面板中的杂乱，可以折叠层的显示。若要查看或选择一个层上的特定对象，可展开该层。单击层名称左侧的“三角形”图标，可以折叠和展开单个层。按 Alt 键并单击层名称左侧的三角形，可以折叠和展开所有层。

（3）命名层和对象。创建层时，Fireworks CS 4 以“层 n”的形式自动命名层，为了便于层的管理，可根据实际情况自定义层的名称。层中的对象，Fireworks CS 4 均以“位图”来命名，也可重新定义对象名称。自定义层和对象名称的方法为：在“层”面板中双击层或对象，激活其名称文本框，输入新的名称，按 Enter 键即可，如图 4-99 所示。

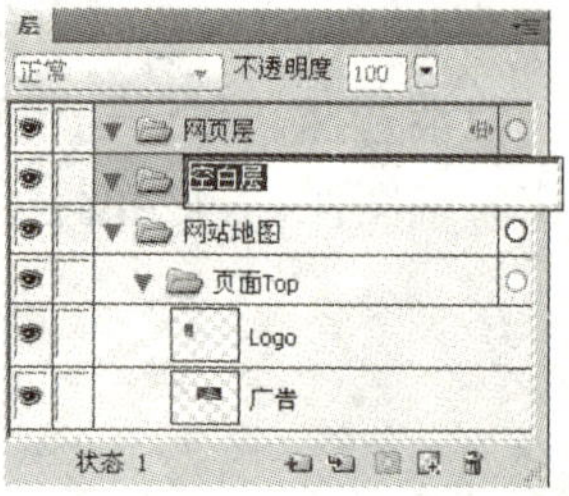

图 4-99　自定义层名称

（4）复制层和对象。复制层时，层里所有的内容都将被复制，包括子层和对象。其操作方法如下。

① 选中要复制的层并拖动到层面板底部的“新建/重制层”按钮上，或者单击“层”面板右上角的“选项”菜单按钮，在弹出菜单中选择“重制层”，弹出如图 4-100 所示的对话框。

② 指定新层的数目和堆叠顺序中的位置，由于网页层始终是顶层，因此“在顶端”选项表示正好在网页层下方。

③ 单击“确定”按钮，复制完毕，如图 4-101 所示。

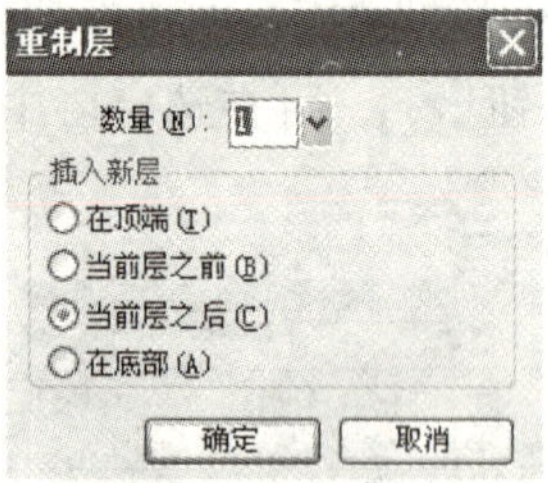

图 4-100　“重制层”对话框

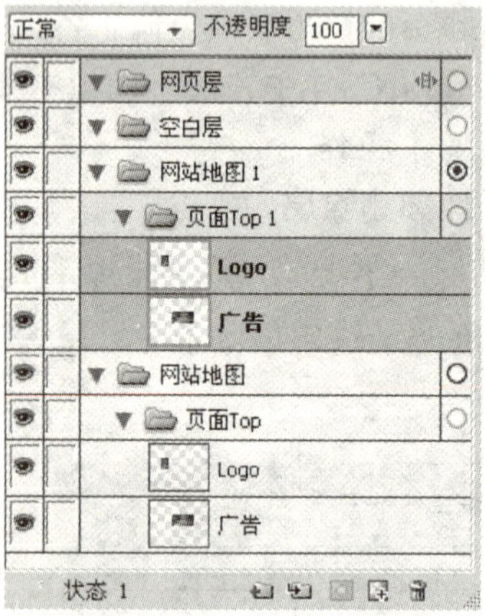

图 4-101　复制层之后的“层”面板

如果只想复制层中的对象，可选择要复制的对象而非图层，复制的对象保留原始对象的不透明度和混合模式。可以对复制的对象进行更改而不影响原始对象。

（5）移动层和对象。选中要移动的层或对象，拖动到目标位置，当出现高亮显示并闪烁的横条时，释放鼠标即可，如图 4-102 和图 4-103 所示。

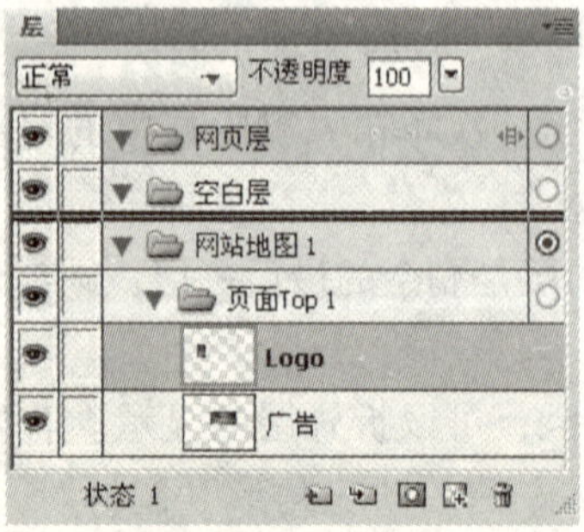

图 4-102　移动图层中的对象

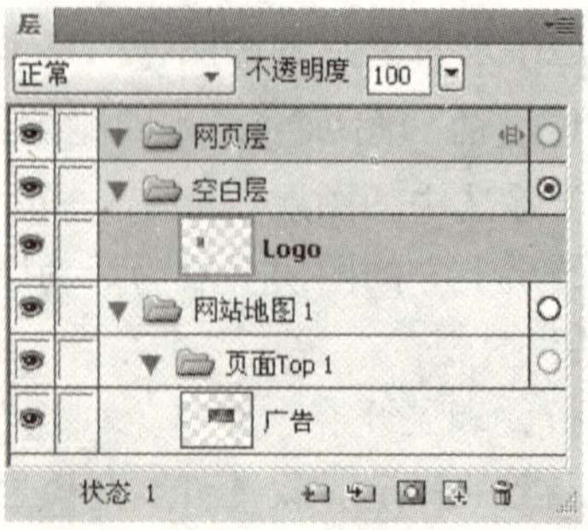

图 4-103　移动后的“层”面板

（6）保护层和对象。

① 锁定层和对象。单击紧邻对象名称左侧的列中的方框，可以锁定一个对象。单击紧邻层名称左侧的列中的方框，可以锁定单个层。被锁定的层和对象的名称左侧会出现“锁”图标，如图 4-104所示。

锁定的层和对象不能进行选定、删除及复制等操作，但可以折叠、展开和隐藏。如果要解除锁定的层和对象，单击“锁”图标即可。

② 显示或隐藏层和对象。单击层或对象名称左侧第一列中的“眼睛”图标，可显示或隐藏层或层上的对象，如图 4-105 所示。

图 4-104　锁定层和对象

图 4-105　隐藏层和对象

如果要显示被隐藏的层和对象，单击第一列中的方框即可。

（7）共享层。当希望如背景元素之类的对象出现在网站的所有页面上或动画的所有状态上时，可共享层。

① 在状态之间共享所选层。其方法为：选中要共享的层，单击“层”面板右上角的“选项”菜单按钮，在弹出的菜单中选择“在状态中共享层”，被共享的层右侧会出现“共享”图标，如图 4-106 所示。

② 在页面之间共享所选层。其方法为：选中要共享的层，单击“层”面板右上角的“选项”菜单按钮，在弹出的菜单中选择“将层在各页面间共享”，被共享的层右侧会出现“共享”图标，如图 4-106 所示。

图 4-106　共享层

子层不能单独在页面或状态之间共享，要共享子层，必须共享其父层。

（8）在“层”面板中合并对象。若要减少杂乱，可以在“层”面板中合并对象。要合并的对象和位图不必在“层”面板中相邻或驻留在同一层上。

合并对象的方法如下。

① 在“层”面板上选择要合并的对象（按 Shift 或 Ctrl 键并单击以选择多个对象）。

② 单击“层”面板右上角的“选项”菜单按钮，在弹出的菜单中选择“平面化所选”，将所有所选矢量对象和位图对象合并为单个位图对象，合并后的对象位于所选对象的下方，如图 4-107 所示。

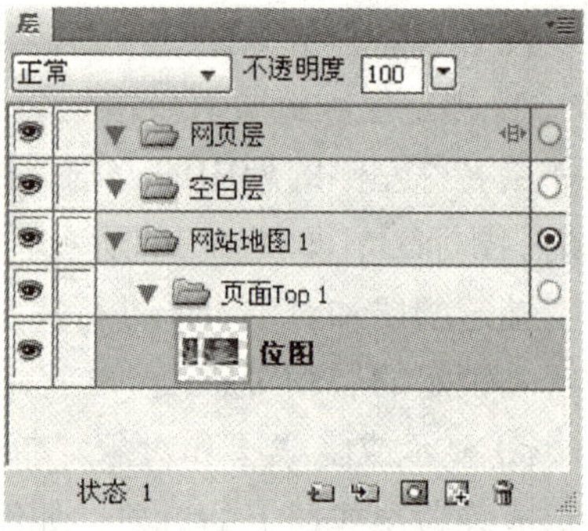

图 4-107　合并对象

也可以选择弹出菜单中的“向下合并”命令，将选中的单个对象与下一个可见对象合并。合并对象不会影响切片、热点或按钮，矢量对象和位图对象一旦合并，就失去了其可编辑性。

(9) 使用“网页层”。“网页层”在每个文件中均显示为顶层。它包含用于给导出的 Fireworks CS 4 文件指定交互性的网页对象（如切片和热点）。“网页层”在页面的所有状态之间始终会保持共享状态，且 Web 对象在页面的每个状态中都可见。

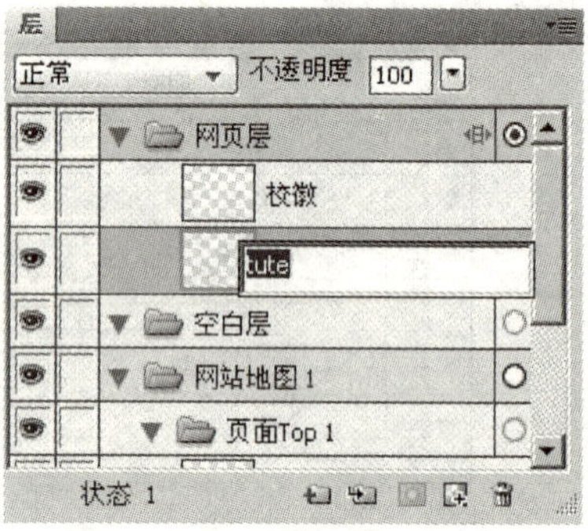

图 4-108　重命名“网页层”中的切片和热点

不能停止共享、删除、复制、移动或重命名“网页层”，也不能合并驻留在“网页层”上的对象。但可重命名“网页层”中的切片和热点，如图 4-108 所示。

(10) 导入 Photoshop 组合层。导入包含层的 Photoshop 文件时，每个层都作为一个单独的对象放在单个 Fireworks CS 4 层上。组合层作为单独的层导入，就好像这些层在导入到 Fireworks CS 4 之前已在 Photoshop 中取消了组合一样。导入后，Photoshop 组合层上的剪贴效果随即消失。

活动 2　蒙版

使用蒙版可以隐藏下层图像的一部分。例如，可以粘贴一个椭圆形状作为照片上的蒙版。椭圆以外的区域全部消失，就像是被裁剪掉了一样，图片中只显示椭圆内的区域。可以使用几种蒙版技术在对象上实现多种创意效果。

1. 蒙版种类

Fireworks CS 4 包括矢量蒙版和位图蒙版，矢量蒙版主要用于为矢量对象创建蒙版，位图蒙版主要用于为位图对象创建蒙版。可以使用多个对象或组合对象来创建蒙版，也可以使用文本创建矢量蒙版。创建蒙版后，可以调整画布上被遮罩选区的位置，或修改蒙版的外观。还可以将蒙版作为一个整体应用转换，或者对蒙版的组件分别应用转换。

(1) 矢量蒙版。以矢量图形创建的蒙版称为矢量蒙版。矢量蒙版将下方的对象裁剪或剪贴为其路径的形状，从而产生切饼模刀的效果，同时还可以保留路径的笔触，如图 4-109 所示。

图 4-109　矢量蒙版及其效果

创建矢量蒙版时，会在“层”面板中显示一个带有“钢笔”图标的蒙版缩略图，如图 4–110 所示。

图 4–110 矢量蒙版缩略图

选择矢量蒙版后，“属性”面板会显示关于蒙版应用方式的信息。“属性”面板的下半部分显示用于编辑蒙版对象的笔触和填充的其他属性，如图 4–111 所示。

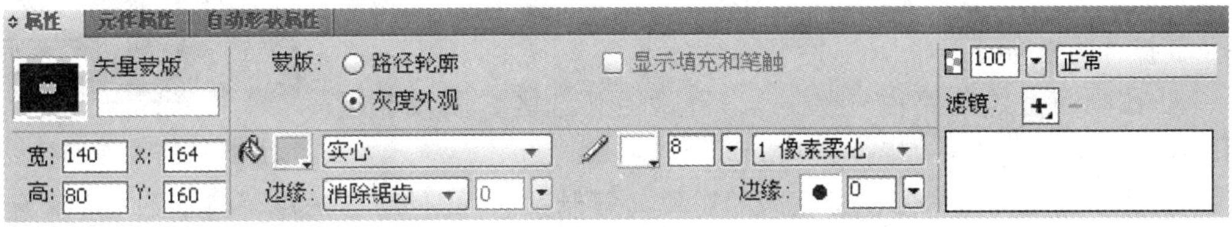

图 4–111 矢量蒙版的属性

矢量蒙版除了以灰度外观显示，还可通过其路径轮廓进行应用。

（2）位图蒙版。以位图对象创建的蒙版称为位图蒙版。Fireworks CS 4 位图蒙版与 Photoshop 图层蒙版的相似之处在于：蒙版对象的像素影响下层对象的可见度。在 Fireworks CS 4 中，还可以选择“灰度等级”和“Alpha 通道”应用方式，能方便地改变显示效果。图 4–112 所示显示了一个简单的位图蒙版的效果。

图 4–112 位图蒙版及其效果

创建位图蒙版时，“属性”面板会显示有关如何应用蒙版的信息。如果在选中位图蒙版时选择了“位图”工具，则“属性”面板会显示所选工具的蒙版属性和选项，如图 4–113所示。

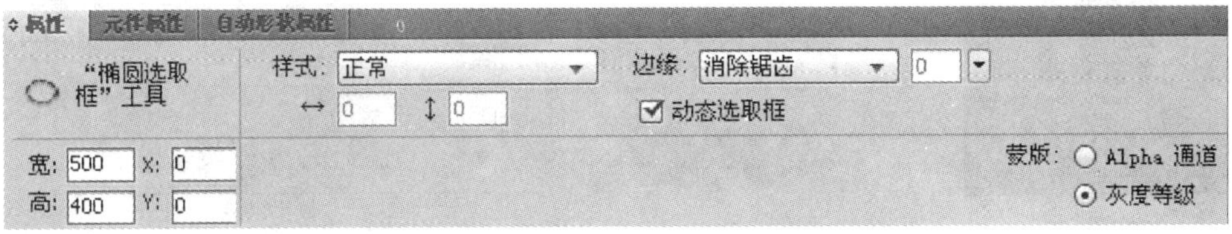

图 4–113 “位图”工具的蒙版属性和选项

默认情况下，大多数位图蒙版是以其灰度外观应用的，但也可以使用 Alpha 通道来应用。

2. 用现有对象创建蒙版

用现有对象创建蒙版时，对于矢量对象，将用其路径轮廓裁剪或剪贴其他对象；对于位图对象，将用其像素的亮度或透明度影响其他对象的可见度。

图 4-114　绘制路径

用现有对象创建蒙版有两种方法：使用“粘贴为蒙版”命令和使用“粘贴于内部”命令。

（1）使用“粘贴为蒙版”命令创建蒙版。可以使用“粘贴为蒙版”命令创建蒙版，方法是用另一个对象来重叠一个对象或一组对象。使用“粘贴为蒙版”命令可创建矢量蒙版或位图蒙版。其操作方法如下。

① 在画布上绘制路径（选区），将路径（选区）移动到要创建蒙版的对象上方，如图 4-114 所示。

② 剪切路径并选中要创建蒙版的对象（复制选区内图像），选择“编辑”|“粘贴为蒙版”命令，完成蒙版的创建，创建好的蒙版效果及“层”面板如图 4-115 所示。

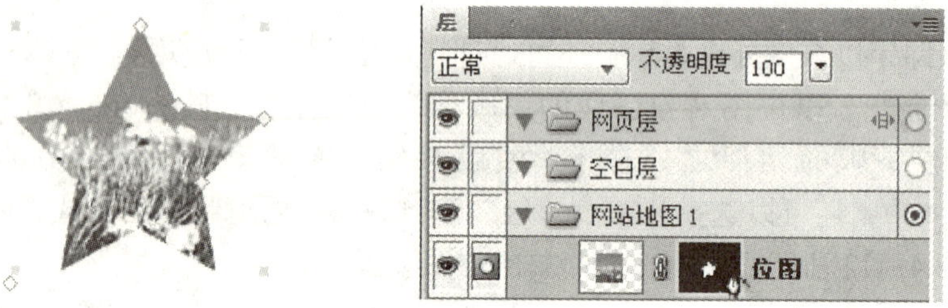

图 4-115　创建好的蒙版效果及“层”面板

（2）选择“粘贴于内部”命令创建蒙版。“粘贴于内部”命令通过用矢量图形、文本或位图图像填充闭合路径或位图对象来创建蒙版。创建的蒙版可能是矢量蒙版或位图蒙版，具体取决于所用蒙版对象的类型。其操作方法如下。

① 在画布上绘制路径，将路径移动到要创建蒙版的对象上方，如图 4-116 所示。

② 选中要创建蒙版的对象，并将其剪切到粘贴板（按快捷键 Ctrl + X）。

③ 在“层”面板中选中路径层，选择“编辑”|“粘贴于内部”命令，完成蒙版的创建，创建好的蒙版效果及“层”面板如图 4-117 所示。

图 4-116　绘制路径

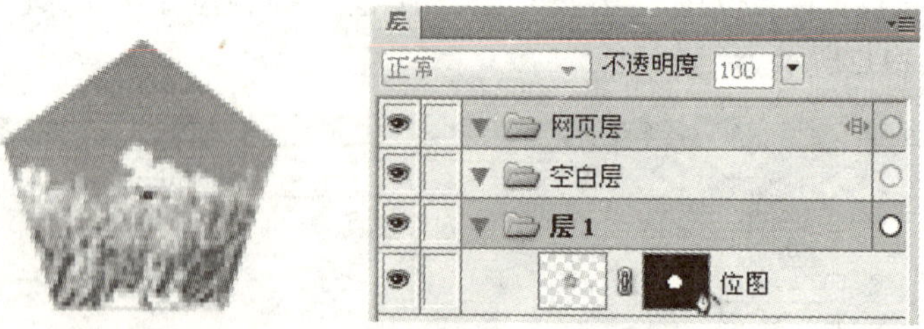

图 4-117　创建好的蒙版效果及“层”面板

除了以上介绍的方法之外，还可以使用文本创建蒙版对象。文本蒙版是一种矢量蒙版，其应用方法与使用现有对象的蒙版一样，只需将文本用作蒙版对象即可。应用文本蒙版的常用方法是使用其路径轮廓，但也可以使用其灰度外观应用文本蒙版。图 4-118 所示是使用文本创建的蒙版效果。

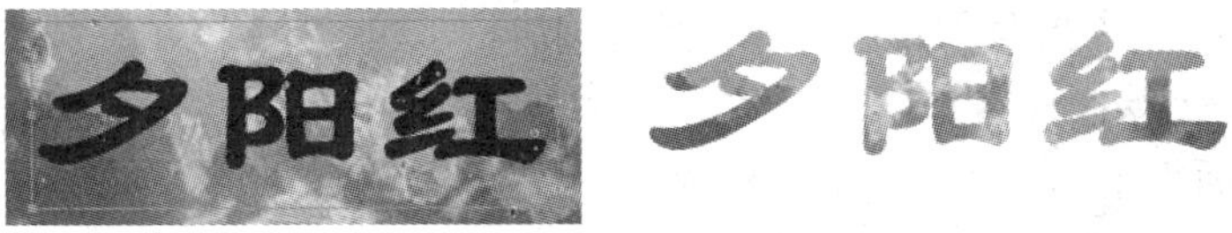

图 4-118　文本蒙版效果

3. 使用“层”面板创建蒙版

使用“层”面板，可以方便地为对象添加蒙版。其操作方法如下。

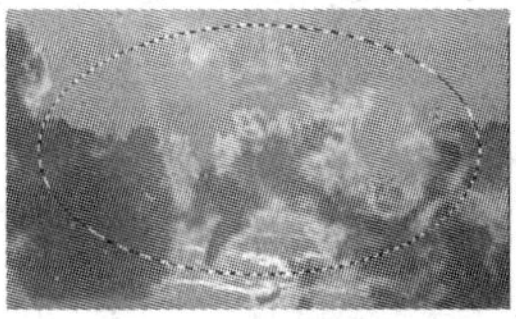

图 4-119　绘制选区

① 选中要创建蒙版的对象，从“工具”面板中选择“魔术棒”或任何选取框或套索工具，绘制像素选区，如图 4-119 所示。

② 在“层”面板的底部，单击“添加蒙版”按钮，完成蒙版的创建，创建好的蒙版效果及“层”面板如图 4-120 所示。

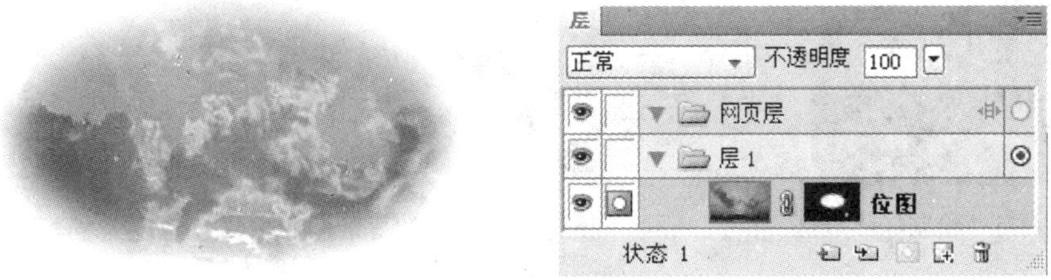

图 4-120　应用了蒙版的图像及“层”面板

4. 使用“显示”和“隐藏”命令创建蒙版

“修改”|“蒙版”子菜单中有以下几个用于为对象创建空位图蒙版的命令。

- 显示全部：为对象创建透明的空蒙版，从而显示整个对象。
- 隐藏全部：为对象创建不透明的空蒙版，从而隐藏整个对象。
- 显示所选：在当前像素选区中创建一个形状相同的透明的像素蒙版，将隐藏位图对象中的其他像素。
- 隐藏选区：在当前像素选区中创建一个形状相同的不透明的像素蒙版，将显示位图对象中的其他像素。

（1）使用“隐藏全部”命令创建蒙版。其操作方法如下。

① 选中要创建蒙版的对象，选择“修改”|“蒙版”|“隐藏全部”命令，创建不透明的空蒙版，如图 4-121 所示。

图 4-121　创建不透明的空蒙版

② 从工具面板中选择“魔术棒”或任何选取框或套索工具，在空蒙版上绘制像素选区。

③ 从工具面板中选择“油漆桶”工具，设置填充颜色为黑色以外的颜色，填充选区，完成蒙版的创建，创建好的蒙版效果如图 4-122 所示。

图 4-122　创建好的蒙版效果

(2) 使用“显示所选”命令创建蒙版。其操作方法如下。

① 选中要创建蒙版的对象，从工具面板中选择“魔术棒”或任何选取框或套索工具，绘制像素选区，如图 4-123 所示。

② 选择“修改”|“蒙版”|“显示所选”命令，完成蒙版的创建，创建好的蒙版效果及“层”面板如图 4-124 所示。

图 4-123　绘制像素选区

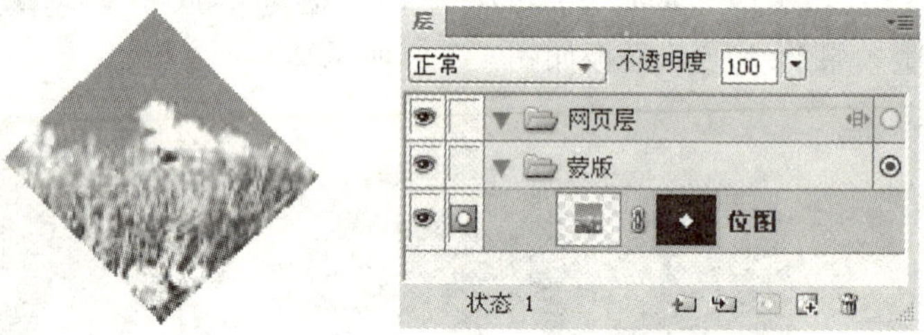

图 4-124　创建好的蒙版效果及“层”面板

5. 组合对象以创建蒙版

如果要组合两个或更多对象来创建蒙版，最上层的对象会成为蒙版对象。最上层对象的类型决定了蒙版的类型（矢量或位图）。操作方法为：按住 Shift 键并单击两个或更多个重叠的对象，选择“修改”|“蒙版”|“组合为蒙版”命令即可。

活动 3　滤镜

动态滤镜是可以应用于矢量对象、位图图像和文本的增强效果。动态滤镜包括：斜角和浮雕、阴影和光晕、调整颜色、模糊和锐化等。可以直接从“属性”面板中将动态滤镜应用于所选对象。

当编辑应用了动态滤镜的对象时，Fireworks CS 4 会更新动态滤镜。应用动态滤镜后，可以随时更改其选项，或者重新排列滤镜的顺序以尝试应用组合滤镜。在“属性”面板中可以打开和关闭动态滤镜或者将其删除。删除滤镜后，对象或图像会恢复原来的外观。

1. 应用斜角边缘

斜角边缘赋予对象一个凸起外观。应用斜角边缘的操作方法如下所述。

选中要调整的图像，选择“滤镜”|“斜角和浮雕”|“内斜角”或“外斜角”命令，在弹出的对话框中设置斜角的边缘形状及颜色、宽度、对比度、柔化度、角度和凸起效果，如图 4-125 所示。

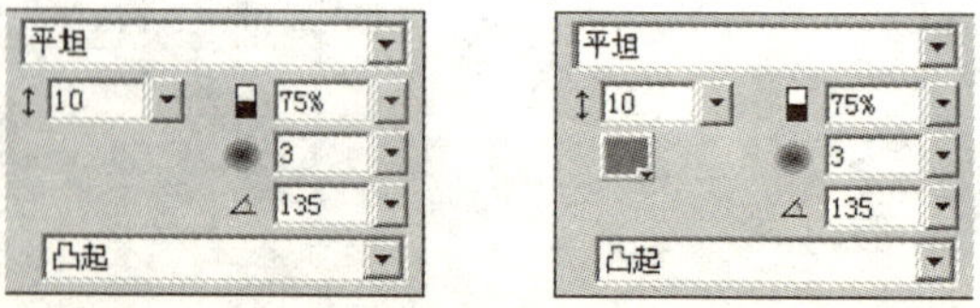

图 4-125　“内斜角”对话框和“外斜角”对话框

预览效果，单击“确定”按钮，最

终效果如图 4-126 所示。

图 4-126　内斜角效果和外斜角效果

2. 应用浮雕

“浮雕”滤镜使图像、对象或文本凹入画布或从画布凸起。

选中要调整的图像，选择“滤镜”|“斜角和浮雕”|“凸起浮雕”或“凹入浮雕”命令，在弹出的对话框中设置浮雕的边缘宽度、对比度、柔化度和角度，如图 4-127 所示。

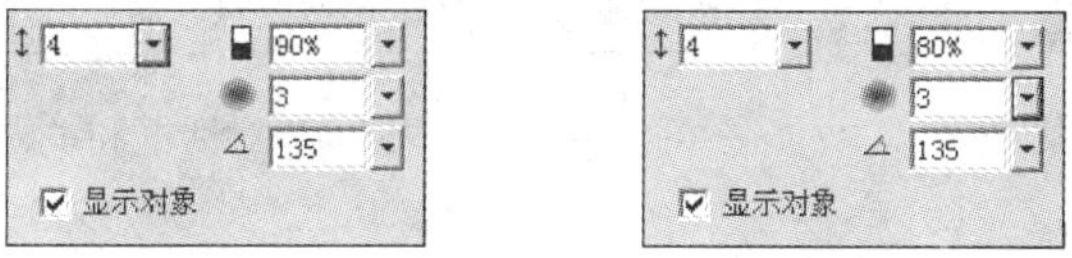

图 4-127　“凸起浮雕”对话框和“凹入浮雕”对话框

预览效果，单击“确定”按钮，最终效果如图 4-128 所示。

图 4-128　凸起浮雕效果和凹入浮雕效果

3. 应用阴影和光晕

从各种阴影中选择，然后指定阴影的角度以模拟照射在对象上的光线。阴影的类型不同，其效果也不同。

（1）应用纯色阴影。选中要调整的图像，选择“滤镜”|“阴影和光晕”|“纯色阴影”命令，在“纯色阴影”对话框中调整滤镜设置，如图 4-129 所示。

图 4-129 “纯色阴影”对话框

确保选中“纯色”复选框，预览效果，单击“确定”按钮，最终效果如图 4-130 所示。

（2）应用投影或内侧阴影。选中要调整的图像，选择“滤镜”|“阴影和光晕”|“投影”或“内侧阴影”命令，在弹出的对话框中设置投影或阴影的颜色及宽度、不透明度、柔化度和角度，如图 4-131所示。

图 4-130 纯色阴影效果

图 4-131 “投影”对话框和“内侧阴影”对话框

选中“去底色”复选框，将隐藏对象而仅显示阴影。

预览效果，单击“确定”按钮，最终效果如图 4-132 所示。

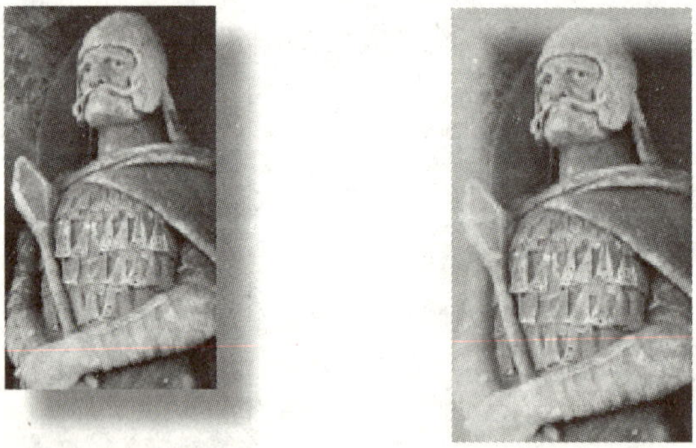

图 4-132 投影效果和内侧阴影效果

（3）应用发光。选中要调整的图像，选择“滤镜”|“阴影和光晕”|“光晕”或“内侧光晕”命令，在弹出的对话框中设置光晕的颜色及宽度、不透明度、柔化度和偏移量，如图 4-133 所示。

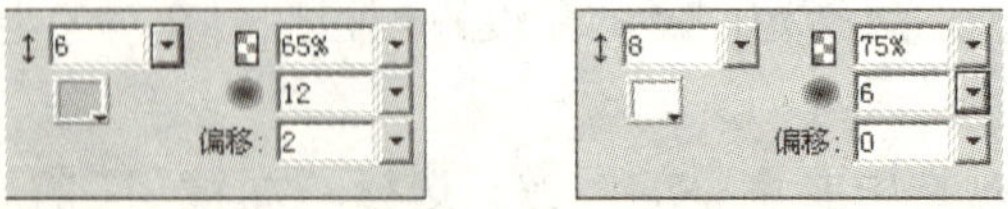

图 4-133 “光晕”对话框和“内侧光晕”对话框

预览效果，单击“确定”按钮，最终效果如图4-134所示。

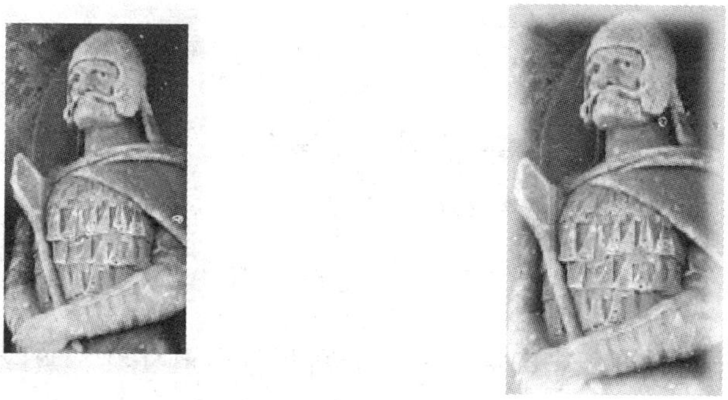

图4-134　外发光效果和内发光效果

4. 调整亮度和对比度

“亮度/对比度”功能用于修改图像中像素的亮度和对比度。这将影响图像的高亮、阴影和中间色调。

选中要调整的图像，选择菜单栏或工具面板中的“滤镜”|“调整颜色”|“亮度/对比度”命令，弹出如图4-135所示的对话框，在弹出的对话框中移动数值滑块或直接在数值框中输入数值（有效值为-100～+100），预览效果，单击“确定”按钮。原始图像如图4-136所示，调整后的图像如图4-137所示。

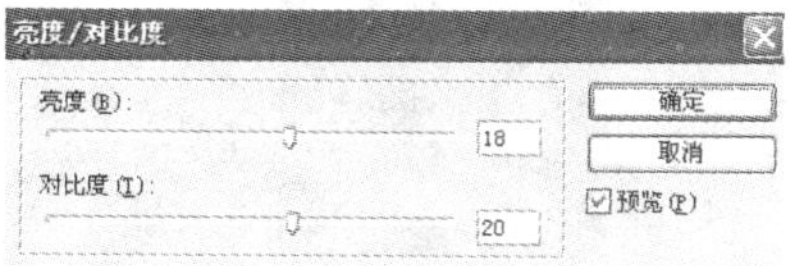

图4-135　“亮度/对比度”对话框

图4-136　原始图像

图4-137　调整后的图像

5. 调整位图中的色调范围

一个有完整色调范围的位图，其像素必须均匀分布在所有区域内。可以使用以下3个选项来调整色调范围：“色阶”、“曲线”（可实现精确控制）及“自动色阶”（可实现自动调整）。

（1）利用色阶调整颜色。色阶功能可以校正像素高度集中在高亮、中间色调或阴影部分的位图，把最暗像素设置为黑色，将最亮像素设置为白色，然后按比例重新分配中间色调。这会产生一个所有像素中的细节都得以清晰描绘的图像。调整方法描述如下。

① 选中要调整的图像，选择“滤镜”|“调整颜色”|“色阶”命令，弹出“色阶”对话框，设置各项参数，如图4-138所示。

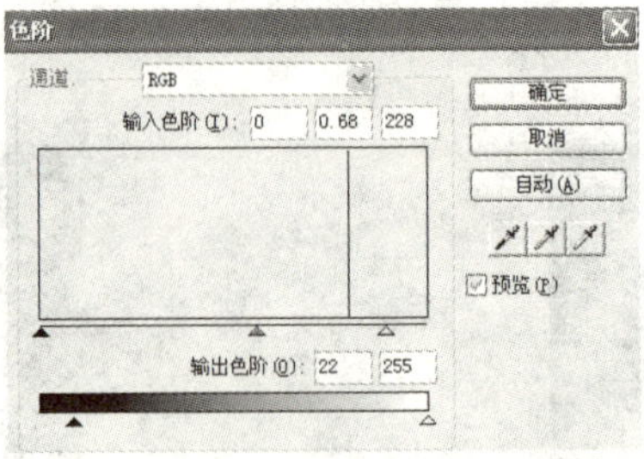

图 4-138 “色阶”对话框

② 在“通道”下拉列表中，选择是对个别颜色通道（红、蓝或绿），还是对所有颜色通道（RGB）进行调整。

③ 拖动色调分布图下面的“输入色阶”滑块：右边的滑块使用 255～0 之间的值来调整高亮，中间的滑块使用 10～0 之间的值来调整中间色调，左边的滑块使用 0～255 之间的值来调整阴影。

④ 拖动“输出色阶”滑块以调整对比度值：右边的滑块使用 255～0 之间的值来调整高亮，左边的滑块使用 0～255 之间的值来调整阴影。

⑤ 预览效果，直到调整满意，单击“确定”按钮，效果如图 4-139 所示。

此外，还可以自动调整色阶，选择“滤镜”|“调整颜色”→“自动色阶”命令即可，调整后的效果如图 4-140 所示。

（a）原始图像　（b）色阶调整后的图像

图 4-139 彩色色阶调整图像

图 4-140 自动色阶调整后的图像

（2）利用曲线调整颜色。色阶是通过调整最亮、最暗和中间色调的颜色数目来完成的，与色阶功能相比，曲线功能可以对色调范围提供更精确的控制。使用曲线功能，可以调整色调范围中的任何颜色，而不会影响其他颜色。调整方法描述如下。

① 选择“滤镜”|“调整颜色”→“曲线”命令，弹出如图 4-141 所示的对话框。“曲线”对话框中的网格展示了两种亮度值：水平轴表示像素的原始亮度，其值显示在“输入”框中，垂直轴表示新的亮度值，其值显示在“输出”框中。打开“曲线”对话框时，

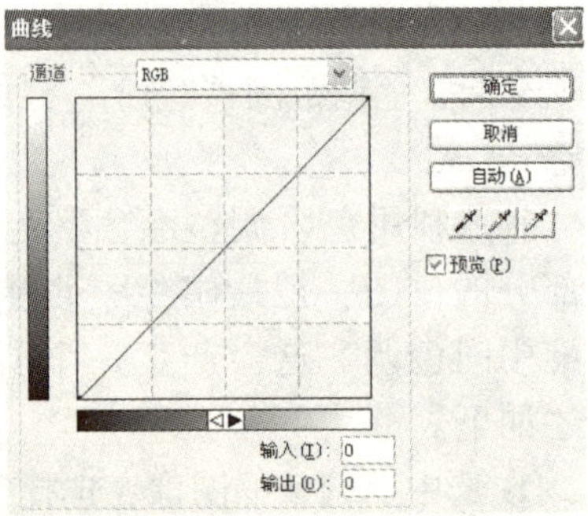

图 4-141 “曲线”对话框

若看到一条对角线，表明尚未做任何更改，所以所有像素的输入和输出值都是一样的。

② 在“通道”弹出菜单中，选择是对个别颜色通道，还是对所有颜色通道进行调整。单击网格对角线上的一个控制点并将其拖动到新的位置以调整曲线，如图4-142所示。曲线越往左上角弯曲，则图像的色调越亮；曲线越往右下角弯曲，则越暗。

③ 调整完毕后，单击“确定”按钮，调整后的图像如图4-143所示。

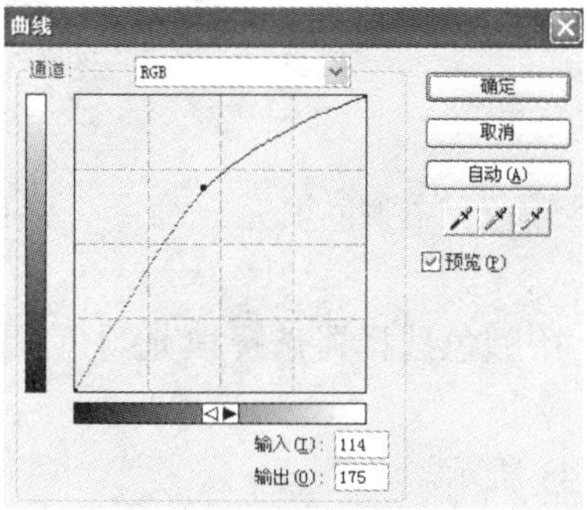

图4-142 调整曲线图

图4-143 调整后的图像

如果要自动调整高亮、中间色调和阴影，单击“曲线”对话框中的“自动”按钮。若要删除曲线上的控制点，可将控制点拖离网格，曲线两端的控制点不能删除。

6. 调整色相和饱和度

色相是指图像中颜色的纯度。饱和度是指图像中颜色的饱满程度。调整图像的色相和饱和度的操作方法如下所述。

选中要调整的图像，选择“滤镜”|“调整颜色”|“色相/饱和度”命令，弹出“色相/饱和度”对话框，在对话框中拖动滑块以调整图像颜色，如图4-144所示。

预览效果，单击“确定”按钮，最终效果如图4-145所示。

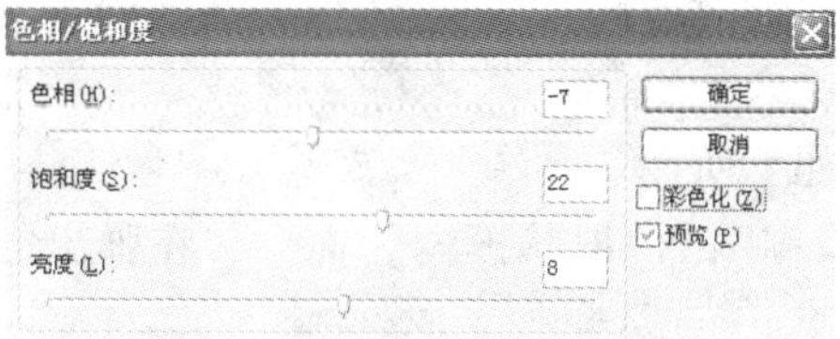

图4-144 “色相/饱和度”对话框

图4-145 调整色相和饱和度后的图像

选择“彩色化”复选框时，“色相”和“饱和度”滑块的值范围将发生变化，可以将RGB图像更改为双色调图像或将一个灰度图像变成彩色图像。

7. 反转图像

利用反转图像的功能，可以将图像中的每种颜色更改为它在色轮中的反向颜色。例如，将该滤镜应用于红色对象（R=255, G=0, B=0），会将其颜色更改为浅蓝色（R=0,

G=255, B=255)，其效果类似于图像底片。操作方法为：选中要反转的图像，选择“滤镜”|“调整颜色”→“反转”命令即可，如图 4-146 所示。

图 4-146　图像反转后的效果

8. 通过混合来更改颜色

当混合颜色时，颜色会添加到对象的顶层。将颜色混合到现有对象中与使用“色相/饱和度”相似。不过，混合操作可以快速应用颜色样本面板中的特定颜色。

操作方法描述如下。

① 选中要混合的图像，选择“滤镜”|“调整颜色”|“颜色填充”命令，弹出“混合模式”对话框。

② 选择一种混合模式，默认值为“正常”，用颜色选择器选择填充颜色，设置不透明度，如图 4-147 所示。

③ 预览效果，按 Enter 键，其效果如图 4-148 所示。

图 4-147　设置混合模式选项

图 4-148　混合后的效果

9. 通过滤镜对图像进行模糊处理

模糊图像就是柔化所选图像的焦点，使选中的图像区域变得模糊，产生朦胧的效果。在“滤镜”菜单中的“模糊”选项下提供了“模糊”、“进一步模糊”、“高斯模糊”、“运动模糊”、“放射状模糊”和“缩放模糊”6 种效果。

“进一步模糊”，其模糊效果大约是“模糊”的 3 倍；“高斯模糊”，对每个像素应用加权平均模糊处理以产生朦胧效果；“运动模糊”，产生图像正在运动的视觉效果；“放射状模糊”，产生图像正在旋转的视觉效果；“缩放模糊”，产生图像正在朝向观察者或远离观察者移动的视觉效果。

以“放射状模糊”为例，其操作方法如下所述。

选中要处理的图像，选择“滤镜”|“模糊”|“放射状模糊”命令，在弹出的对话框中设置模糊参数，如图 4-149 所示。

其中，品质值越大，模糊效果中原始图像的重复性越低。数量值越大，模糊效果越明显。其最终模糊效果如图 4-150 所示。

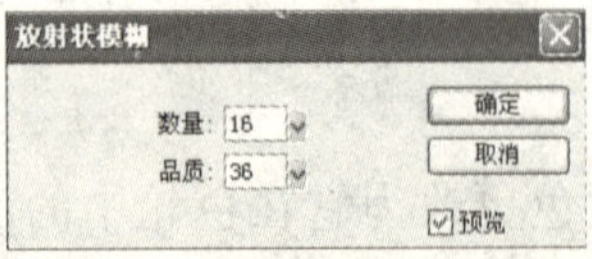

图 4-149　“放射状模糊”对话框

图 4-150　放射状模糊后的图像

10. 锐化图像

使用“锐化”选项可校正模糊图像，使图像边缘更清晰，它是通过图像中颜色的对比度来完成的。在“滤镜”菜单中的“锐化”选项下提供了“锐化”、“进一步锐化”和“锐化蒙版”3 种效果。

“锐化”通过增大邻近像素的对比度，对模糊图像的焦点进行调整；“进一步锐化”将邻近像素的对比度大约增大到“锐化”的 3 倍；“锐化蒙版”通过调整像素边缘的对比度来锐化图像，该选项提供了最多的控制，因此它通常是锐化图像时的最佳选择。

以“锐化蒙版”为例，其操作方法描述如下。

选中要处理的图像，选择“滤镜”|“锐化”|“锐化蒙版”命令，在弹出的对话框中设置锐化参数，如图 4-151 所示。

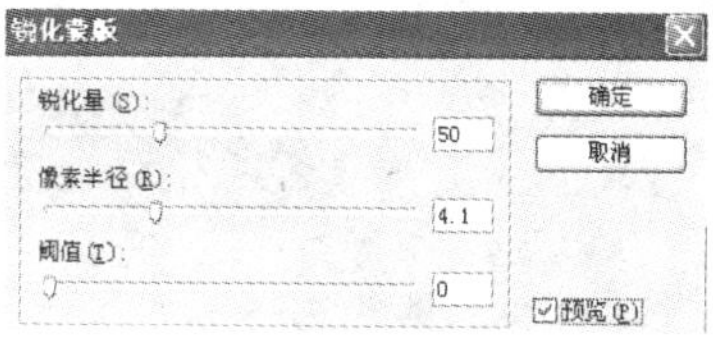

图 4-151　“锐化蒙版”对话框

“锐化量”用于调整锐化强度；“像素半径”用于调整锐化时的边缘宽度，增大半径将围绕每个像素边缘产生更大区域的鲜明对比度；“阈值”用于调整色级，增大阈值将只锐化图像中具有较高对比度的像素，如果减小阈值，则具有较低对比度的像素也在锐化范围内。锐化后的图像效果如图 4-152 所示。

11. 将图像转换成透明图像

在 Fireworks CS 4 中，可使用 Alpha 通道来保存图像的颜色信息，根据图像的透明度，对对象作透明化处理，透明程度由图像颜色分布来决定。其操作方法为：选中图像，选择“滤镜”|“其他”|“转化为 Alpha”命令即可，如图 4-153 所示。

12. 将位图转变为素描

通过识别图像中的颜色过渡情况，并将它们转变成线条，来制作图像素描效果。其操作方法为：选中图像，选择“滤镜”|“其他”|“查找边缘”命令，效果如图 4-154 所示。

图 4-152　锐化后的图像效果

图 4-153　转换为 Alpha 透明图像

图 4-154　查找图像边缘

任务 7　Fireworks CS 4 应用实例

掌握特效按钮的制作方法和设计流程；掌握简单动画的制作方法和设计流程；掌握弹出式菜单的制作方法和设计流程。

活动 1　制作特效按钮

按钮是一种特殊的元件，用作网页的导航元素。几乎任何图形或文本对象都能成为一个按钮。可以使用“属性”面板轻松编辑按钮。

1. 创建按钮

创建按钮的方法如下所述。

（1）新建文件，设置文件大小为 600 px × 100 px，画布颜色为白色。在画布上右击，选择“插入新按钮”选项，进入按钮编辑器，如图 4-155 所示。按钮最多有 4 种不同的状态：弹起、滑过、按下和按下时滑过，每种状态都表示该按钮在响应鼠标事件时的外观。

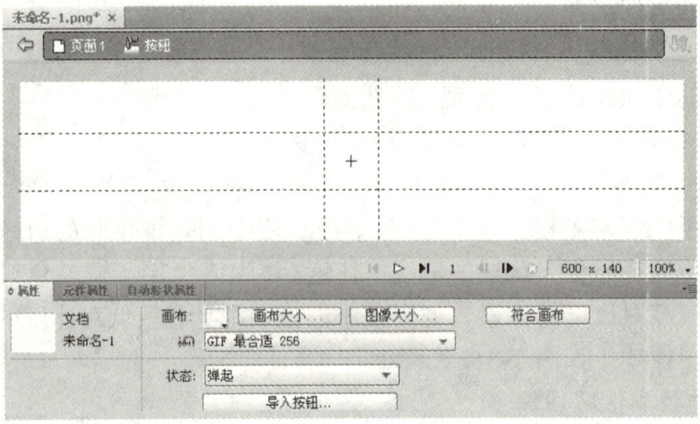

图 4-155　按钮编辑器

◆ 弹起：按钮的默认外观。
◆ 滑过：当鼠标指针滑过按钮时该按钮的外观。此状态提醒用户单击时很可能会引发一个动作。
◆ 按下：按钮被按下时的外观。
◆ 按下时滑过：在鼠标指针再次触摸到该按钮时，按钮显示的外观。

（2）选择工具面板上的“矩形”工具，设置笔触和填充颜色，在按钮编辑器上绘制“弹起”状态下的按钮，并设置按钮属性及效果，如图 4-156 所示。

（3）选择工具面板上的“文本”工具，然后在按钮编辑器窗口单击，输入文字“后台管理”，并设置字体为隶书，颜色为白色，字号为 20，其最终效果如图 4-157 所示。

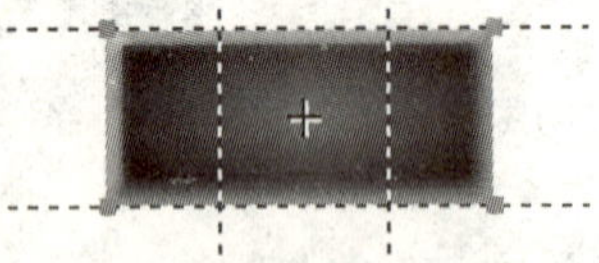

图 4-156　绘制“弹起”状态的按钮

图 4-157　为按钮添加文字

（4）复制“弹起”状态下的矩形按钮和文字，选中“滑过”状态，执行粘贴操作（按快捷键 Ctrl + V），修改矩形按钮和文字外观，将文字颜色改为黄色，字号为 24，如图 4-158 所示。

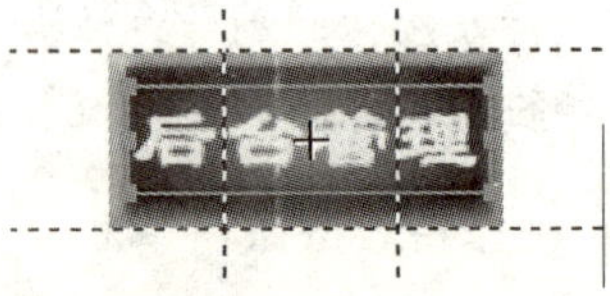

图 4-158　绘制和设置“滑过”状态按钮

(5) 使用同样的方法，分别设置“按下”和“按下时滑过”状态的矩形按钮和文字外观。

(6) 设置完毕，返回页面，观察其效果，如图4-159所示。

图 4-159 按钮的最终效果

2. 为按钮添加超级链接

为按钮添加超级链接的方法与为热点和切片添加超级链接一样，具体操作方法如下所述。

(1) 选中按钮，在“属性”面板的“链接”文本框中输入需要链接到的目标 URL 地址（如 http://www. tute. edu. cn/admin），或者从下拉列表框中选择现有的链接地址。

(2) 在“替代”文本框中输入描述图片的文本，其作用是：一旦浏览器无法显示图像时，将会在图像的位置显示替代文本，或者让用户了解当图像正在下载时显示的内容（如“后台管理”），如图 4-160 所示。

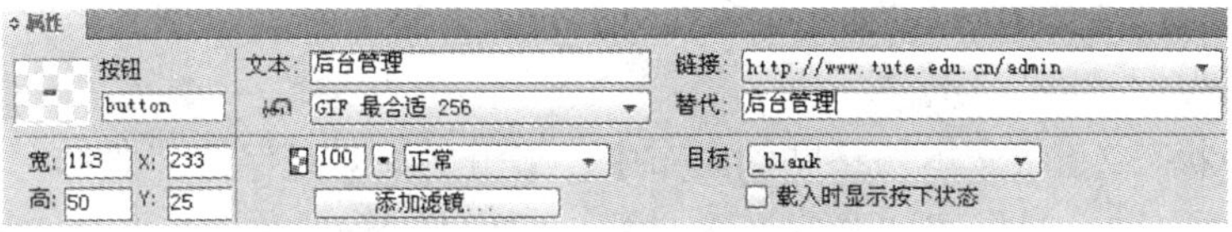

图 4-160 为按钮添加超级链接

(3) 在“目标”下拉列表框中，指定打开链接页面的目标窗口。

(4) 按钮制作完成后，按 F12 键，可以快速在浏览器中预览效果，如图 4-161 所示，因为设置了超级链接，所以当单击此按钮时，会链接到目标网页。

图 4-161 默认状态和滑过状态

(5) 导出按钮。利用制作按钮的方法，还可以制作网站的导航栏。

活动 2 制作动画效果

在 Fireworks 中，可以创建能够移动的横幅广告、徽标和卡通形象等动画图形。Fireworks 可以将动画作为 GIF 文件或 SWF 文件导出，同时也可以将 Fireworks 动画直接导入到 Flash 中作进一步编辑。

制作动画的操作方法如下所述。

(1) 新建文件，设置文件大小为 300 px × 120 px，画布颜色为白色。

(2) 选择工具面板中的“文本”工具，在画布中央输入“欢迎光临”字样，字体为幼圆，字号为 50，字色为黑色，并为文字添加“光晕”滤镜，如图 4-162 所示。

图 4-162 设置文字属性及滤镜效果

（3）选择“窗口”|“状态”命令，打开“状态”面板，如图 4-163 所示，单击“状态”面板右下角的“新建/重制状态”图标，创建 8 个状态，并将每个状态的延迟时间设置为 20 毫秒，如图 4-164 所示。

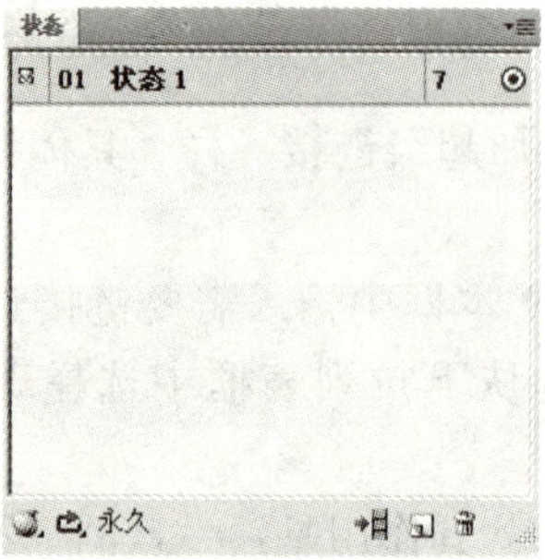

图 4-163　“状态”面板

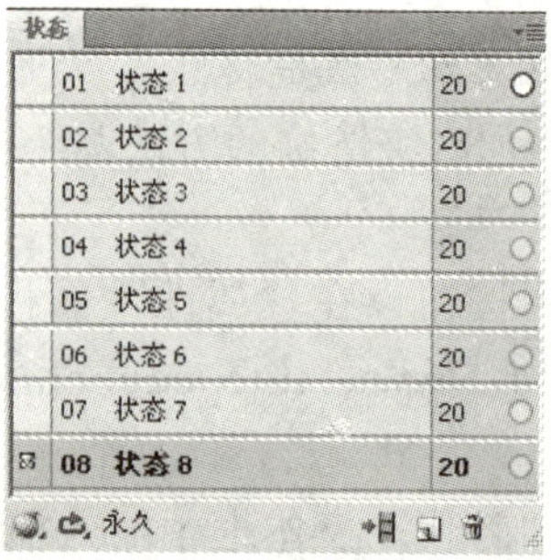

图 4-164　添加状态

（4）单击状态 1 选中该状态，选择画布中的文本块，将其复制到剪贴板，然后删除“迎光临”，只保留“欢”字。

（5）选中状态 2，将文本块粘贴到画布中，编辑文本，只保留“欢迎”字样。用同样的方法，编辑状态 3，只保留“欢迎光”字样。选中状态 4，将剪贴板上的内容粘贴到画布中。

（6）将状态 1 的内容复制到状态 5，并设置文本颜色为“#CC6600”。

（7）将状态 2 的内容复制到状态 6，设置“欢”和“迎”字的颜色，分别为“#CC6600”和“#CC0000”。

（8）将状态 3 的内容复制到状态 7，设置“欢”、“迎”和“光”字的颜色，分别为“#CC6600”、“#CC0000”和“#FF6600”。

（9）将状态 4 的内容复制到状态 8，设置“欢”、“迎”、“光”和“临”字的颜色，分别为“#CC6600”、“#CC0000”、“#FF6600”和“#FF0000”，如图 4-165 所示。

（10）在“状态”面板中选中状态 1，然后单击文件窗口右下方状态栏中的“播放”按钮，在画布中观看动画效果。

（11）选择工具面板中的“指针”或“部分选定”工具，在“属性”面板中指定文件的导出类型，选择“动画 GIF 接近网页 128 色”，如图 4-166 所示。

图 4-165　最终的文本效果

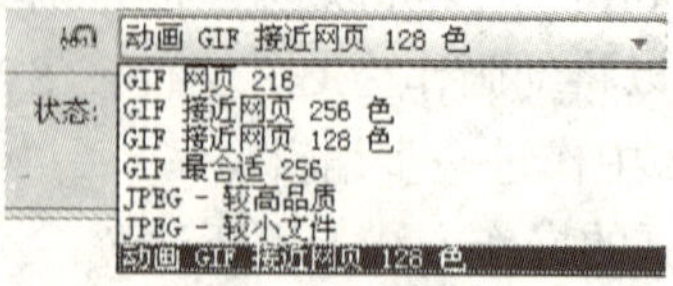

图 4-166　指定导出类型

（12）选择“文件”|“导出”命令，打开“导出”对话框，设定要导出动画文件的路径和文件名，如图 4-167 所示，单击“保存”按钮，一个类似打字效果的简单动画制作完毕。

图 4-167　导出动画文件

在图片查看器中打开 GIF 文件，浏览其动画效果。

活动 3　制作弹出式菜单

当用户将指针移到具有触发功能的 Web 对象（如切片或热点）上或单击此类对象时，浏览器中将显示弹出菜单。每个弹出菜单项都显示为 HTML 或图像单元格。单元格包含“弹出”状态、“滑过”状态及两种状态中的文字。可以将 URL 链接附加到弹出菜单项以方便导航，还可以在弹出菜单中创建任意多级子菜单，图 4-168 所示为具有两级菜单的弹出菜单。

图 4-168　弹出菜单

制作弹出式菜单的操作方法如下所述。

（1）新建文件，在画布中绘制一个 116 px×30 px 的圆角矩形，填充色为“#CCCCCC”，并为其添加内斜角和投影滤镜效果，如图 4-169 所示，在矩形里输入文字“网页制作”，设置文字字体为幼圆，颜色为“#000033”，字号为 24，如图 4-170 所示。

图 4-169　设置圆角矩形属性及滤镜效果

图 4-170　添加文字

（2）单击工具面板中的“切片”工具，在“网页制作”上绘制一个大小和圆角矩形一样的切片，如图 4-171 所示。

（3）在切片上右击，在弹出的菜单中选择“添加弹出菜单”命令，打开“弹出菜单编辑器”对话框，如图 4-172所示。

图 4-171　绘制切片

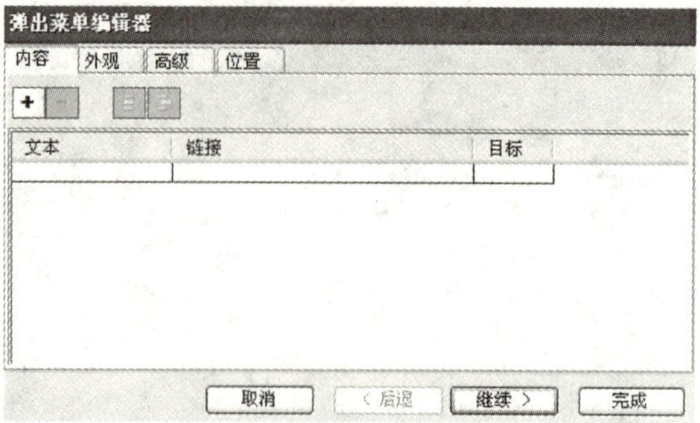

图 4-172 “弹出菜单编辑器”对话框

（4）在弹出的菜单编辑器中编辑菜单，在“文本”和“链接”框内分别输入菜单的名称和链接的地址，并选择“目标”窗口。单击“添加菜单”按钮➕可添加菜单项，单击“缩进菜单”按钮可将选中菜单设置为上一级菜单的子菜单项，设置完成的菜单内容如图 4-173所示。

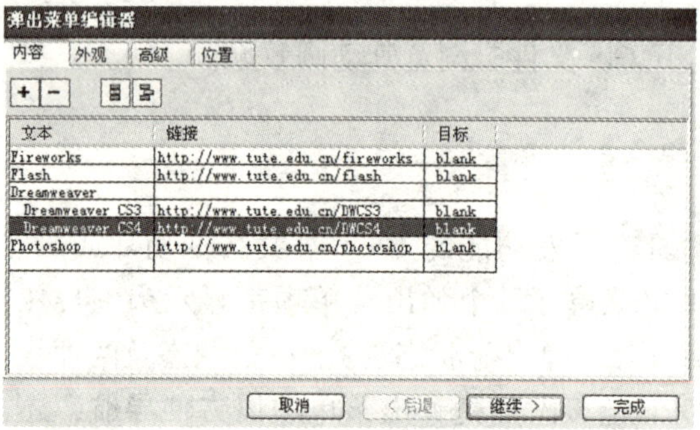

图 4-173 添加菜单及子菜单项

（5）单击“继续”按钮，进入弹出菜单的外观编辑器，可以设置菜单单元格为文本或图像格式，选择菜单的显示方式：垂直或水平，也可以设置菜单中文字的相关属性，还可以设置菜单在弹起和滑过时的状态，在预览窗口中查看效果，如图 4-174 所示。

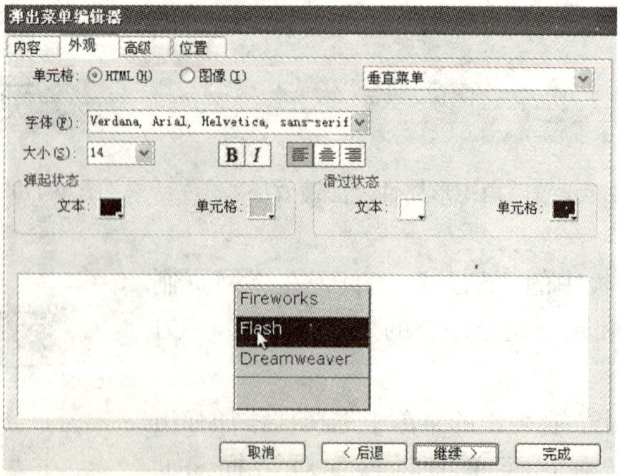

图 4-174 设置弹出菜单外观

（6）单击“继续”按钮，进行弹出菜单的高级设置，包括单元格的宽度、高度、边距、间距及边框等属性，如图 4-175 所示。

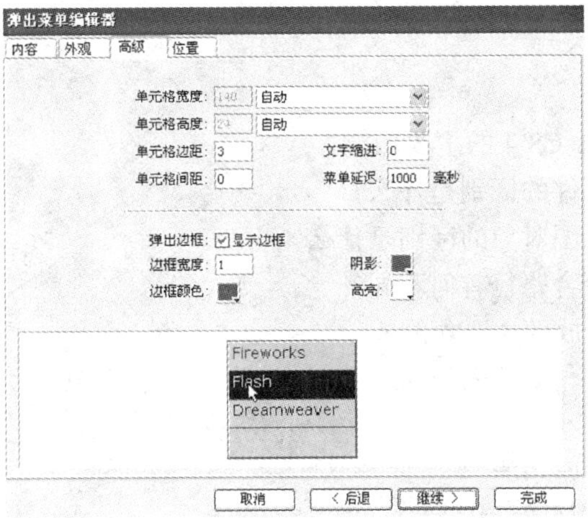

图 4-175　设置弹出菜单高级选项

（7）再次单击“继续”按钮，设置弹出菜单的位置，在菜单位置区域单击图标，将菜单的位置设置到切片的底部，在子菜单位置区域单击图标，将子菜单的位置设置到菜单的右上部，如图 4-176 所示。

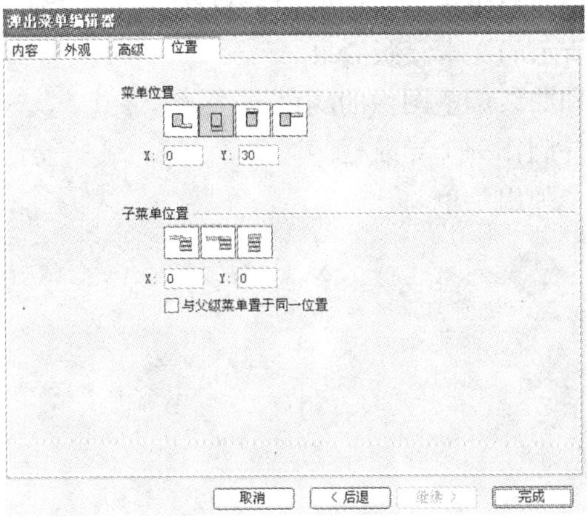

图 4-176　设置弹出菜单位置

（8）设置完毕后单击“完成”按钮，在文件窗口中查看其效果，如图 4-177 所示。当鼠标指针移动到蓝色的空白框上时，就会变成小手的形状，单击此处，可以拖动菜单到合适的位置，双击此处，可以编辑弹出菜单。

（9）选择“文件”|“导出”命令，导出弹出菜单，在浏览器中浏览该菜单，其效果参见图 4-168。

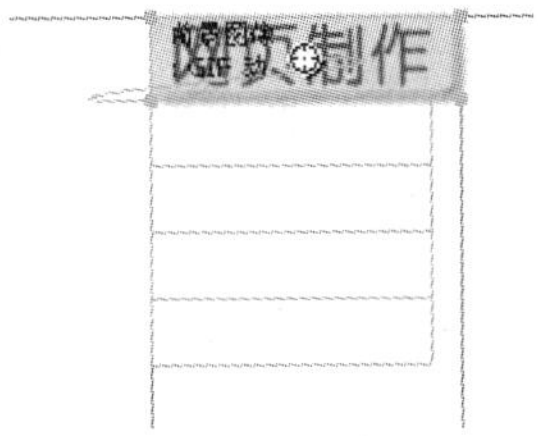

图 4-177　设置完成的弹出菜单

任务8　练习与实践

活动1　练习

（1）列举 Fireworks CS 4 的主要功能。

（2）打开与导入文件的区别是什么？

（3）矢量对象与位图对象的区别是什么？

（4）开口路径和闭合路径有何不同？

（5）简述9切片缩放的主要功能。

（6）简述图像映射与切片的异同。

（7）如何导出切片？

（8）简述蒙版的主要功能。

活动2　实际演练

（1）使用“智能多边形”工具绘制至少3种多边形，熟悉“智能多边形”工具的使用方法。

（2）练习将路径转换为选区，将文字附加到路径。

（3）练习“9切片缩放”工具的使用方法。

（4）利用羽化和滤镜对对象进行模糊处理，观察它们的区别。

（5）创建图4-118所示的文本蒙版效果。

（6）练习使用色阶和曲线调整图像的颜色。

（7）利用按钮设计并制作一个导航栏。

（8）设计并制作一个弹出菜单。

学习情境5　Flash CS 4

情境描述

本情境让学生了解 Flash CS 4 软件的概况；学会 Flash CS 4 的基本操作方法；熟悉绘图工具、层、时间轴与帧、元件与库的操作；熟悉位图、声音与视频在 Flash CS 4 软件中的使用；熟悉 Flash ActionScript 基础和电影的导出与发布，掌握各类动画的制作，为全面掌握软件打下坚实基础。本情境参考学时 18 学时。

教学目标

1. 能力目标
   - ◆ 能进行 Flash CS 4 的各类操作。
   - ◆ 能进行各类 Flash 动画的制作。
2. 知识目标
   - ◆ 掌握 Flash 的各类理论基础知识。
   - ◆ 熟悉 Flash 中的各类专业术语。
3. 素质目标
   - ◆ 锻炼学生自主学习、举一反三的能力。
   - ◆ 培养学生严谨务实的工作作风。

工作任务

任务 1　Flash CS 4 初识

任务 2　Flash CS 4 的基本操作

任务 3　工具箱的使用

任务 4　层、时间轴与帧

任务 5　元件与库

任务 6　位图、音频与视频

任务 7　ActionScript 基础

任务 8　电影的导出与发布

任务 9　逐帧动画的制作

任务 10　形变动画的制作

任务 11　文字补间动画的制作

任务 12　遮罩动画的制作

任务 13　脚本动画的制作

任务 14　练习与实践

教学策略与教学方法总体考虑

讲授法、案例驱动法、操练法

教学手段

多媒体课件、案例、实训

设备、工具和材料

计算机、Flash CS 4 软件

教学效果评价

课堂提问（10%）、作业（10%）、任务考核（30%）、实训（30%）、作品（20%）

参考资料

宗思生，胡仁喜，熊慧 . Flash CS 4 入门与提高实例教程 . 北京：机械工业出版社，2009.

杨珊 . 征服 Flash CS 4 中文版完全实战学习手册，北京：科海电子出版社，2009.

任务 1　Flash CS 4 初识

本任务介绍 Flash CS 4 的应用领域，工作界面的操作，Flash CS 4 的新特性和动画制作的相关专业知识。

活动 1　Flash 的应用领域介绍

Flash 是目前交互式矢量图和 Web 动画的标准。Flash 是一个以矢量对象为主要动画元素，并结合位图对象、音频对象、视频对象和 Flash ActionScript 脚本进行 Flash 动画创作的专业化程度极高的应用软件。利用它创作的 Flash 动画具有文件体积小，放大后永不失真、交互性强和便于控制等优点。

Flash CS 4 是由 Adobe 公司开发的，它与 Adobe Fireworks CS 4 和 Adobe Dreamweaver CS 4 被人们称为“网页三剑客”。在 Flash CS 4 中，可以方便地创建逐帧动画、形变动画、色彩动画、遮罩动画、运动动画和脚本动画等。Flash CS 4 的大致应用领域包括以下几个方面。

（1）网站动画。在早期的网站中只有一些静态的图像和文字，页面有些呆板。使用 Flash 还可以加载音乐，而且 Flash 的动画效果非常好。现在的网页越来越多地使用 Flash 动画来装饰页面，如使用 Flash 制作网站 Logo 与 Flash Banner 条等。

（2）片头动画。片头动画通常用于网站的引导页面，具有很强的视觉冲击力。好的 Flash 片头，往往会给用户留下很深的印象，这样可以更好地吸引用户，增强网页的感染力。

（3）Flash 广告。Flash 广告动画一般会采用很多电视媒体制作的表现手法，而且短小、精悍，适合于网络传输。广告形式非常好。

（4）Flash 动漫与 MTV。Flash 非常适合于制作漫画，再配上合适的音乐，加强吸引力。此外，使用 Flash 制作 MTV 已经逐步商业化，唱片公司开始推出使用 Flash 技术制作的 MTV。

（5）Flash 贺卡。Flash 制作的贺卡互动性强、表现形式多样、文件体积小，可以更好地表达亲人、朋友的亲情和友情。

（6）Flash 游戏。Flash 是一款优秀的多媒体编辑工具，可以实现动画、声音的交互，可以制作寓教于乐的 Flash 小游戏。

（7）Flash 网站。Flash 具有良好的动画表现力和强大的后台技术，并支持 HTML 与网页编程语言的使用。Flash 制作网页，优势很强。

（8）多媒体光盘。过去的多媒体光盘通常使用 Director 软件完成，现在可以使用 Flash 制作。

（9）教学课件。使用 Flash 制作教学课件可以很好地表达教学内容，增强学生的学习兴趣。

（10）手机应用。通过 Flash 可以制作出很多的手机应用动画，有 Flash 手机屏保、Flash 手机主题、Flash 手机游戏及 Flash 手机应用工具等。

活动 2　Flash CS 4 的工作界面的熟悉

Flash CS 4 的工作界面主要有标题栏、菜单栏、快捷工具栏、工具箱、“属性”面板、时间轴、舞台和浮动面板等，如图 5-1 所示。

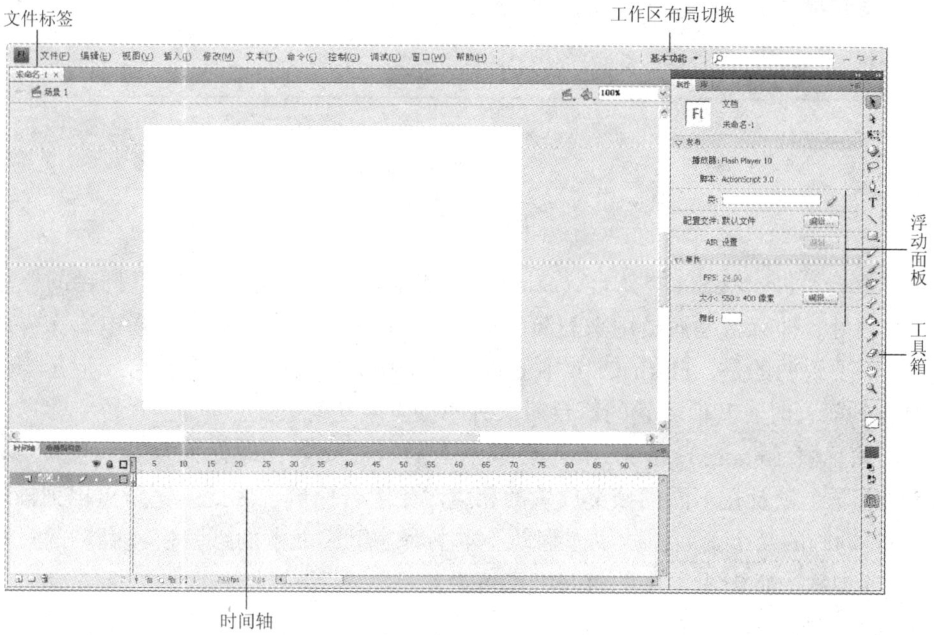

图 5-1　Flash CS 4 的工作界面

与旧的版本不同，Flash CS 4 中增加了很多的工作区布局视图模式。其中包括了喜欢旧版本的用户使用的传统模式，适合脚本开发人员使用的开发模式和调试模式，适合动画制作的动画模式，还有适用于设计人员使用的设计模式等。其切换方式是在工作区布局切换处单击，在打开的下拉菜单中进行选择和切换。

活动3　动画制作的相关概念学习

在正式学习 Flash 动画之前，首先介绍几个有关 Flash 动画制作的概念。

（1）电影。在 Flash CS 4 中，一般将 Flash 动画的源文件称为电影（Movie），这就好像一般将 Word 中的文档称为文件一样。在本书后续的叙述中，能经常见到类似“新建电影”、“修改当前电影的属性（参数）”等描述。

（2）场景。在进行 Flash 动画创作时，有时为了创作的方便和叙述电影情节的需要，往往把整部电影按照一定的次序划分成不同的时间段或故事情节区间，此时就可以把类似上述的时间段或故事情节区间称之为 Flash 动画的场景（Scene），其理论模型如图 5-2 所示。

在 Flash CS 4 中，可以根据创作的实际需要随意地添加、复制、移动、修改与删除场景。Flash 动画在播放时，默认的播放顺序是按照场景被创建的先后顺序依次播放，若需修改动画的播放次序，需要使用 ActionScript 的相关语句进行控制。

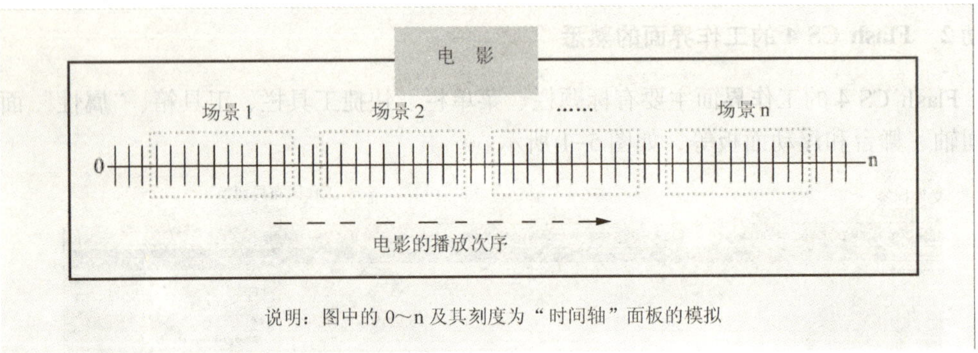

图 5-2　场景的理论模型

（3）舞台。Flash CS 4 中舞台（Stage）的概念与现实生活中剧院里舞台的概念有一定的相似之处，即舞台是演员用来表演的地方。Flash CS 4 中的舞台特指电影文件的有效工作区。需要说明的是，Flash CS 4 中的每个场景均分别对应着一个舞台。但是当修改场景 A 对应的舞台时，其他场景的舞台对象并不会发生任何改变。

（4）帧。帧（Frame）是 Flash 电影最基本的组成元素，即任何复杂程度的 Flash 动画都是由若干个帧及在不同的帧上放置的相应对象组合而成。因此，完全可以把帧理解为组成 Flash 动画的某个画面，如快速翻动一本书时，组成书本的纸张快速翻动的过程即可看作是一个动画，此时书本中的每张纸即可看作是一个“帧”。

与胶片一样，Flash CS 4 文件也将时长分为帧。在时间轴中，使用这些帧组织和控制文件的内容。在时间轴中放置帧的顺序将决定帧内对象在最终内容中的显示顺序。

关键帧主要用于存放元件的实例及 ActionScipt 代码。还可以创建空白关键帧用作待添加的元件的占位符，或者显示将该帧为空。

与旧的 Flash 版本不同的是，Flash CS 4 中还有一种帧叫作属性关键帧，属性关键帧可以在其中定义对对象属性的更改以产生动画。Flash 能自动填充属性关键帧之间的属性值，以便生成流畅的动画。通过属性关键帧，不用画出每个帧就可以生成动画，因此，属性关键帧使动画的创建更为方便。

包含补间动画的一系列帧称为补间动画。补间帧是作为补间动画的一部分的任何帧。静态帧则是不作为补间动画的一部分的任何帧。

任务2 Flash CS 4 的基本操作

在本任务中，主要学习 Flash CS 4 的系统设置、电影文件的创建及修改其他操作等内容。通过本任务的学习，应该熟练掌握有关系统设置的内容及其方法，电影文件的创建、修改、保存与打开，以及外部对象的置入等操作。

活动1 Flash CS 4 的系统设置

在正式使用 Flash CS 4 之前，一般都需要对 Flash CS 4 的系统参数做一定程度的修改与调整，其方法是选择“编辑”|“首选参数”命令（按快捷键 Ctrl+U）。执行上述菜单命令后，将打开如图 5-3 所示的“首选参数”对话框。

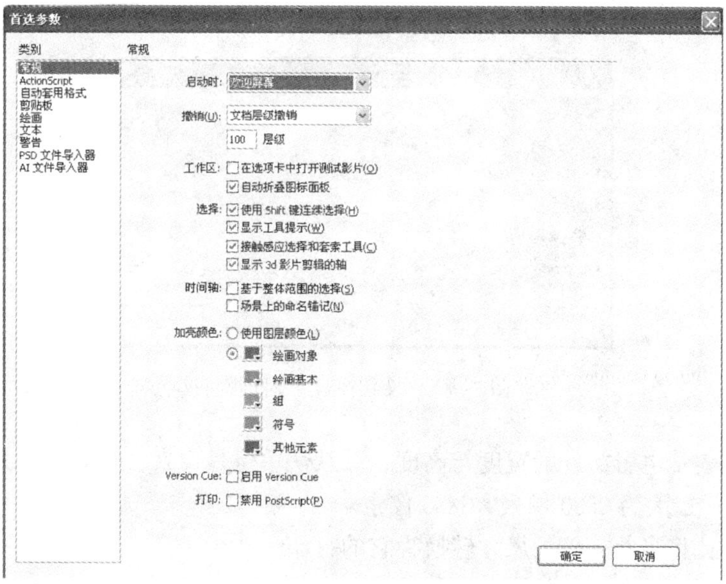

图 5-3 “首选参数”对话框

在该对话框中，常规、ActionScript、自动套用格式、剪贴板、绘画、文本、警告、PSD 文件导入器及 AI 文件导入器 9 个标签可设置的内容分别如下所述。

- ◆ 常规：Flash CS 4 中一些常规操作的个性化设置。
- ◆ ActionScipt：Flash CS 4 中“行为”面板的个性化设置。
- ◆ 自动套用格式：ActionScript 代码编写时的格式设置。
- ◆ 剪贴板：Flash CS 4 中位图、渐变色和 FreeHand 文本等对象的设置。
- ◆ 绘画：可以设置绘画设置来指定对齐、平滑和伸直行为。
- ◆ 文本：设置软件默认的文本相关设置。
- ◆ 警告：用于当将电影另存为 Flash 8 格式时，哪些情况会弹出警告对话框。

◆ PSD 文本导入器：对 Photoshop 文件的导入进行具体设置。

◆ AI 文件导入器：对 Illustrator 文件的导入进行相关设置。

活动 2　电影的创建及其修改

在 Flash CS 4 中，电影文件的创建可选用以下方法中的任意一种。

（1）选择“文件”|“新建”命令（按快捷键 Ctrl + N）或单击快捷工具栏上的“新建”按钮。

（2）选择“文件”|“从模板新建”命令，并在打开的“新文档”对话框中选择模板的类型，之后确定当前选择即可。

电影文件的修改，可选择以下 4 种方法中的任意一种。

（1）单击“属性”面板上的“大小”选项右侧的“编辑”按钮编辑...。

（2）选择“修改”|“文档”命令（按快捷键 Ctrl + J）。

（3）在舞台的空白区域右击并在弹出的快捷菜单中选择“文档属性”命令。

选用上述电影文件的修改方法中的任意一种均可打开如图 5-4 所示的“文档属性”对话框，在该对话框中，各参数的含义分别如下。

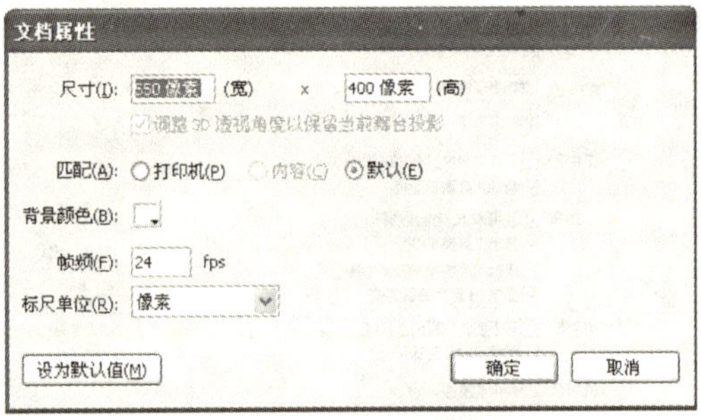

图 5-4　“文档属性”对话框

◆ 尺寸：表示电影文件的宽度与高度，其默认单位是像素（Pixel）。最小为 1 像素 × 1 像素；最大为 2880 像素 ×2880 像素。

◆ 打印机：将当前文件的尺寸转换为它的打印尺寸。

◆ 内容：使文件舞台上的对象与舞台的当前尺寸相匹配，若将舞台上的对象的坐标设置为（0，0），则单击该按钮后舞台的尺寸将和舞台上对象的最大尺寸完全相等。

◆ 默认：将当前文件的宽度与高度设为系统默认的尺寸（系统的默认尺寸由该对话框中的“设为默认值”按钮设定）。

◆ 背景颜色：表示电影文件舞台区域的背景颜色。

◆ 帧频：表示电影文件每秒钟播放动画的帧数，其单位是 fps。对于大多数计算机显示的动画，特别是网站中播放的动画，8～15 fps 就足够了。更改帧速率时，新的帧速率将变成新文件的默认值。

◆ 标尺单位：表示 Flash CS 4 中与尺寸有关的度量单位（建议使用像素作为单位）。

◆ 设为默认值：表示将当前对话框中的参数设为创建新文件时的默认设置。

活动 3　电影文件的其他操作

电影文件的其他操作主要包含以下 5 个知识点，具体内容如下所述。

（1）打开/打开外部库。打开电影文件的方法可选用以下两种方法中的任意一种。

① 选择“文件”|“打开”命令（按快捷键 Ctrl + O）。

② 单击快捷工具栏上的“打开”按钮。

“打开外部库”命令的作用是仅打开目标文件所在的库而不打开真正的文件，其方法是：选择“文件”|“导入”|“打开外部库”命令（按快捷键 Ctrl + Shift + O）。当需要共享其他电影文件中的库元素而又不想打开该库及其元素所在的文件时，该命令的优势十分明显，同时也很方便简捷。

选择“打开”命令，将打开如图 5-5 所示的“打开”对话框，当选择“作为库打开”命令时，将打开如图 5-6 所示的“作为库打开”对话框。

图 5-5　打开电影文件

图 5-6　打开电影文件所在的库

需要说明的是，Flash CS 4 中的“打开”命令可以打开多种格式的文件，而“作为库打开”命令则只能针对 Flash 的源文件格式* .fla 进行操作，因为除* .fla 格式之外的任何格式的文件都不存在库，所以也就不存在打开库的问题。

（2）保存/另存为/另存为模板。在 Flash CS 4 中，“保存”命令的作用是将当前电影文件保存成* . fla 等格式的文件，“另存为”命令的作用是将当前新建或已经保存过的电影文件另存为其他的某种文件格式。在 Flash CS 4 中，“另存为”命令可以将当前的版本另存为 CS 3 的版本。“另存为模板”命令的作用是将当前* . fla 格式（仅* . fla 格式的文件）的电影文件保存成 Flash CS 4 中的模板文件，以方便下次创建同类电影文件时可通过从模板创建类似的文件。

选择“文件”|“保存”（按快捷键 Ctrl + S）或“另存为”命令（按快捷键 Ctrl + Shift + S），打开如图 5-7 所示的“另存为”对话框，选择“文件”|“另存为模板”命令可打开如图 5-8 所示的“另存为模板”对话框。

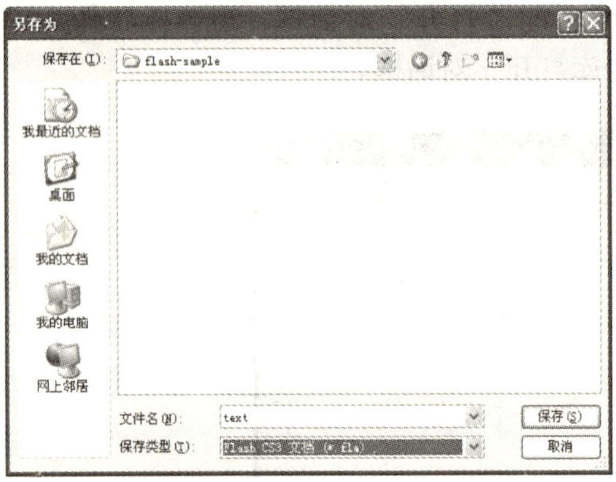

图 5-7 “另存为”对话框

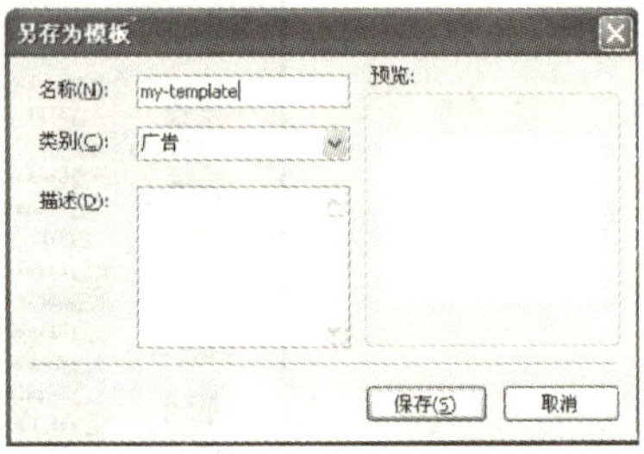

图 5-8 “另存为模板”对话框

（3）导入/导入到库。在 Flash 动画的设计过程中，经常需要将其他软件创建的文件共享到 Flash CS 4 中来以最大限度丰富 Flash 动画的创作手段。若需将其他软件创建的文件（对象）引入到 Flash CS 4 中，可使用“导入”命令，其方法是：选择“文件”|“导入”命令（按快捷键 Ctrl + R）。在 Flash CS 4 中，可导入的文件格式主要有以下几种。

- ◆ * . png：Adobe Fireworks 的源文件格式。
- ◆ * . psd：Adobe Photoshop 的源文件格式。
- ◆ * . ai：Adobe Illustrator 的源文件格式。
- ◆ * . flv：Adobe Flash 视频文件。
- ◆ * . jpg/* . gif：基于 Web 应用的图像文件。
- ◆ * . dxf：AutoCAD 的源文件格式。
- ◆ * . mov：QuickTime 影片文件格式。
- ◆ * . avi/* ，. mpg：Windows 视频文件/MPEG 影片文件。
- ◆ * . mp3/，* . wav/* ，. mp4/* ：音频文件。
- ◆ * . 3gp：适用于移动设置的文件。

选择“导入”命令将某种格式的文件导入到 Flash CS 4 中后，将在 Flash CS 4 的“库”面板中生成一个新的库对象，同时还将在当前电影文件的舞台上生成被导入的对象。

选择“文件”|“导入到库”命令也可实现“导入”命令的大致功用，只是“导入到库”命令仅将被导入的对象导入到当前文件的库中并生成一个新的库对象，但不会在当前电影文件的舞台上生成被导入的新对象。

选择“导入”命令将打开如图 5-9 所示的“导入”对话框，而选择“导入到库”命令则将打开如图 5-10 所示的“导入到库”对话框。

图 5-9　“导入”对话框

图 5-10　“导入到库”对话框

（4）导出影片。“导出影片”命令的作用是将当前电影文件另存为某个类型的文件格式，其方法是：选择“文件”|“导出影片”命令（按快捷键 Ctrl + Alt + Shift + S）。选择该命令后，可在打开的“导出影片”对话框中选择目标导出格式，然后确认，如图 5-11 所示。

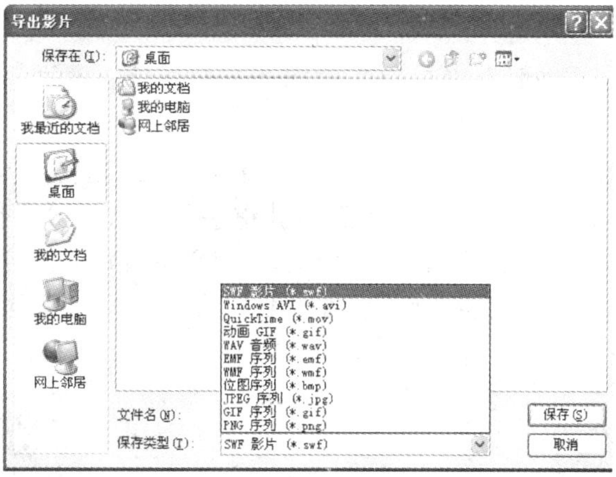

图 5-11　“导出影片”对话框

选择“导出影片”命令可将 Flash 电影文件导出成如下格式（常用）。

◆ * .swf：Flash 电影文件，在 Adobe Flash Player 中播放。

◆ * .mov：QuickTime 电影文件。

◆ * .gif：GIF 格式的动画文件。

◆ * .png：Adobe Fireworks 源文件。

◆ *.avi：Windows 视频文件。

◆ *.ai：Adobe Illustrator 源文件。

◆ *.jpg：静态图片，此时 Flash 动画的每个关键帧均将成为一幅图片。

（5）导出图像。选择“文件”|“导出图像”命令，可将当前电影文件的每个关键帧导出成一幅静态图片（导出成*.swf格式除外），如图 5-12 所示。

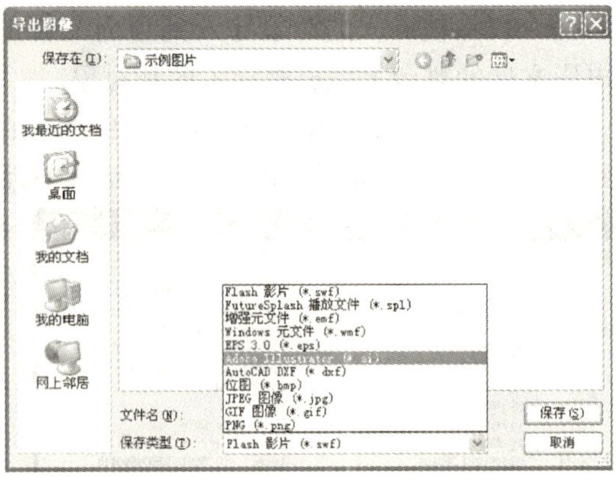

图 5-12 “导出图像”对话框

选择“导出图像”命令可将 Flash 电影文件导出成如下格式（常用）。

◆ *.ai：Adobe Illustrator 源文件。

◆ *.jpg/*，.gif：基于 Web 应用的图像文件。

◆ *.png：Adobe Fireworks 源文件。

任务 3 工具箱的使用

工具箱中各种工具的熟练使用是设计 Flash 动画的前提和基础，因为绝大部分的动画对象都是通过工具箱中的相关工具创建而成。

活动 1 绘图工具的学习

在绘制对象之前，有必要介绍 Flash 中的绘图模式。绘图模式一共有两种：合并绘制模式和对象绘制模式。

合并绘制模式重叠绘制的形状时，会自动进行合并。当绘制在同一图层中互相重叠的形状时，最顶层的形状会截去在其下面与其重叠的形状部分。因此绘制形状是一种破坏性的绘制模式。例如，如果绘制一个圆形并在其上方叠加一个较小的圆形，然后选择较小的圆形并进行移动，则会删除第一个圆形中与第二个圆形重叠的部分，如图 5-13 所示。

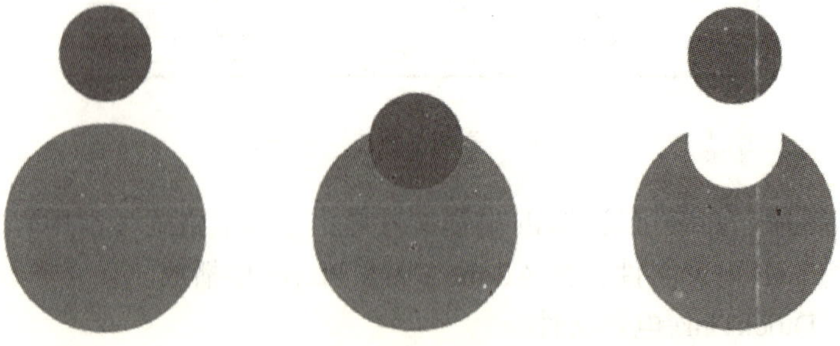

图 5-13 合并绘制模式下的绘图效果

当形状既包含笔触又包含填充时，这些元素会被视为可以进行独立选择和移动的单独的图形元素。如图 5-14 所示。

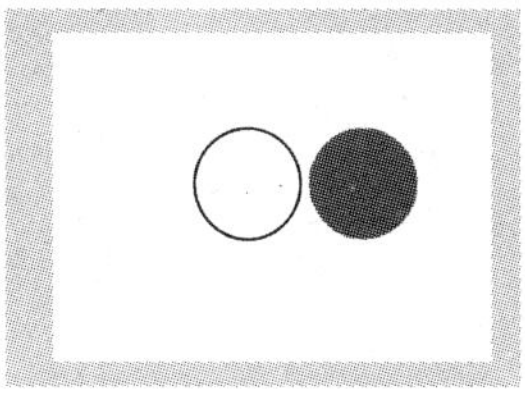

图 5-14　合并绘制模式下的对象可以单独对轮廓和填充进行操作

在选择了绘图工具之后，在工具箱的底部单击“对象绘制”按钮，再进行图形的绘制。而当选择对象绘制模式时，绘制对象是在叠加时不会自动合并在一起的单独的图形对象。这样在分离或重新排列形状的外观时，会使形状重叠而不会改变它们的外观。Flash 将每个形状创建为单独的对象，可以分别进行处理。

当绘图工具处于对象绘制模式时，使用该工具创建的形状为自包含形状。形状的笔触和填充不是单独的元素，并且重叠的形状也不会相互更改。选择用对象绘制模式创建的形状时，Flash 会在形状周围添加矩形边框来标识它，如图 5-15 所示。

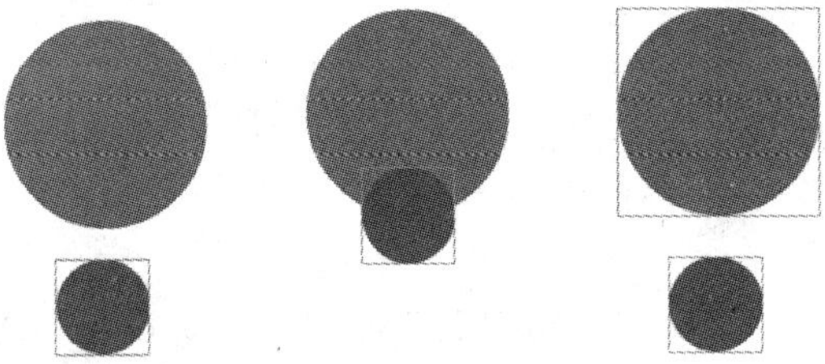

图 5-15　对象绘制模式下的对象是相对独立的

工具箱中的绘图工具主要有绘制简单形状和线段的工具、装饰性绘画工具、3D 图形绘制工具、图形对象的填充和笔触的设置等。

简单形状、线条绘制工具包括“线条”工具、“钢笔”工具、“椭圆”工具、“矩形”工具、“铅笔”工具、“画笔”工具、“多角星形”工具和“刷子”工具等。

装饰性绘画工具是 Flash CS 4 中新增的绘画工具，非常适用于动画制作和创意设计，包括“喷涂刷”工具和 Deco 绘画工具。

3D 图形绘制工具也是新版本中增加的功能之一。这个工具可以通过在舞台的 3D 空间中移动和旋转影片剪辑来创建 3D 效果，具体包括“3D 平移”工具和“3D 旋转”工具两种。

而图形对象的填充和笔触的设置则仍用原来的功能，包括“颜料桶”工具和“墨水瓶”工具。

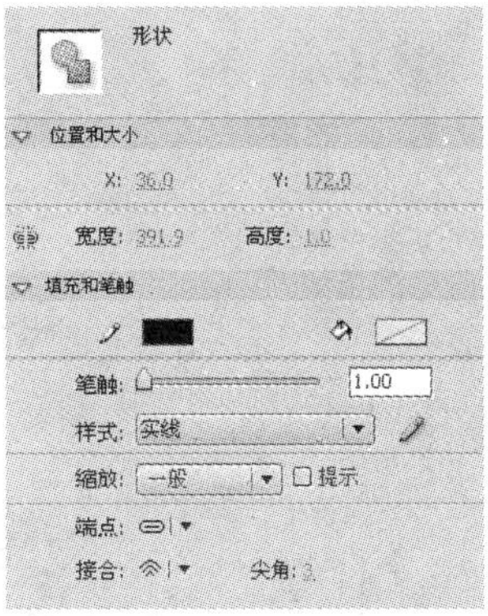

图 5-16　“线条”工具的“属性”面板及其参数

（1）“线条”工具。线条工具主要用来绘制各种各样的线条（绘制水平方向、竖直方向或 45°角方向的线条时须加按 Shift 键），在工具箱中选择线条工具后，其“属性”面板的参数如图 5-16 所示，应用示例如图 5-17 所示。

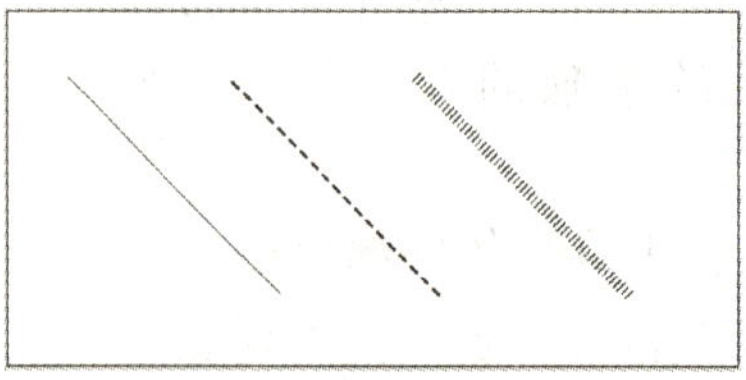

图 5-17　“线条”工具的应用示例

（2）“钢笔”工具。“钢笔”工具主要用来绘制不规则的填充对象或线条，在选择“钢笔”工具后，其“属性”面板的参数如图 5-18 所示，应用示例如图 5-19 所示。

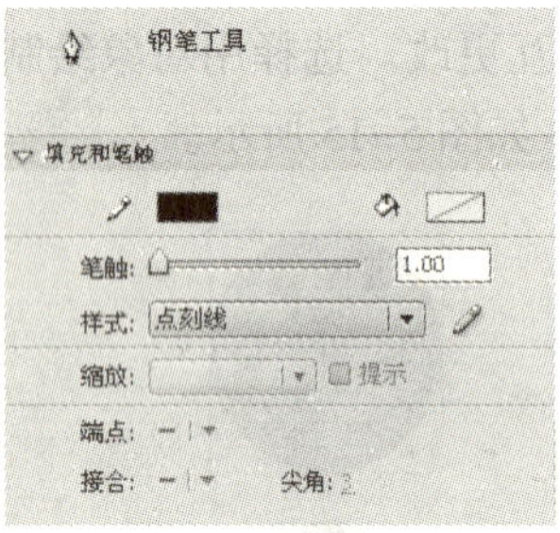

图 5-18　“钢笔”工具的“属性”面板及其参数

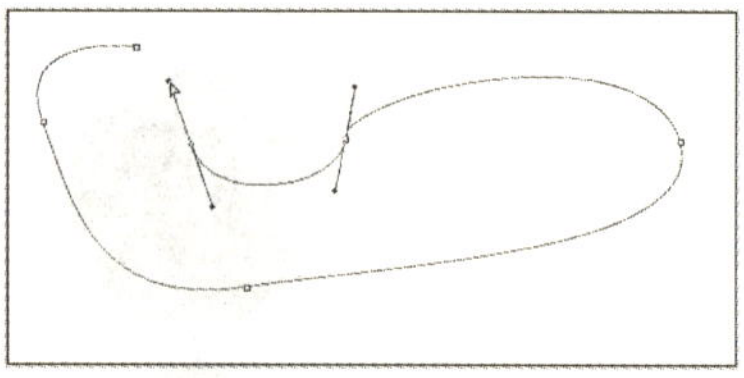

图 5-19　“钢笔”工具的应用示例

在 Flash CS 4 中，除了原来的“钢笔”工具外，还为“钢笔”工具新增了许多辅助工具，如图 5-20 所示。“添加锚点”工具会增加线条上的节点，“删除锚点”工具则会删除已有的节点，“转换锚点”工具则是对节点的类型进行转换。

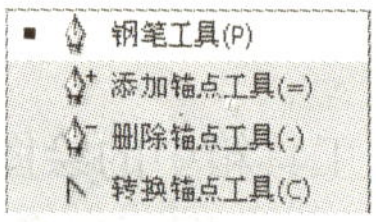

图 5-20　“钢笔”工具的子工具

（3）“椭圆”工具。“椭圆”工具主要用来绘制椭圆或圆，其中绘制圆时须按住 Shift 键，选中“椭圆”工具后，其“属性”面板及其参数如图 5-21 所示，应用示例如图 5-22 所示。

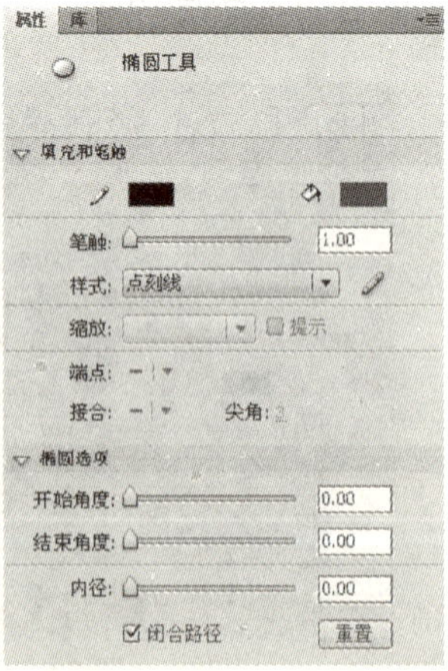

图 5-21　“椭圆”工具的“属性”面板及其参数

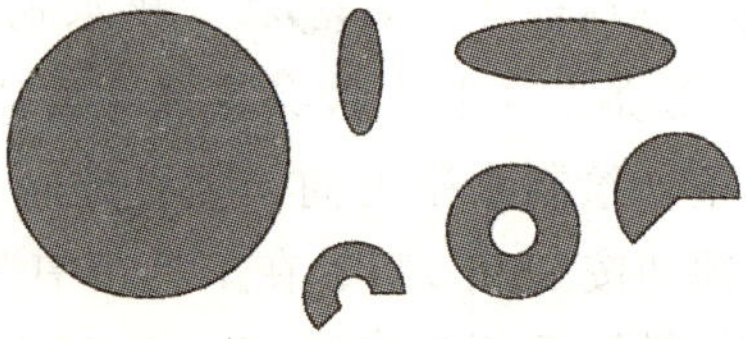

图 5-22　“椭圆”工具的应用示例

（4）“矩形”工具。“矩形”工具主要用来绘制矩形或正方形，其中绘制正方形时须按住 Shift 键，选中“矩形”工具后，其“属性”面板及其参数如图 5-23 所示。通过手动输入“矩形”工具的矩形选项数值，可以设置矩形的圆角半径。

“矩形”工具可以绘制的对象，如图 5-24 所示。

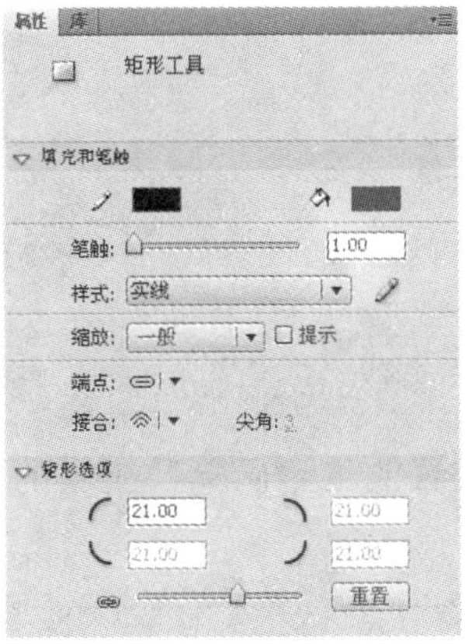

图 5-23　“矩形”工具的“属性”面板及其参数

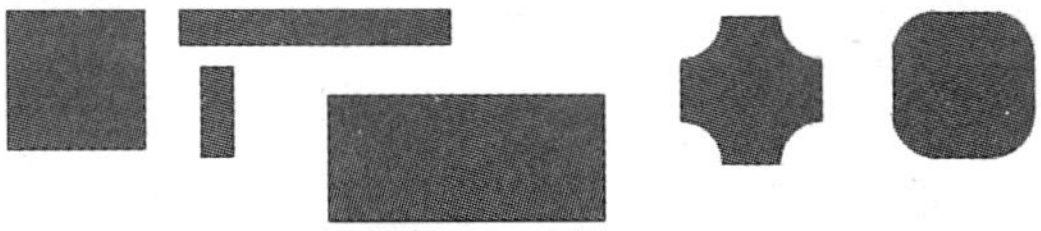

图 5-24　“矩形”工具的应用示例

（5）“基本椭圆”工具和“基本矩形”工具。使用“基本矩形”工具或“基本椭圆”工具与创建矩形或椭圆的方法基本相同，区别在于：与使用对象绘制模式创建的形状不同，Flash 会将形状绘制为独立的对象。基本形状工具可使用属性检查器中的控件，指定矩形的角半径及椭圆的起始角度、结束角度和内径。创建基本形状后，可以选择舞台上的形状，然后调整属性检查器中的控件来更改半径和尺寸。

（6）“铅笔”工具。“铅笔”工具主要用来绘制一些简单的线条。若需绘制水平方向、竖直方向或 45°角方向的直线，同时须按住 Shift 键。在其“选项”的“铅笔模式” 设置中，可对铅笔的绘制模式进行伸直、平滑和墨水 3 种模式的设置。其“属性”面板与应用示例分别如图 5-25 和图 5-26 所示。

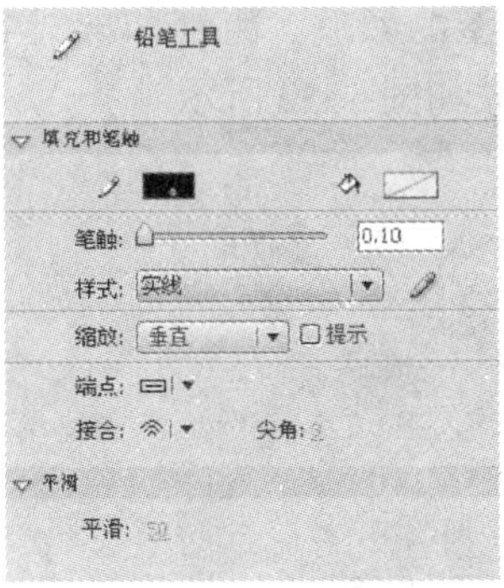

图 5-25　“铅笔”工具的“属性”面板及其参数

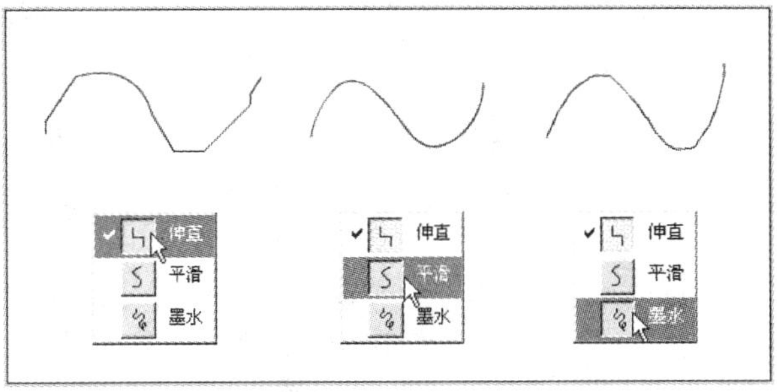

图 5-26　“铅笔”工具的应用示例

（7）“画笔”工具。“画笔”工具主要用来绘制一些线条样式的填充区域，在工具箱面板中选择“画笔”工具后，其“属性”面板及其参数设置如图 5-27 所示。

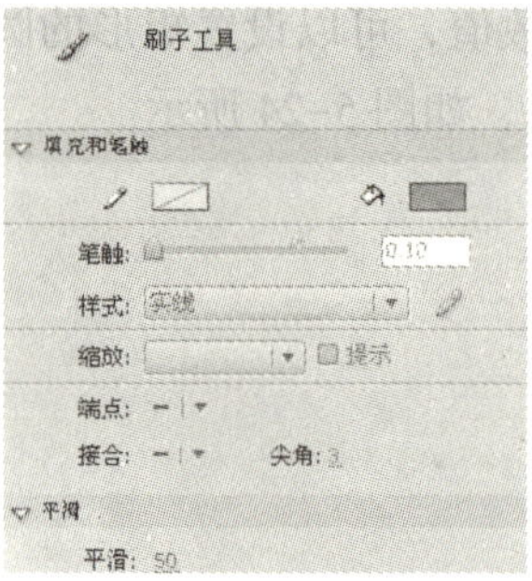

图 5-27 “画笔”工具的“属性”面板及其参数

在“画笔”工具的“选项”设置中，“画笔模式”设置能将“画笔”工具的不同绘制模式充分地展现出来，其应用实例如图 5-28 所示。

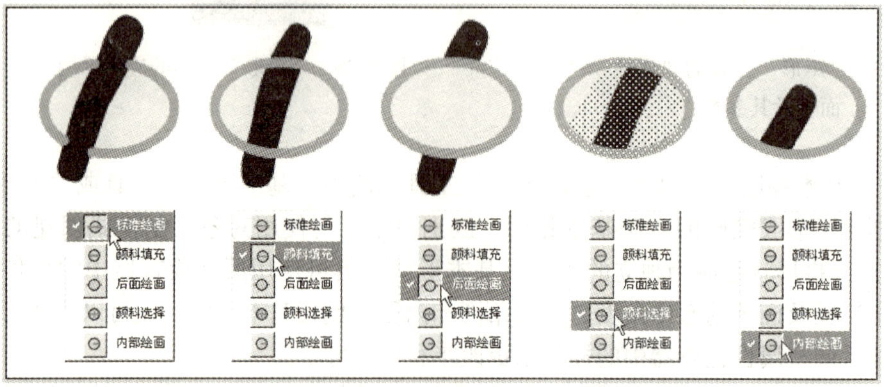

图 5-28 “画笔”工具的应用示例

（8）“多角星形”工具。可用于绘制星形和多边形。其使用方法与“矩形”工具基本相同。如果需要切换绘制的图形，则需要在“多角星形”工具的“属性”面板上进行设置，如图 5-29 如示。

（9）“墨水瓶”工具。“墨水瓶”工具主要用来修改线型的颜色、粗细和样式等属性，在工具箱面板中选中该工具后，其“属性”面板及其参数如图 5-30 所示。

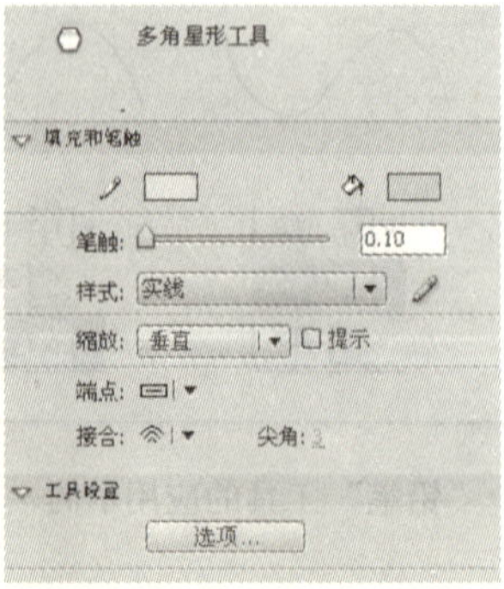

图 5-29 “多角星形”工具的“属性”面板

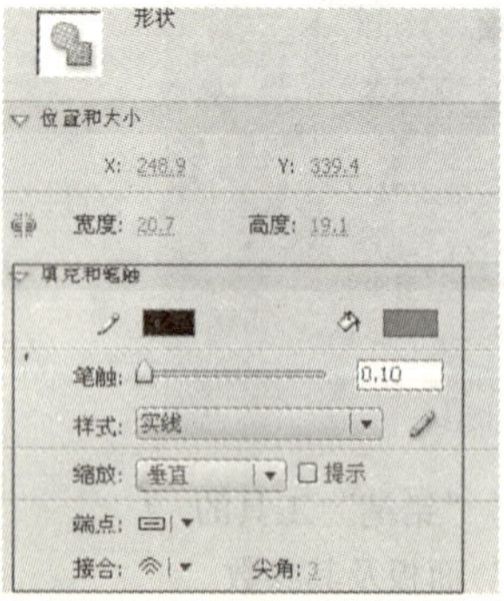

图 5-30 “墨水瓶”工具的属性面板及其参数

（10）“颜料桶”工具。“颜料桶”工具主要用来修改矢量对象的填充颜色，在工具箱面板中选中它之后，其“属性”面板及其参数如图 5-31 所示。

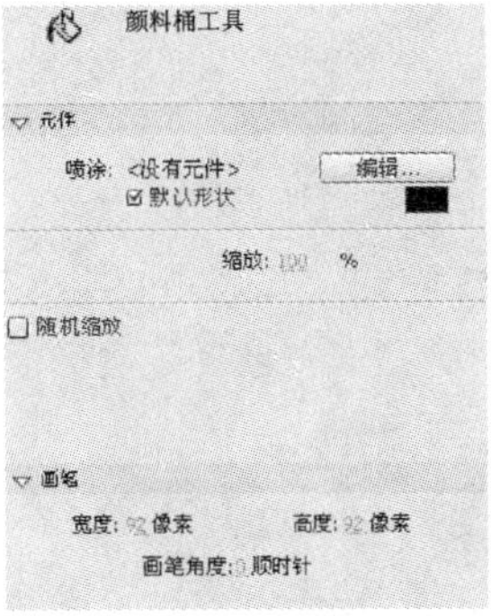

图 5-31　“颜料桶”工具的属性面板及其参数

需要注意的是，当应用“颜料桶”工具修改矢量对象的填充颜色时，“颜料桶”工具能根据矢量对象开口的闭合程度（即开口宽窄）做出判断是否对矢量对象进行填充或进行填充颜色的修改，其参数设置为工具箱中“颜料桶”工具“选项”中的“空隙大小”参数。

（11）“喷涂刷”工具。“喷涂刷”工具的作用类似于粒子喷射器，使用它可以一次将形状图案“刷”到舞台上，工具的“属性”面板如图 5-32 所示。默认情况下，“喷涂刷”工具使用当前选定的填充颜色喷射粒子点，还可使用“喷涂刷”工具将影片剪辑或图形元件作为图案应用。如图 5-33 所示，使用“喷涂刷”工具为表情加上的雀斑。

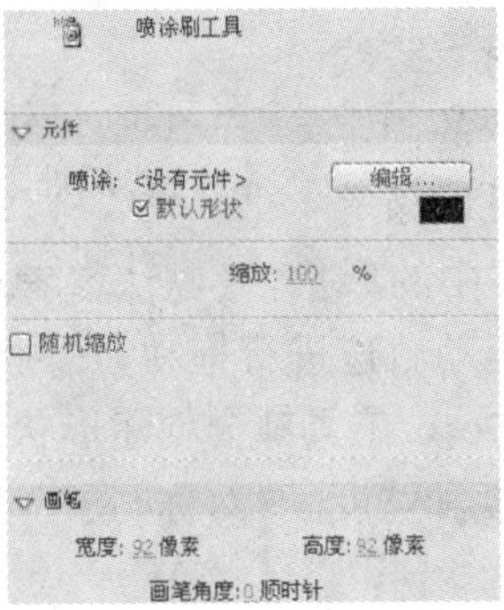

图 5-32　“喷涂刷”工具的属性面板及其参数

图 5-33　“喷涂刷”工具实例

（12）Deco 工具。该工具可以轻松将任意元件转换为即时设计工具，“属性”面板如图 5-34 所示。创建稍后可使用刷子工具或填充工具应用的图案，还可通过将一个或多个元件与“Deco 对称”工具一起使用来实现更多的创意效果。该工具可以选择“藤蔓式填充”、“对称刷子”及“网格填充”等绘制效果。

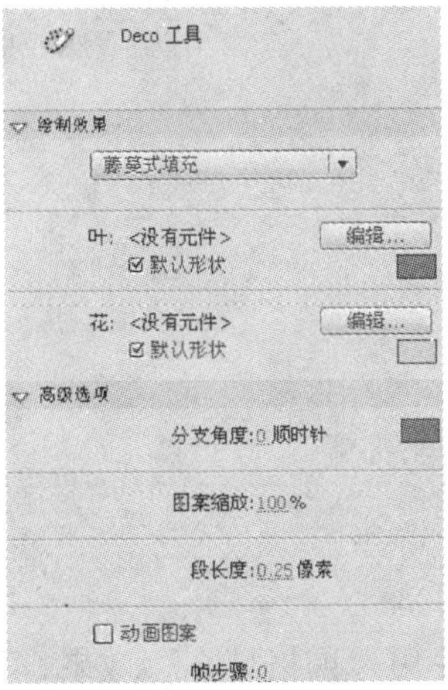

图 5-34　Deco 工具的“属性”面板及其参数

使用“藤蔓式填充”效果，可以用藤蔓式图案填充舞台、元件或封闭区域。通过从库中选择元件，可以替换叶子和花朵的插图。生成的图案将包含在影片剪辑中，而影片剪辑本身包含组成图案的元件。其效果如图 5-35 所示。

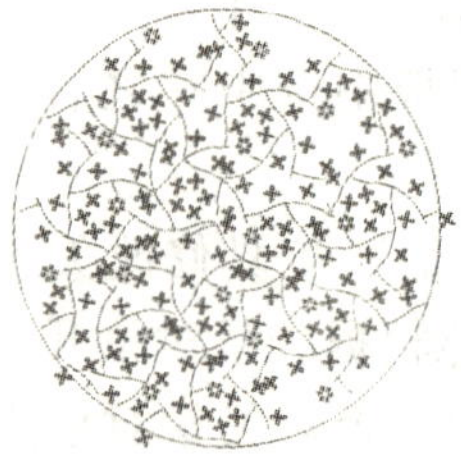

图 5-35 “藤蔓式填充”效果图

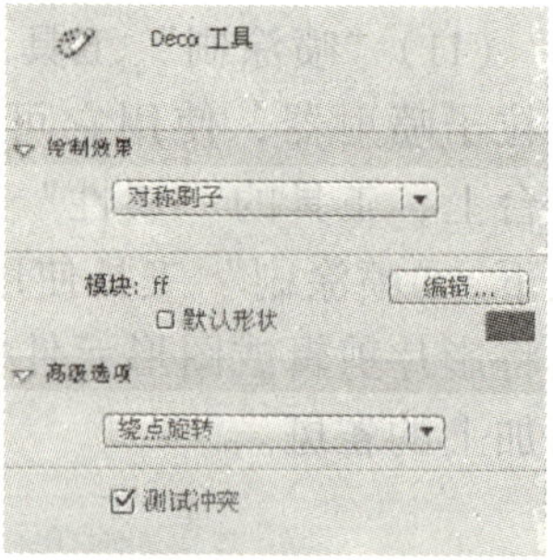

图 5-36 “对称刷子”的“属性”面板

使用“对称刷子”绘制效果，可以围绕中心点对称排列元件。在舞台上绘制元件时，将显示一组手柄。可以使用手柄通过增加元件数、添加对称内容或者编辑和修改效果的方式来控制对称效果。可使用对称效果来创建圆形用户界面元素（如模拟钟面或刻度盘仪表）和旋涡图案。对称效果的默认元件是 25 像素 ×25 像素、无笔触的黑色矩形形状。“对称刷子”的“属性”面板如图 5-36 所示。

“对称刷子”有 4 种操作效果，分别是跨点反射、跨线反射、绕点旋转及网格平移。跨点反射围绕可以指定的固定点等距离放置两个形状。跨线反射可以指定的不可见线条等距离翻转形状。绕点旋转围绕指定的固定点旋转对称中的形状。（默认参考点是对称的中心点。若要围绕对象的中心点旋转对象，则按圆形运动轨迹进行拖动。）网格平移使用按对称效果绘制的形状创建网格。每次在舞台上单击 Deco 工具都会创建形状网格。使用由对称刷子手柄定义的 x 和 y 坐标调整这些形状的高度和宽度。“对称刷子”的 4 种效果如图 5-37 所示。

（a）跨点反射效果图

（b）跨线反射效果图

（c）绕点旋转效果图

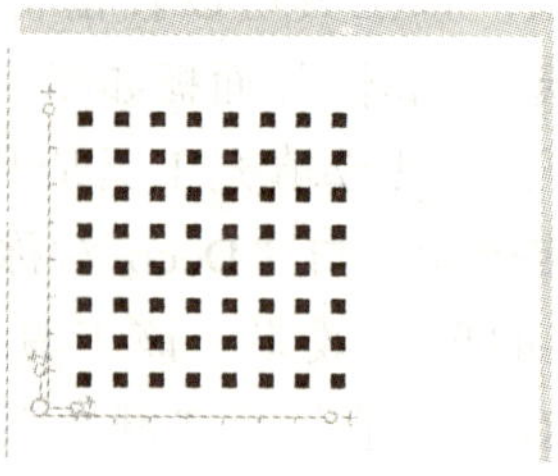

（d）网格平移效果图

图 5-37 “对称刷子”的 4 种效果图

使用“网格填充”效果，可以用库中的元件填充舞台、元件或封闭区域。将网格填充绘制到舞台后，如果移动填充元件或调整其大小，则网格填充将随之移动或调整大小。使用网格填充效果可创建棋盘图案、平铺背景或用自定义图案填充的区域或形状。对称效果的默认元件是 25 像素 ×25 像素、无笔触的黑色矩形形状。“网格填充”的“属性”面板如图 5-38 所示。其效果如图 5-39 所示。

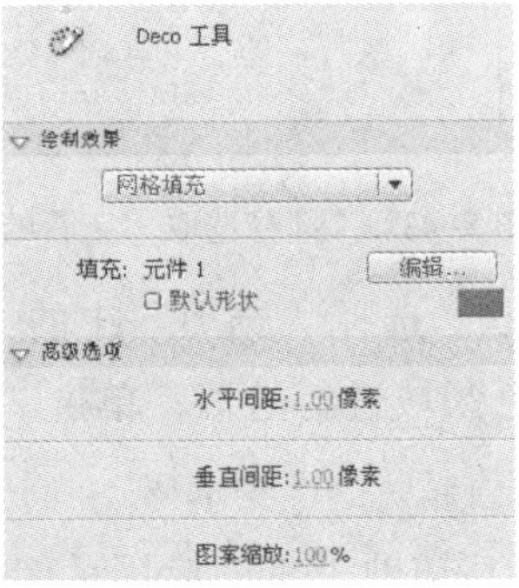

图 5-38　“网格填充”的“属性”面板

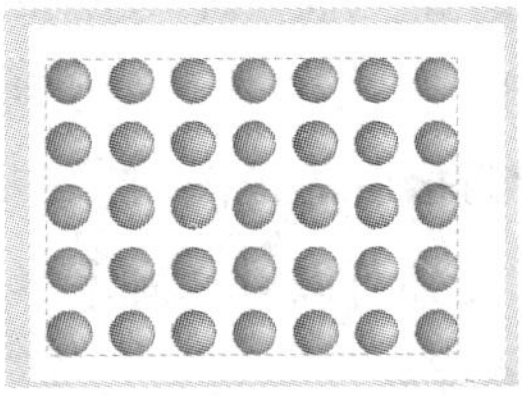

图 5-39　“网格填充”的象棋效果图

活动 2　选择工具的学习

工具箱中的选择工具主要有“选择”工具、“部分选取”工具和“套索”工具，具体使用方法分别如下所述。

(1)“选择”工具。“选择”工具主要用来选择对象、移动对象和修改矢量对象的形状，在工具箱面板中选择“选择”工具后。其“文档属性”面板及其参数如图 5-40 所示。

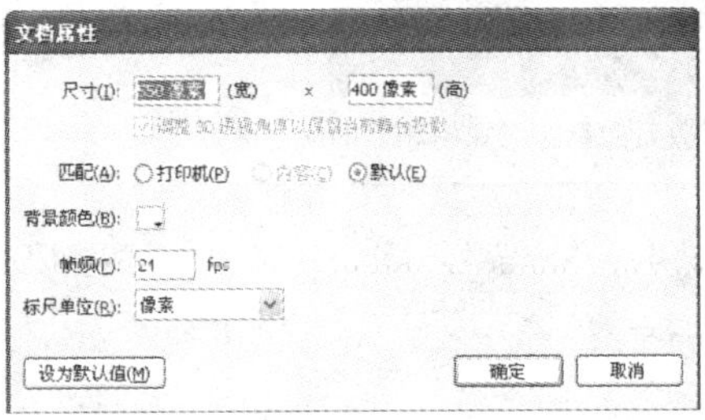

图 5-40　“选择”工具的“文档属性”面板及其参数

在对矢量对象的形状进行修改时，先要取消矢量对象的选择状态，再进行形状的调整。直接修改可见图 5-41 所示的效果。如果在修改形状的同时按下 Alt 键，则可见图 5-42 所示的效果。

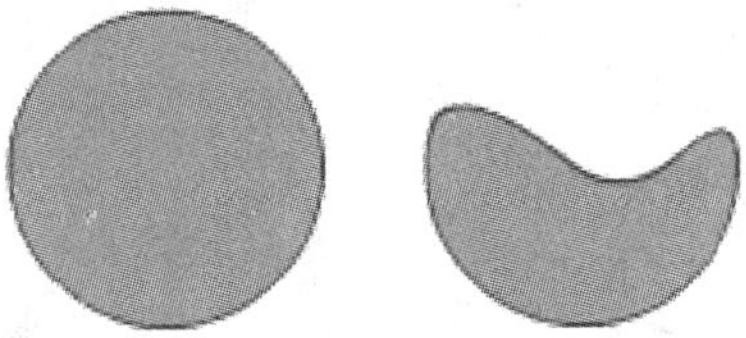

图 5-41　“选择”工具的应用示例一

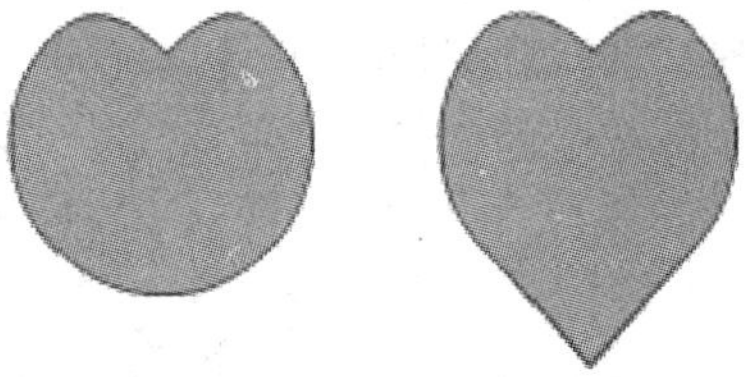

图 5-42　“选择”工具的应用示例二

(2)“部分选取”工具。“部分选取”工具主要用来选择并修改矢量对象的节点，在工具箱中选择“部分选取”工具后，其“属性”面板及其参数与“选择”工具的相同。

其应用示例如图 5-43 所示。

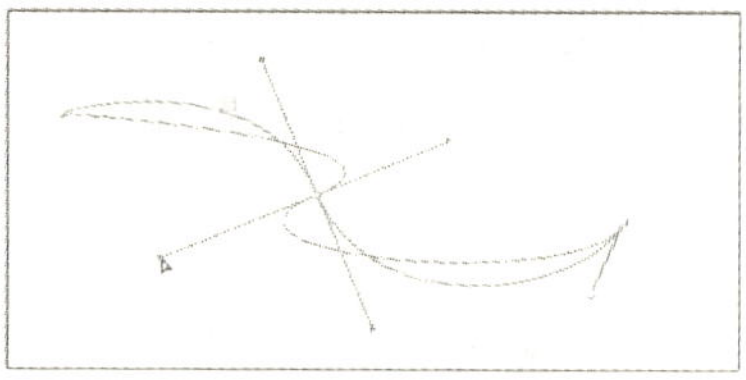

图 5-43 “部分选取”工具的应用示例

（3）“套索”工具。“套索”工具主要用来对对象实施不规则选择区的选择，利用“套索”工具选择选择区时的特点是选择区的精度不高但效率很高。选择“套索”工具箱面板“选项”中的“多边形模式”，可对目标选择区进行多边形模式的选择，该模式可相对比较精确地选择目标选择区的形状。选择“选项”中的“魔术棒”，可对打散后的位图对象中颜色相同或相似的颜色区域进行选取；单击“魔术棒属性”按钮还可以对“魔术棒”的容差值（该参数的值越大，“魔术棒”在选择相似颜色时的精确度越低）进行设置。有关“套索”工具及其辅助工具的应用示例如图 5-44 所示。

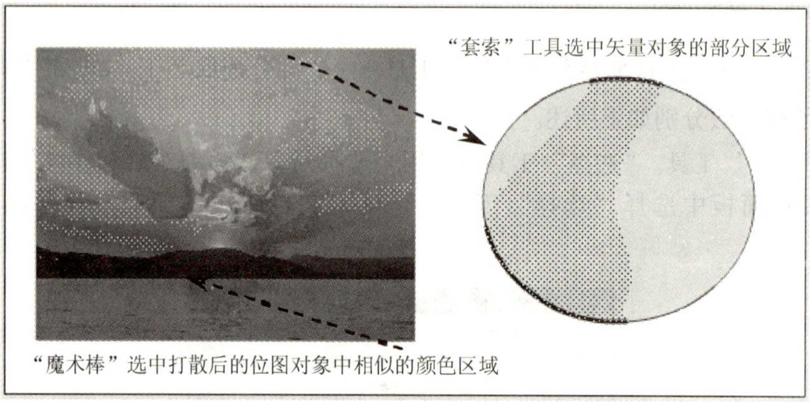

图 5-44 “套索”工具及其辅助工具的应用示例

活动 3 其他工具的学习

工具箱中的主要工具有“任意变形”工具、“填充变形”工具、“滴管”工具、“橡皮擦”工具、“手形”工具、“缩放”工具和“文本”工具。

（1）“任意变形”工具。任意变形工具主要用来自由变换被选中的任意对象的形状，在工具箱面板中选中“任意变形”工具后，其“属性”面板及其参数如图 5-45所示。

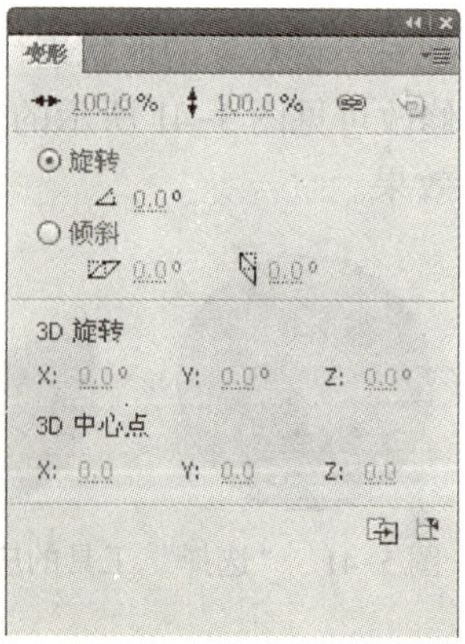

图 5-45 “任意变形”工具的属性面板及其参数

利用“任意变形”工具并结合工具箱面板“选项”中的相关辅助功能，可以对对象完成以下几种类型的操作：旋转与倾斜（其效果见图 5-46，可将中心点移至其他坐标点进行旋转），缩放（其效果见图 5-47，按住 Alt 键可保证中心点不变），扭曲（其效果见图 5-48），封套（其效果见图 5-49）。

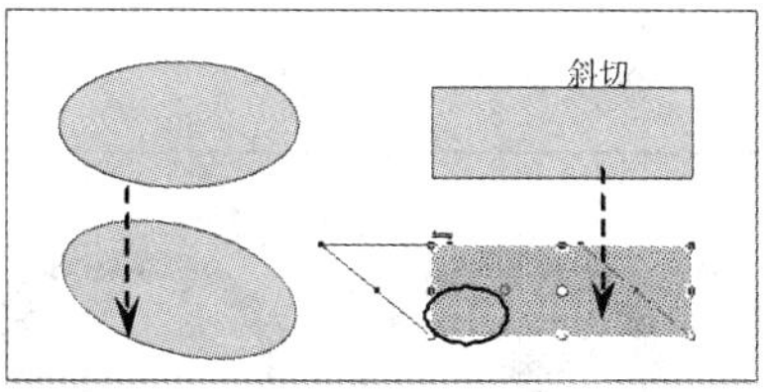

图 5-46　对象旋转与倾斜的应用示例

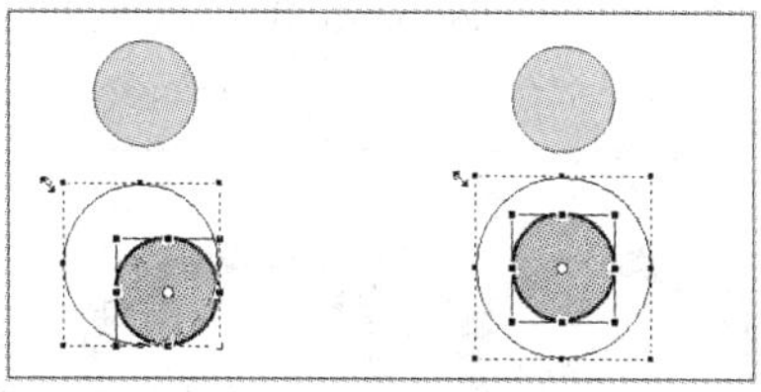

图 5-47　对象缩放的应用示例

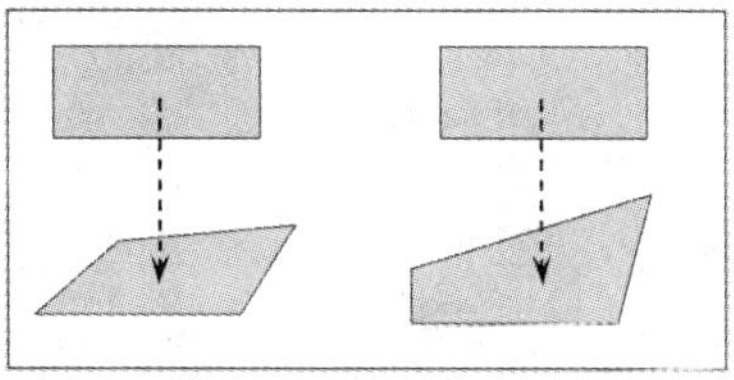

图 5-48　对象扭曲的应用示例

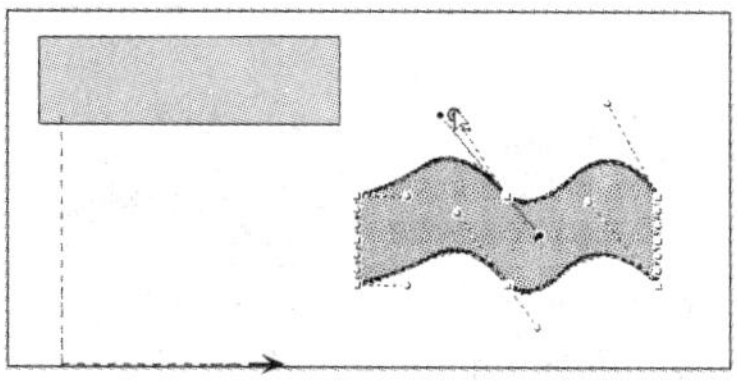

图 5-49　对象封套的应用示例

（2）“渐变变形”工具。“渐变变形”工具主要通过调整填充的大小、方向或者中心，可以使渐变填充或位图填充变形，其应用示例如图 5-50 所示。

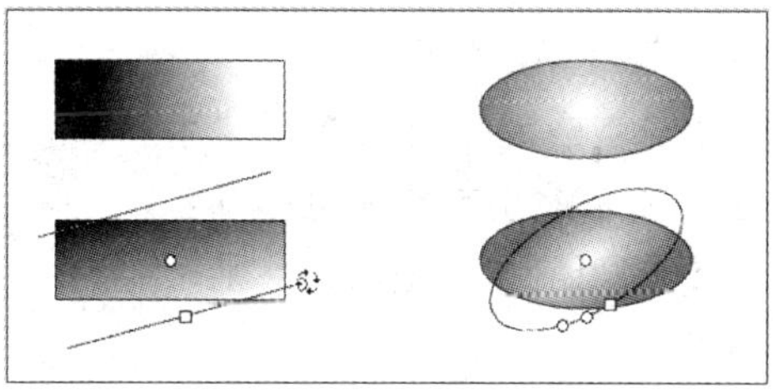

图 5-50　“渐变变形”工具的应用示例

（3）“滴管”工具。“滴管”工具主要用于获取舞台上矢量对象的线型或填充的样式，同时将获取的样式添加到系统默认的笔触色与填充色中。当“滴管”工具在舞台上触摸到矢量对象的线型时，鼠标的指针将和“墨水瓶”工具的图标一致，此时就可以将获取到的线型样式应用到其他的对象上去。同理，也可以用同样的方法将对象的填充样式应用到其他对象上去，其应用示例如图 5-51 所示。

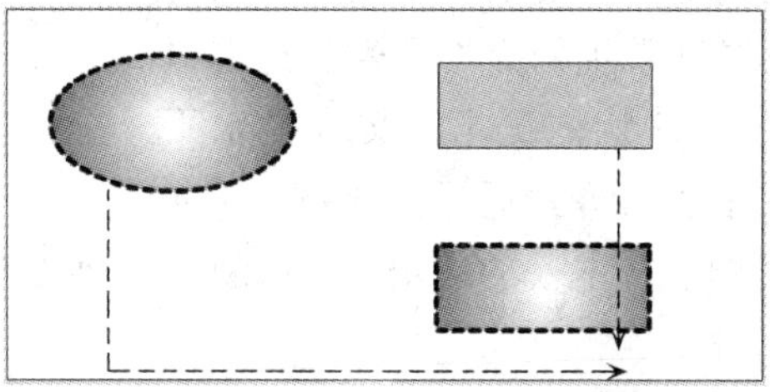

图 5-51　滴管工具的应用示例

（4）“橡皮擦”工具。“橡皮擦”工具主要用来擦除矢量对象或经打散过的位图等对象，选择工具箱面板“选项”中“橡皮擦模式”按钮，可设置“橡皮擦”工具的不同擦除模式，其应用示例如图 5-52 所示。

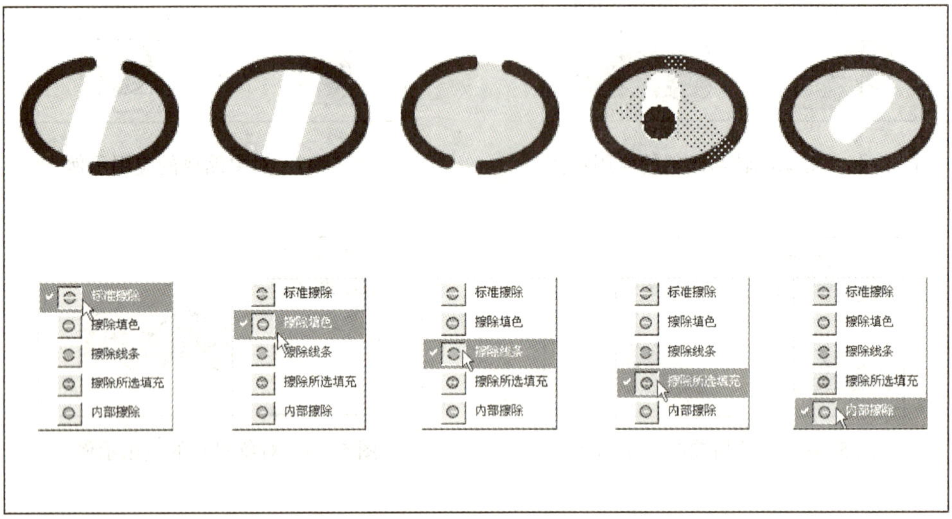

图 5-52　“橡皮擦”工具的应用示例

（5）“手形”工具/“缩放”工具。“手形”工具主要用来整体移动整个舞台。若当前工具是非“手形”工具，可按空格键临时切换到“手形”工具。“缩放”工具主要用来缩小或放大电影舞台的视图比例，若“缩放”工具的当前状态是放大，则可以按 Alt 键临时切换到缩小状态。

（6）“文本”工具。在 Flash CS 4 中，有静态文本、动态文本和输入文本 3 类文本对象，其中静态文本主要用作常规的文本对象，动态文本主要用来显示 ActionScript 中变量的输出值，输入文本主要用来接收用户信息的输入。在工具栏中选择“文本”工具后，其“属性”面板及其参数如图 5-53 所示。

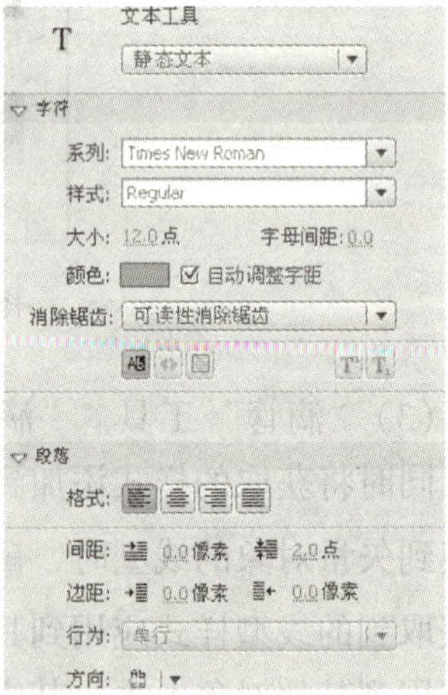

图 5-53　“文本”工具的属性面板及其参数

对于静态文本而言，可以创建单行文本和段落文本。对于单行文本，只能设置其常规的文本属性。而对于段落文本，不但可以设置其常规的文本属性，还可以设置文本的行间距等属性。默认情况下，文本是水平的，但是静态文本也可以垂直对齐。通过图 5-53 中的“方向”可对文字的方向进行调整。有关“文本”工具（静态文本）的应用示例如图 5-54 所示。

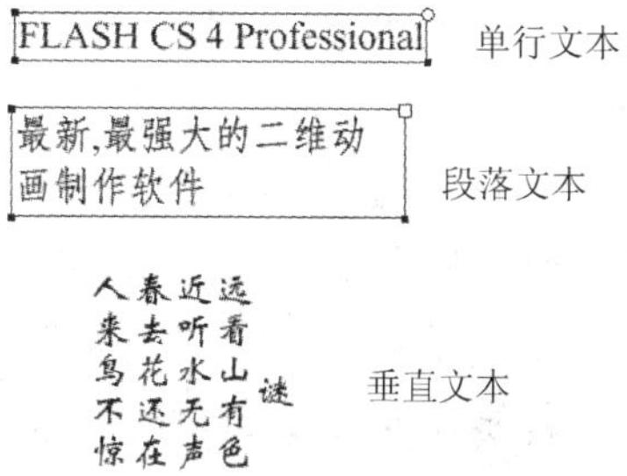

图 5-54　“文本”工具的应用示例

活动 4　3D 图形的操作

Flash CS 4 版本可以通过在舞台的 3D 空间中移动和旋转影片剪辑来创建 3D 效果。不过，它只针对影片剪辑对象起作用。通过使用 3D 平移和旋转工具沿着影片剪辑实例的 z 轴移动和旋转影片剪辑实例，可以向影片剪辑实例中添加 3D 透视效果。在 3D 空间中移动一个对象称为平移，在 3D 空间中旋转一个对象称为变形。将这两种效果中的任意一种应用于影片剪辑后，Flash 会将其视为一个 3D 影片剪辑，每当选择该影片剪辑时就会显示一个重叠在其上面的彩轴指示符。

若要使对象看起来离查看者更近或更远，可使用 3D 平移工具或属性检查器沿 z 轴移动该对象。在操作时，移动红色的指示符表示移动 x 轴方向，移动绿色的指示符表示移动 y 轴方向，移动蓝色的指示符表示移动 z 轴方向，如图 5-55 所示。3D 平移工具产生的沿 x 及 y 轴移动对象的效果如图 5-56 及图 5-57 所示。

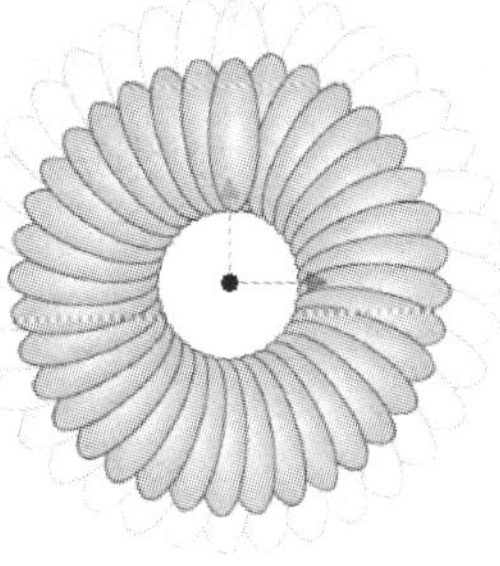

图 5-55　z 轴平移效果

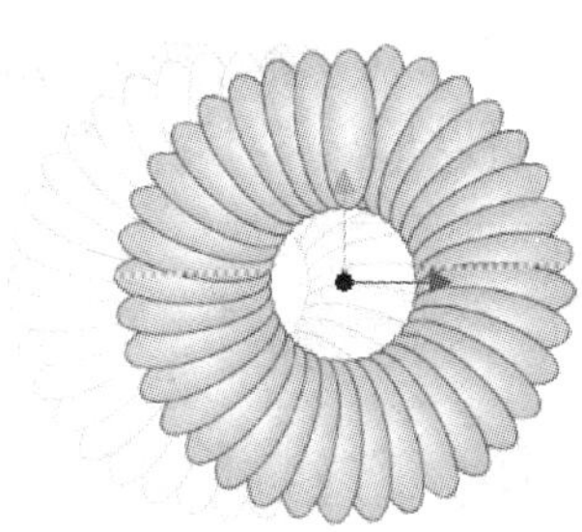

图 5-56　x 轴平移效果

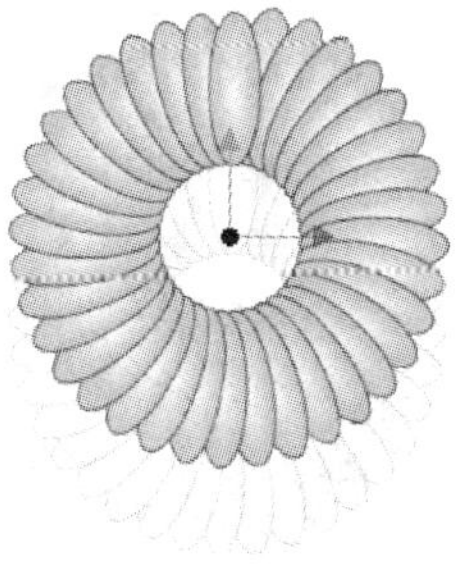

图 5-57　y 轴平移效果

若要使对象看起来与查看者之间形成某一角度，可使用 3D 旋转工具绕对象的 z 轴旋转影片剪辑。通过组合使用这些工具，就可以创建逼真的透视效果。图 5-58 与图 5-59 所示分别是沿 x 及 y 轴方向进行旋转的效果图。图 5-60 所示是对象沿 z 轴进行旋转的效果图。

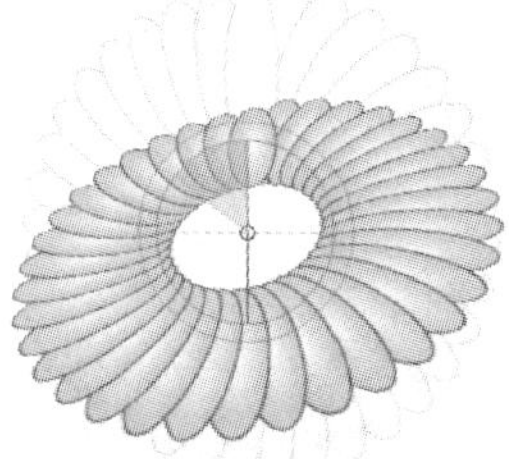

图 5-58　x 轴旋转效果

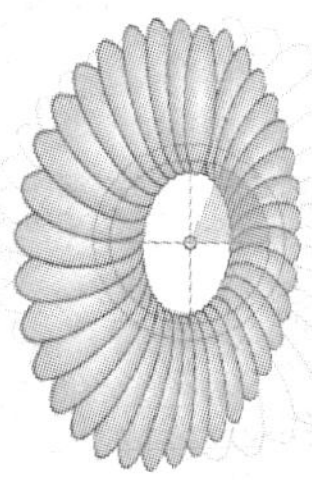

图 5-59　y 轴旋转效果

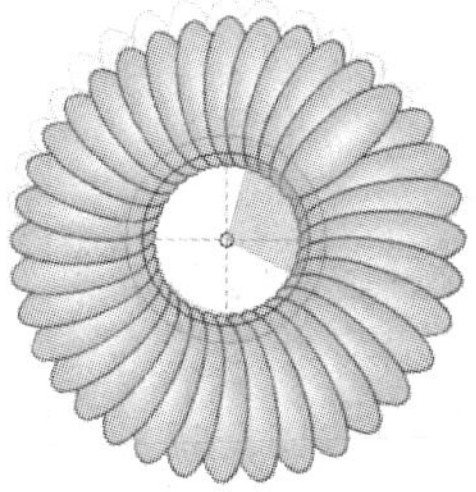

图 5-60　z 轴旋转效果

3D 旋转工具可以产生的效果，同时也可以利用“变形”面板进行操作，如图 5-61 所示。

3D 平移和 3D 旋转工具都允许在全局 3D 空间或局部 3D 空间中操作对象。全局 3D 空间即为舞台空间。全局变形和平移与舞台相关。局部 3D 空间即为影片剪辑空间。局部变形和平移与影片剪辑空间相关。若要在局部模式中使用这些工具，则单击“ 工具”面板的“ 选项”部分中的“ 全局切换”按钮。

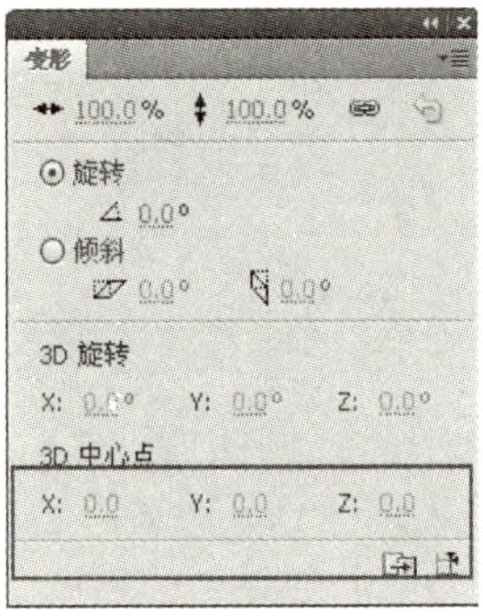

图 5-61 “变形”面板中的 3D 旋转参数

活动 5 图形的绘制

图形的绘制主要是指在现有工具的基础上，通过对基本矢量对象（如线条、椭圆和矩形等）的修改、组合与变异而形成的相对复杂的矢量对象。绘制图形，除了需要熟练掌握有关工具的使用外，还需要重点学习以下几个方面的知识点与技巧。

（1）对象的对齐与分布。单击快捷工具栏上的“对齐”按钮或选择“窗口”|“对齐”命令（按快捷键 Ctrl + K），打开如图 5-62 所示的“对齐”面板。

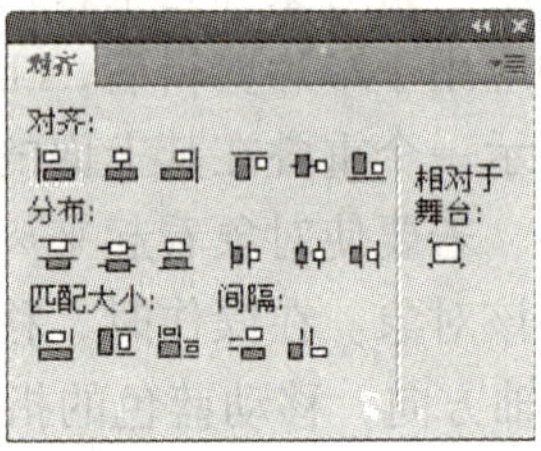

图 5-62 “对齐”面板

通过图 5-62 所示的“对齐”面板，可以方便地完成以下操作。

① 对象水平与垂直方向的对齐。对象水平方向的对齐可以是上端对齐、中间对齐和底端对齐；对象垂直方向的对齐可以是左端对齐、中间对齐和右端对齐，如图 5-63 所示。

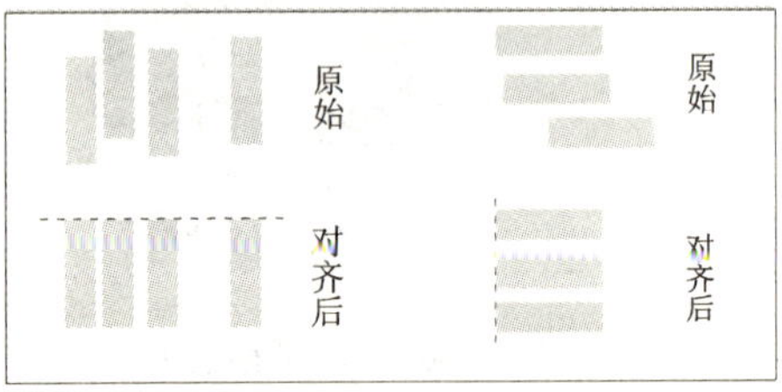

图 5-63 对象水平与垂直方向的对齐

② 对象水平与垂直方向的分布。对象水平方向的分布可以是上端等距、中间等距和底端等距，对象垂直方向的分布可以是左端等距、中间等距和右端等距，如图 5-64 所示。

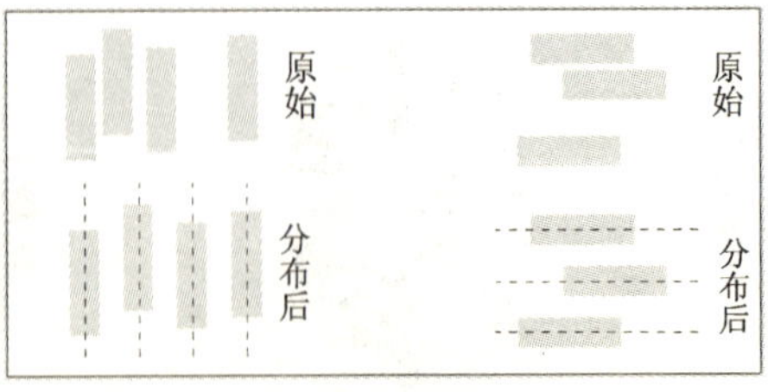

图 5-64 对象水平与垂直方向的分布

③ 对象尺寸与舞台尺寸的匹配。对象尺寸与舞台尺寸的匹配方式有匹配宽度、匹配高度及匹配宽和高，使用该功能须先激活“对齐”面板上的“对齐/相对舞台分布”按钮，如图 5-65 所示。

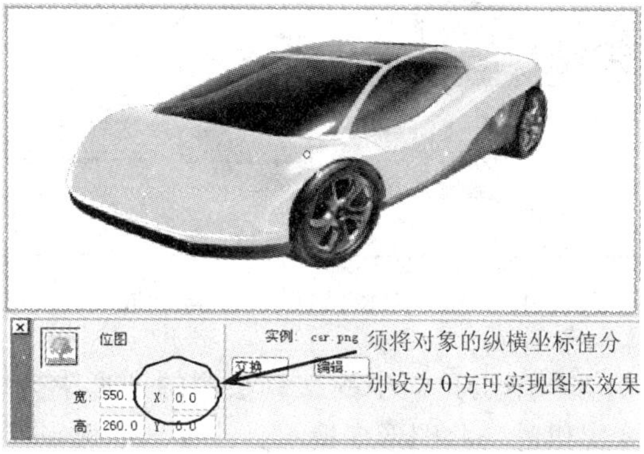

图 5-65　对象尺寸与舞台尺寸的匹配

④ 对象相对于舞台边缘的对齐与分布。对象相对于舞台边缘的对齐与分布，其默认参照物或参照边缘是参与对齐与分布的对象，而对象相对于舞台边缘的对齐与分布，是指对象对齐与分布的参照物或参照边界是舞台的边缘，使用该功能须先激活“对齐”面板上的“对齐/相对舞台分布”按钮，其应用示例如图 5-66 所示。

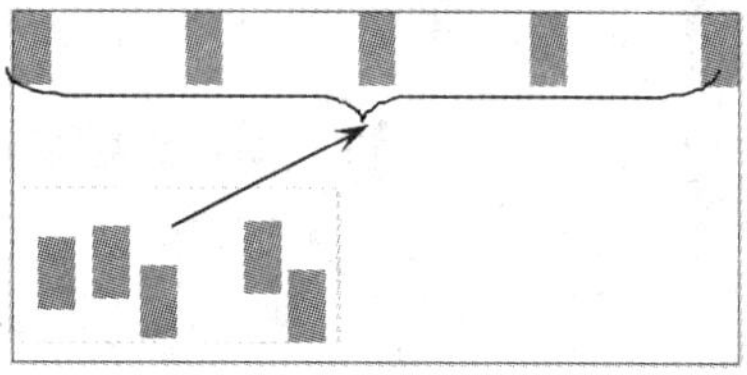

图 5-66　对象相对于舞台边缘的对齐与分布

⑤ 对象相对于舞台边缘的间距。对象相对于舞台边缘的间距，是指舞台上的对象相对于舞台边缘的距离，可实现舞台上的对象与舞台的边缘垂直方向等距或水平方向等距，使用该功能须先激活“对齐”面板上的“对齐/相对舞台分布”按钮，如图 5-67 所示。

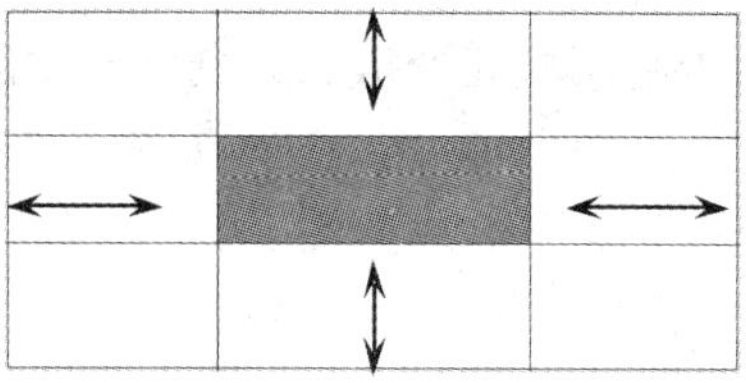

图 5-67　对象相对于舞台边缘的间距

（2）对象信息的设置和读取。创建动画时，经常需要知道对象当前的位置、对象当前填充色的颜色值及其 Alpha（不透明度）值。尽管可以有很多途径知道对象的上述信息，但在“信息”面板中，可以很直观地读取对象的上述信息。

选择“窗口”|“信息”命令（按快捷键 Ctrl + I）即可打开如图 5-68 所示的“信息”

面板，同时也可快速地读取对象的相关信息。

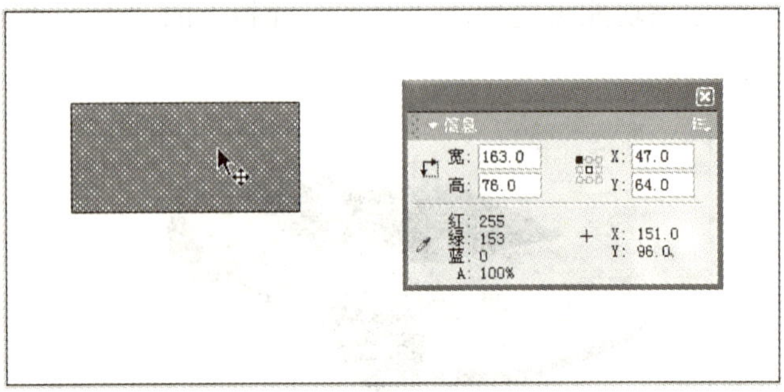

图 5-68　对象信息的设置与读取

（3）图形的变换实例。利用工具箱中的工具绘制的图形十分有限而且很单调，此时可以充分利用 Flash CS 4 提供的一些图形变换工具或浮动面板来辅助创建一些相对复杂且符合创作需要的图形。

选择“窗口”|“变形”命令（按快捷键 Ctrl + T），打开如图 5-69 所示的“变形”浮动面板。在该浮动面板中，可以通过一些简单的操作组合复杂的图形。

具体应用示例的操作步骤分别如下所述。

① 新建电影文件，其参数设置如图 5-70 所示。

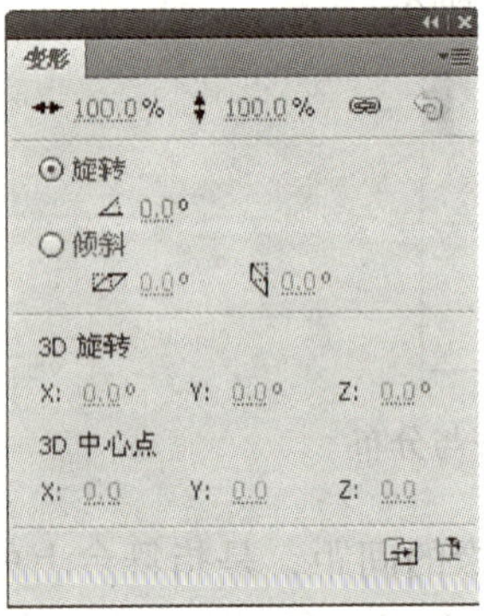

图 5-69　“变形”面板

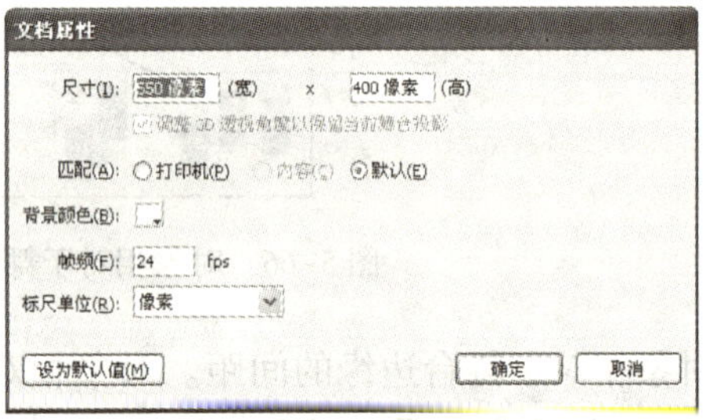

图 5-70　电影文件的参数设置

② 在新建电影文件的舞台上绘制如图 5-71 所示的椭圆（无线型、椭圆的填充为白色与橙色的放射状渐变，必要时可利用填充变形工具调整渐变的样式）。

③ 选中如图 5-71 所示的椭圆并按 F8 键，打开如图 5-72 所示的“转换为元件”对话框，在“类型”下拉列表框中选择“影片剪辑”选项，确认后即可将椭圆转换成元件（元件的名称可随意设定）。

图 5-71　绘制椭圆

图 5-72　将椭圆转换为元件

④ 在舞台上双击椭圆进入元件编辑模式，将椭圆等比例缩小一定的倍数后调整椭圆的中心位置，最终效果如图 5-73 所示。

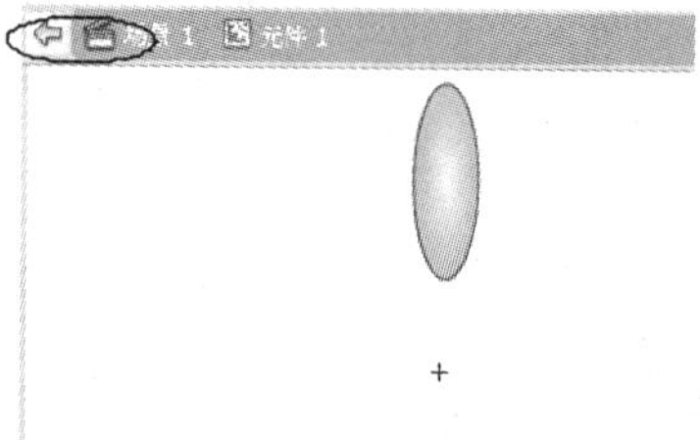

图 5-73 调整椭圆的中心位置

⑤ 单击图 5-73 中的“场景 1”图标返回电影的主场景（退出元件编辑模式），选中舞台上的椭圆后并对“变形”面板做如图 5-74 所示的参数设置。

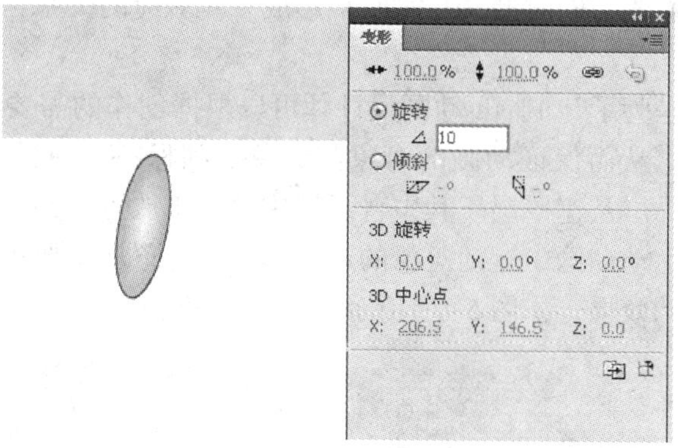

图 5-74 在“变形”面板中设置椭圆对应的变形参数

⑥ 保证椭圆元件处于选中状态的前提下，反复单击图 5-74 所示“变形”面板中的“拷贝并应用变形”按钮，直到椭圆元件出现如图 5-75 所示的效果。

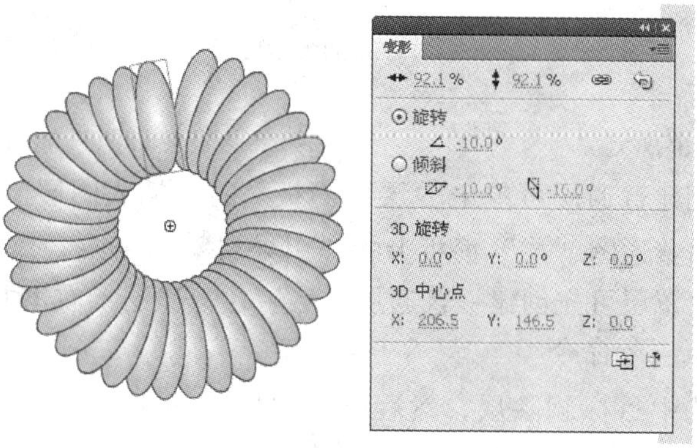

图 5-75 对椭圆元件实施复制并应用变形操作

⑦ 最终效果如图 5-76 所示。

图 5-76 椭圆复制并应用变形的最终效果

任务 4　层、时间轴与帧

本任务主要介绍层、时间轴与帧的学习及应用。

活动 1　层的学习

层、时间轴与帧是创建 Flash 动画的必备手段。其中时间轴是由若干数量的帧按照某个时间播放顺序组织而成，同时层又与时间轴形成一一对应的关系，即每个层都会有一条完全独立的时间轴。

引入层的目的，是为了让 Flash 动画设计师可以根据创作的需要将不同的动画对象分别放置在不同的层上，从而保证动画的对象与对象之间保持相对独立。层至少有 3 种类型：普通层、运动引导层及遮罩层。其中普通层主要用来放置一些常规的动画对象，运动引导层主要用来绘制运动动画中运动对象的运动轨迹，遮罩层主要用来制作一些不同层中对象与对象之间的遮挡效果，如图 5-77 所示。

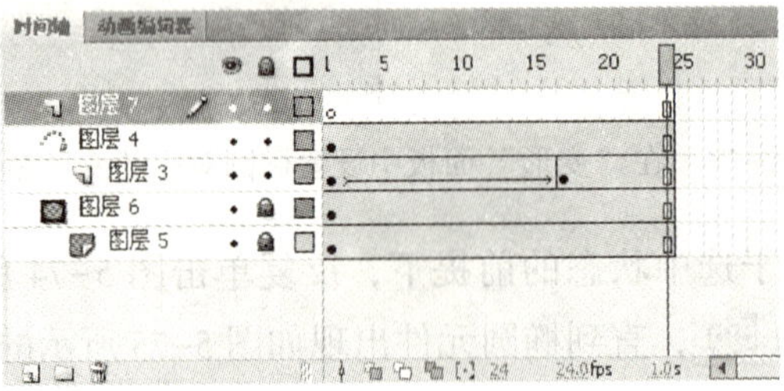

图 5-77　层的类型展示

层的相关操作如下所述。

◆ 层的新建：创建普通层可单击“层”面板上的“插入图层”按钮，创建运动引导层可右击普通图“层”面板上的“引导层”命令或“添加传统运动引导层”命令，创建遮罩层可先创建一普通层，然后在普通层上右击并在弹出的快捷菜单中选择“遮罩层”命令。

◆ 层的删除：选中目标删除层，然后单击“层”面板上的“删除图层”按钮即可。

◆ 层的重命名：在层的默认名称处双击，然后键入新的名称即可。

◆ 层的管理：层的管理可通过在“层”面板中创建层组的方式实现，其具体方法是：单击“层”面板上的“插入图层文件夹”按钮，然后分别在不同的层组中实现不同类型的层的存放与管理。

活动 2　时间轴的操作

时间轴是实现动画“运动”起来的关键，因为动画必须通过时间轴中的帧按照一定的播放秩序才能组织起来，如图 5-78 所示。

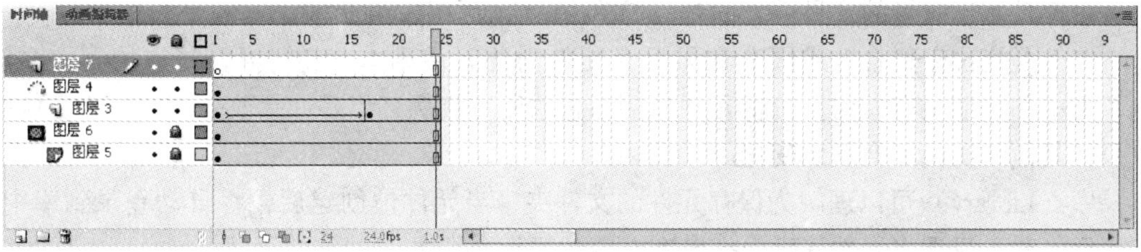

图 5-78 “时间轴”面板

通过时间轴及其一一对应的层，可以在不同的层上创建相应的对象，然后让某个层上的对象在其独立的时间轴上独自实现某种动画效果，最后多个对象对应的动画效果有机组合起来也就成就了一幅精彩的 Flash 动画。

最大限度地利用层与时间轴之间建立的对应关系，可以创建最优秀的 Flash 动画。

活动 3 帧

帧是任何类型的动画的基本单位，Flash 动画也不例外。完全可以把帧理解成动画中连续播放的一个个画面，只不过由于动画播放相对比较连续而观众的肉眼又无法感觉到帧与帧之间的停顿罢了。

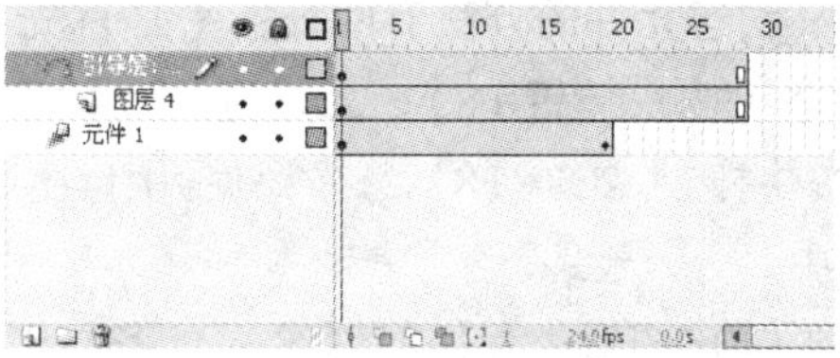

图 5-79 帧的类型

帧有 4 种类型：关键帧、属性关键帧，补间帧和静态帧，如图 5-79 所示。关键帧多用于新元件实例显示在时间轴中，或用于添加 ActionScript 代码，或用于计划以后放置实例，亦可将其显示为空。在时间轴上，关键帧可显示为实心圆或空心圆。空心圆则表示该帧上尚未放置任何元件实例。而属性关键帧则用于定义对对象属性的更改以产生动画，在时间轴用菱形表示。通过属性关键帧，不用画出每个帧就可以生成动画，因此，属性关键帧使动画的创建更为方便。包含补间动画的一系列帧称为补间动画。补间帧则是作为补间动画的一部分的任何帧。静态帧则指时间轴上不作为补间动画的一部分的任何帧。

在“时间轴”面板上，插入普通帧的快捷键是 F5，插入关键帧的快捷键是 F6，插入空白关键帧的快捷键是 F7；删除普通帧的快捷键是 Shift + F5，删除关键帧与空白关键帧的快捷键是 Shift + F6。

任务5 元 件 与 库

本任务主要学习元件与实例在 Flash 中的应用及操作，同时也介绍了库在软件中的使用。

活动 1 元件概述

元件（Symbol）是 Flash CS 4 中引入的一种可以多次重复使用的动画对象，该对象可以应用于当前电影和其他电影中。Flash 动画文件的体积之所以小，一方面是因为其大部分对象是基于矢量的，另一方面是因为 Flash 动画中引入了元件。

实例是指位于舞台上或嵌套在另一个元件内的元件副本。实例可以与它的元件在颜色、大小和功能上有差别。编辑元件会更新它的所有实例，但是如果改变其中一个实例的效果，其他的实例不会发生变化。

库（Library）可以理解为保存元件的文件夹，当元件被创建后，将自动登录到库中，应用元件时，只需将元件从库中拖曳到电影的舞台上即可。

在 Flash CS 4 中，假设需要创建一个场景中有很多球在滚动的动画，就没有必要逐一绘制每个滚动的球，只需绘制一个球形对象并将其转换为某种类型的元件，然后多次调用即可。

在 Flash CS 4 中元件共有 3 种类型：影片剪辑（Movie Clip），可以创建可重复使用的动画片段，该类型的元件具有与 Flash 电影文件同等复杂的场景、时间轴与帧对象；按钮（Button），一般用来制作能触发某种鼠标事件的元件，该类型的元件可以直接定义 Flash 中的 ActionScript 脚本；图形（Graphic），可用于静态图像，该类型的元件与主时间轴同步运行，由于它没有时间轴，因此它的尺寸小于按钮和影片剪辑。

活动 2　元件的创建

创建元件的方法有两种：一是首先在电影主场的舞台上创建对象，然后将其转换为元件（按快捷键 F8）；二是进入元件编辑模式并在元件编辑模式中创建元件对象的内容（按快捷键 Ctrl + F8）。不管使用上述哪种创建方法，元件被创建后均将自动存放到库中。

（1）图形类元件的创建。当需要创建图形类的元件时，一般是首先在电影主场景的舞台上绘制或置入外部的对象（须保证对象处于选中状态），然后选择“插入”|“转换为元件”命令（按快捷键 F8），最后在打开的如图 5-80 所示的“转换为元件”对话框的“类型”下拉列表框中选择“图形”选项。

被创建的图形类元件 Graphic _Ball 自动登录到库面板中。如图 5-81 所示。

图 5-80　“转换为元件”对话框

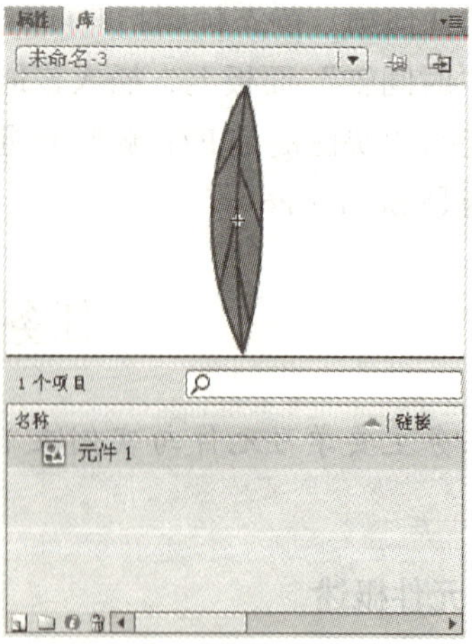

图 5-81　创建图形类的元件

（2）按钮类元件的创建。按钮类元件的创建，一般是先选择“插入”|“新建元件”命令（按快捷键 Ctrl＋F8），然后在打开的如图 5-82 所示的“创建新元件”对话框的“类型”下拉列表框中选择“按钮”选项。

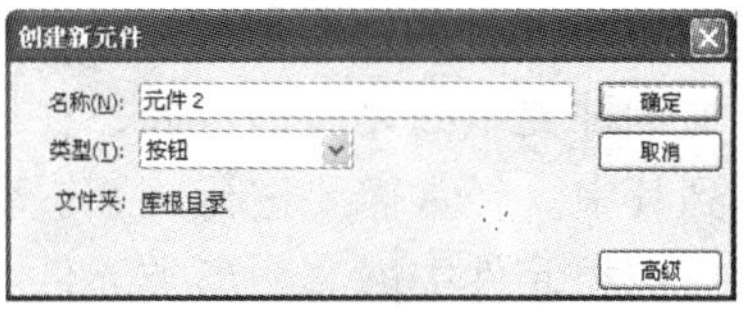

图 5-82　新建按钮

在该对话框中确认后，将进入如图 5-83 所示的按钮编辑模式。在该模式中可分别设置按钮的弹起、指针经过、按下和点击 4 个状态。需要注意的是，前面的 3 个关键帧分别表示按钮在动画中对鼠标的不同响应状态，而最后一帧“点击”则表示按钮在动画中对鼠标的响应范围。编辑完成后，单击图 5-83 中的“场景 1”图标返回电影的主场景，按钮即被创建。同样，当按钮被创建后也将自动保存到库中。

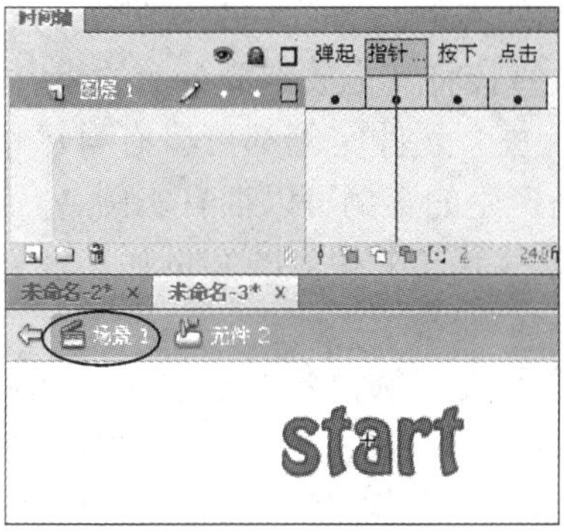

图 5-83　按钮类元件的编辑模式

（3）电影剪辑类元件的创建。电影剪辑类元件的创建一般是在电影剪辑的编辑模式中进行，方法与按钮类元件的创建类似，如图 5-84 所示。当电影剪辑类的元件被创建后也将自动保存到库中而且还可以在库中播放电影剪辑的内容，如图 5-85 所示。

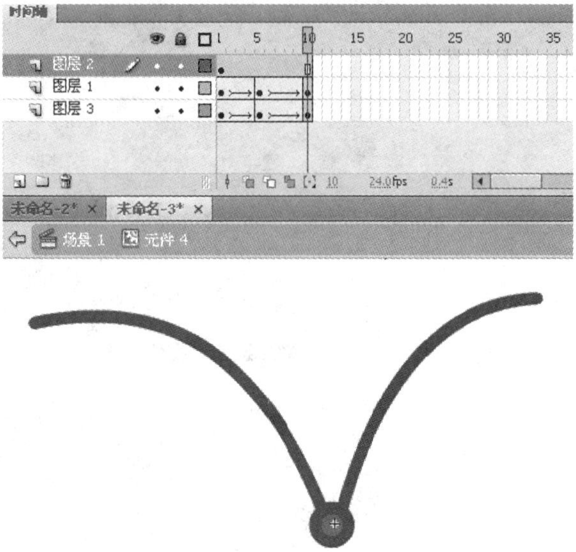

图 5-84　电影剪辑类元件的编辑模式

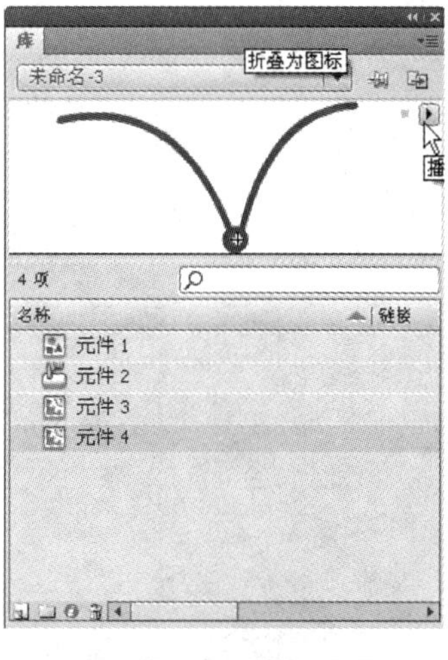

图 5-85　在库中播放电影剪辑

（4）元件的嵌套创建。元件的嵌套创建是指在创建某种类型的元件的过程中嵌入创建另一种类型的元件，例如，在创建电影剪辑类元件的时候就经常需要将图形类的元件嵌入到其中。经常需要进行相互嵌套创建的类型主要有：在图形类元件中嵌套图形类元件、在按钮类元件中嵌套图形类元件、在电影剪辑类元件中嵌套图形类元件、在电影剪辑类元件中嵌套电影剪辑类元件、在电影剪辑类元件中嵌套按钮类元件、在按钮类元件中嵌套电影剪辑类元件。

活动 3　元件实例的应用

元件实例主要应用于需要使用元件的各种补间动画类型中。例如，在创建运动动画时，运动的对象一般就是元件。

（1）元件实例的创建。元件实例必须放在关键帧或为空的关键帧上。具体的操作方法只要将库打开，选中元件，直接将其拖放到舞台上的相应位置即可。

（2）元件实例名的创建。每个元件实例都可以有自己单独的实例名。但是只有按钮和影片剪辑两种类型的元件所产生的实例可以拥有实例名，而图形元件所产生的实例不能拥有实例名。操作方法为在舞台上选中相应的实例后，在属性面板上进行输入即可，如图 5-86 所示。

（3）编辑实例属性。每个元件实例都各有独立于该元件的属性。可以更改实例的色调、透明度和亮度；重新定义实例的行为（如把图形更改为影片剪辑）；并可以设置动画在图形实例内的播放形式。也可以倾斜、旋转或缩放实例，这并不会影响元件。和元件实例命名不同的是，所有类型的元件实例都可以编辑各自的实例属性，而且实例间互不影响。具体操作与设置实例的名称基本相同，如图 5-87 所示。

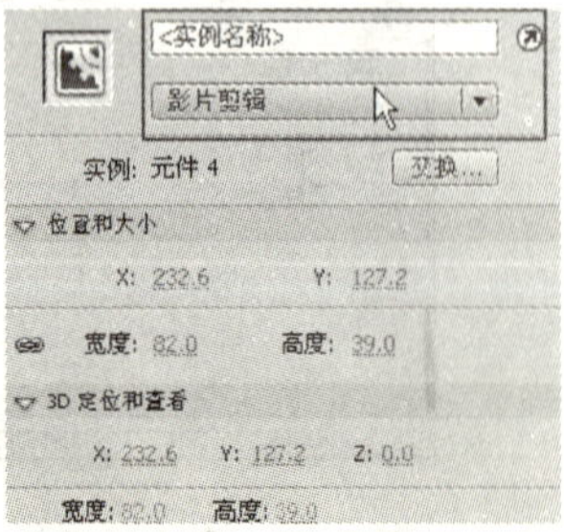

图 5-86　元件实例的输入

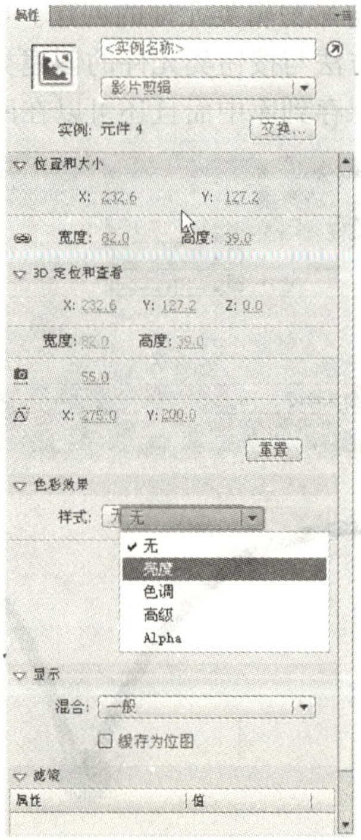

图 5-87　实例“属性”面板

（4）分离元件实例。要断开一个实例与一个元件之间的链接，并将该实例放入未组合形状和线条的集合中，可以分离该实例。分离实例后修改该元件，并不会用所作的更改来更新该实例。操作方法为：选择实例后，选择“修改”|“分离”命令（按快捷键 Ctrl + B）。

活动 4　库与元件的管理

库就是专门用来管理元件的，当元件被创建并自动保存到库中后，可以在库中对元件根据其类型或创作的需要进行分类管理，如图 5-88 所示。

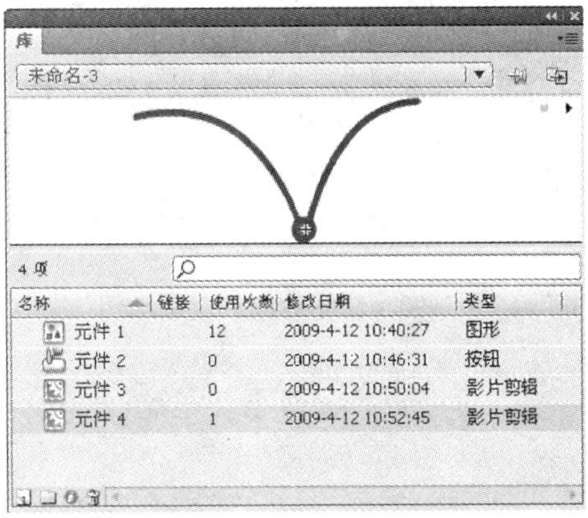

图 5-88　库与元件的管理示例

任务 6　位图、音频与视频

Flash 动画作为一种多媒体载体，位图、音频与视频对象的应用十分必要。在 Flash CS 4 中，可以方便地导入并应用上述 3 种对象。

活动 1　位图的应用

引入位图对象的方法是选择“文件”|“导入”命令（按快捷键 Ctrl + R）并在打开的“导入”对话框中选择形如* .jpg 或* .gif 格式的位图文件。当位图对象被导入后，将自动登录到“库”面板中，如图 5-89 所示。

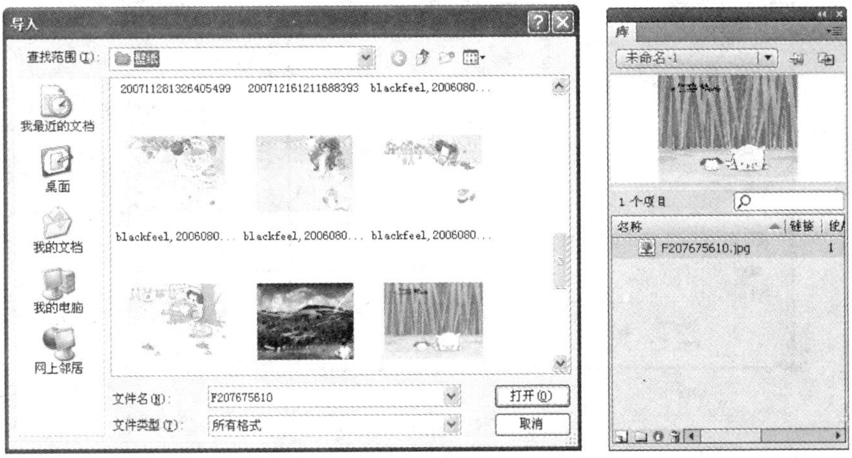

图 5-89　位图对象的引入

位图对象被引入后，可将其作为填充对象填充到矢量对象中，也可以选择“修改”|“分离”命令（按快捷键 Ctrl+B）将其转换为矢量对象，如图 5-90 所示。

图 5-90　位图对象的应用示例

活动 2　音频的使用

Flash CS 4 提供多种使用声音的方式。可以使声音独立于时间轴连续播放，或使用时间轴将动画与音轨保持同步。向按钮添加声音可以使按钮具有更强的互动性，通过声音淡入淡出还可以使音轨更加优美。音频对象的引入方法与位图对象的引入方法类似，可正常被引入的音频文件格式有* .mp3、* .wav、* .aiff 及* .asnd 4 种格式。* .mp3 与* .wav是常用的声音格式，* .aiff 是仅限于 Macintosh 系统中使用的，而* .asnd 格式则是 Adobe Soundbooth 的本机声音格式。在这里，推荐使用* .mp3 格式，因为 mp3 格式经过了数据压缩，比其他格式的声音数据较小。导入音频文件如图 5-91 所示。当音频对象被正确引入后，可以将其添加到时间轴上，而且还可以对音频对象的属性进行编辑，分别如图 5-92 和图 5-93 所示。

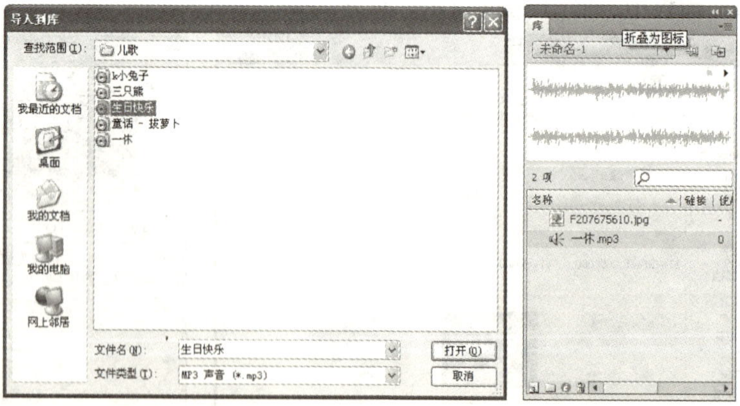

图 5-91　导入音频文件

图 5-92　为帧添加音频对象

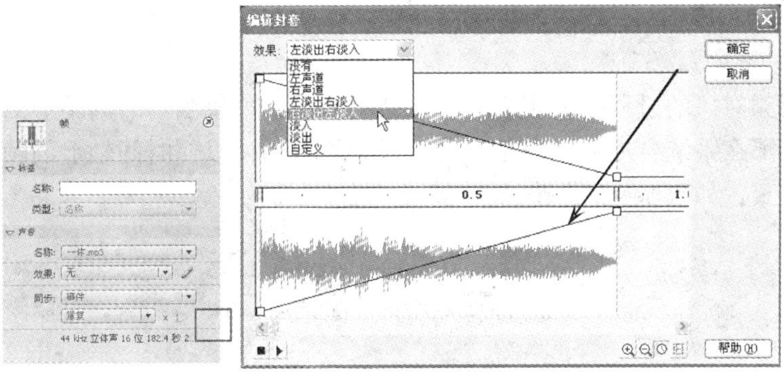

图 5-93　编辑音频对象的属性

活动 3　视频的学习

导入视频对象的方法是：选择“文件”|“导入”|“导入视频”命令，即可打开如图 5-94 所示的对话框，在选择文件路径时，单击“浏览”按钮，打开如图 5-95 所示的对话框，选择文件类型。可引入的视频文件格式主要有* . flv、* . mp4、* . mov 及* . 3gp 等。

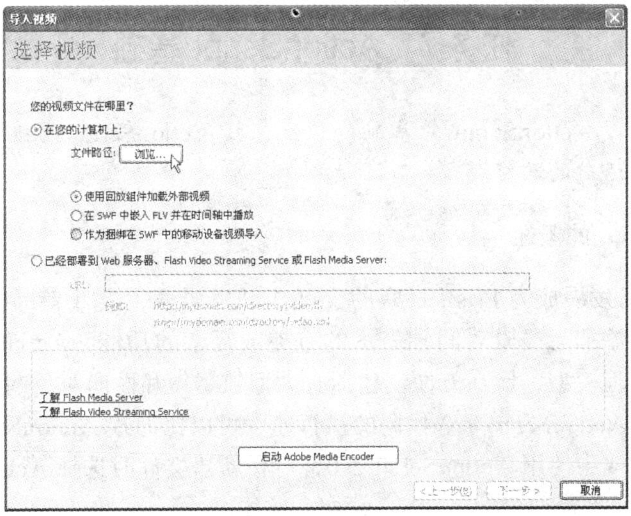

图 5-94　“导入视频”对话框

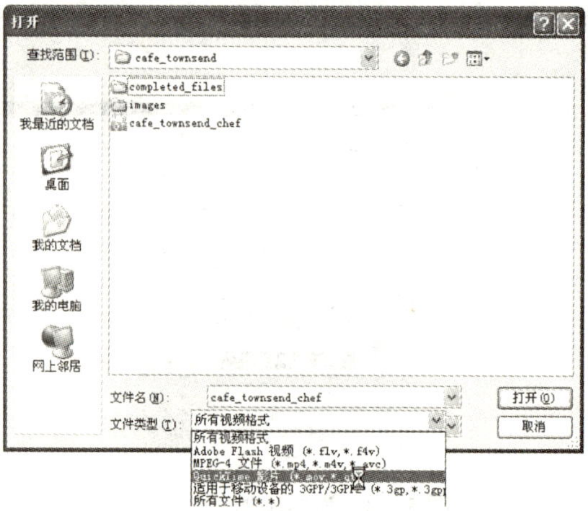

图 5-95　选择引入的视频文件格式

在导入视频对象的过程中，当视频对象被引入后，如果当前时间轴上的帧数小于视频对象的帧数，那么系统会提示用户是否延长时间轴上的帧以使时间轴上的帧数与视频对象的帧数保持一致，如图 5-96 所示。

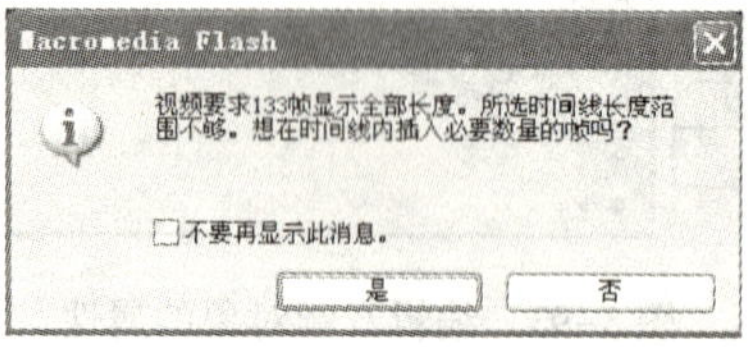

图 5-96　引入视频对象过程中的警告信息

当视频对象被正确引入后将自动登录到库中（可在库中预览播放），应用时只需将视频对象拖曳至舞台即可。

任务 7　ActionScript 基础

本任务主要学习 ActionScript 的基础知识，包括 ActionScript 的概述、语法知识、相关专业术语及基本语句的学习。

活动 1　ActionScript 的概述

ActionScript 已发展成为 Flash 特有的交互式开发语言，设计者可以让应用程序以非线性方式播放，并添加无法以时间轴表示的有趣或复杂的功能。ActionScript 3.0 为使用者提供了可靠的编程模型，旨在方便创建拥有大型数据集和面向对象的可重用代码库的高度复杂应用程序。ActionScript 3.0 代码的执行速度可以比旧式 ActionScript 代码快 10 倍。但如果在 Flash CS 4 中使用 ActionScript 2.0，可在新建文件时选择 ActionScript 2.0 即可，如图 5-97 所示。

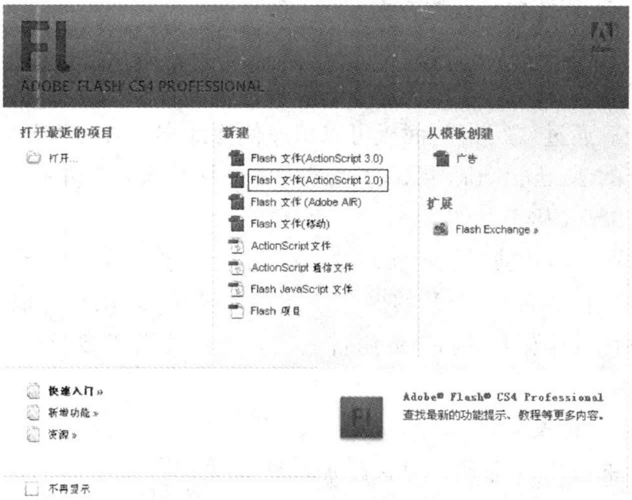

图 5-97　创建 ActionScript 2.0 版本的文件

1. ActionScript 3.0 的核心语言功能

Flash ActionScript 使用的是 ECMA-262（the European Computers Manufacturers Association）的语法标准，所以它与 JavaScript 很相似。此处包含编程语言的基本构造块，如语句、表达式、条件、循环和类型。

（1）运行时异常/错误。ActionScript 3.0 报告的错误情形比早期的 ActionScript 版本多。运行时异常用于常见的错误情形，可以可靠地处理错误的应用程序。运行时错误可提供带有源文件和行号信息注释的堆栈跟踪，帮助快速定位错误。

（2）运行时类型。在 ActionScript 3.0 中，类型信息在运行时保留，并可用于多种目的。Flash Player 10 执行运行时类型检查，增强了系统的类型安全性。类型信息还可用于以本机形式表示变量，从而提高了性能并减少了内存使用量。

（3）密封类。ActionScript 3.0 引入了密封类的概念。密封类只能拥有在编译时定义的固定的一组属性和方法，而不能添加其他属性和方法。这使得编译时的检查更为严格，从而导致程序更可靠。由于不要求每个对象实例都有一个内部哈希表，因此还提高了内存的使用率。还可以通过使用 dynamic 关键字来实现动态类。默认情况下，ActionScript 3.0 中的所有类都是密封的，但可以使用 dynamic 关键字将其声明为动态类。

（4）闭包方法。ActionScript 3.0 使闭包方法可以自动记起它的原始对象实例。此功能对于事件处理非常有用。

（5）正则表达式。ActionScript 3.0 包括对正则表达式的固有支持，可以快速搜索并操作字符串。

（6）命名空间。命名空间与用于控制声明（public、private、protected）的可见性的传统访问说明符类似。它们的工作方式与由名称指定的自定义访问说明符类似。命名空间使用统一资源标识符（URI）以避免冲突。

（7）新基元类型。ActionScript 3.0 包含 int 和 uint 类型。int 类型是一个带符号的 32 位整数，它使 ActionScript 代码可充分利用 CPU 的快速处理整数数学运算的能力。int 类型对使用整数的循环计数器和变量都非常有用。uint 类型是无符号的 32 位整数类型，可用于 RGB 颜色值、字节计数和其他方面。

2. ActionScript 的使用方法

（1）使用“动作”面板。这是最常用的添加代码的方法。

（2）使用行为。通过“行为”面板可以快速便捷地实现自己想要的效果。

（3）编写自己的 ActionScript 可以获得最大的灵活性和对文件的最大控制能力，但同时要求熟悉 ActionScript 语言和约定。

组件是预先构建的影片剪辑，可实现复杂的功能。组件可以是一个简单的用户界面控件（如复选框），也可以是一个复杂的控件（如滚动窗格）。用户可以自定义组件的功能和外观，并可下载其他开发人员创建的组件。大多数组件要求自行编写一些 ActionScript 代码来触发或控制组件。

3. 使用“动作”面板

通过“动作”面板可以为某个对象附加动作或编辑某个对象的动作。在 Flash CS 4 中，可定义 ActionScript 的对象包括按钮、电影剪辑的实例与关键帧。

“动作”面板共有两种编辑模式，即标准模式和专家模式。标准模式一般是为初级的或不经常使用 ActionScript 的用户而设计的；而专家模式一般是为专业的脚本开发者而提供的，如图 5-98 所示。图 5-99 所示是为帧（Frame）添加 ActionScript 示例。

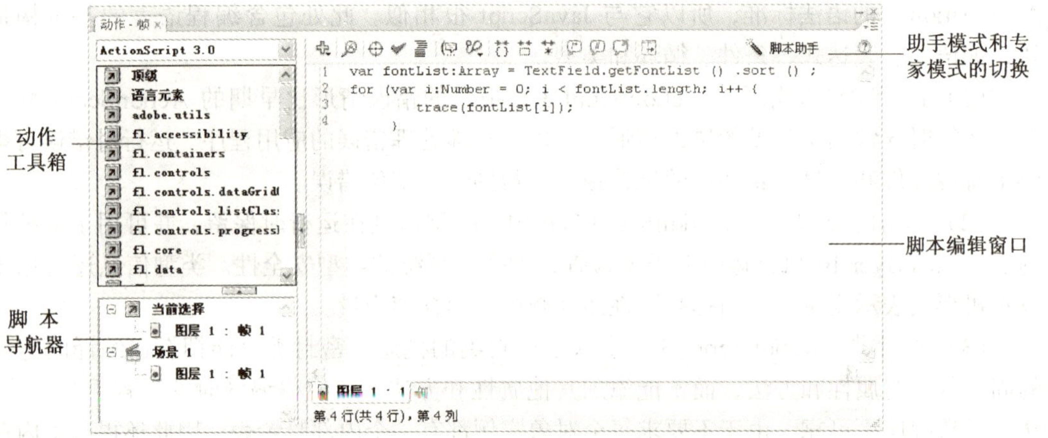

图 5-98 “动作”面板

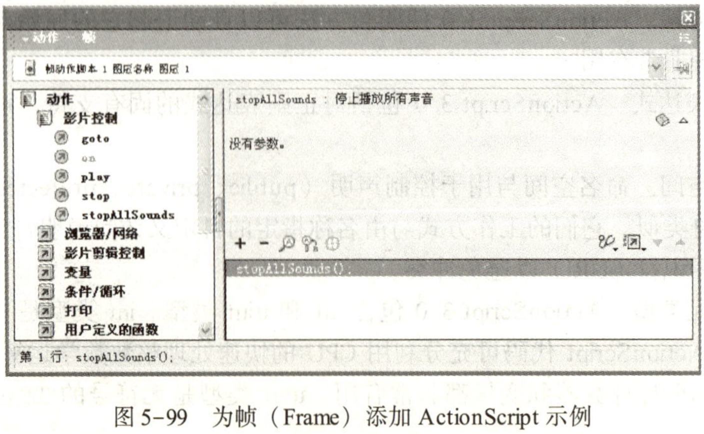

图 5-99 为帧（Frame）添加 ActionScript 示例

活动2　ActionScript 基本语法的学习

Flash ActionScript 的基本语法主要包含 ActionScript 的变量、数据类型、处理对象、运算符、注释及流控制6个方面。

(1) ActionScript 的变量。“变量”是一个容器，它可以存放各种类型的值。在编写语句来处理值时，编写变量名来代替值；只要计算机看到程序中的变量名，就会查看自己的内存并使用在内存中找到的值。例如，如果两个名为 a 和 b 的变量都包含一个数字，可以编写如下语句使这两个数字相加。

```
a +b;
```

在 ActionScript 中，要创建一个变量（称为声明变量），应使用 var 语句。

```
var a:Number;
```

在这个语句中，Number 表示变量 a 为数值型的值。

Flash CS 4 包含另外一种变量声明方法。在将一个影片剪辑元件、按钮元件或文本字段放置在舞台上时，可以在“属性”检查器中为它指定一个实例名称。在后台，Flash 将创建一个与该实例名称同名的变量，可以在 ActionScript 代码中使用该变量来引用该舞台项目。例如，如果将一个影片剪辑元件放在舞台上并为它指定了实例名称 mc1，那么，只要在 ActionScript 代码中使用变量 mc1，实际上就是在处理该影片剪辑。

需要注意的是，变量的命名必须遵循以下规范。

① 变量名必须以英文字母开头。

② 变量名最好具有一定的意义，通过一个或多个单词组成有意义的变量名来使变量名意义明确，如常用 UserName 来标识用户名。

③ 为增强变量名的可读性，一般都根据需要混合使用大小写字母和数字。

④ 不能使用 ActionScript 中的关键字、对象或属性作为变量名。

⑤ 变量名不能包含空格或句点（.），但可以使用下划线。

⑥ 对于动态文本框和输入文本框要采用不同的方式为其分配变量名。

⑦ 保证变量在特定区域内必须唯一。

(2) 数据类型。数据类型，是用于描述变量或元素能够存放什么类型的数据。在 ActionScript 中，数据类型可以从大的方面分为两类：基本数据类型和复杂数据类型。基本数据类型表示单条信息，如一个数值或一个文字。而复杂数据类型则表示一组信息。基本数据类型包括以下几种。

- String：一个文本值，例如，一个名称或书中某一章的文字。
- Numeric：对于 Numeric 型数据，ActionScript 3.0 包含以下3种特定的数据类型。
  - Number：任何数值，包括有小数部分或没有小数部分的值。
  - Int：一个整数（不带小数部分的整数）。
  - Uint：一个无符号整数，即不能为负数的整数。
- Boolean：一个 true 或 false 值，如开关是否开启或两个值是否相等。

复杂数据类型则包括以下几种。

- MovieClip：影片剪辑元件。

◆ TextField：动态文本字段或输入文本字段。

◆ SimpleButton：按钮元件。

◆ Date：有关时间中的某个片刻的信息（日期和时间）。

（3）处理对象。ActionScript 是一种面向对象的编程语言。面向对象的编程仅仅是一种编程方法，它与使用对象来组织程序中代码的方法没有什么差别。可以修改该影片剪辑的不同特征。例如，当选中该影片剪辑时，可以在属性检查器中更改许多值，例如，它的 x 坐标与宽度，进行各种颜色调整（如更改它的 alpha 值，即透明度），或对它应用投影滤镜。还可以使用其他 Flash 工具进行更多更改，如使用“任意变形”工具旋转该矩形。在 Flash 创作环境中修改一个影片剪辑元件时所作的更改，同样可在 ActionScript 中通过更改组合在一起、构成称为 MovieClip 对象的单个包的各数据片断来实现。

在 ActionScript 面向对象的编程中，任何类都可以包含属性、方法和事件。

① 属性：表示某个对象中绑定在一起的若干数据块中的一个。如 MovieClip 类具有 rotation、x、width 和 alpha 等属性。可以像处理单个变量那样处理属性。事实上，可以将属性视为包含在对象中的“子”变量。以下代码行将名为 square 的 MovieClip 移动到 100 个像素的 x 坐标处。

```
square.x =100;
```

② 方法：是指可以由对象执行的操作。例如，如果使用时间轴上的几个关键帧和动画制作了一个影片剪辑元件，则可以播放或停止该影片剪辑，或者指示它将播放头移到特定的帧。

下面的代码指示名为 bird 的 MovieClip 开始播放：

```
bird.play();
```

可以通过依次写下对象名（变量）、句点、方法名和小括号来访问方法，这与属性类似。小括号是指示要调用某个方法（即指示对象执行该动作）的方式。有时，为了传递执行动作所需的额外信息，将值（或变量）放入小括号中。这些值称为方法参数。

③ 事件：就是所发生的、ActionScript 能够识别并可响应的事情。许多事件与用户交互有关。例如，用户单击按钮或按键盘上的键等。无论何时编写处理事件的 ActionScript 代码，都会包括这 3 个元素，并且代码将遵循以下基本结构。

```
function eventResponse (eventObject :EventType):void
{
    // 此处是为响应事件而执行的动作。
}
eventSource.addEventListener(EventType.EVENT_NAME, eventResponse );
```

此代码中加粗的部分是可以根据具体情况自行处理的名称，这段代码中执行了两个操作。首先，定义一个函数，这是指定为响应事件而要执行动作的方法。接下来，调用源对象的 addEventListener () 方法，实际上就是为指定事件“订阅”该函数，以便当该事件发生时，执行该函数的动作。

（4）运算符。运算符（Operators）是用于执行计算的特殊符号（有时候是词）。这些运算符主要用于数学运算，有时也用于值的比较。通常，运算符使用一个或多个值并算出一个结果。

① 数字运算符：主要用来对数据进行加、减、乘、除运算，如表 5-1 所示。

表 5-1　ActionScript 中的数字运算符

运算符	功　　能	运算符	功　　能
-	从一个数值中减去另一个数值	+	将一个数值加到另一个数值
%	用一个数除以另一个数，返回余数	++	数值递增
*	用一个数值乘以另一个数值	--	数值递减
/	用一个数值除以另一个数值		

需要注意的是，当运算符“+”前后的变量为数字类型时，它表示将两个变量相加，而当其前后的变量为字符串类型时，就表示将前后两个变量连接起来。

② 赋值运算符：主要用来将数值或表达式的计算结果赋给变量，如表 5-2 所示。

表 5-2　ActionScript 中的赋值运算符

运算符	功　　能	运算符	功　　能
=	赋值	^=	按位取异或后赋值
+=	相加后赋值	|=	按位取或后赋值
-=	相减后赋值	&=	按位取与后赋值
*=	相乘后赋值	<<=	按位左移后赋值
/=	相除后赋值	>>=	按位右移后赋值
%=	取余数后赋值	>>>=	右移，并用零填充后赋值

③ 比较运算符：主要用来返回布尔表达式的值，其返回值只能是 true 或 false，如表 5-3 所示。

表 5-3　ActionScript 中的比较运算符

运算符	功　　能	运算符	功　　能
==	等于	<=	小于或等于
!=	不等于	>=	大于或等于
<	小于	===	绝对等于
>	大于	!==	绝对不等于

④ 逻辑运算符：主要用来连接布尔变量或表达式，如表 5-4 所示。

表 5-4　ActionScript 中的逻辑运算符

运算符	功　　能	运算符	功　　能
!	逻辑非（NOT）	||	逻辑或（OR）
&&	逻辑与（AND）		

（5）注释。在编写 ActionScript 时，注释可以解释某些代码行如何工作或者为什么做出特定的选择。“代码注释”是一个工具，用于编写计算机应在代码中忽略的文本。ActionScript 包括两种以下注释。

① 单行注释：在一行中的任意位置放置两个斜杠来指定单行注释。计算机将忽略斜杠后直到该行末尾的所有内容。

```
// 这是注释;计算机将会忽略它
var age:Number = 10; // 默认情况下,将 age 设置为 10
```

②多行注释：多行注释包括一个开始注释标记（/* ）、注释内容和一个结束注释标记（* /）。无论注释跨多少行，计算机都将忽略开始标记与结束标记之间的所有内容。

```
/ *
这可能是一段非常长的说明,可能说明
特定函数的作用或解释某一部分代码。
在任何情况下,计算机都将忽略所有这些行
 * /
```

（6）流控制。在程序中，经常需要重复某些动作，仅执行某些动作而不执行其他动作，或根据某些条件执行替代动作等。流控制就是用于控制执行相应的动作。ActionScript 中提供了以下几种类型的流控制元素。

① 函数：函数类似于快捷方式，提供了一种将一系列动作组合到单个名称下的方法，并可用于执行计算。函数对于处理事件尤为重要，但也可用作组合一系列指令的通用工具。

② 循环：使用循环结构，可指定计算机反复执行一组指令，直到达到设定的次数或某些条件改变为止。通常借助循环并使用一个其值在计算机每执行完一次循环后就改变的变量来处理几个相关项。

③ 条件语句：条件语句提供一种方法，用于指定仅在某些情况下才执行的某些指令或针对不同的条件提供不同的指令集。最常见的一类条件语句是 if 语句。if 语句检查该语句括号中的值或表达式，如果值为 true，则执行大括号中的代码行；否则，将忽略它们。

（7）ActionScript 3. 0 中的事件处理。ActionScript 3. 0 引入了单一事件处理模型，以替代以前各语言版本中存在的众多不同的事件处理机制。在 ActionScript 3. 0 中，代码都应添加在关键帧上，而且正确的做法是应该用专门的层上创建空白关键帧来添加脚本代码。

Flash Player 实现的 DOM 事件模型包括一个名为“默认行为”的概念。“默认行为”是 Flash Player 作为特定事件的正常后果而执行的操作。

要在 ActionScript 3. 0 中添加事件侦听器，使用方法 addEventListener ()，甚至可以对属于事件流一部分的任何对象调用 addEventListener () 方法。

活动 3　ActionScript 中面向对象的编程理念学习

从根本上讲，ActionScript 是一种脚本撰写语言，因此 ActionScript 3. 0 OOP 支持是可选的。类是对象的抽象表示形式。类用来存储有关对象可保存的数据类型及对象可表现的行为的信息。正确的类定义语法中要求 class 关键字后跟类名。类体要放在大括号“{}”内，且放在类名后面。例如，以下代码创建了名为 Shape 的类，其中包含名为 visible 的变量。

```
public class Shape
{
    var visible:Boolean = true;
}
```

活动 4 ActionScript 的影片剪辑控制

影片剪辑无论是在动画制作还是在脚本控制中都起着至关重要的作用。本活动来学习影片剪辑如何通过 ActionScript 进行控制。只要在 Flash 中创建影片剪辑元件，Flash 就会将该元件添加到该 Flash 文件的库中。默认情况下，此元件会成为 MovieClip 类的一个实例，因此具有 MovieClip 类的属性和方法。

此处主要介绍以下常见的影片剪辑任务。

① 播放和停止影片剪辑。

② 快进和后退播放影片剪辑。

③ 将播放头移动到影片剪辑时间轴中的特定帧。

④ 在 ActionScript 中处理帧标签。

⑤ 在 ActionScript 中访问场景信息。

⑥ 加载和控制外部 SWF 文件，包括为以前版本的 Flash Player 创建的文件。

（1）播放和停止影片剪辑。play () 和 stop () 方法允许对时间轴上的影片剪辑进行基本控制。例如，假设舞台上有一个影片剪辑元件，其中包含一个自行车横穿屏幕的动画，其实例名称设置为 bicycle。如果将以下代码附加到主时间轴上的关键帧，自行车将不会移动（将不播放其动画）。

```
bicycle.stop();
```

例如，如果有一个名为 startButton 的按钮，则主时间轴上某一关键帧上的以下代码会使单击该按钮时播放该动画。

```
// 单击该按钮时调用此函数，它会使自行车动画进行播放
function playAnimation(event:MouseEvent):void
{
    bicycle.play();
}
// 将该函数注册为按钮的侦听器
startButton.addEventListener(MouseEvent.CLICK, playAnimation);
```

（2）前进和后退播放影片剪辑。也可以使用 nextFrame () 和 prevFrame () 方法手动向前或向后沿时间轴移动播放头。调用这两种方法中的任一方法均会停止回放并分别使播放头向前或向后移动一帧。

使用 play () 方法类似于每次触发影片剪辑对象的 enterFrame 事件时调用 nextFrame () 方法。使用此方法，可以为 enterFrame 事件创建一个事件侦听器并在侦听器函数中让 bicycle 回到前一帧，从而使 bicycle 影片剪辑向后播放，如下所示。

```
// 触发 enterFrame 事件时调用此函数,这样就可以实现每帧调用一次该函数
function everyFrame(event:Event):void
{
    if (bicycle.currentFrame == 1)
    {
        bicycle.gotoAndStop(bicycle.totalFrames);
```

```
        }
        else
        {
            bicycle.prevFrame();
        }
    }
    bicycle.addEventListener(Event.ENTER_FRAME, everyFrame);
```

在正常回放过程中，如果影片剪辑包含多个帧，播放时将会无限循环播放，也就是说在经过最后一帧后将返回到第 1 帧。使用 prevFrame () 或 nextFrame () 方法时，不会自动发生此行为（在播放头位于第 1 帧时调用 prevFrame () 方法不会将播放头移动到最后一帧）。以上示例中的 if 条件将检查播放头是否已返回至第一帧，并将播放头设置为处于最后一帧前面，从而有效地使影片剪辑向后持续循环播放。

（3）将播放头移动到影片剪辑时间轴中的特定帧及使用帧标签。调用 gotoAndPlay () 或 gotoAndStop () 方法将使影片剪辑跳到指定为参数的帧编号或者可以传递一个与帧标签名称匹配的字符串，也可以为时间轴上的任何帧分配一个标签。为此，选择时间轴上的某一帧，然后在属性检查器的“帧标签”字段中输入一个名称。

（4）在 ActionScript 中访问场景信息。在 Flash 创作环境中，可以使用场景来区分 SWF 文件播放时将要经过的一系列时间轴。使用 gotoAndPlay () 或 gotoAndStop () 方法的第二个参数，可以指定要向其发送播放头的场景。包含多个场景的 Flash 文件可能很难维护，多个场景也会使带宽效率降低，因此通常不鼓励使用多个场景。

MovieClip 类的 scenes 属性返回表示 SWF 文件中所有场景的 Scene 对象的数组。currentScene 属性返回一个表示当前正在播放的场景的 Scene 对象。

Scene 类具有多个提供有关场景信息的属性。labels 属性返回表示该场景中帧标签的 FrameLabel 对象的数组。name 属性将以字符串形式返回场景名称。numFrames 属性返回一个表示场景中帧的总数的整数。

（5）加载外部 SWF 文件。在 ActionScript 3.0 中，SWF 文件是使用 Loader 类来加载的。若要加载外部 SWF 文件，ActionScript 需要执行以下 4 个操作：用文件的 URL 创建一个新的 URLRequest 对象；创建一个新的 Loader 对象；调用 Loader 对象的 load () 方法，并以参数形式传递 URLRequest 实例；对显示对象容器（如 Flash 文件的主时间轴）调用 addChild () 方法，将 Loader 实例添加到显示列表中。其代码如下所示。

```
var request:URLRequest = new URLRequest("url/name.swf");
var loader:Loader = new Loader();
loader.load(request);
addChild(loader);
```

除了*.swf 文件以外，也可以使用上述同样的代码加载外部图像文件，如 JPEG、GIF 或 PNG 图像，只要将图像的地址替换动画的地址即可。

任务8 电影的导出与发布

本任务要求熟悉动画的导出与发布。

活动1 电影的导出

电影的导出是指将当前电影文件导出成* .swf，* .avi 或* .gif 等格式的文件，而电影的发布是指将当前电影文件发布成 HTML 文件和某种格式的动画文件。

将 Flash 图像保存为位图 GIF，JPEG，PICT（Macintosh）或 BMP（Windows）文件时，图像会丢失其矢量信息，仅以像素信息保存。电影的导出方法是：选择“文件”|“导出影片”命令（按快捷键 Ctrl + Alt + Shift + S)，并在打开的“导出影片”对话框中选择目标导出格式，如图 5-100 所示。

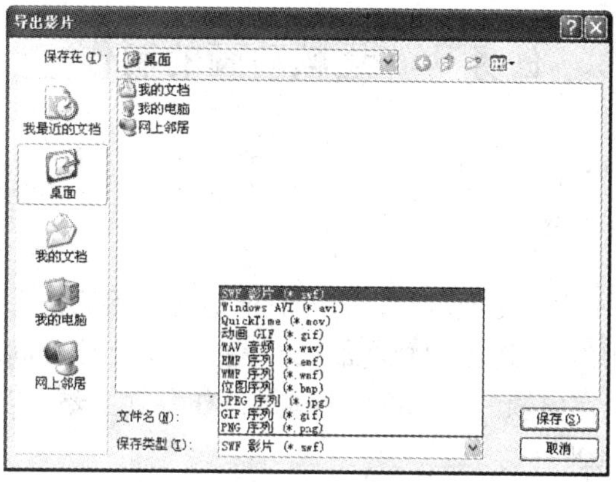

图 5-100 电影文件的导出示例

活动2 电影的发布

电影的发布方法是：选择“文件”|“发布”命令（按快捷键 Shift + F12)，电影文件发布之后，可在电影源文件的存放位置生成两个文件：一个是与源文件同名的 HTML 格式的文件；另一个是与源文件同名的* .swf 格式或其他格式的配套文件。其中 HTML 格式的文件可由 IE 或其他类型的浏览器直接观看（须保证浏览器安装了 Flash 播放器的插件)，如图 5-101 所示。

图 5-101 电影文件的发布示例

除了可以发布成*.swf 和*.html 两种格式以外，Flash 文件还可以发布许多其他格式：*.jpg，*.png，*.gif，*.exe 及*.app（Macintosh 放映文件）。其方法是：选择“文件”|“发布设置”命令（按快捷键 Ctrl + Shift + F12）。其中*.jpg 及*.png 格式可发布成静态的图像格式，*.gif 可发布成静态或动态的压缩位图；*.exe 是 Windows 系统下的放映文件，会将 Flash 播放器捆绑在电影中一起发布，方便没有播放器的用户浏览动画。具体参数如图 5-102 所示。

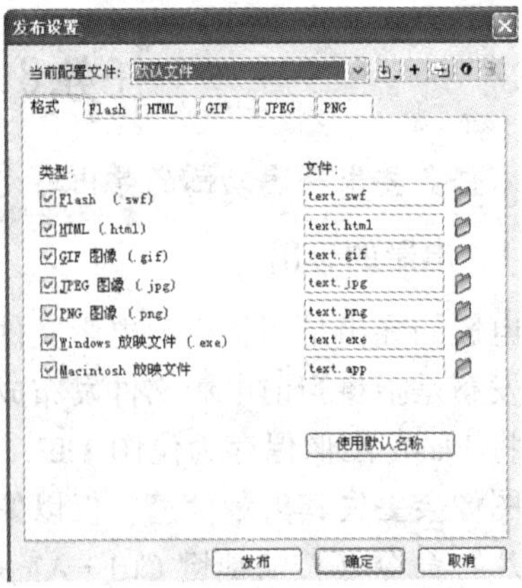

图 5-102　电影文件的发布设置

任务 9　逐帧动画的制作

本任务要求掌握逐帧动画的制作。

活动 1　实例要点的分析

逐帧动画在每一帧中都会更改舞台内容，它最适合于图像在每一帧中都在变化而不仅是在舞台上移动的复杂动画。逐帧动画增加文件大小的速度比补间动画快得多。在逐帧动画中，Flash 会存储每个完整帧的值。逐帧动画的制作要领主要有以下几点。

（1）确定动画的关键帧次。

（2）确定动画中每个关键帧所在的对象及其形状。

（3）末尾帧与初始帧所在对象的形状须具有合理的连续性。

（4）动画过程符合相关的运动原理。

活动 2　实例的制作

在本活动中，将学习如何创建一个商业广告的动画效果，具体操作步骤如下所述。

（1）创建电影文件并设置电影文件的相关参数。按快捷键 Ctrl + N 创建一电影文件，同时对电影文件的参数作如图 5-103 所示的参数设置。

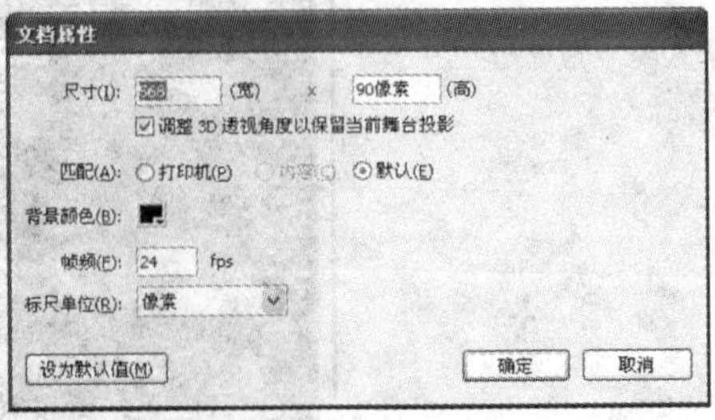

图 5-103　创建电影文件并设置其参数

（2）导入位图到舞台。在电影文件的舞台上导入一张位图（可从网络上下载类似的图片作为替代，也可自行选择实例中输入的文字内容），如图 5-104 所示。

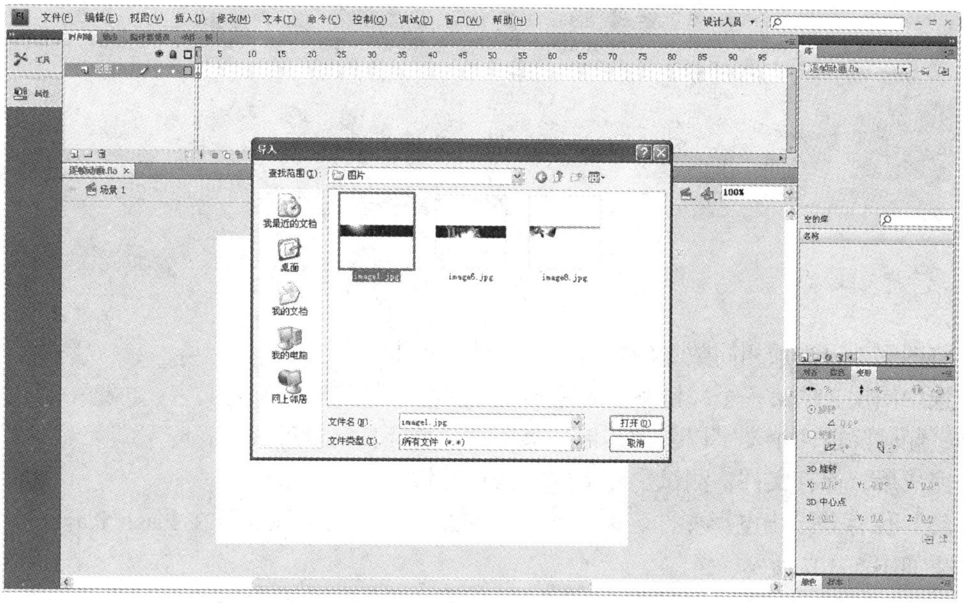

图 5-104　在舞台上导入位图

（3）新建层，并在层中输入文字。在时间轴面板上新建一个普通层，在第一个空白的关键帧上输入图 5-105 所示文字。

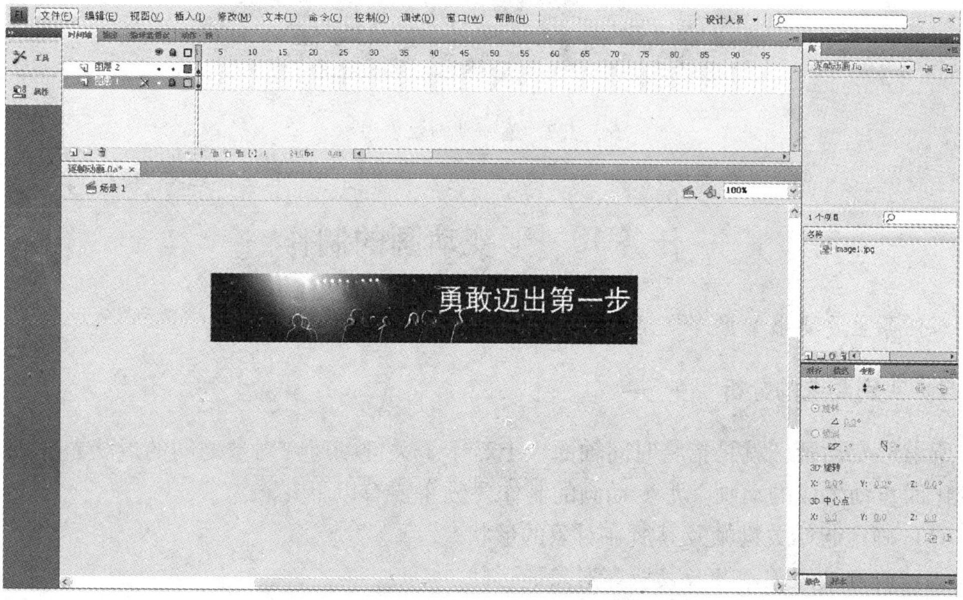

图 5-105　新建图层 2 并在第一帧上输入文字

（4）文字操作。选中刚输入的文字，将其分离（按快捷键 Ctrl + B），再根据文字的数量创建相同数量的关键帧（按快捷键 F6），如图 5-106 所示。

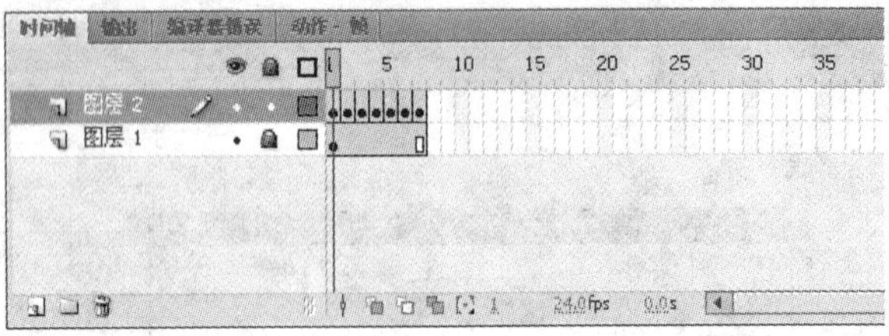

图 5-106　创建与文字数量相等的关键帧

将图层 1 也添加相同数量的普通帧（按快捷键 F5）。

选中图层 2 的第一个关键帧，删除第一个文字以外的其他所有文字；再选中第二个关键帧，删除除前两个文字以外的其他文字；以此类推直到最后一帧。

完成后，保存文件，测试影片文件（按快捷键：Ctrl + Enter）。

（5）保存并导出电影文件。保存电影文件并将其导出，该动画在 Flash Player 中的播放效果如图 5-107 所示。

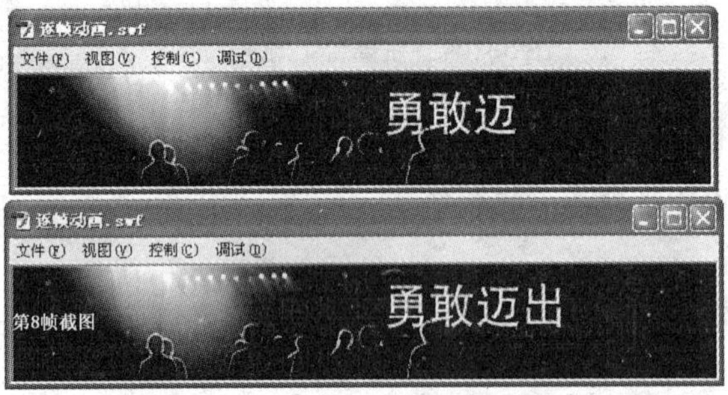

图 5-107　逐帧动画效果展示

任务 10　形变动画的制作

本任务主要要求掌握形变动画的制作要点和制作过程。

活动 1　实例要点的分析

所谓形变动画，就是指将时间轴面板上若干个关键帧所在对象之间的形状差异进行形状变化而自动生成的动画。形变动画的制作要领主要有以下几点。

（1）确定起始关键帧及其所在对象的形状。

（2）确定结束关键帧及其所在对象的形状。

（3）创建形变动画。

（4）动画过程符合相关的运动原理。

活动 2　实例的制作

本活动将学习如何创建一个简单的载入动画的进度条，其具体操作步骤如下所述。

（1）创建电影文件并设置电影文件的相关参数。按快捷键 Ctrl + N 创建一电影文件，同时对电影文件的参数作如图 5-108 所示的参数设置。

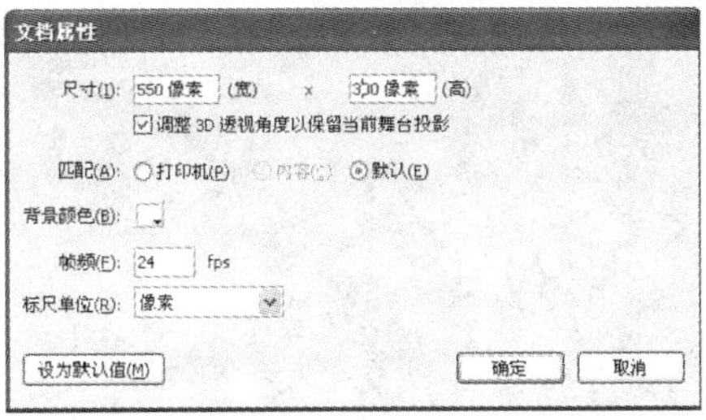

图 5-108　创建电影文件并设置其相关参数

（2）绘制形状及编辑形状。用“矩形”工具在舞台上绘制矩形，然后切换到“选择”工具，选择矩形的上、下线条，进行位置的移动。绘制效果如图 5-109 所示。

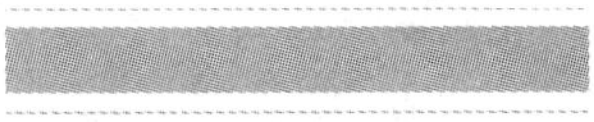

图 5-109　绘制的矩形

（3）将对象分层放置。形状补间参与的对象不能过于复杂，因而必须将对象分层放置。其操作方法为：选中上下线条，右击选择“分散到图层”命令，这时图层状态如图 5-110 所示。

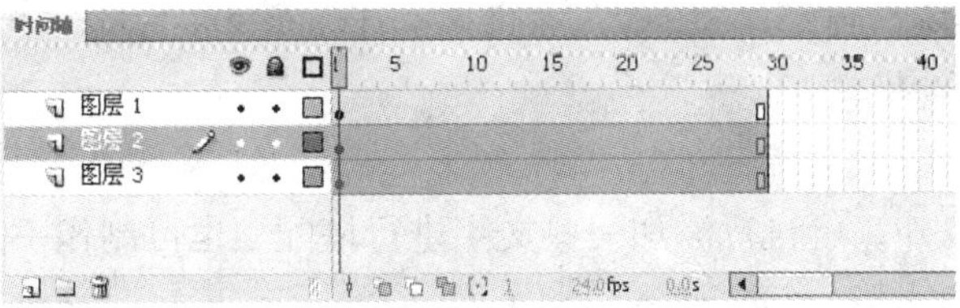

图 5-110　选择“分散到图层”命令后的图层状态

（4）确定动画的起始形状和结束形状。在时间轴面板中的 3 个图层上同时选中第 30 帧并按 F5 键添加普通帧，在矩形所在的层的最后一帧上按 F6 键转为关键帧。

再选择矩形所在层的第一个关键帧，进行如图 5-111 所示的修改。

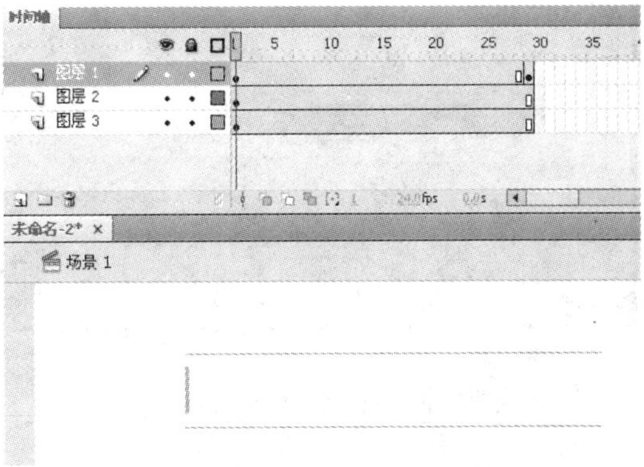

图 5-111　形状变化的起始状态

（5）创建形变动画。在“时间轴”面板上选中第 1 帧，通过右击矩形所在层的第 1 帧，选择“创建补间形状”命令创建形变动画，如图 5-112 所示。当形变动画创建好后，“时间轴”面板上的第 1 ～ 30 帧之间将产生浅绿色的背景，同时产生一个由左向右的箭头，如图 5-113 所示。

图 5-112　在“时间轴”面板中创建形变动画

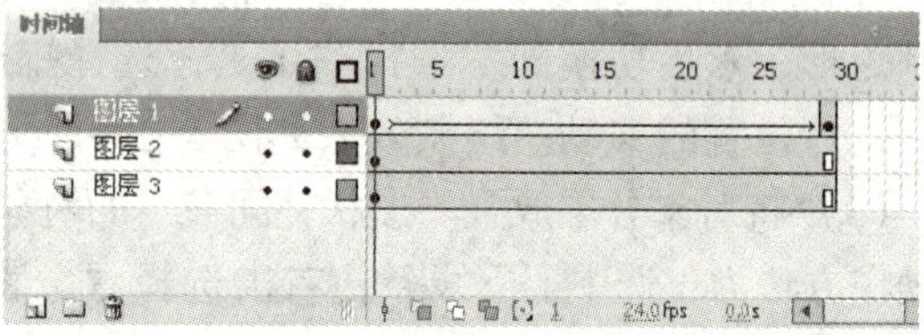

图 5-113　创建形变动画后的“时间轴”面板

除了这些操作以外，可自行添加一些文字进行搭配，也可制作一个与之相关的文字逐帧动画，令作品更加完整。

（6）保存并导出电影文件。保存电影文件并将其导出，该动画在 Flash Player 中的播放效果如图 5-114 所示。

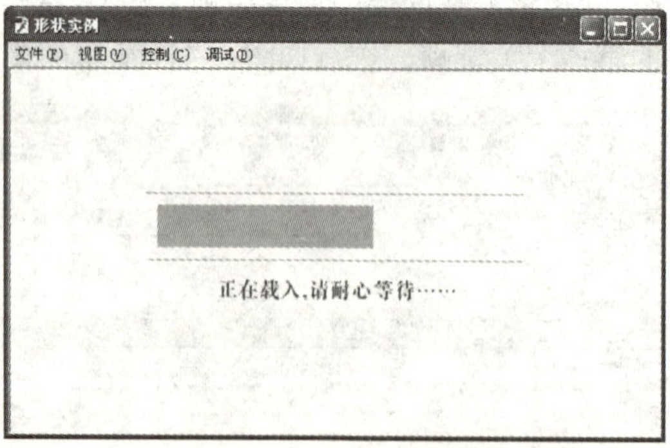

图 5-114　形变动画效果展示

任务 11　文字补间动画的制作

本任务要求掌握补间动画的制作要点和制作过程。

活动 1　实例要点的分析

创建补间动画时，运动的对象一般是某个类型的元件，而具体的运动轨迹则需要通过引导层上的线条来实现。除了运动的对象和轨迹外，运动的速度同样是可以通过“时间轴”面板的缓动值进行控制的。补间动画的制作要领主要有以下几点。

（1）文字对象制作补间动画不需要转为元件，可以直接制作。

（2）确定起始关键帧和属性关键帧即可。

（3）将已制作好的补间动画保存为预设的动画效果。

活动 2　实例的制作

在本活动中，将学会如何创建一个文字补间动画，其具体操作步骤如下所述。

（1）创建电影文件并设置相关参数。按快捷键 Ctrl + N 创建一个电影文件，同时对电影文件的相关参数作如图 5-115 所示的设置。

（2）输入字母“X”作为补间对象。在舞台中输入大写字母“X”作为补间的运动对象。其属性设置如图 5-116 所示。

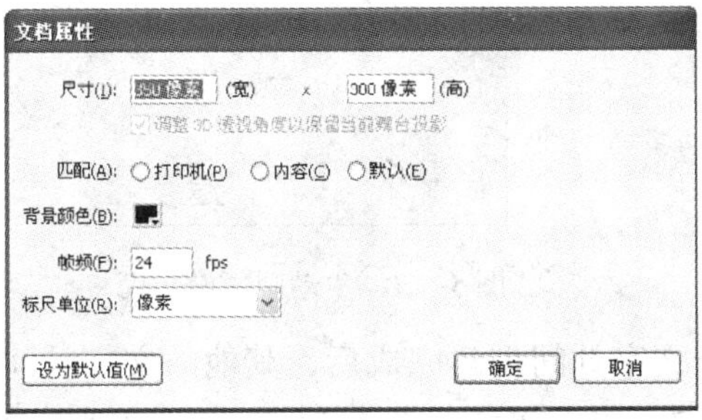

图 5-115　创建电影文件并设置其相关参数

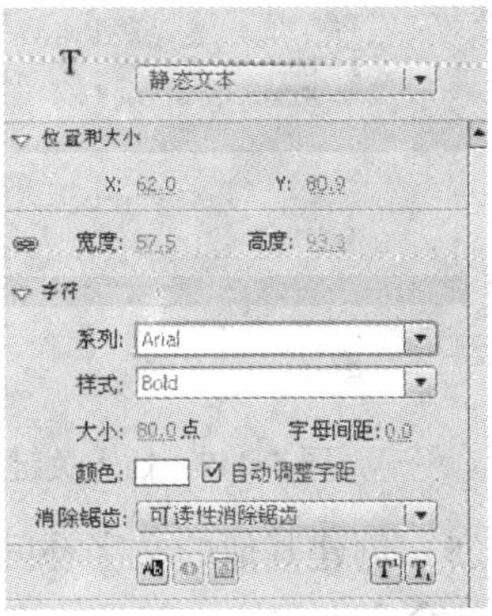

图 5-116　在舞台上输入文字及其属性设置

（3）为文字对象创建补间动画。在“时间轴”面板上选择文字所在的图层，在第 25 帧上按 F5 键添加普通帧。再右击第 25 帧，在弹出的快捷菜单中选择“创建补间动画”命令，此时选中文字，作适当的水平位移。“时间轴”面板如图 5-117 所示。

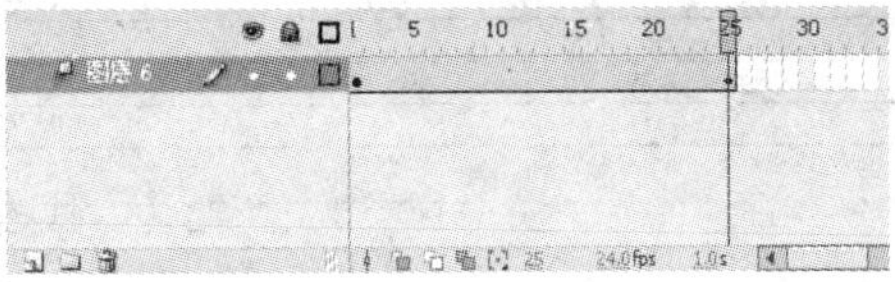

图 5-117　创建补间动画后的“时间轴”面板

再单击第一个关键帧，将文字的高度通过“属性”面板进行修改，高度设为5。这时的舞台效果如图5-118所示。

图5-118 修改文字高度的舞台效果

接着再右击第15帧，在弹出的快捷菜单中（见图5-119）选择“插入关键帧”命令，在子菜单中选择“缩放”命令。完成后将文字的高度修改为100像素。

（4）将补间动画另存为预设动画。Flash CS 4中可以将已有的补间动画存储为自定义的预设动画，方便以后的动画创作。其具体操作方法为：选择创建好的补间动画，右击，在弹出的快捷菜单中选择“另存为动画预设”命令，弹出“动画预设”面板，如图5-120所示。

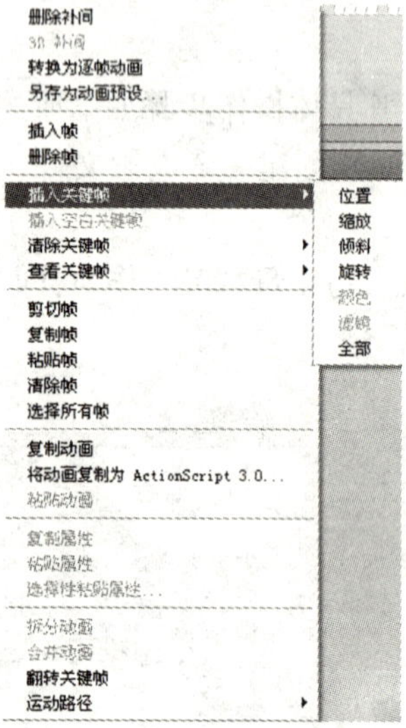

图5-119 插入关键帧

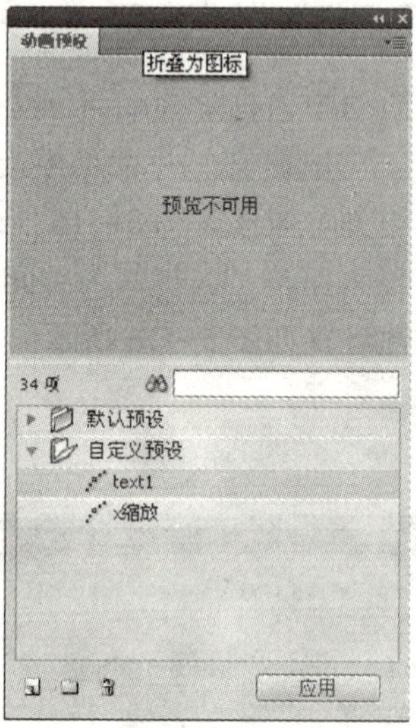

图5-120 “动画预设”面板

（5）创建其他的文字补间动画。第一个文字补间创建完成后，其他的文字补间创建速度就会大大加快。其具体方法是：在新图层上输入文字，选择“窗口”|“动画预设”命令，在弹出的面板中选择刚刚保存的预设动画名称，再单击“应用”按钮即可快速制作与之相同的补间动画。

在此实例中，只需要对各个关键帧上的文字对象进行位置的调整即可实现多个文字的动画。最后，需要对整个时间轴上每个图层的先后顺序进行调整。效果如图5-121所示。

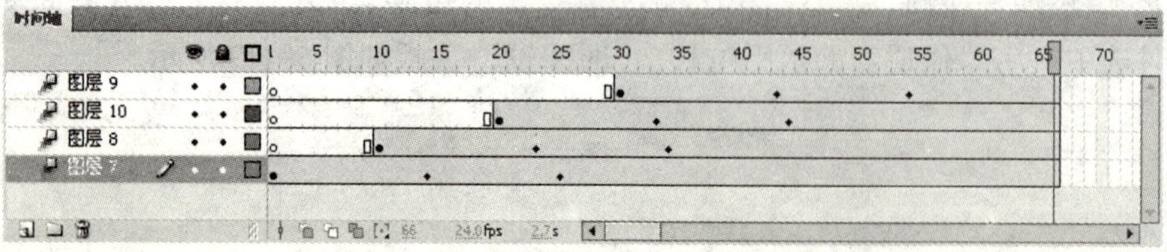

图5-121 时间轴调整后的效果图

（6）保存并导出电影文件。保存电影文件并将其导出，该动画在 Flash Player 中的播放效果如图 5-122 所示。

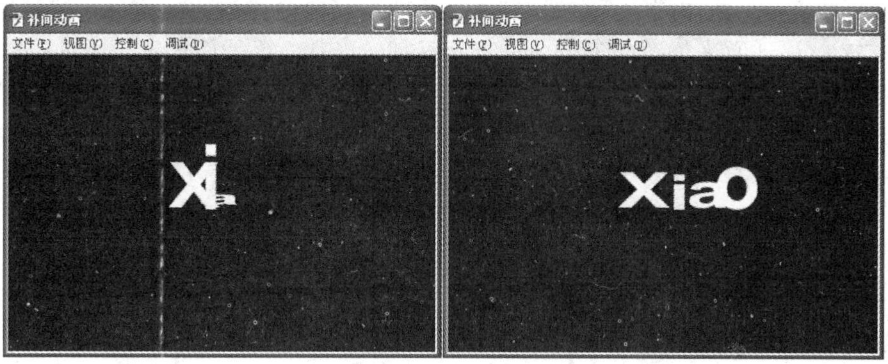

图 5-122　动画效果图

任务 12　遮罩动画的制作

本任务要求理解遮罩动画的工作原理，掌握遮罩动画的制作要求和制作过程。

活动 1　实例要点的分析

遮罩动画是指透过上层的对象看下层的内容的动画。遮罩动画是由两个图层共同完成的。其中位于上层的称为遮罩层，下层的称为被遮罩层。在 Flash CS 4 中，可以创建动态的遮罩效果，即让遮罩层动起来。对于用作遮罩的填充形状，可以使用补间形状；对于类型对象、图形实例或影片剪辑，可以使用补间动画。当使用影片剪辑实例作为遮罩时，可以让遮罩沿着运动路径运动。遮罩动画的制作要领主要有以下几点。

（1）确定被遮挡的对象。

（2）确定遮挡的对象。

（3）创建对象与对象之间的遮罩效果。

（4）动画过程符合相关的运动原理。

活动 2　实例的制作

在本活动中，将学会如何创建一个波纹效果的动画，其具体操作步骤如下所述。

（1）创建电影文件并设置其相关参数。按快捷键 Ctrl + N 创建一电影文件，同时对电影文件的相关参数作如图 5-123 所示的设置。

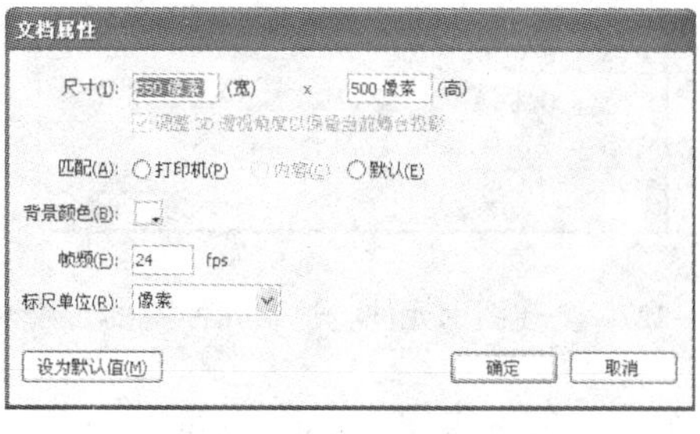

图 5-123　创建电影文件并设置其相关参数

（2）导入位图作为被遮罩对象。选择“文件”|“导入”命令（按快捷键 Ctrl + R）导入一幅位图，调整该图的大小，保证其高度小于舞台的 1/2。其效果如图 5-124 所示。

复制调整高度后的位图，新建图层 2，选择“在当前位置粘贴”命令（按快捷键 Ctrl + Shift + V），移到原来位图的下方，进行垂直翻转。其效果如图 5-125 所示。然后将该位图转为元件。再复制一次，选择“在当前位置粘贴”命令（按快捷键 Ctrl + Shift + V），选中该元件实例，在“属性”面板中设置实例的透明度为 75，同时使用方向键向下移动 3～4 次（每按一次方向键，对象移动 1 个像素），产生模糊的效果。最终的效果如图 5-126 所示。

图 5-124　导入位图对象并设置其尺寸大小及高度

图 5-125　导入位图对象并设置其坐标位置

图 5-126　模糊效果

（3）创建遮罩对象。创建遮罩对象操作方法如下所述。

① 选择“插入”|“新建元件”命令（按快捷键 Ctrl + F8）创建一影片剪辑对象，其参数设置如图 5-127 所示。

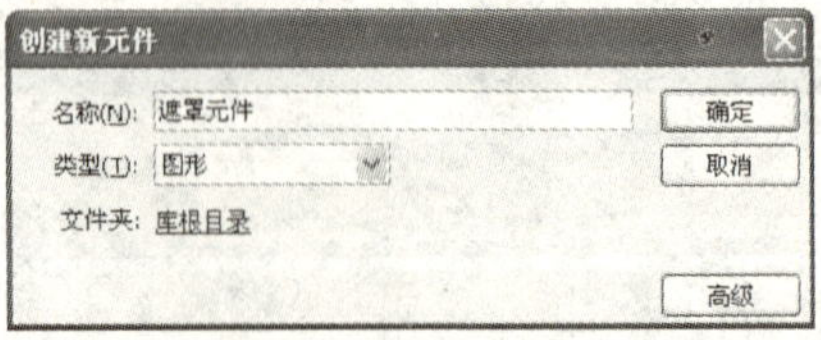

图 5-127　新建图形元件“遮罩元件”的参数设置

② 在影片剪辑“遮罩元件”的编辑模式下绘制如图 5-128 所示的对象。需要注意的

是，在这个实例中，矩形越细长，矩形之间的间隔越小，效果越逼真。整个元件的高度应该比转为元件的位图的高度超出 2 倍比较合适。

图 5-128　新建图形元件“遮罩元件”的完成图

③ 单击“场景”图标，返回舞台。新建图层 3，打开库文件，将刚创建的矩形元件拖放到舞台上。在第 40 帧上右击，在弹出的快捷菜单选择“插入帧”命令，再右击，在弹出的快捷菜单中选择“创建补间动画”，在舞台上垂直移动对象的上下位置。此时，舞台上的效果如图 5-129 所示。

图 5-129　将“遮罩元件”放在舞台上的效果图

（4）创建遮罩。在新建层上右击，在弹出的快捷菜单中选择“遮罩层”命令，在图层 3 与图层 2 之间建立遮罩关系，如图 5-130 所示。

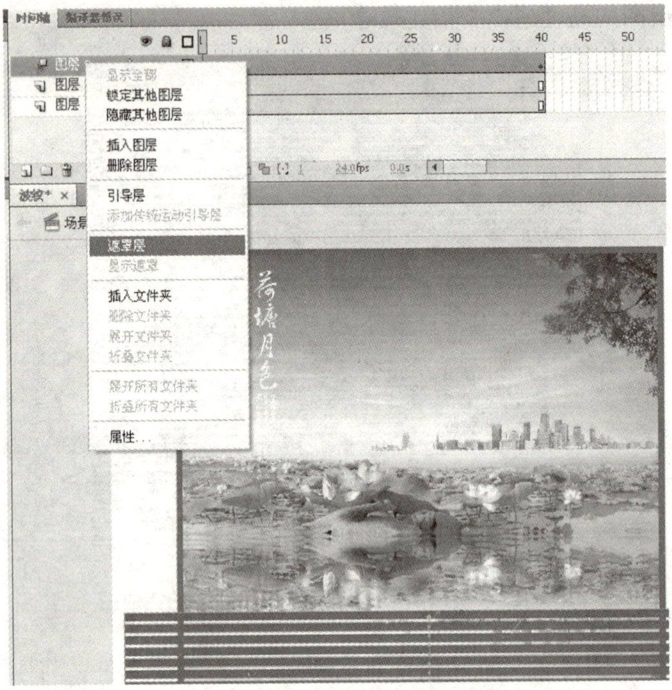

图 5-130　创建遮罩层

（5）保存并导出电影文件。保存电影文件并将其导出，该动画在 Flash Player 中的播放效果如图 5-131 所示。

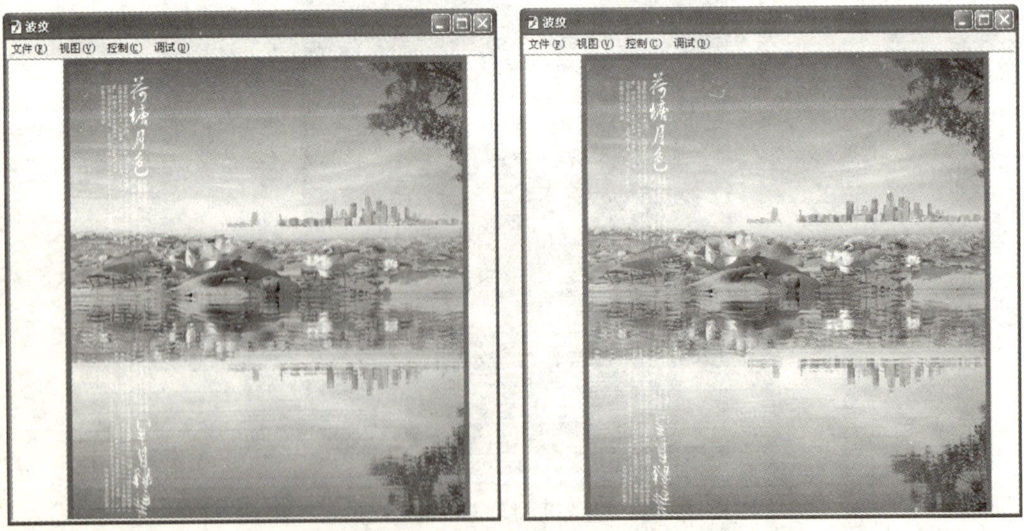

图 5-131　遮罩动画效果展示

任务 13　脚本动画的制作

本任务要求掌握 ActionScript 代码的添加方法和面板的使用，熟悉 ActionScript 3.0 语句的基本使用。

活动 1　实例要点的分析

脚本动画是指动画的主体效果是通过 Flash ActionScript 来产生或实现。脚本动画一般是通过对动画中的对象赋予一定的脚本而得以实现。脚本动画的制作要领主要有以下几点。

（1）确定动画中要设置脚本的对象。

（2）编写动画中相关对象的 Flash ActionScript 脚本。

（3）编写动画播放的流程控制脚本。

（4）动画过程符合相关的运动原理。

活动 2　实例的制作

在本活动中，将学习如何创建雪花飘落的动画，其具体步骤如下所述。

（1）创建电影文件并设置其相关参数。按快捷键 Ctrl + N 创建一电影文件，同时对电影文件的相关参数作如图 5-132 所示的设置。保存时命名为雪花 . fla。

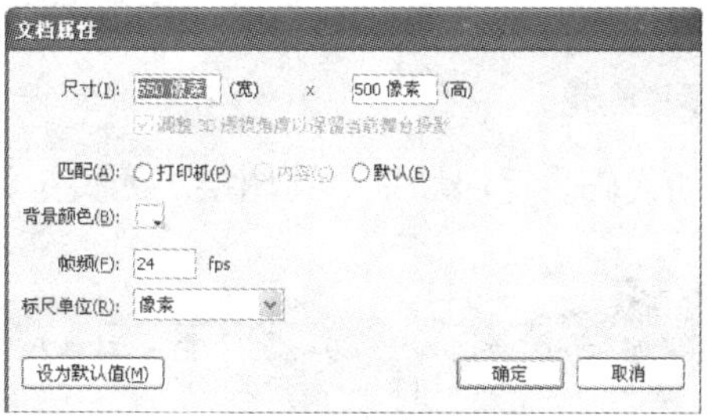

图 5-132　创建电影文件并设置其相关参数

（2）导入位图。选择“文件”|“导入到舞台”命令（按快捷键 Ctrl + R），其效果如图 5-133 所示。

图 5-133　导入位图后的效果

（3）创建元件。选择“插入”|“新建元件”命令（按快捷键 Ctrl+F8）创建一影片剪辑，其参数设置如图 5-134 所示。

（4）编辑影片剪辑。用“椭圆”工具在舞台的“+”号处绘制长椭圆（宽 3 px，高 15 px），并通过“变形”面板对其进行旋转、复制。完成此步操作后选择“修改”|“形状”|“柔化填充边缘”命令，最后效果如图 5-135 所示。

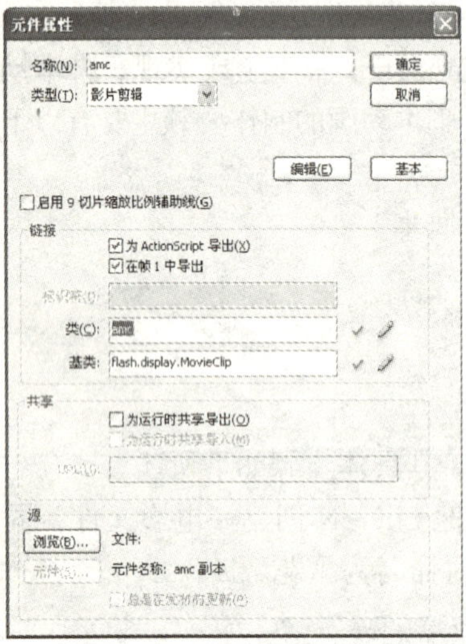

图 5-134　创建影片剪辑

图 5-135　绘制完成后的雪花影片剪辑

（5）在主时间轴上添加代码。返回场景，在图层 1 的关键帧上添加代码，如图 5-136 所示。

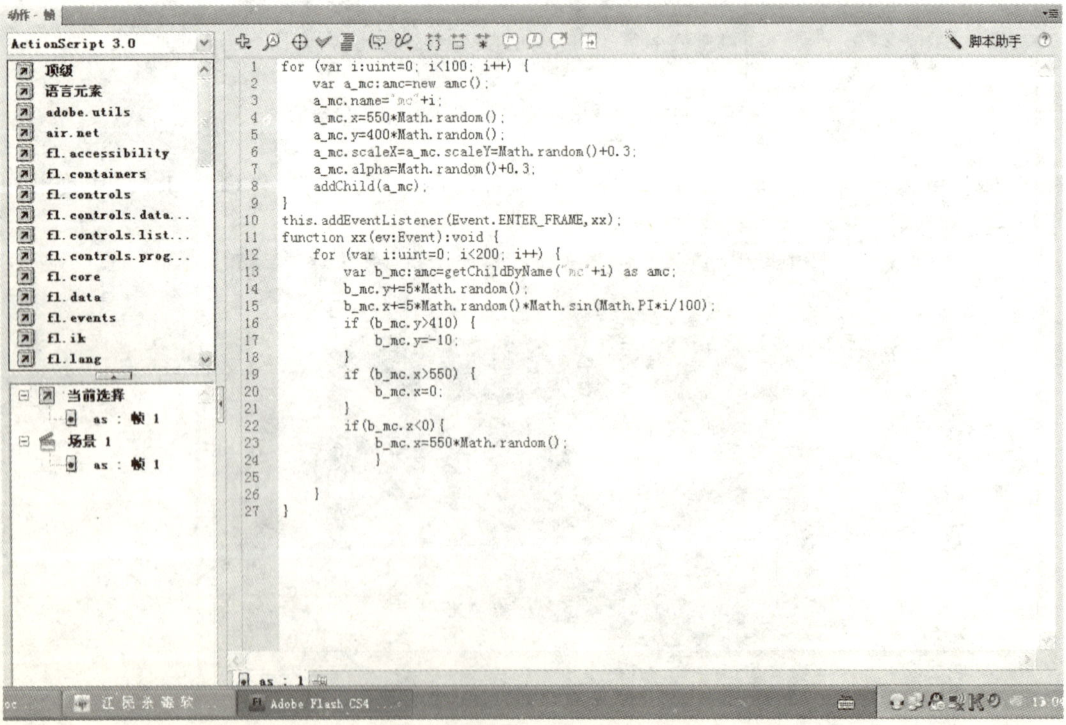

图 5-136　设置“line”编辑模式的关键帧

下面对代码的功能做简单解释。

```
for (var i:uint=0; i<100; i++) {   //通过循环语句复制100个雪花影片剪辑
  var a_mc:amc=new amc();
  a_mc.name="mc"+i;                  //复制后的新影片剪辑名为"mc"+i
  a_mc.x=550*Math.random();          //设置影片剪辑的随机水平位置
  a_mc.y=400*Math.random();            //设置影片剪辑的随机垂直位置
  a_mc.scaleX=a_mc.scaleY=Math.random()+0.3;   // 设置影片剪辑的
缩放比例
  a_mc.alpha=Math.random()+0.3;//设置影片剪辑的透明度值
  addChild(a_mc);
}
this.addEventListener(Event.ENTER_FRAME,xx);//添加影片剪辑的事件
侦听器
function xx(ev:Event):void {
  for (var i:uint=0; i<200; i++) {
    var b_mc:amc=getChildByName("mc"+i) as amc;
    b_mc.y+=5*Math.random();      //创建影片剪辑的垂直向下的运动
    b_mc.x+=5*Math.random()*Math.sin(Math.PI*i/100);
//创建影片剪辑的左右摇摆的运动
    if (b_mc.y>410) {
      b_mc.y=-10;
    }
//如果影片剪辑的垂直位置超出舞台,则回到顶部
    if (b_mc.x>550) {
      b_mc.x=0;
    }
    if(b_mc.x<0){
      b_mc.x=550*Math.random();
    }
//如果影片剪辑的水平位置不在舞台,则回到舞台上
  }
}
```

(6) 保存并导出电影文件。保存电影文件并将其导出，该动画在Flash Player中的播放效果如图5-137所示。

图5-137　脚本动画效果展示

任务14　练习与实践

活动1　思考与练习

（1）描述电影、场景和舞台3个概念。

（2）描述层与时间轴的对应关系。

（3）描述普通帧、关键帧与空白关键帧各自的作用。

（4）对比“选择”工具与“部分选取”工具的作用。

（5）描述元件的类型及其各自的大致应用领域。

（6）Flash CS 4中可分别导入哪些文件格式的位图对象、音频对象及视频对象。

（7）常用的影片控制语句有哪些？请分别简述其功能。

（8）请简述发布Flash电影与导出Flash电影的异同。

活动2　实际演练

（1）创建一逐帧动画。

（2）创建一形变动画。

（3）创建一传统补间动画。

（4）创建一补间动画。

（5）创建一遮罩动画。

（6）创建一脚本动画。

学习情境6　网站制作综合实例

情境描述

本情境让学生了解网站开发前的准备工作；学会网站的整体策划；熟悉网站文件系统的建立和网站首页的设计；学会制作网站二级页面的设计和网站论坛的制作。最后，要求学生了解网站的发布。本情境参考学时10学时。

教学目标

1. 能力目标

- ◆ 能进行网站文件系统的建立和网站首页的设计。
- ◆ 能进行网站二级页面的设计制作。
- ◆ 能进行网站论坛的制作。

2. 知识目标

- ◆ 学会网站开发前的准备工作。
- ◆ 熟悉网站的整体策划和网站的发布。

3. 素质目标

- ◆ 锻炼学生自主学习、举一反三的能力。
- ◆ 培养学生严谨务实的工作作风。

工作任务

任务1　网站开发前的准备工作

任务2　网站的整体策划

任务3　网站文件系统的建立

任务4　网站首页的设计

任务5　网站二级页面的设计

任务6　网站论坛的制作

任务7　网站发布

教学策略与教学方法总体考虑

案例驱动法、操练法

教学手段

案例、实训

设备、工具和材料

计算机、Dreamweaver软件、Flash软件、Fireworks软件或Photoshop软件

教学效果评价

课堂提问（10%）、作业（10%）、任务考核（30%）、实训（30%）、作品（20%）

参考资料

刘焰，侯祖兵．商务网站规划与网页制作．北京：机械工业出版社，2007.

王征，李晓波，周峰．Dreamweaver CS 4 + ASP 经典案例设计与实现．北京：电子工业出版社，2009.

任务1 网站开发前的准备工作

本任务要求熟悉网站开发前的各项准备工作，具体包括：单位性质及其大致情况介绍；网站的目标用户群定位；获得网站的诉求重点；学会分析网站的主要功能模块和技术模型。

活动1 单位性质及其大致情况介绍

在正式开发一个网站特别是商业网站之前，首先必须对网站所属的企业进行深入细致的了解，这是成功开发网站的前提和基础。网站的背景材料，主要包含企业性质及其大致情况介绍、网站的目标用户群、网站的诉求重点、网站的主要功能模块和网站的技术模型等5个方面，现分别描述如下。

在网站开发之前，首先必须清楚地了解网站所属单位的性质，因为单位的性质直接决定网站的整体风格、网站的视觉表达方式及网站功能的表现形式等方面。例如，对于政府类单位的网站，其整体风格必须显得很严肃庄重，而对于以儿童为主要服务对象的网站，其整体风格应尽量表现得活泼生动。

在本学习情境所举的网站开发综合实例中，其单位性质是一家以动漫设计和网站设计为主导业务的公司，公司名称为星原设计公司，寓意“星星之火，可以燎原”。公司的主要成员均为年轻的精英骨干，他们年轻、热情、朝气蓬勃并锐意创新，同时也具有浓厚的专业底蕴。

活动2 网站目标用户群的定位

网站目标用户群的定位是指网站开发出来后主要供哪类人群浏览。因此，网站目标用户群定位的准确程度，很大程度上直接关系到网站成功与否。

根据活动1中对公司的简介，可以了解到，该网站的目标用户群主是具有动漫设计和网站设计意向的公司、组织或个人，他们对作品的商业性和团队的专业性都具有较高的要求。

活动3 网站诉求重点的明确

网站的目标用户群一旦确定，网站开发者就必须根据目标用户群的特定需求进行针对性很强的开发工作。例如，对于星原设计公司网站的目标用户群，其网站就应该从以下几个方面加大开发力度。

（1）网站的界面。网站的界面一定要具有较强的视觉冲击力，在注重团队专业层次宣传的同时，还应具有极强的个性和典型的商业性。就目前而言，可大量采用普遍喜爱的

Flash 技术，若有可能，甚至可以用纯粹的 Flash 动画实现整个网站的界面设计。

（2）网站的功能。网站的功能不一定要非常强大，但对于公司的展示既要全面而又重点突出。最终的网站在功能模块上切忌出现大而全、全而不精的情况，即在整个网站一定要有突出的看点，让客户对公司的技术性和权威性产生信任。

（3）网站的服务。网站的开发者和后期运营者，一定要树立强烈的服务意识，好的服务肯定能使网站获得好的口碑。服务的响应时间也至关重要，例如，当用户在网站的留言簿或论坛上发出求助后，网站管理员一定要协助相关人员及时处理用户的求助。

（4）网站的更新。网站的更新显得至关重要，它直接影响到网站主体目标用户群的忠诚度。网站的更新主要包含两个方面：界面的更新和内容的更新。不管对于哪个方面的更新，都应注重时效。

（5）网站的推广。网站的推广实质上就是不断地给网站做广告。网站的推广一定要坚持不懈，否则其主体的目标用户群几乎每隔三四年就会流失相当一部分。

活动4　网站主要功能模块的划分

网站的主要功能模块在设立时一定要慎重。一旦设立了网站的某个功能模块，就必须多花精力把它经营好，否则就会给用户留下一种十分糟糕的印象。对于小型网站，一般把功能模块称为栏目；而对于大型的门户类网站，一般把功能模块称为频道。某些大型的网站甚至为某个频道注册了专门的域名，如新浪网体育频道与新闻频道的域名分别是 http://sports.sina.com.cn 和 http://news.sina.com.cn。

活动5　网站技术模型的选择

网站的技术模型直接影响网站的浏览速度、稳定性、维护的难易程度和用户的认可程度等。在学习情境 1 中，曾就网站的相关技术模型做了详细的介绍。

对于纯静态或大部分属于静态页面的网站而言，建议采用 Linux 主机，它的特点是速度很快，而且具有极高的稳定性；而对于纯动态或大部分属于动态页面的网站而言，建议采用 Windows 主机和 ASP 技术并结合后台的 SQL Server 或 Access 数据库，它的特点是相对容易开发，但稳定性方面稍有欠缺。

需要说明的是，企业在注册域名和选择域名的虚拟空间时，必须结合自身的特点与技术优势选择合适的虚拟主机空间，以免造成一些无谓的损失。

任务2　网站的整体策划

本任务主要讲述网站的整体形象 CIS 的设计。要求了解 CIS 的设计，引入与实施工作。

活动1　网站整体形象 CIS 的设计

网站在进入正式开发阶段，其整体策划十分必要和重要，而且后期的开发工作必须朝着既定的策划方案进行。网站的整体策划主要包含 3 个方面：内容的策划；CIS（企业形象识别系统）的设计、引入与实施；网站的推广策划。本任务主要讲述网站整体策划中

CIS 的设计、引入与实施。

网站整体 CIS 的设计，首先必须符合网站所属企业的整体 CIS，它主要包含以下几个方面的内容。

（1）网站的整体色调。网站的整体色调，必须符合网站所属企业的主色调，在技术实现上，可以选用以下方法中的任意一种。

① RGB 描述。该方法描述的颜色易于记忆和识别，如蓝色的 RGB 描述为 0，0，255。

② 十六进制数值描述。该方法描述的颜色特别适合基于 Web 的应用，如红色的 16 进制数值描述为“FF0000”（共 6 位）。

③ 图像文件描述。该方式描述颜色的方法是：首先在 Fireworks 或 Photoshop 等图形图像处理软件中创建一个大小为 1 像素 ×1 像素的图像文件，然后用某种颜色对图像文件的画布进行填充后作为图像文件保存起来，应用时只需将其作为背景图像使用即可。

（2）网站 Logo 的电子化或设计。网站 Logo 的电子化是指，如果企业的 Logo 没有矢量文件或者提供的 Logo 图像文件无法满足应用的要求，此时就需要将企业或网站特有的 Logo 进行电子化。网站 Logo 的设计有全新设计和衍生设计两种方法。衍生设计是指在原有 Logo 的基础上对 Logo 进行局部的修改从而达到作为网站 Logo 的要求。

（3）网站标准的中英文字体。网站标准的中英文字体也得符合企业整体的 CIS。一般来说，网站中应用的中英文字体须严格执行企业现有的 CIS。

（4）网站主体页面的结构设计。网站主体页面的结构设计是整个网站设计的核心内容之一。一般来说，常把网站的主体页面作为模板文件，并将其应用到网站的大部分页面中去。

（5）网站导航系统的设计。网站导航系统的设计需根据不同的网站灵活确定。对于艺术气息比较浓而且页面的视觉表现比较简洁的网站，一般采用下拉菜单的方式作为网站的导航系统。对于页面结构比较规范或者内容比较多的网站，一般采用文字说明加下拉菜单的方式作为网站的导航系统。

活动 2　网站整体 CIS 的引入与实施

网站的整体 CIS 设计好之后，重要的是必须将其引入到整个网站的开发过程中来，即落实到网站的开发过程中，以使网站的视觉表现既符合 Web 的发布需要，又符合网站所属企业的整体 CIS。

在网站的开发过程中，开发团队中所有的开发人员必须具有忠于网站所属企业 CIS 的思想和意识，否则很有可能将所有的开发成果付诸东流。

任务 3　网站文件系统的建立

本任务学习网站文件系统的建立。要求熟悉网站文件系统的建立规范，掌握在 Dreamweaver 软件中如何建立网站文件系统。

活动 1　网站文件系统的建立规范

网站文件系统的建立是网站开发过程中技术领域的第一步，即网站开发正式进入了一个以技术为主的开发阶段。

网站文件系统的建立，必须遵循一定的规范，这样在很大程度上能减轻网站后期维护的工作强度。其常规规范主要包含以下几个方面。

（1）文件或文件夹的命名一律使用英文字母、阿拉伯数字、下划线等字符或字符的组合。

（2）不可轻易更改网站文件系统中文件或文件夹的相对路径。

（3）文件或文件夹的命名一定要规范统一，最好使用有较强意义的英文单词或英文单词的组合。

（4）文件的目录层级不宜太深，一般有 3～4 级目录深度即可。

（5）网站文件系统中的相关文件应由与其对应的文件夹来组织与管理，切忌把文件随意存放或无节制地修改其相对路径。

（6）网站首页文件的文件名最好是 index 或 default，若使用其他的文件名必须先对其加以指定。

（7）对于网站文件系统中 HTML 格式的文件，其扩展名最好统一，即要么全部用 htm 作为扩展名，要么全部使用 html 作为扩展名。

（8）网站文件系统中的文件或文件夹名称强烈建议全部使用小写字母。

（9）网站开发过程中，一定要注意收集和保存相关的源文件及其相关的临时文件。

活动 2　网站文件系统的建立

在本学习情境的网站综合实例开发中，一律使用 Dreamweaver CS 4 作为网站的页面内容编排工具。因为在 Dreamweaver CS 4 中网站文件系统的建立十分方便，具体操作步骤如下所述。

（1）启动 Dreamweaver CS 4 并按 F8 键打开站点管理器窗口，如图 6-1 所示。

（2）在站点管理器窗口中选择“站点”|“新建站点”命令，打开如图 6-2 所示的定义站点向导对话框。

图 6-1　站点管理器窗口

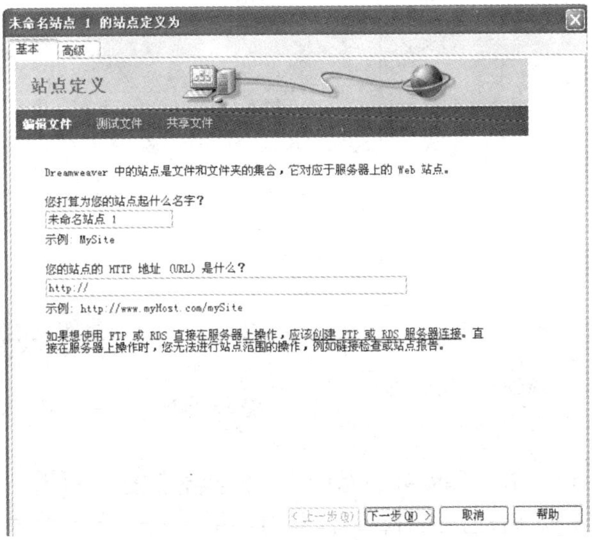

图 6-2　定义站点向导对话框 1

（3）在如图 6-2 所示的定义站点向导对话框中，填写好网站的名字和站点的 URL 地址，再单击“下一步”按钮，打开定义站点向导的另一对话框，如图 6-3 所示。

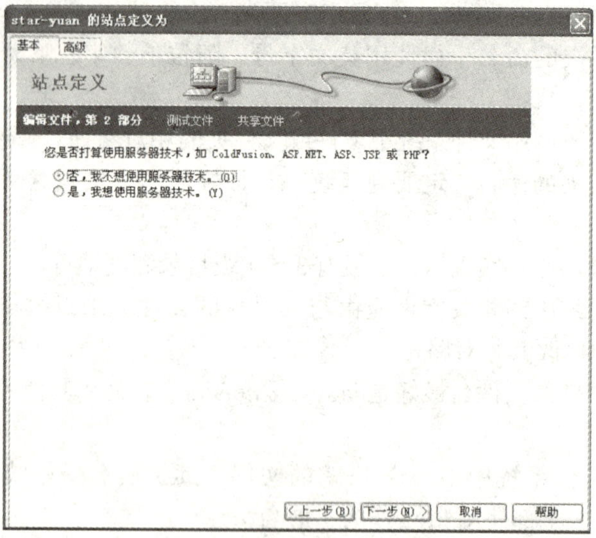

图 6-3　定义站点向导对话框 2

（4）在如图 6-3 所示的定义站点向导对话框中，选择“否，我不想使用服务器技术”单选按钮并单击“下一步”按钮，打开定义站点向导的下一对话框，同时在该向导对话框中设置如图 6-4 所示的参数。

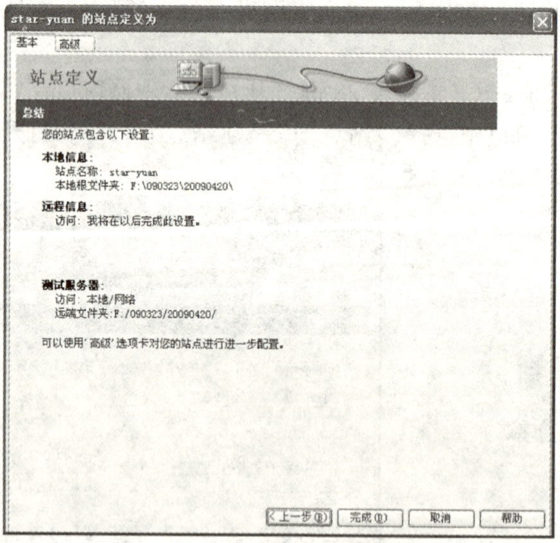

图 6-4　定义站点向导对话框 3

（5）在如图 6-4 所示的定义站点对话框中单击“下一步”按钮，打开定义站点向导的下一对话框，同时在该向导对话框中设置如图 6-5 所示的参数（该对话框中的参数由域名的注册商提供，不同的域名参数也不一样）。

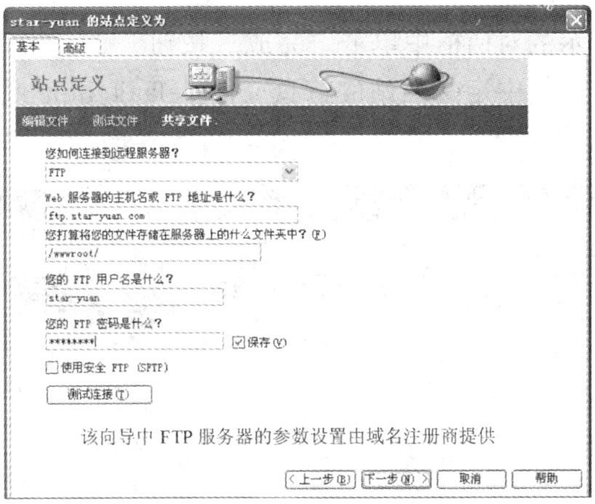

图 6-5　定义站点向导对话框 4

（6）在如图 6-5 所示的定义站点对话框中单击“下一步”按钮，打开定义站点向导的下一对话框，同时在该向导对话框中设置如图 6-6 所示的参数。

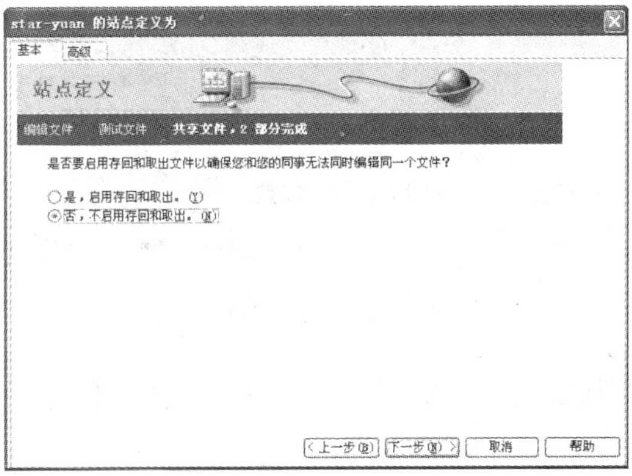

图 6-6　定义站点向导对话框 5

（7）在如图 6-6 所示的定义站点对话框中单击“下一步”按钮，打开定义站点向导的下一对话框，如图 6-7 所示。

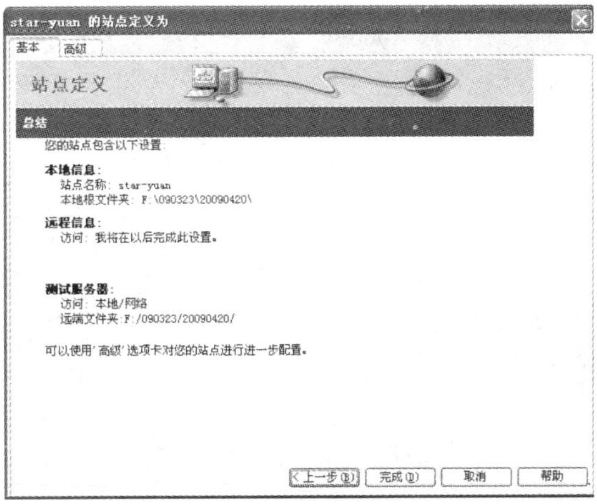

图 6-7　定义站点向导对话框 6

（8）在如图 6-7 所示的对话框中单击“完成”按钮。

（9）在站点管理器窗口中定义网站的首页文件 default. html 或 index. html，其方法如图 6-8 所示。

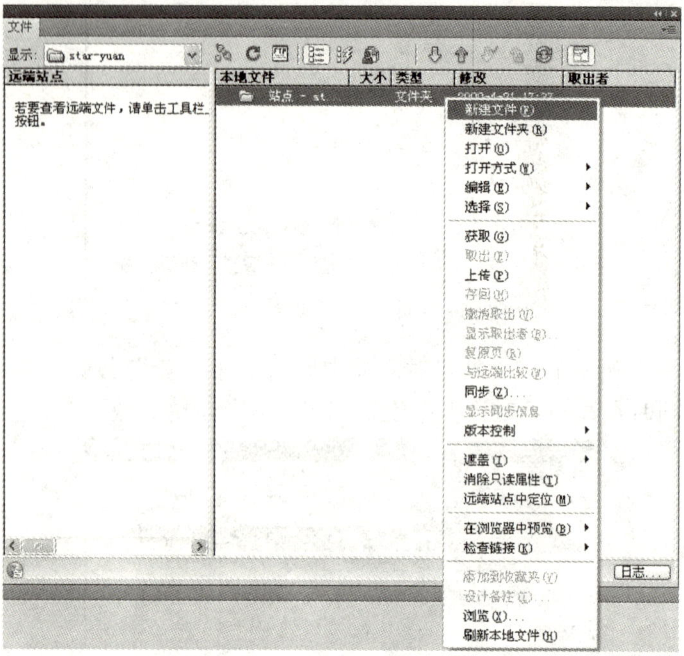

图 6-8　定义网站的首页文件

（10）用第（9）步中类似的方法定义网站中一些常规的文件夹和文件，如图 6-9 所示。

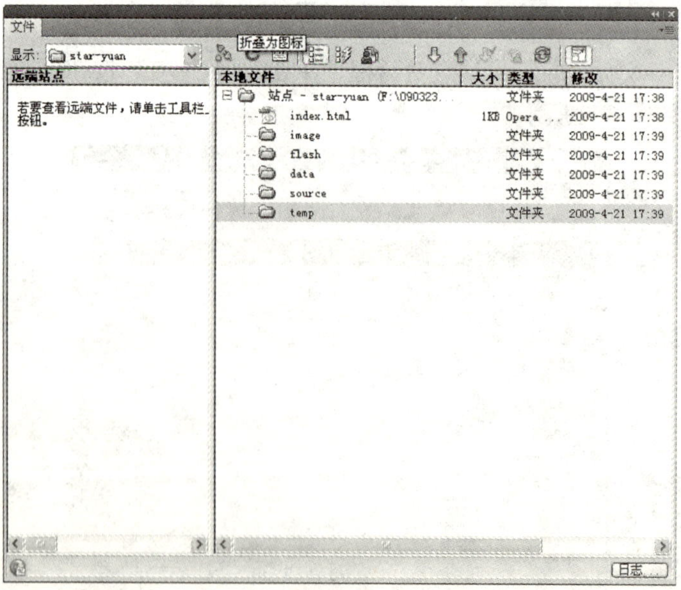

图 6-9　定义网站的常规文件与文件夹

任务4　网站首页的设计

本任务主要讲述网站首页的制作过程，需要掌握网站首页的要点及方法。

活动1　组织架构的建立

网站的首页设计，就像图书的封面设计一样重要，因为它直接关系到网站的形象，甚至在很大程度上决定目标用户群对网站所属企业的认可与否。

针对上述介绍的星原设计公司的实际情况，同时考虑到其网站的组织架构并不复杂，现将其作如图6-10所示的安排。

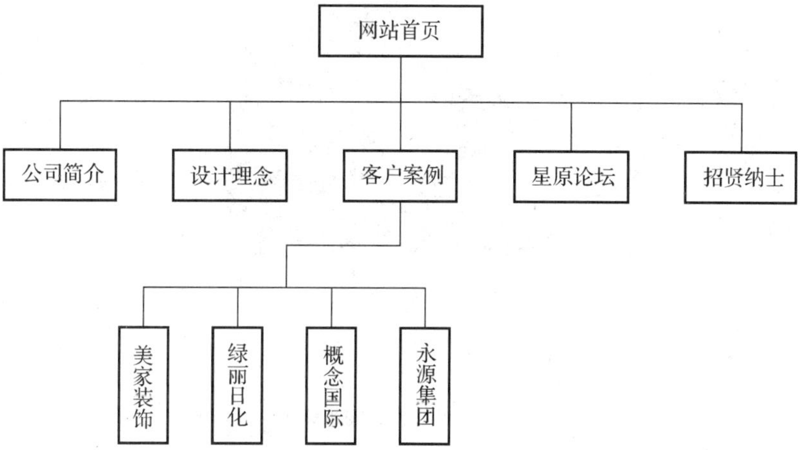

图6-10　网站的组织架构示意图

活动2　版式设计的完成

在设计网站的页面之前，一般需要大致地设计其草图。对于本学习情境中所述的星原设计公司，其草图如图6-11所示。根据如图6-11所示的草图，网站首页的最终效果如图6-12所示。

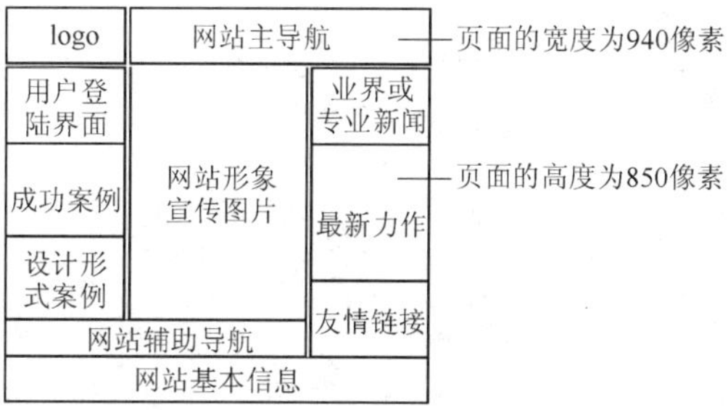

图6-11　网站首页草图

图 6-12 网站首页的最终效果

版式设计的操作方法如下所述。

（1）导出背景图片。在 Fireworks CS 4 中对网页的背景图切片后导出，保存为 bg_r1_c1. jpg（Logo 处背景）和 bg_r2_c1. jpg（下方背景）两个文件。

（2）设置首页文件的页面属性。在制作网页前，先要对页面的相关属性进行设置。其具体的参数设置如图 6-13、图 6-14 和图 6-15 所示。

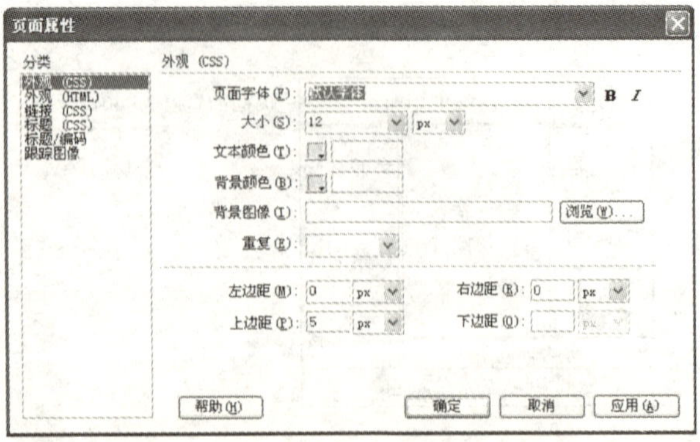

图 6-13 页面属性中的外观设置

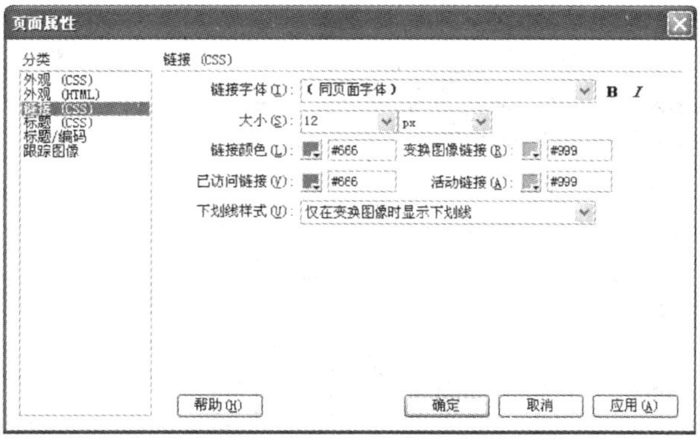

图 6-14　页面属性中的链接设置

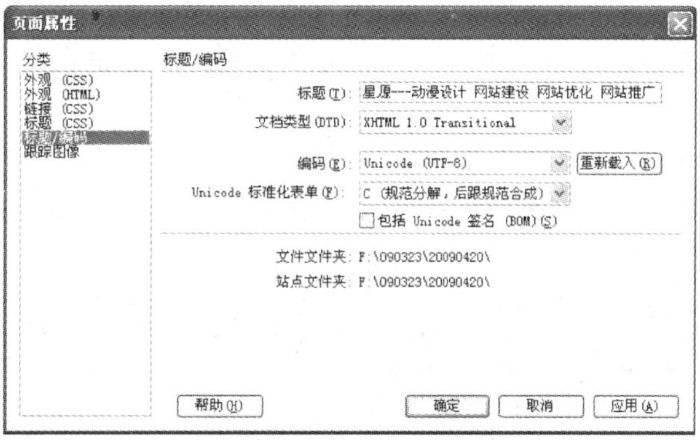

图 6-15　页面属性中的标题及编码设置

（3）设置首页文件的页面结构。Web 标准化的一个重要技术就是网页布局不再像 HTML 语言那样以对象为主，而是面向网页结构。因此，这个实例以 Div + CSS 为主要技术进行操作。

<div>标记在 XHTML 中表示一个用来排版大块 HTML 段落的标签，也用于构建网站的结构。在这里可以将<div>标记理解为一个容器（如一个箱子，这个箱子可以有它自己的宽、高和位置等）。这个箱子中也可以存放其他的小箱子，用以进一步确定网页内容的位置及外观。之前已经对网站的首页设计了草图，因此在这一步中，可以借鉴草图的结构来操作。

打开 index.html 文件后，在<body>…</body>标记中输入以下内容。

```
<div id = "body">
<div id = "head">
<div id = "logo">Logo</div>
<div id = "nav">主导航栏</div>
</div>
```

```
<div id="content">
<div id="left">
<div id="login">用户登录</div>
<div id="oksample">成功案例</div>
<div id="design">设计形式</div>
<div id="banner">企业宣传图片</div>
<div id="nav2">辅助导航栏</div>
</div>
<div id="right">
<div id="news">新闻动态</div>
<div id="newpro">最新力作</div>
<div id="link">友情链接</div>
</div>
</div>
<div id="info">网站基本信息</div>
</div>
```

(4) 将首页效果图进行切片。在 Fireworks 中将首页效果图进行切片，如图 6-16 所示。

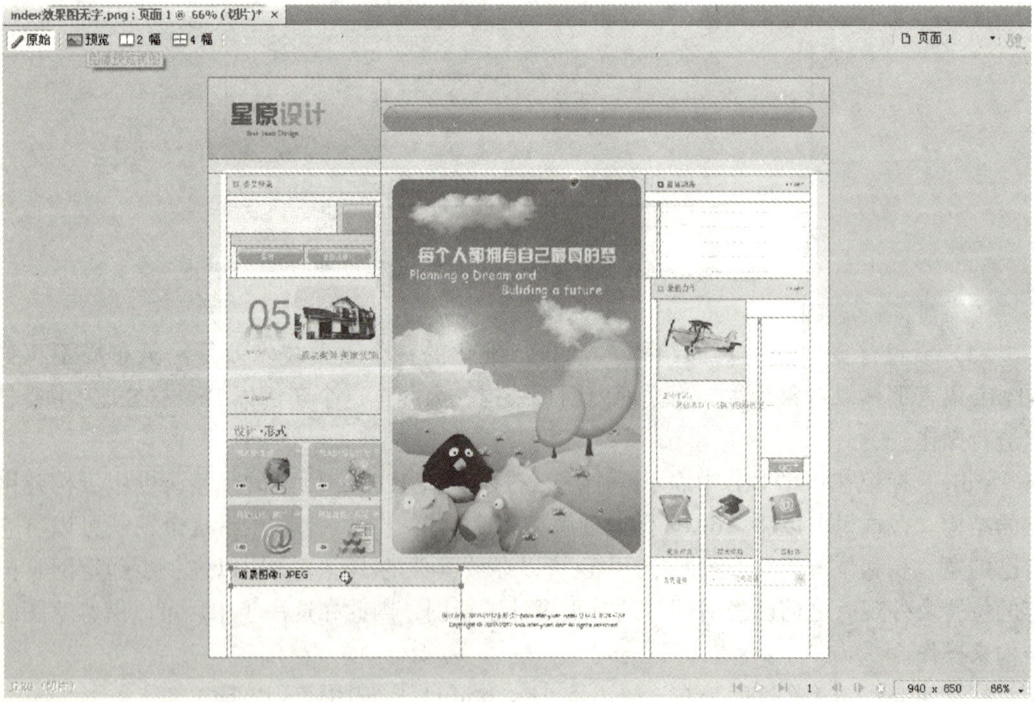

图 6-16　切片示意图

再将图片进行优化。单击“优化”面板，进行如图 6-17 所示的设置。设置完成后，选择“文件”|“导出”命令，弹出“导出”对话框，保存在站点根目录下的“image”文件夹中。按图 6-18 所示进行设置。

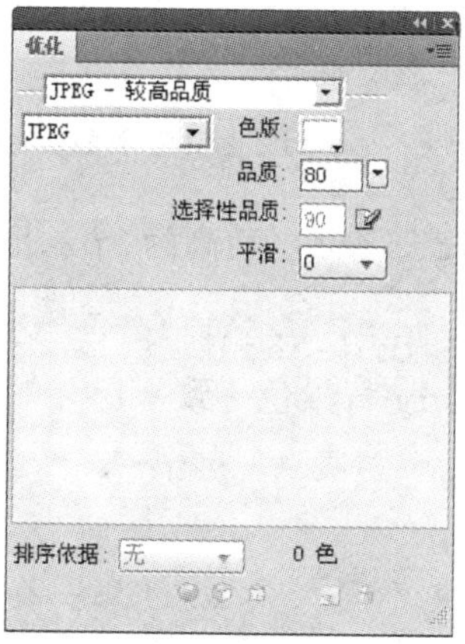

图6-17　切片“优化”面板的参数设置

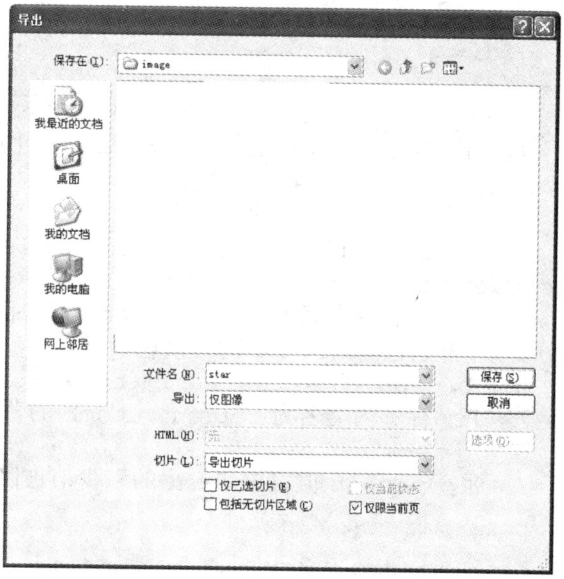

图6-18　切片“导出”对话框中的设置

（5）在网页中插入相关对象。插入对象是网页中比较重要的一步。只要将下面的代码替换第（3）步中的代码，就完成这一操作了。这一步中，主要是将必需的文件和图片（非背景图）放在<div>标记中。完成后，可能效果并不美观，这还需要编写CSS代码来进一步完善。

```
<body>
<div id="body">
<div id="head">
<div id="logo"><img src="image/star_r1_c1.gif" width="265" height="121" /></div>
<div id="nav">
<div id="navt"><a onclick="this.style.behavior='url(#default#homepage)';
this.setHomePage('http://www.star-yuan.com');" href="#">设为首页</a>  <a onclick="this.style.behavior='url(#default#homepage)'; this.setHomePage('www.star-yuan.com');" href="www.star-yuan.com">  设为首页</a>  <a href="message.asp" target="_blank">在线留言  </a></div>
<div id="navb">
  <ul>
    <li>公司首页<span>Company</span></li>
    <li>设计理念 <span>
    Design Idea</span></li>
    <li>成功案例<span>Product</span></li>
    <li>星原论坛<span>Message</span></li>
    <li>招贤纳士<span>Join Us</span></li>
  </ul>
```

```
    </div>
  </div>
  </div>
    <style>
  div.bg{background:#ffffff;width:940px;}
  b{display:block;}
  /*将所有b标签转成块级元素*/
  div b.topb b, div b.bottomb b { height: 1px; overflow: hidden; background:#ffffff;}
  /*div标签内类名为topb/bottomb的那个b标签的css属性值:高为1px,溢出部分隐藏,背景色同div.bg的背景色*/
  div b.topb,div b.bottomb{ background-color:#dfded6;}
  /*div标签内类名为topb/bottomb的背景色要与body背景色一致*/
  b.t1{margin:0 5px}
  /*标签margin值将决定溢出的多少值被隐藏*/
  b.t2{margin:0 3px}
  b.t3{margin:0 2px}
  b.t4{margin:0 1px;height:2px;}
  </style>
  <div align="center">
  <div class="bg">
  <b class="topb"> <!-- **此b标签所包含的b标签要进行溢出隐藏** -->
  <b class="t1"> </b>
  <b class="t2"> </b>
  <b class="t3"> </b>
  <b class="t4"> </b>
  </b>
  <div id="content">
  <div id="left">
  <div id="login"> <img src="image/star_r5_c2.gif" width="236" height="32" alt="会员登录" />
  <div id="biaodan">
  <form action="" method="get" name="login" target="_self">
  <div id="formtext">User ID:<br />
    Password:</div>
  <div id="formcon"> <input name="user" type="text" size="10" maxlength="20" /> <br />
  <input name="password" type="password" size="10" />
  </div> <div id="lubutton"> <input name="lubuttom" type="image" src="image/denglubutton.png" /> </div>
  <div id="button">
    < input name="denglubutton" type="image" src="image/
```

```
denglu.png" />
      
    <input name="zhuce" type="image" src="image/zhuce.png" />
</div>
    </form>
    </div>
    </div>
    <div id="banner"><img src="image/star_r5_c9.gif" width="400" height="574" /></div>
    <div id="oksample"><a href="#"><img src="image/star_r13_c2.gif" width="236" height="201" /></a></div>
    <div id="design"><div id="designt"><img src="image/star_r18_c2.gif" width="236" height="38" /></div><div id="designb"><img src="image/star_r19_c2.gif" width="236" height="182" border="0" usemap="#Map" />
    <map name="Map" id="Map">
    <area shape="rect" coords="2,4,118,85" href="#" alt="FLASH全站" />
    <area shape="rect" coords="118,3,238,86" href="#" alt="FLASH后台开发" />
    <area shape="rect" coords="2,89,117,175" href="#" alt="网站优化、推广" />
    <area shape="rect" coords="120,90,236,177" href="#" alt="网站建设、开发" />
    </map>
    </div>
    </div>
    </div>
    <div id="right">
    <div id="news"><div id="newstu"><img src="image/star_r5_c11.gif" width="246" height="26" alt="新闻动态" /></div><div id="newscontent">
      <ul>
        <li>星原全面推行最新版权的软件……    </li>
        <li>如果从 AS 2.0 过渡到 AS 3.0……    </li>
        <li>如何深化 Web 标准化……</li>
        <li> Flash CS 4 中的骨骼反向运动系统……</li>
        <li>风影日化网站进行全面测试阶段……</li>
      </ul>
```

```
    </div></div>
  <div id="newpro">
  <div id="newpro-tu"><img src="image/star_r13_c12.gif"width
="237" height="31" alt="最新力作" /></div>
  <div id="newpro-con"><img src="image/star_r14_c13.gif"alt
="2 号作品" width="133" height="120" align="left" />
    <ul>
      <li>1 号作品 </li>
      <li>2 号作品</li>
      <li>3 号作品</li>
      <li>4 号作品</li>
      <li>5 号作品 </li>
      <li>6 号作品 </li>
    </ul>
      </div>
    <div id="zpjj">2 号作品<p>创作灵感起源于飞机的模型……</p><p>
</p>
      <img src="image/star_r20_c21.gif" alt="go" width="50"
height="20" align="right" style="margin-right:5px;"/></div>
   </div>
   <div id="other"><img src="image/star_r22_c12.gif" width=
"74" height="108" alt="来宾留言" /><img src="image/star_r22_
c16.gif" width="73" height="109" alt="技术链接" /><img src=
"image/star_r22_c20.gif" width="73" height="111" alt="广告服务" />
</div>
   </div><div id="nav2-link">
   <div id="nav2"> 关于星原     
       网站地图  
          
     联系站长    
         流量统计
</div>
    <div id="link">友情链接:      
     <select name="select" id="select">
          <option selected="selected">=  友情链接  =</option>
          <option>蓝色理想</option>
          <option>闪客帝国</option>
          <option>闪吧</option>
          <option>七色鸟</option>
```

```
    </select>
  </div></div>
  </div>
  <b class="bottomb">
  <b class="t4"></b>
  <b class="t3"></b>
  <b class="t2"></b>
  <b class="t1"></b>
  </b>
  </div>
  </div>
   <div id="info">版权所有 2008-2012 星原设计(www.star-yuan.com)
分辨率 1024px×768px<br />
   Copyright© 2008-2012 www.star-yuan.com All rights reserved.
</div>
  </div>
```

细心观察可以发现，这一部分多了一些<div>标签。这是因为之前的内容不够细致，对某些元素的定位不够精准，故而通过添加<div>标签来实现。

(6) 为首页顶部添加CSS代码。网页的内容和结构都完成后，剩下的工作就要利用层叠样式表来完成。

打开首页，在<head>标记中将下面语句复制到文件中。其作用是将样式表文件链接到当前网页中。

```
<link href="site_style.css" rel="stylesheet" type="text/
css" />
```

然后在Dreamweaver CS4新建一个CSS文件，保存在站点根目录下，文件名为site_style.css，并且将以下代码添加到文件中，完成顶部样式的定义。

```
#body {
  width: auto;
  background-image: url(image/bg_r1_c1.gif);
  background-repeat: repeat-x;
}
#body #head {
  padding: 0px;
  height: 121px;
  width: 940px;
  margin-top: 0px;
  margin-right: auto;
  margin-bottom: 0px;
  margin-left: auto;
}
#body #head #logo {
```

```
  margin: 0px;
  padding: 0px;
  float: left;
  height: 121px;
  width: 265px;
}
#body #head #nav {
  margin: 0px;
  padding: 0px;
  float: left;
  height: 121px;
  width: 675px;
  text-align: right;
  line-height: 19px;
}
#body #head #nav #navt {
  float: left;
  height: 36px;
  width: 675px;
  background-image: url(image/star_r1_c9.gif);
}
#body #head #nav #navb {
  font-weight: bold;
  color: #FFF;
  width: 675px;
  height: 85px;
  float: left;
  margin: 0px;
  padding: 0px;
  background-image: url(image/star_r2_c9.gif);
  background-repeat: no-repeat;
}
#body #head #nav #navb ul li span {
  font-family: Tahoma, Geneva, sans-serif;
  font-size: 10px;
  color: #333;
  margin: 0px;
  padding: 0px;
  line-height: 8px;
}
#body #content {
  padding: 0px;
  width: 940px;
  margin-top: 0px;
  margin-right: auto;
  margin-bottom: 0px;
  margin-left: auto;
}
#body #head #nav #navb ul {
```

```
  margin: 0px;
  padding-top: 2px;
  padding-right: 0px;
  padding-bottom: 0px;
  padding-left: 0px;
  list-style-type: none;
}
#body #head #nav #navb ul li {
  float: left;
  width: 120px;
  margin: 0px;
  padding-top: 11px;
  padding-right: 0px;
  padding-bottom: 0px;
  padding-left: 0px;
}
```

完成后网页效果如图 6-19 所示。

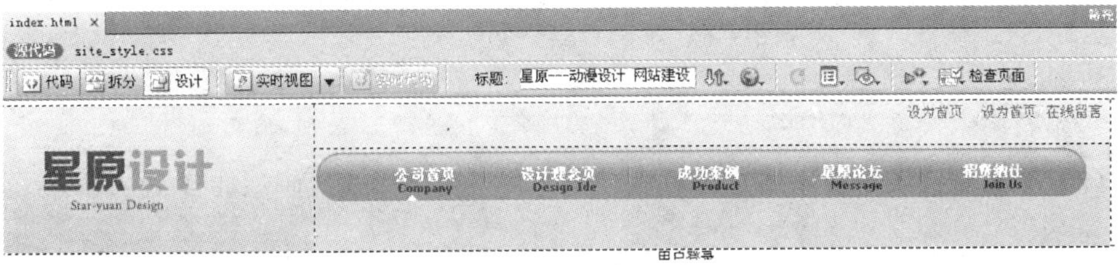

图 6-19　首页的顶部效果图

(7) 为首页下半部分制作圆角效果。首页下半部分的背景色是白色，但又不是单纯的矩形，而是一个圆角矩形。将下面的代码添加到首页中（注意不是样式表文件中），放在 <div id = "content"> 的前面。

```
<style>
div.bg{background:#ffffff;width:940px;}
b{display:block;}
/*将所有 B 标签转成块级元素*/
div b.topb b, div b.bottomb b { height: 1px; overflow: hidden; background:#ffffff;}
/*div 标签内类名为 topb/bottomb 的那个 b 标签的 css 属性值:高为 1px,溢出部分隐藏,背景色同 div.bg 的背景色*/
div b.topb,div b.bottomb{ background-color:#dfded6;}
/*div 标签内类名为 topb/bottomb 的背景色要与 body 背景色一致*/
b.t1{margin:0 5px}
/*标签 margin 值将决定溢出的多少值被隐藏*/
b.t2{margin:0 3px}
b.t3{margin:0 2px}
b.t4{margin:0 1px;height:2px;}
</style>
<div align="center">
```

```
<div class="bg">
<b class="topb"><!-- **此b标签所包含的b标签要进行溢出隐藏** -->
<b class="t1"></b>
<b class="t2"></b>
<b class="t3"></b>
<b class="t4"></b>
</b>
<br />
```

完成后再将下面的代码复制到<div id="content">相对应的结束标记后面。也就是说，此处的代码应将 id 号为 content 的标签包括起来才能达到预期的效果。

```
<br />
<br />
<b class="bottomb">
<b class="t4"></b>
<b class="t3"></b>
<b class="t2"></b>
<b class="t1"></b>
</b>
</div>
</div>
```

（8）为左侧登录面板添加 CSS 样式代码。将下面的样式代码添加到 site_style.css 文件中。

```
#body div.bg #content #left #login #biaodan {
  text-align: left;
  padding: 3px;
  margin: 0px;
  height: 118px;
  width: 236px;
  background-image: url(image/biaodanbg.png);
}
#body div.bg #content #left #login #biaodan form {
  margin-top: 12px;
  padding-left: 6px;
}
#body div.bg #content #left #login #biaodan form #formtext {
  font-family: Arial, Helvetica, sans-serif;
  font-size: 12px;
  font-weight: bold;
  color: #333;
  text-align: right;
  width: 60px;
  float: left;
  line-height: 18px;
  height: 50px;
}
```

```
#body div.bg #content #left #login #biaodan form #formcon {
  float: left;
  width: 80px;
  line-height: 18px;
  padding-left: 6px;
  height: 50px;
}
#body div.bg #content #left #login #biaodan form #lubutton {
  width: 80px;
  float: left;
}
#body div.bg #content #left #login #biaodan form #button {
  float: left;
  width: 236px;
  padding-top: 8px;
}
#body div.bg #content #left #login #biaodan form #button label
#button2 {
    background-image: url(image/denglu.png);
    background-repeat: no-repeat;
    background-position: center center;
    height: 23px;
    width: 100px;
}
#body div.bg #content #left #login #biaodan form #button label
#button3 {
    background-image: url(image/star_r11_c6.gif);
    background-position: center center;
    height: 25px;
    width: 109px;
}
#body div.bg #content #left {
  float: left;
  width: 650px;
}
#body div.bg #content #left #login {
  background-color: #FFF;
  float: left;
  width: 236px;
}
```

完成后的效果如图 6-20 所示。

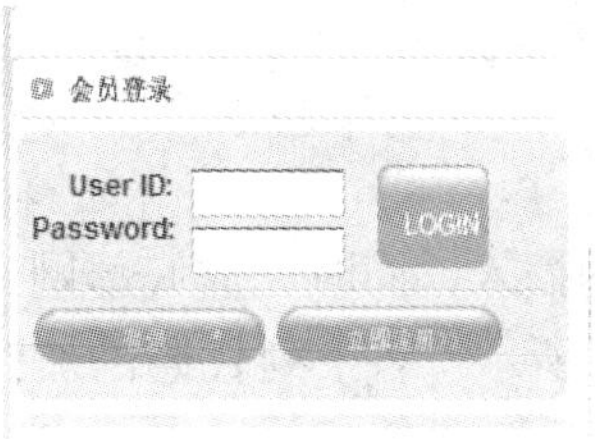

图 6-20　登录区域的效果图

(9) 完成登录区域下方其他内容和企业宣传图片的制作，并定义好样式。完成后保存网页，效果如图 6-21 所示。

图 6-21　左侧其他内容和企业宣传图片完成后的效果

将下列代码添加到站点文件夹中的 site-style. css 文件中，完成其他部分的样式定义。

```
#body div.bg #content #left #banner {
  float: right;
  width: 400px;
  padding: 0px;
}
#body div.bg #content #left #oksample {
  float: left;
  width: 236px;
  padding: 0px;
}
#body div.bg #content #left #design {
  float: left;
  width: 236px;
  padding: 0px;
}
```

(10) 完成右侧新闻等内容的插入，同时完成底部网站信息内容，并定义好样式。完成后保存网页，效果图如图 6-22 所示。将下列代码添加到站点文件夹中的 site-style. css 文件中，完成该部分的样式定义。

图 6-22 所有内容样式完成后的效果图

```
#body div.bg #nav2 {
  background-image: url(image/star_r27_c4.jpg);
  clear: both;
  float: left;
  height: 26px;
  width: 349px;
}
#body div.bg #content #link {
  float: right;
  height: 26px;
  width: 260px;
  background-color: #FFF;
}
#body div.bg #content #right {
  background-color: #FFF;
  float: left;
  width: 280px;
  margin: 0px;
  padding: 0px;
}
#body div.bg #content #link {
  float: left;
  height: 26px;
  width: 400px;
  line-height: 25px;
  color: #333;
```

```
  font-family: Arial, Helvetica, sans-serif;
  font-size: 12px;
  text-align: right;
  margin-top: 12px;
}
#body div.bg #content #right #newpro {
}
#body div.bg #content #nav2-link #link #fri-link {
  margin: 0px;
  padding: 0px;
  float: left;
  width: 150px;
}
#body div.bg #content #nav2-link #link #select {
  font-family: Arial, Helvetica, sans-serif;
  font-size: 12px;
  color: #999;
  text-align: center;
  border: 1px solid #CCC;
}
#body div.bg #content #right #news #newstu img {
  margin-left: 20px;
}
#body div.bg #content #right #newpro #newpro-con img {
  padding: 0px;
  height: 130px;
  width: 133px;
  text-align: left;
  margin-top: 6px;
  margin-right: 2px;
  margin-bottom: 2px;
  margin-left: 10px;
}
#body div.bg #content #right #newpro #zpjj {
  text-align: left;
  float: right;
  width: 250px;
  background-color: #E3E3E3;
  margin-top: 0px;
  margin-right: 0px;
  margin-bottom: 5px;
  margin-left: 5px;
  color: #666;
  padding-top: 8px;
  padding-left: 8px;
}
#body div.bg #content #right #other {
  float: right;
  width: 260px;
```

```
  text-align: center;
}
#body div.bg #content #right #newpro #newpro-con {
  float: right;
  width: 260px;
  background-color: #F2EFE7;
  vertical-align: top;
}
#body div.bg #content #right #newpro #newpro-con ul {
  width: 100px;
  padding: 0px;
  background-color: #FFF;
  margin-right: auto;
  margin-bottom: 0px;
  margin-left: auto;
  margin-top: 8px;
  vertical-align: top;
}
#body div.bg #content #right #newpro #newpro-tu {
  text-align: left;
  margin: 0px;
  padding: 0px;
  width: 280px;
  text-indent: 23px;
  vertical-align: top;
  background-color: #F2EFE7;
}
#body div.bg #content #nav2-link {
  width: 940px;
  margin-right: auto;
  margin-left: auto;
  height: 30px;
  border-top-width: 1px;
  border-right-width: 1px;
  border-bottom-width: 1px;
  border-left-width: 1px;
  border-top-style: solid;
  border-bottom-style: solid;
  border-top-color: #CCC;
  border-right-color: #CCC;
  border-bottom-color: #CCC;
  border-left-color: #CCC;
}
#body div.bg #content #right #newpro #newpro-con ul li {
  line-height: 20px;
  border-top-width: 1px;
  border-right-width: 1px;
```

```
 border-bottom-width: 1px;
 border-left-width: 1px;
 border-bottom-style: dashed;
 border-top-color: #999;
 border-right-color: #999;
 border-bottom-color: #999;
 border-left-color: #999;
 width: 80px;
 margin-right: auto;
 margin-left: auto;
 list-style-type: none;
 font-family: Verdana, Geneva, sans-serif;
 font-size: 12px;
 font-weight: normal;
 color: #999;
 margin-top: 0px;
 margin-bottom: 0px;
 padding-top: 0px;
 padding-right: 0px;
 padding-bottom: 0px;
 padding-left: 0px;
}
#body div.bg #content #nav2 {
 background-image: url(image/star_r27_c4.jpg);
 background-repeat: no-repeat;
 text-align: left;
 vertical-align: middle;
 line-height: 25px;
 color: #999;
 width: 500px;
 height: 26px;
 float: left;
 clear: both;
 margin-top: 12px;
}
```

任务5　网站二级页面的设计

本任务主要学习网站二级页面的设计，包括普通页面的制作和模板文件的制作。

活动1　内容安排与版式设计

网站二级页面的设计与制作，一般需要首先为二级页面制作一模板文件，然后根据该模板文件直接批量生成大量的二级页面。

在二级页面的模板文件中，一般需要放置网站的一些公共信息，如网站的公共导航栏与网站的常规信息等。

对于网站二级页面模板页的版式，一般需要沿袭首页文件的基本版式，除非网站的首页文件其版式设计根本不适合作为网站二级页面版式的基本版式。这样做的目的和好处主要表现在以下 4 个方面。

（1）便于浏览者从整体上识别网站。

（2）有利于网站整体 CIS 的实施。

（3）有利于保持网站界面的协调统一。

（4）有利于网站导航系统的建设。

对于星原设计公司的网站，根据其首页文件的设计样式，经过简单的修改就可以很方便地得到其二级页面模板文件的版式，如图 6-23 所示。

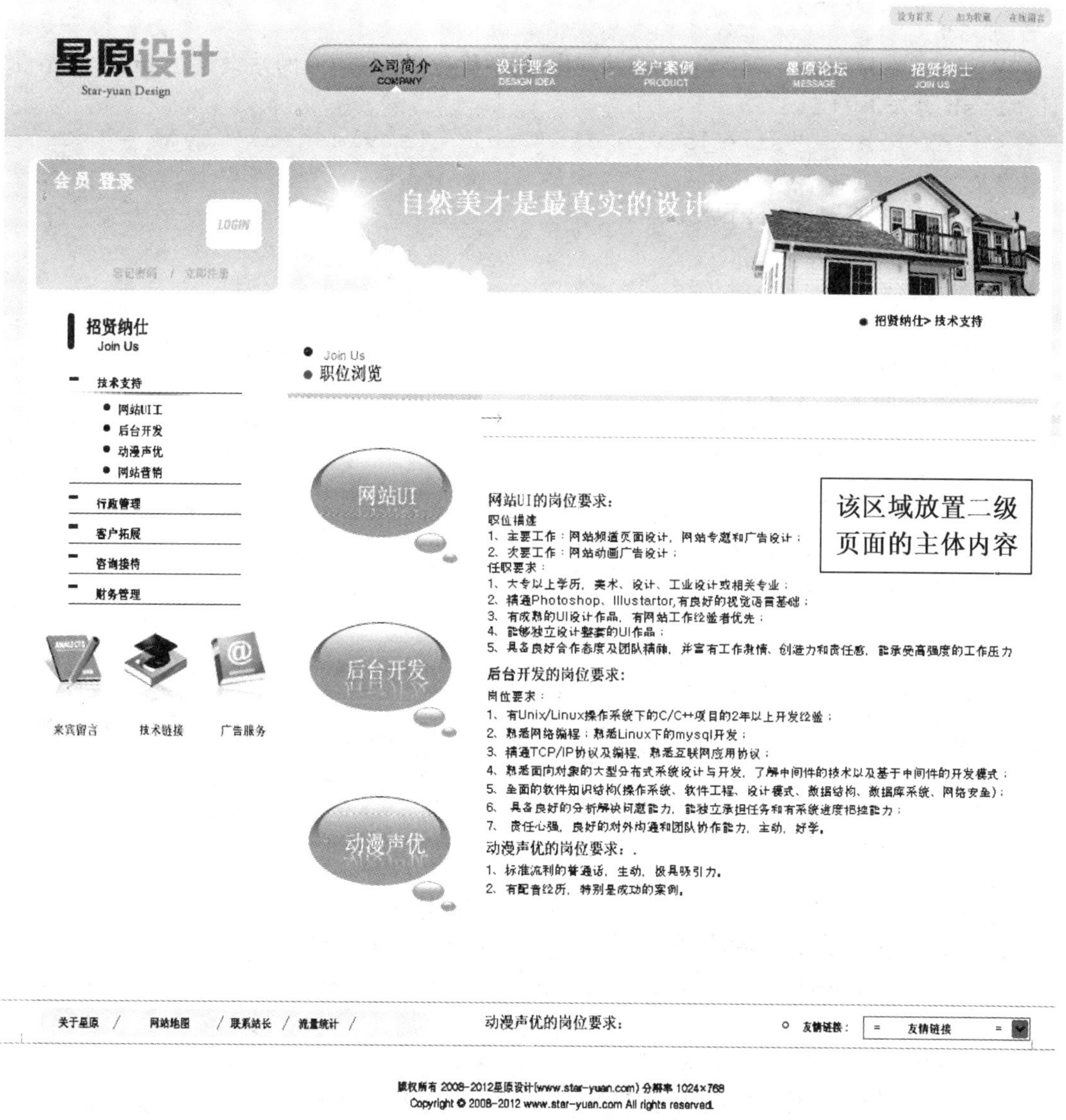

图 6-23　网站二级页面模板文件中的内容安排与版式设计

活动 2　二级页面和模板文件的生成

对于星原设计公司网站，其二级页面模板文件的生成需进行如下步骤（基于图 6-23 所示版式）。

（1）设计模板文件的版式。创建子页面。其创建的方法与首页的基本相同，将下列代码保存为 joinus. html，具体的操作步骤可参照首页的制作。最终效果如图 6-23 所示。

```
<! DOCTYPE html PUBLIC " -//W3C//DTD XHTML 1.0 Transitional//EN"
"http://www.w3.org/TR/xhtml1/DTD/xhtml1-transitional.dtd">
<html xmlns="http://www.w3.org/1999/xhtml">
<head>
<meta http-equiv="Content-Type" content="text/html; charset
=utf-8" />
<title>星原——动漫设计 网站建设 网站优化 网站推广 网站设计 Flash 整站设
计 Flash 开发</title>
<link href="site_style.css" rel="stylesheet" type="text/
css" />
<style type="text/css">
<!--
<style type="text/css">
<!--
body,td,th {
  font-size: 12px;
}
body {
  margin-left: 0px;
  margin-top: 5px;
  margin-right: 0px;
}
a {
  font-size: 12px;
  color: #666;
}
a:link {
  text-decoration: none;
}
a:visited {
  text-decoration: none;
  color: #666;
}
a:hover {
  text-decoration: underline;
  color: #999;
}
```

```
a:active {
  text-decoration: none;
  color: #999;
}
#qibanner {
  text-align: center;
}
#subleft {
  float: left;
  width: 240px;
  background-color: #FFF;
  padding: 0px;
  margin-top: 15px;
}
#gangtu {
  float: left;
  width: 170px;
  margin-top: 15px;
  margin-right: 0px;
  margin-bottom: 0px;
  margin-left: 20px;
}
#subright {
  float: left;
  width: 690px;
  background-color: #FFF;
  margin-top: 15px;
}
#zhiweiliiulan {
  float: left;
  width: 676px;
}
#body #content #subright #gangtu img {
  padding: 0px;
  margin-top: 0px;
  margin-right: 0px;
  margin-bottom: 25px;
  margin-left: 0px;
}
#main1,#main2,#main3,#main4,#main5{
  text-indent:25px;
  height:25px;
  font-size:12px;
  color:#333;
```

```
    border-bottom:1px solid #eeeeee;
   width:240px;
   padding-top:12px;
  }
  -->
  </style>
  </head>
  <body>
  <div id="body">
  <div id="head">
  <div id="logo"> <img src="image/star_r1_c1.gif" width="265"
height="121" /> </div>
  <div id="nav">
  <div id="navt"> <a onclick="this.style.behavior='url
(#default#homepage)';
  this.setHomePage('http://www.star-yuan.com');" href="#">设为首
页 </a>   <a onclick="this.style.behavior='url(#default
#homepage)'; this.setHomePage ('www. star-yuan.com');" href=
"www.star-yuan.com">   设为首页  </a>   <a href=
"message.asp" target="_blank">在线留言   </a> </div>
  <div id="navb">
     <ul >
       <li >公司首页 <span >Company </span >    </li >
       <li > 设计理念 <span >
       Design Idea </span > </li >
       <li > 成功案例 <span >Product </span > </li >
       <li > 星原论坛 <span >Message </span > </li >
       <li >招贤纳士 <span >Join Us </span > </li >
     </ul >
     </div >
   </div >
   </div >
   <div id="content">
   <div id="qibanner"> <img src="image/企业宣传图片 SUB.png" width
="891" height="113" alt="企业宣传图片 BANNER" /> </div >
   <div id="subleft"> <img src="image/招贤纳士.jpg" width="107"
height="49" alt="招贤纳士" />
   <br />
   <div id="main1"  onclick="document.all.child1.style.display
=(document.all.child1.style.display=='none')? '':'none'"">
   <img src="image/zhiweitu.gif" width="8" height="3" />  
     技术支持 </div >
   <div id="child1" style="margin-left:55px; font-size:12px;
margin-bottom:12px;margin-top:12px;display:none;">
```

```
    <img src="image/zhiweizitu.gif" width="8" height="6" />
     网站UI<p>
    <img src="image/zhiweizitu.gif" width="8" height="6" />
     后台开发<p>
    <img src="image/zhiweizitu.gif" width="8" height="6" />
     动漫声优<p>
    <img src="image/zhiweizitu.gif" width="8" height="6" />
     网站营销<p>
    </div>
    <div id="main2">
    <img src="image/zhiweitu.gif" width="8" height="3" /> 
      行政管理</div>
    <div id="main3">
    <img src="image/zhiweitu.gif" width="8" height="3" /> 
      客户拓展</div>
    <div id="main4"  >
    <img src="image/zhiweitu.gif" width="8" height="3" /> 
      咨询接待</div>
    <div id="main5" >
    <img src="image/zhiweitu.gif" width="8" height="3" /> 
     财务管理</div>
    <br  clear="left"/>
    <img src="image/来宾留言图片.png" width="228" height="117" alt
="来宾留言等" /></div>
    <div id="subright">
    <div id="zhiweiliulan">
      <img src="image/bodytitle.png" width="676" height="122" alt
="职位浏览" /></div>
      <div id="gangtu"><img src="image/网站开发图片.png" width=
"151" height="114" alt="网站UI设计" /><img src="image/后台开发图
片.png" width="164" height="121" alt="后台开发图片" /><img src=
"动漫声优图片.png" width="164" height="121" alt="动漫声优图片" />
</div>
      <div id="miaoshu"></div>
    </div>
    </div>
    <div id="info">版权所有 2008-2012 星原设计(www.star-yuan.com)分
辨率1024px×768px<br />
     Copyright© 2008-2012 www.star-yuan.com All rights reserved.
</div>
    </div>
    </body>
    </html>
```

（2）添加模板文件源文件的可编辑区。

① 打开文件 joinus. html，选中页面中 id 为“subleft” Div 标签，然后选择如图 6-24 所示的菜单命令。

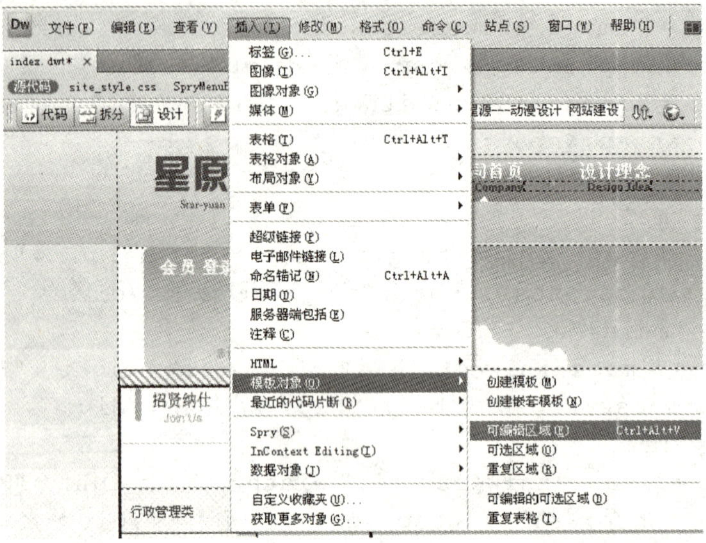

图 6-24　选择添加模板文件可编辑区域的菜单命令

② 在选择如图 6-24 所示菜单命令后打开的“新建可编辑区域”对话框中设置当前可编辑区域的名称并确认，模板文件的当前可编辑区域即可建立，如图 6-25 所示。

图 6-25　设置可编辑区域的名称

③ 用同样的办法将 id 为“subright”的 Div 标签添加为可编辑区域。

④ 选择“文件”|“另存为模板”命令，在打开的“另存为模板”对话框中将文件另存为模板文件。此时，在站点管理器窗口中，将自动生成一个名为 Templates 的文件夹及其模板文件 index dwt（注意：模板文件的文件格式为 DWT），如图 6-26 所示。

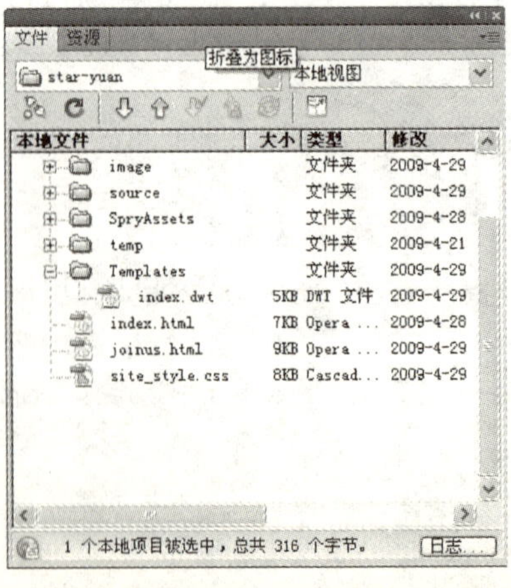

图 6-26　站点管理器窗口中自动生成的模板文件

活动3 二级页面的批量生成

模板文件创建好后，二级页面批量生成的操作步骤如下所述。

（1）选择“文件”|“新建”命令（按快捷键 Ctrl + N），打开“从模板新建”对话框。

（2）在“从模板新建”对话框中进行如图 6-27 所示的参数设置。

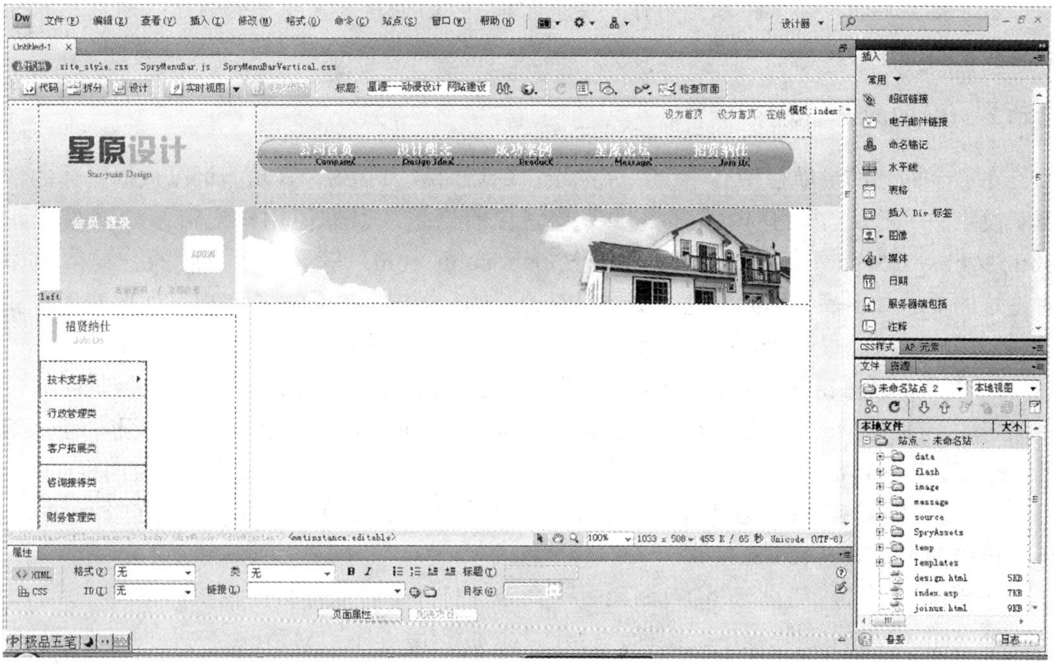

图 6-27 参数设置

（3）在“从模板新建”对话框中单击“创建”按钮，即可生成基于模板文件的新文件，如图 6-28 所示。

图 6-28 基于模板文件的新文件

可以根据需要，利用上述方法产生任意数量的二级页面。至于网站中二级以下的页面及其一些辅助性的页面，同样可参照上述方法。

任务6　网站论坛的制作

本任务主要学习简单论坛的制作。要求掌握IIS的创建、数据库的创建、动态站点的创建和各类页面的完成。

活动1　IIS的测试与安装

在这个网站的导航栏中有一个星原论坛。论坛简称为BBS，其功能可以根据具体的情况来设定，一些大型门户网站都提供功能完善的论坛，以方便用户交流，如网易论坛（http://bbs.163.com）、搜狐论坛（http://club.sohu.com）等。但在一般的公司网站中对论坛的要求并不高，因此，这个实例只对论坛的一些基本功能进行实现：注册新用户和已注册用户登录、显示留言及添加留言。

IIS是Internet Information Server的缩写，是微软公司提供的Internet服务器软件，包括Web、FTP及Mail等服务器。它使得在Intranet或Internet上发布信息变得很容易。IIS 5.1适用于Windows XP操作系统，有助于Web管理员创建升级的、灵活的应用程序。

（1）IIS的安装。IIS是Windows操作系统自带的组件。在Windows XP操作系统下，可以按照如下步骤安装IIS。

① 选择“开始”|“设置”|“控制面板”命令，打开“控制面板”窗口。

② 双击“添加/删除程序”图标，打开“添加/删除程序”对话框。

③ 单击“添加/删除Windows组件”按钮，打开“Windows组件向导”对话框（这个过程可能要花几十秒钟）。在对话框的“组件”列表中，选中“Internet信息服务（IIS）”选项。

④ 将Windows XP操作系统安装盘放入光驱中，然后单击“下一步”按钮。这个步骤可能会花几分钟，其间会弹出插入光盘确认对话框。

⑤ 单击“确定”按钮，开始IIS的安装。安装完成后，在弹出的对话框中单击“完成”按钮，就完成了IIS的安装。

（2）IIS的架设。安装IIS完毕，就可以使用IIS架设网站了。其具体操作如下所述。

① 打开“控制面板”窗口，双击“管理工具”图标，打开“管理工具”对话框。

② 双击“Internet信息服务”图标，打开“Internet信息服务”窗口，如图6-29所示。“Internet

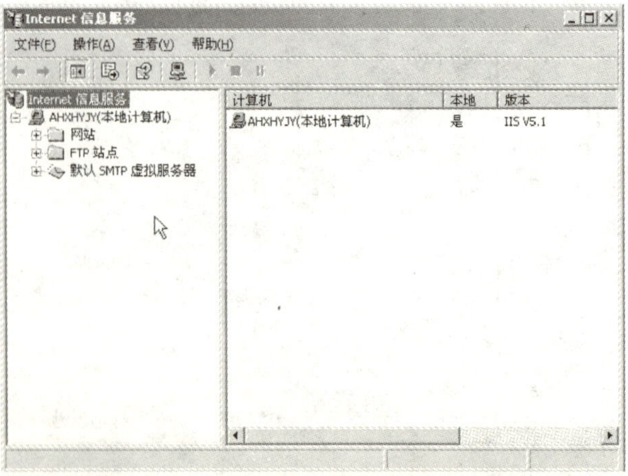

图6-29　“Internet信息服务”窗口

信息服务”窗口由两部分组成，在外观上同Windows的资源管理器很相似。左侧的窗体包含有“网站”、“FTP站点”和“默认SMTP虚拟服务器”等条目。单击条目左侧的“+”号可以展开该条目，单击条目左侧上的“-”号可以收缩该条目。当单击左侧窗体中的条目时，在右边的窗格中将列出该条目所对应的文件名。

③ 右击窗口左侧的网站分支下的“默认网站”分支，弹出快捷菜单。

④ 选择“属性”命令，弹出“默认网站 属性”对话框。默认显示的是“网站”选项卡内容。可以设置以下选项。

◆ 网站标识：在“描述”文本框中，可以设置该默认网站的说明文字。“IP地址”是Web服务器绑定的IP地址，默认值是“全部未分配”，建议不要改动。默认情况下，Web服务器会绑定在本机的所有IP上，包括拨号上网得到的动态IP。“TCP端口”是Web服务器端口，默认值是80，不需要改动。

◆ 连接：在该选项中，可以设置站点的连接属性。可以设置连接超时的时间，一旦连接超过此时间，就会被自动断开。

◆ 启用日志目录：在该选项中，可以设置是否为IIS服务启用日志记录（即记录IIS的操作和被访问情况的文本文件或其他格式文件）。如果选择了启用日志记录，则所有有关IIS的访问都将被记录到日志中。在“活动日志格式”文本框中，可以设置日志所在的路径，单击“属性”按钮可以设置日志的格式。

⑤ 打开“默认网站属性”对话框的“主目录”选项卡，如图6-30所示。在“主目录”选项卡中，可以定义Web站点的主目录所在的路径，包括以下3种选择。

◆ 此计算机上的目录：指服务器本机硬盘上的目录。默认情况下，“本地路径”文本框的内容为“c:\inetpub\wwwroot”。

◆ 另一台计算机上的共享：将主目录定位在网络中其他计算机的共享文件夹上。

◆ 重定向到URL：将主目录重定向到一个URL上。

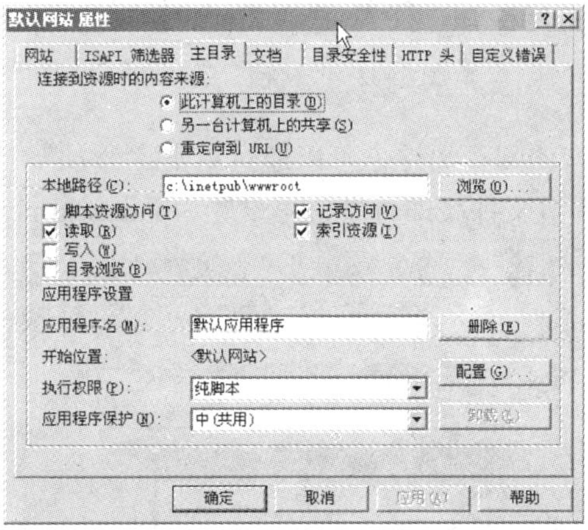

图6-30　“默认网站属性”对话框的“主目录”选项卡

⑥ 单击“浏览”按钮可以选择网页文件所在的目录，单击该按钮后，弹出“浏览文件夹”对话框，如图6-31所示。选择wwwroot文件夹，然后单击“确定”按钮。

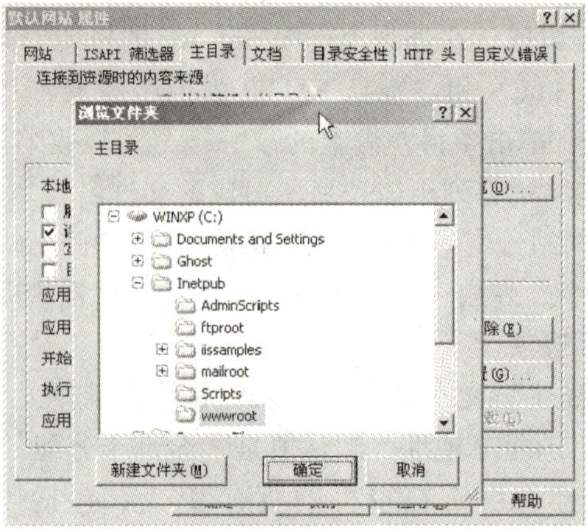

图 6-31 “浏览文件夹”对话框

⑦ 选择“默认网站属性”对话框的“文档”选项卡，如图 6-32 所示。系统默认的网页文件为 Default. htm，Default. asp 和 iisstart. asp。

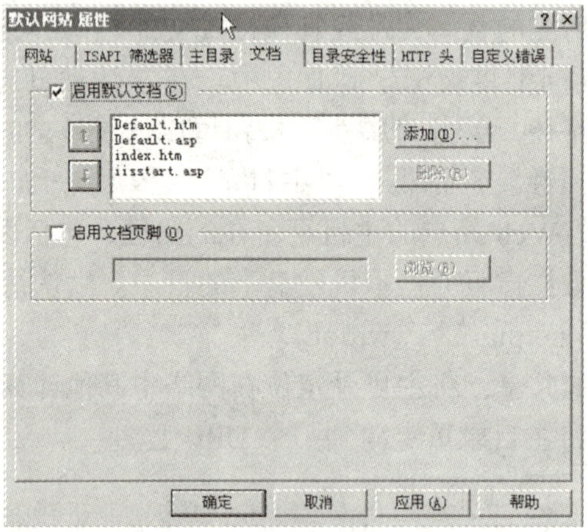

图 6-32 “文档”选项卡

⑧ 用户要自己设置默认网页文件，可以通过单击“添加”按钮，弹出“添加默认文档”对话框，输入网站首页文件名即可。这里设置为 index. html，如图 6-33 所示。

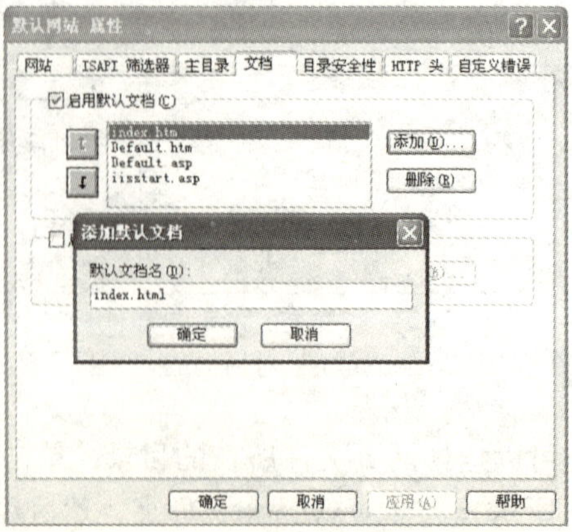

图 6-33 “添加默认文档”对话框

⑨ 单击“确定”按钮，找到刚才添加的默认网页文件 index. html。当设定多个默认网页文件时，它们具有从上到下的优先顺序。当登录网站时，会按照从上到下的顺序在网页所在的目录中查找默认网页文件。如果查找到一个，就会在浏览器上显示，该文件下面的文件不再继续查找。用户如果要调整默认文件的查找优先级，可以用左边的上下箭头来重新排列这些文件名。

⑩ 连续单击“确定”按钮，完成 IIS 的架设，IIS 就可以提供 Web 服务了。

要想停止或暂停 Web 服务，只要在“Internet 信息服务”窗口中，选中“默认网站”分支，然后单击工具栏上的“停止项目”或“暂停项目”按钮就可以了。要想再启动 Web 服务，可以单击工具栏上的“启动项目”按钮。也可右击“默认网站”分支，然后从快捷菜单中选择相应的菜单项来完成上述操作。

（3）IIS 的虚拟目录设置。虚拟目录是指 Web 服务器上的一些文件夹，它们物理上并不一定要求被包含在主目录中，但为了方便用户的访问和 Web 服务器的管理，可以通过创建虚拟目录来将这些文件夹同主目录相关联，使得它们好像就位于主目录中一样。建立虚拟目录的方式有两种，可以在资源管理器中建立，也可以在 Internet 信息服务中建立。

在资源管理器中建立和设置虚拟目录的步骤如下所述。

① 右击“我的电脑”图标，在弹出的快捷菜单中选择“资源管理器”命令，弹出“我的电脑”窗口。

② 找到要映射的目录，本例的目录是“F:\090323 \ 20090420”，也可以根据自己的情况进行设置。右击该目录，弹出快捷菜单，选择“属性”命令，弹出“20090420 属性”对话框，如图 6-34 所示。

③ 打开“20090420 属性”对话框中“Web 共享”选项卡，选中“共享文件夹”单选按钮后，单击“编辑属性”按钮，弹出“编辑别名”对话框，如图 6-35 所示。

图 6-34　“20090420 属性”对话框

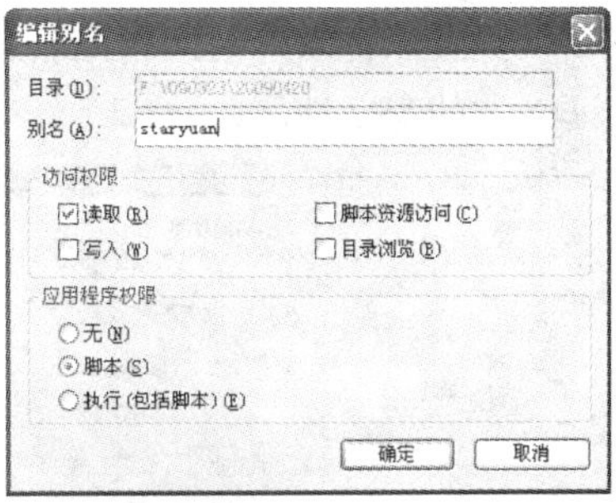

图 6-35　“编辑别名”对话框

在“别名”文本框内输入站点文件夹在网站根目录内显示的名称，在本例中输入 staryuan 也可以直接使用默认值“/”。

在“访问权限”选项组中选择允许用户对该文件夹所做的操作，默认值为选中“读取”复选框，即用户只能读取该文件夹内的内容。

在“应用程序权限”选项组中，设置可以运行的文件。默认值为选中“脚本”单选按钮。

④ 设置完成后，单击“确定”按钮。

在 Internet 信息服务中建立和设置虚拟目录的步骤如下所述。

依次选择“开始”|“设置”|“控制面板”|“管理工具”|“Internet 服务管理器”命令，弹出“Internet 信息服务”窗口。右击“默认网站”分支，选择“新建”|“虚拟目录”命令，弹出“虚拟目录创建向导”对话框。

单击“下一步”按钮，弹出“虚拟目录别名”向导页，如图 6-36 所示。

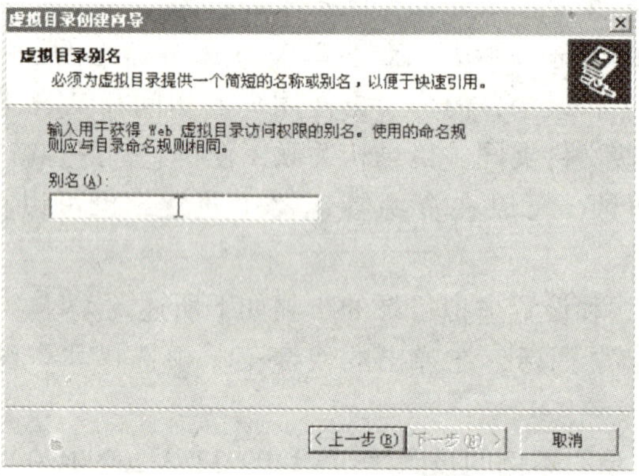

图 6-36 “虚拟目录别名”对话框

在“别名”文本框输入映射后的名称，如“staryuan”。单击“下一步”按钮。

在“目录”文本框输入要映射的目录，如“F:\090323\20090420”。单击对应的“浏览”按钮可以选择要映射的目录。

单击“浏览”按钮后，选择“20090420”文件夹，然后单击“确定”按钮。在“目录”文本框中添加了“F:\090323\20090420”。

单击“下一步”按钮，打开虚拟目录访问权限设置对话框，如图 6-37 所示。在该对话框可以设置虚拟目录的访问权限，默认为“读取”和“运行脚本”，最好使用默认值，可以保证网站的安全性。

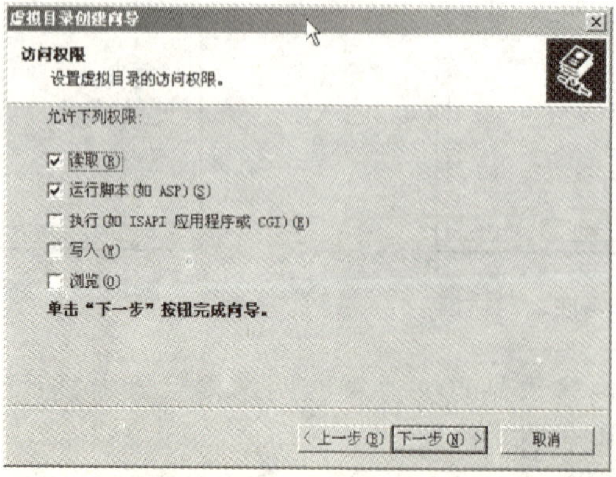

图 6-37 设置虚拟目录的访问权限

单击“下一步”按钮，打开完成创建对话框。该对话框提示用户虚拟目录已经成功设置。单击“完成”按钮，结束任务。

（4）IIS的测试。IIS安装架设结束后，可以使用Internet Explorer查看主目录中的文件来测试安装架设是否成功。

要测试与Internet连接的Web站点，首先要确保Web服务器的wwwroot文件夹中包含HTML文件。然后在与Internet活动连接的计算机上启动Web浏览器，如Intemet Explorer。尽管推荐使用网络上的其他计算机，但此计算机可以是正在测试的计算机。接着在浏览器的地址栏输入新Web站点主目录的URL。URL形式为在“http://”后面跟Web站点名，然后是要查看的文件路径（注意使用正斜杠）。例如，如果站点的域名注册为“abc. com”，想要查看主目录的根目录下的homepage. htm文件，则在URL地址栏中输入http://www. abc. com/homepage. html，然后按Enter键。主页将显示在屏幕上。

如果要测试局域网上的Web站点，首先要确保计算机有活动的网络连接，并且WINS服务器服务（或其他名称解析方法）运行正常。接着启动Web浏览器，如Microsoft Internet Explorer。然后输入新服务器主目录的URL。URL也可以为下面的形式：在“http://”后面跟服务器的Windows网络名（或者IP地址），然后是要查看的文件路径（注意使用正斜杠）。例如，如果Web站点使用WINS服务器注册为“ahxhyjy”，并且想要查看主目录的根目录下的homepage. html文件，则在URL地址栏中输入http://ahxhyjy/homepage. html，然后按Enter键。主页将显示在屏幕上。

活动2　设计数据库

留言本有以下信息需要保存：留言者姓名、联系方式及留言内容等。因为ASP并不能存储数据，在这种环境下就需要利用数据库。针对不同的程序有适用于它的不同的数据库，如Access和MS SQL就比较适用于ASP和ASP. net程序，在该实例中运用到的是ASP技术。Access比较适用于小型的数据库应用，而MS SQL则适用于大中型的数据库应用。做留言本选择Access更好一些。

Access是微软Office办公软件中的一个，默认安装的Office是有Access的，直接打开就可见如图6-38所示的界面。但是需要先在站点文件夹中创建message文件，然后将建好的数据库文件保存在文件夹中待用。具体步骤如下所述。

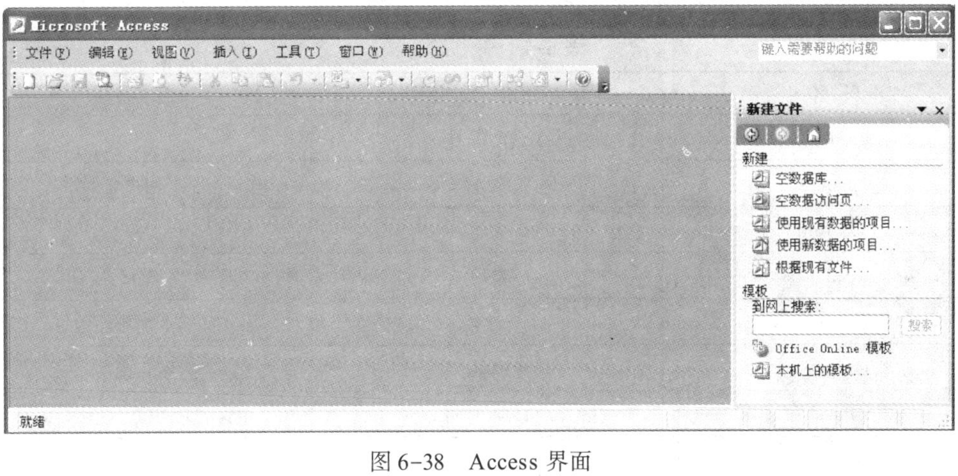

图6-38　Access界面

（1）选择“文件”|“新建”命令，打开“新建文档”任务窗口（在右侧）。

（2）选择“空数据库”命令，弹出“文件新建数据库”对话框，选择保存位置，如图 6-39 所示。

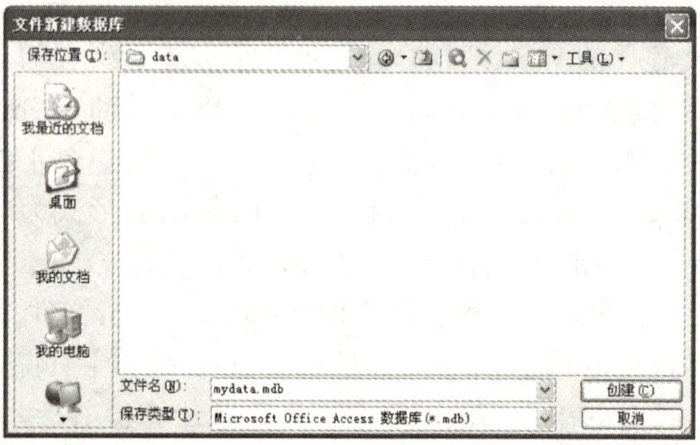

图 6-39 “文件新建数据库文件”对话框

（3）单击“创建”按钮，在弹出的对话框中双击选择在设计器中创建，弹出如图 6-40 所示的表设计器。在这里面需要输入一些必要的字段，表的结构见表 6-1。

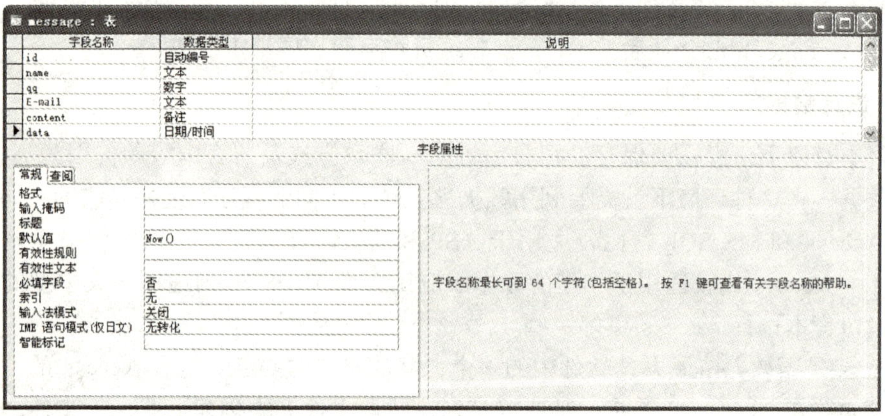

图 6-40 表的字段设计

表 6-1 表 结 构

字段名称	数据类型	备注
id	自动编号	
name	文本	用户名
password	文本	
qq	数字	QQ 号
e- mail	文本	留言者的邮箱地址
content	备注	留言内容
data	日期/时间	留言的时间 默认值 Now ()

（4）选择“保存”命令，再将表命名为 message，这是以后需要用到的，要记住该表的名称。最后，关闭该设计器，会发现导航窗口中出现了 message 这样一个表，双击它，在其中添加两条记录，如图 6-41 所示。

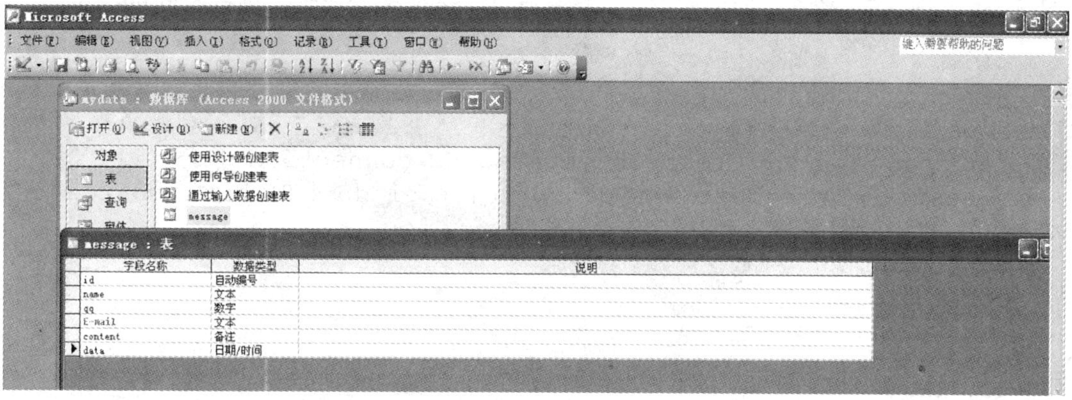

图 6-41　给表添加记录

活动 3　编辑站点

前期的准备工作做好后，就该在 Dreamweaver 中编辑站点了。之前的站点设置是以静态站点为标准编辑的，这次需要用到服务端的技术，因此需要修改站点设置。其具体操作步骤如下所述。

在“站点”菜单下选择“编辑站点”，选择要编辑的站点名称进行编辑。打开站点的“高级”选项卡，在左侧的“分类”中选择测试服务器，其参数设置如图 6-42 所示。

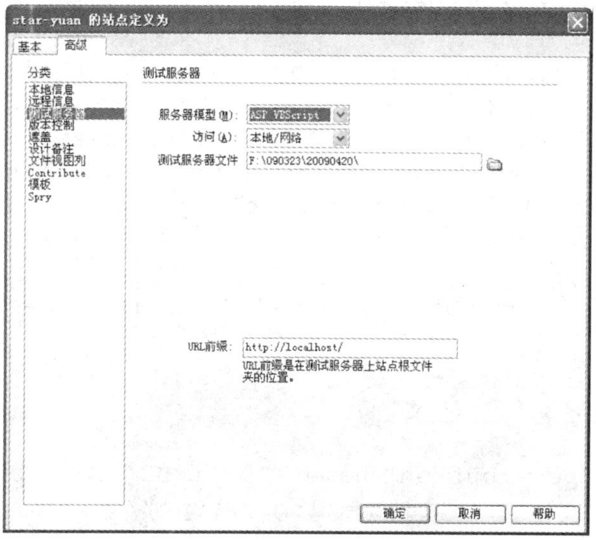

图 6-42　站点编辑

活动4 创建 conn. asp 页面连接数据库

conn. asp 页面用于绑定页面至之前创建好的数据库文件上。新建网页文件，文件类型为 asp vbscript，输入下面的代码，并保存在 message 文件夹中，命名为 conn. asp。

```
<%
dim conn,connstr
dbpath ="../data/mydata.mdb"
set conn =server.CreateObject("adodb.connection")
connstr = "provider = microsoft.jet.oledb.4.0; data source = "
&server.MapPath(dbpath)
conn.open connstr
sub closedb()
conn.close
set conn =nothing
end sub
%>
```

活动5 创建用户登录模块

其实在最初创建首页时，就已经创建了登录的表单，但当时还没有将代码进行后台部分的完善。在这一步中，只要将下面的代码替换原来的 <div id = "biaodan" > 即可。

```
<div id ="biaodan">
< form action = " user.asp " method = " post " name = " userlogin "
onSubmit ="return checklogindata(this)">
<div id ="formtext">User ID:<br />
  Password:</div>
<div id ="formcon"> <input name ="user" type ="text" size ="10"
maxlength ="20"/> <br/>
<input name ="password" type ="password" size ="10" />
</div> <div id = "lubutton" > <input name = "lubuttom" type =
"image" src ="image/denglubutton.png" /> </div>
<div id ="button">
   <label>
     <input name = "button2" type = "submit" id = "button2" value
="" />
   </label>
  
 <label>
    <input type ="button" name ="button3" id ="button3" value =
"" onClick ="window.location ='login.asp'"/>
 </label>
 </div>
 </form>
 </div>
```

再把下面的代码放到<head>标签中。

```
<script language="javascript">
function checklogindata(theform)
{
if (theform.username.value == "")
{
alert("请填写您的登录名称");
theform.username.focus();
return false;
}
else if (theform.password.value == "")
{
alert("请填写您的登录密码");
theform.password.focus();
return false;
}
else
{
theform.Submit.disabled = true;
}
}
</script>
```

完成上述操作后，将首页的文件扩展名更改为.asp。

同时，创建新的页面，文件类型为 asp vbscript，保存在 message 文件夹下，命名为 user.asp，用于提交和处理登录的表单信息。将下面的代码输入到文件中并保存。

```
<%@ LANGUAGE="VBSCRIPT" CODEPAGE="936"% >
<!--#include file="conn.asp" -->
<! DOCTYPE html PUBLIC "-//W3C//DTD XHTML 1.0 Transitional//EN"
"http://www.w3.org/TR/xhtml1/DTD/xhtml1-transitional.dtd">
<html xmlns="http://www.w3.org/1999/xhtml">
<head>
<meta http-equiv="Content-Type" content="text/html; charset
=gb2312" />
<title>星原论坛</title>
</head>
<body>
<%
session.Timeout=5
dim username,userpwd
username=trim(request.Form("username"))
userpwd=trim(request.Form("password"))
set rs=server.CreateObject("adodb.recordset")
sql="select * from message where username='"&username&"'and
userpwd='"&userpwd&"'"
rs.open sql,conn,1,1
if rs.bof and rs.eof then
```

```
response.Write"<script language=javascript>alert('用户名或者
密码错误,或者用户不存在,请注册');history.back();</script>"
response.End()
else
session("username")=username
response.Write"<script language=javascript>alert('登录成功');
location.href='message.asp'</script>"
response.End()
end if
%>
</body>
</html>
```

活动6　创建用户注册模块

（1）登录注册页面。如果是没有注册过的会员，则将单击首页中的“新会员注册”按钮，前往login.asp页面，步骤如下所述。

首先要新建页面，页面类型为asp vbscript，保存在站点的message文件夹中，命名为login.asp，在页面中复制下面的代码，并保存。

```
<%@LANGUAGE="VBSCRIPT" CODEPAGE="936"%>
<!DOCTYPE html PUBLIC "-//W3C//DTD XHTML 1.0 Transitional//EN"
"http://www.w3.org/TR/xhtml1/DTD/xhtml1-transitional.dtd">
<html xmlns="http://www.w3.org/1999/xhtml">
<head>
<meta http-equiv="Content-Type" content="text/html; charset
=gb2312"/>
<title>星原论坛</title>
<link href="../style.css" rel="stylesheet" type="text/css"/>
<script language="JavaScript" type="text/javascript" src="../
checkform.js">
</script>
<style type="text/css">
<!--
#userreg {
  font-family: Arial, Helvetica, sans-serif;
  font-size: 12px;
  color: #333;
}
tr {
  line-height: 35px;
}
-->
</style>
</head>
<body>
<form action="reg.asp" method="post" name="userreg" id=
"userreg" onsubmit="return checklogindata(this)">
```

```
        <table width="530" border="0" align="center" cellpadding="0" cellspacing="0" id="comnewper">
        <tr>
          <td colspan="2" align="center">新会员注册</td>
        </tr>
        <tr>
          <td width="76" align="right">用户名:</td>
          <td width="454" align="left"><input type="text" name="username" id="username" />
              
            *不小于5个字符不大于15个字符</td>
        </tr>
        <tr >
          <td align="right">密  码:</td>
          <td align="left"><input type="password" name="password" id="password"/>
              
            *不少于6位</td>
        </tr>
        <tr >
          <td align="right">电子邮件:</td>
          <td align="left"><input type="text" name="email" id="email"/>
               *请填你常用的电子邮件地址,找回密码唯一凭证</td>
        </tr>
        <tr >
          <td align="right">QQ号码:</td>
          <td align="left"><input type="text" name="qq" id="qq"  maxlength="9" size="20"/>
               *不小于6位和不大于9位</td>
        </tr>
        <tr>
          <td align="right">留言内容:</td>
          <td align="left"><textarea name="bz" cols="45" rows="3"></textarea></td>
        </tr>
        <tr>
            <td colspan="2" align="center"><input type="submit" name="button" value="提交"/>
            <input type="reset" name="button" value="重设"/>
            </td>
        </tr>
      </table>
    </form>
</body>
</html>
```

(2) 创建注册的动态页面 reg. asp 和检测表单的 checkform. js 文件。reg. asp 文件用于处理用户提交的注册信息，它可以实现表单信息的检测，也可以将表单数据传递到数据库中去。

在 Dreamweaver 中新建 asp vbscript 页面，保存在 data 文件夹中，命名为 reg. asp。将下面的代码输入到文件中。

```
<%@LANGUAGE="VBSCRIPT" CODEPAGE="936"%>
<!--#include file="conn.asp" -->
<!DOCTYPE html PUBLIC "-//W3C//DTD XHTML 1.0 Transitional//EN"
"http://www.w3.org/TR/xhtml1/DTD/xhtml1-transitional.dtd">
<html xmlns="http://www.w3.org/1999/xhtml">
<head>
<meta http-equiv="Content-Type" content="text/html; charset
=gb2312"/>
<title>星原论坛</title>
</head>
<body>
<%
function IsValidEmail(email)
dim names, name, i, c
IsValidEmail = true
names = Split(email, "@")
if UBound(names) <> 1 then
   IsValidEmail = false
   exit function
end if
for each name in names
   if Len(name) <= 0 then
     IsValidEmail = false
     exit function
   end if
   for i = 1 to Len(name)
     c = Lcase(Mid(name, i, 1))
     if InStr("abcdefghijklmnopqrstuvwxyz_-.", c) <= 0 and not
IsNumeric(c) then
       IsValidEmail = false
       exit function
     end if
   next
   if Left(name, 1) = "." or Right(name, 1) = "." then
       IsValidEmail = false
       exit function
   end if
next
if InStr(names(1), ".") <= 0 then
   IsValidEmail=false
   exit function
end if
i=Len(names(1))-InStrRev(names(1), ".")
```

```
if i < > 2 and i < > 3 then
  IsValidEmail = false
  exit function
end if
if InStr(email, "..") > 0 then
  IsValidEmail = false
end if
end function
function nothaveChinese(para)
dim str,i,c
nothaveChinese = true
str = cstr(para)
for i =1 to Len(para)
c = asc(mid(str,i,1))
if c <0 then
nothaveChinese = false
exit function
end if
next
end function
user = trim(request.form("username"))
pass = trim(request.form("password"))
email = trim(request.form("email"))
qq = trim(request.form("qq"))
bz = trim(request.form("bz"))
if len(user) <5 or len(pass) <6 then
response.write " <SCRIPT language = JavaScript >alert('用户名和密
码不能为空！');history.back(); </SCRIPT >"
response.end
end if
if not nothaveChinese(user) then
Response.Write " <script language = 'javascript' >alert('用户名为
非中文');history.back(); </script >"
response.end
end if
if not IsValidEmail(email) then
response.write " <SCRIPT language = JavaScript >alert('错误,请输
入有效的 E-mail 地址！');history.back(); </SCRIPT >"
response.end
end if
if not isNumeric(qq) or len(qq) <6 then
response.write " <SCRIPT language = JavaScript >alert('错误,QQ 号
码必须为数字或不于 6 位！');history.back(); </SCRIPT >"
response.end
end if
set rs = Server.CreateObject("ADODB.RecordSet")
sql = "select * from suser where username = '"&user&"'"
rs.open sql,conn,1,3
if not rs.eof or not rs.bof then
```

```
response.write "<SCRIPT language=JavaScript>alert('错误,用户名已经存在!');history.back();</SCRIPT>"
response.end
else
sql="insert into message(username,userpwd,email,QQ,info) values('"&user&"','"&pass&"','"&email&"','"&qq&"','"&bz&"')"
conn.execute sql
response.Write"<script language=javascript>alert('注册成功');location.href='message.asp'</script>"
end if
%>
</body>
</html>
```

新建网页，文件类型为javascript，输入下面的代码，并且保存在data文件夹下，命名为checkform.js。

```
// JavaScript Document// JavaScript Document
function checklogindata(theform)
{
if (theform.username.value == "")
{
alert("用户名称不能为空!");
theform.username.focus();
return false;
}
  var filter=/^\s*[.A-Za-z0-9_-]{5,15}\s*$/;
       if (! filter.test(theform.username.value)) {
              alert("用户名填写不正确,请重新填写!可使用的字符为(A-Z a-z 0-9 _-.)\n长度不小于5个字符,不超过15个字符,注意不要使用空格。");
              theform.username.focus();
              theform.username.select();
              return (false);
              }
if (theform.password.value <6)
{
alert("用户密码不能为空或少于6位!");
theform.password.focus();
theform.password.select();
return false;
}
if(theform.email.value.length<1)
  {
     alert("电子邮箱没有填写!");
     return false;
  }
       var filter=/^\s*([A-Za-z0-9_-]+(\.\w+)*@(\w+\.)+\w{2,3})\s*$/;
       if (! filter.test(theform.email.value)) {
```

```
                alert("邮件地址不正确,请重新填写!");
                theform.email.focus();
                return (false);
                }
    if (theform.qq.value == "")
    {
    alert("QQ 号码为空!");
    theform.qq.focus();
    return false;
    }
    }
```

活动 7　创建显示留言模块

来宾留言后，就会在显示留言页面中显示出来。新建 asp vbscript 页面，输入下面的代码，就可以实现留言显示的功能。保存在 data 文件夹中，命名为 message.asp。

```
<%@ LANGUAGE = "VBSCRIPT" CODEPAGE = "936"% >
<!-- #include file = "conn.asp" -->
<! DOCTYPE html PUBLIC " -//W3C//DTD XHTML 1.0 Transitional//EN"
"http://www.w3.org/TR/xhtml1/DTD/xhtml1-transitional.dtd">
<html xmlns = "http://www.w3.org/1999/xhtml">
<head>
<meta http-equiv = "Content-Type" content = "text/html; charset
=gb2312"/>
<title>星原论坛</title>
<script language = "javascript">
function display(ID){
if(document.getElementById(ID).style.display == "none"){
document.getElementById(ID).style.display = "";
}else{
document.getElementById(ID).style.display = "none";
    }
}
</script>
<style type = "text/css">
<!--
ee {
  background-image: url(../image/menu31_a.gif);
  background-repeat: repeat-x;
  font-family: Arial, Helvetica, sans-serif;
  font - size: 12px;
  line-height: normal;
  color: #000;
  vertical-align: middle;
  border: 1px solid #FEB67B;
  margin-right: auto;
  margin-left: auto;
}
```

```
-->
</style>
</head>
<body>
<% if session("username") ="" then
response.Write"<script language =javascript >alert("未进行注册的用户或登录时间过长,请重新登录!");location.href ='index.asp' </script >"
response.End()
else
% >
<table width ="566"border ="0" align ="center" cellpadding ="0" cellspacing ="0" class ="ee">
  <tr height ="28px"  border ="0" cellpadding ="0" cellspacing ="0">
    <td  width ="4px"> </td >
    <td width ="552"  valign ="bottom" > <img src ="../image/tr0_red_d.gif" alt ="" width ="15" height ="24" align ="absbottom"/ > <% =session("username")% >:你好! </td >
    <td  width ="4px" > </td >
  </tr >
  <tr border ="0" cellpadding ="0" cellspacing ="0">
    <td  > </td >
     < td valign = " top " > < table id = " comnewper " border = " 0 " cellspacing ="0" cellpadding ="0" width ="556">
       <%
set rs =server.createobject("adodb.recordset")
sql ="select * from message"
rs.open sql,conn,1,1
if rs.eof and rs.bof then% >
       <tr align ="center">
         <td width ="581" colspan ="3">暂无用户 </td >
       </tr >
       <% else% >
       <% do while not (rs.eof or rs.bof)% >
       <tr style ="display:none;"  align ="center" id ="ms <% =rs("id")% >">
         <td > <table width ="80% " border ="0" cellspacing ="0" cellpadding ="0">
           <tr >
             <td width ="20% ">用户名称 </td >
             <td width ="80% "> <% =rs("username")% > </td >
             </tr >
           <tr >
             <td >email: </td >
             <td > <% =rs("email")% > </td >
             </tr >
           <tr >
             <td >QQ: </td >
             <td > <% =rs("qq")% > </td >
             </tr >
```

```
            <tr>
              <td>留言内容:</td>
              <td><% =rs("content")% ></td>
              </tr>
            <tr>
              <td> </td>
              <td> </td>
              </tr>
            <tr>
              <td> </td>
              <td> </td>
              </tr>
            <tr>
              <td> </td>
              <td> </td>
              </tr>
            <tr>
              <td> </td>
              <td> </td>
              </tr>
            </table></td>
        </tr>
        <% rs.movenext
loop
end if
rs.close
set rs=nothing
closedb
% >
    </table></td>
    <td  ></td>
  </tr>
  <tr border="0" cellpadding="0" cellspacing="0">
    <td ></td>
    <td ></td>
    <td ></td>
  </tr>
</table>
<% end if% >
</body>
</html
```

任务7 网站发布

本任务主要完成网站的测试、上传和推广。要求熟悉网站的测试操作和上传操作，了解网站的推广知识。

活动1 网站测试和上传

网站开发完成后，可用多种方法将网站文件上传到Web服务器上，其中最主要的方法有两种：一种是利用 Dreamweaver CS 4 本身自带的 FTP 功能上传或下载网站文件；另一种是利用类似 LeapFTP 和 CuteFTP 之类的 FTP 工具软件上传或下载网站文件。在此介绍利用 Dreamweaver CS 4 进行网站的上传与下载。

利用 Dreamweaver CS 4 本身自带的 FTP 功能上传或下载网站文件，其操作步骤如下所述。

（1）打开定义站点向导对话框中的“共享文件”向导，将其参数正确设置后单击“测试连接”按钮以保证 FTP 连接成功，如图 6-43 所示。

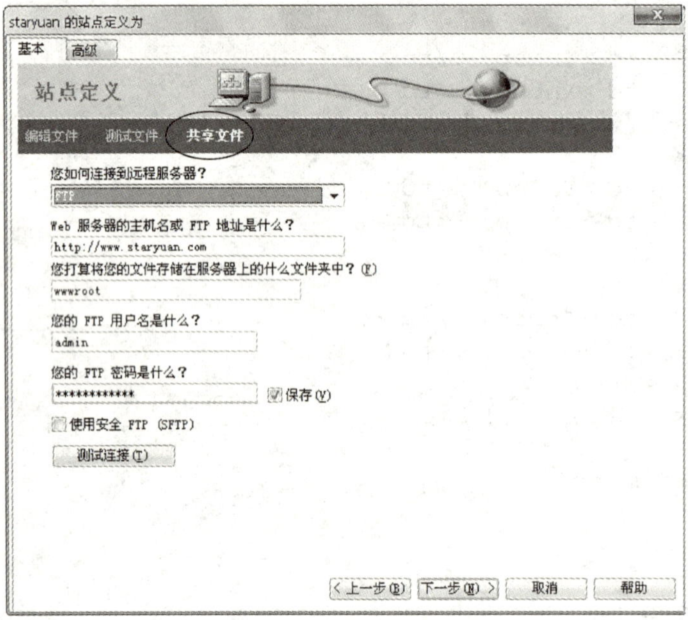

图 6-43　设置 FTP 连接参数并测试连接是否成功

（2）在站点管理器窗口中单击“连接到远端主机”按钮，然后在站点管理器窗口右侧的网站文件列表中选择目标上传文件，最后单击站点管理器窗口中的“上传文件”按钮，只有当 FTP 连接成功后，“上传文件”等按钮方可被激活或将目标上传文件拖曳到左侧窗口，即可实现文件的上传，如图 6-44 所示。

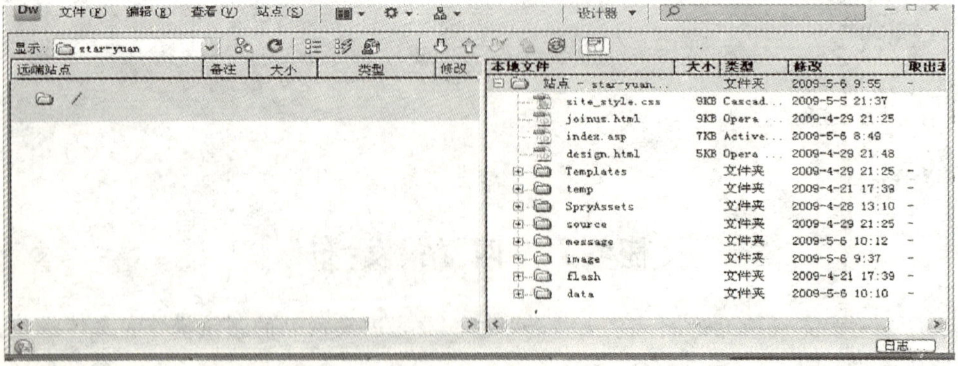

图 6-44　在 Dreamweaver CS 4 中上传文件

（3）下载文件的方法与上传文件的方法类似，即执行上传文件反操作。

活动 2　网站推广

网站的推广主要是指通过将网站最大限度地推广以让尽可能多的人知道它。就目前而言，比较实用的推广方式主要有以下几种。

（1）在“百度”等著名搜索引擎上登记网站，如图 6-45 所示。需要说明的是，在著名搜索引擎上登记自己的网站有免费登录和收费登录两种方式。

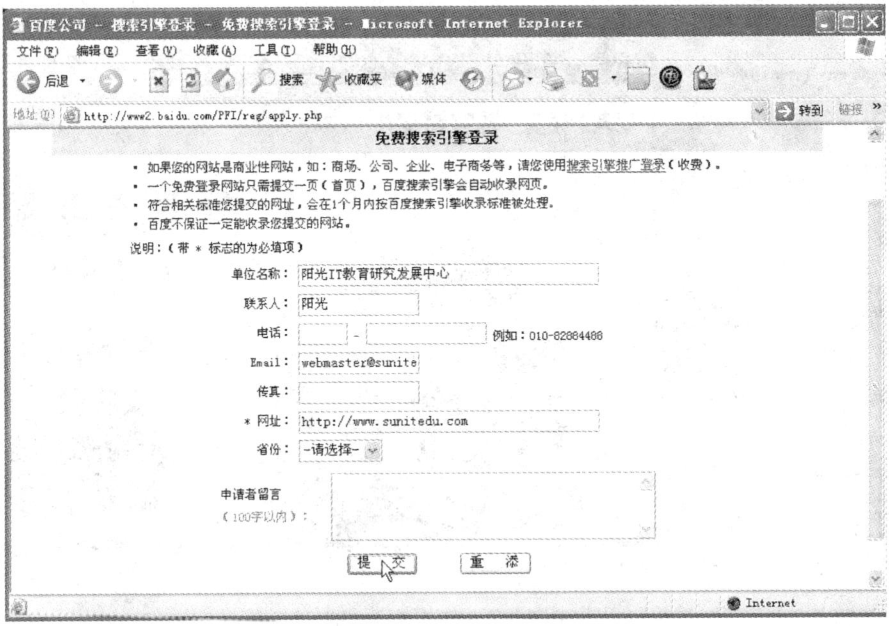

图 6-45　在“百度”上免费登录网站

（2）购买 3721（http://www.3721.com）等服务商的网络实名。网络实名的最大优势在于可在浏览器的地址栏中输入网络实名代替输入网站的网址，其注册过程如图 6-46 所示。

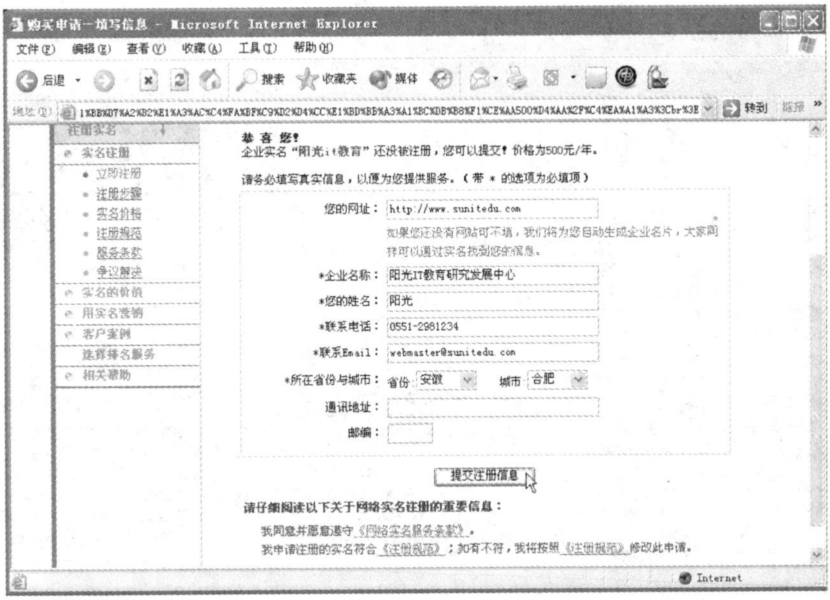

图 6-46　在“3721”上注册网络实名

（3）在相关门户网站上发布广告。网络广告的形式主要有文字链接、弹出窗口（见图 6-47）、横幅广告（见 Banner）（见图 6-48）、游动图标（见图 6-49）、画中画广告（见图 6-50）和全屏广告（见图 6-51）等。

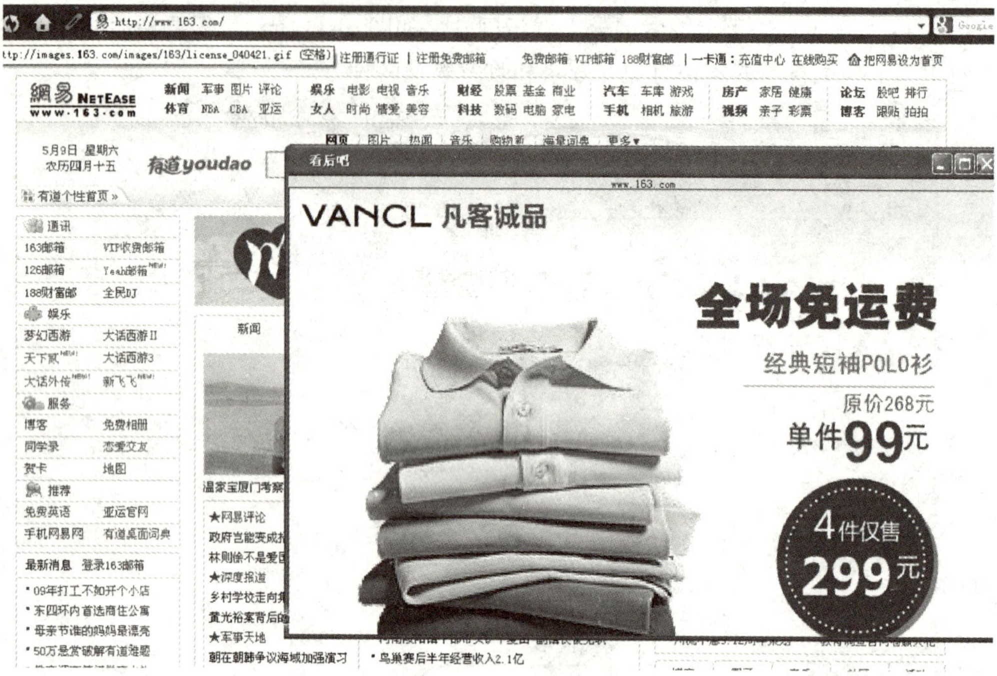

图 6-47　弹出窗口示例

图 6-48　横幅广告（Banner）示例

图6-49　游动图标广告示例

图6-50　画中画广告示例

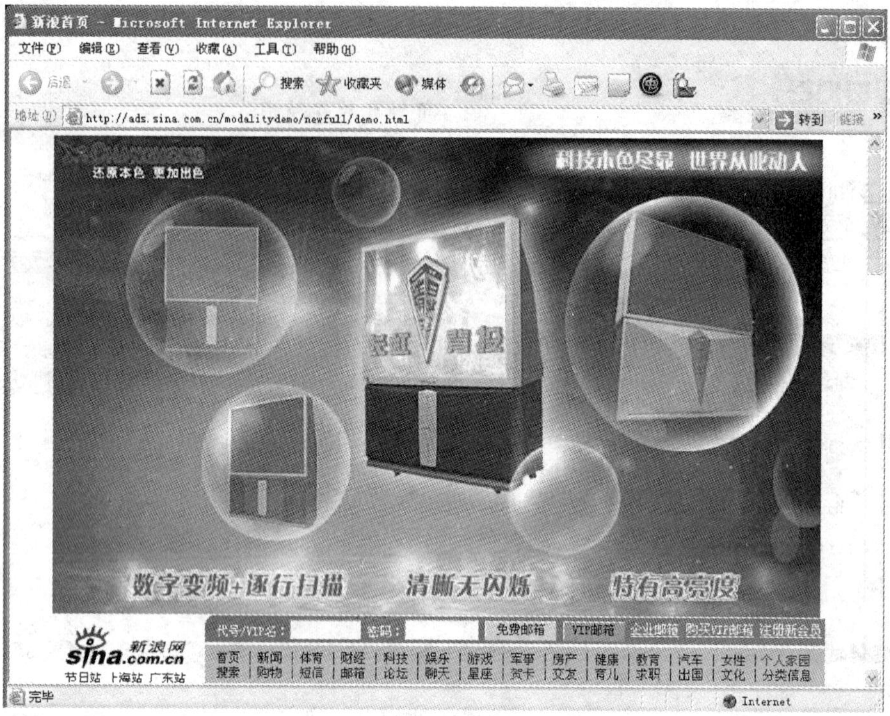
新浪首页 - Microsoft Internet Explorer
文件(F) 编辑(E) 查看(V) 收藏(A) 工具(T) 帮助(H)
后退 搜索 收藏夹 媒体
地址(D) http://ads.sina.com.cn/modalitydemo/newfull/demo.html
转到 链接
还原本色 更加出色
科技本色尽显 世界从此动人
数字变频+逐行扫描 清晰无闪烁 特有高亮度
代号/VIP名: 密码: 免费邮箱 VIP邮箱 企业邮箱 购买VIP邮箱 注册新会员
新浪网
sina.com.cn
节日站 上海站 广东站
首页 新闻 体育 财经 科技 娱乐 游戏 军事 房产 健康 教育 汽车 女性 个人家园
搜索 购物 短信 邮箱 论坛 聊天 星座 贺卡 交友 育儿 求职 出国 文化 分类信息
完毕
Internet

图6-51 全屏广告示例